中学教科書ワーク　学習カード

Pocket Study

数学3年

1 かっこをはずす

次の計算をすると？

$2x(2x-4y)$

2 乗法公式1

次の式を展開すると？

$(x+3)(x-5)$

3 乗法公式2 3

次の式を展開すると？

$(x+6)^2$

4 乗法公式4

次の式を展開すると？

$(x+4)(x-4)$

5 共通な因数をくくり出す

次の式を因数分解すると？

$4ax-6ay$

6 因数分解1'

次の式を因数分解すると？

$x^2-10x+21$

7 因数分解2' 3'

次の式を因数分解すると？

$x^2-12x+36$

8 因数分解4'

次の式を因数分解すると？

x^2-100

9 式の計算の利用

$a=78$，$b=58$のとき，次の式の値は？

$a^2-2ab+b^2$

分配法則を使って展開する！

$3x(2x-4y)$

$=3x\times 2x-3x\times 4y$ ← 分配法則！

$=6x^2-12xy$…答

$(x\pm a)^2=x^2\pm 2ax+a^2$

$(x+6)^2$

$=x^2+\underbrace{2\times 6}_{6の2倍}\times x+\underbrace{6^2}_{6の2乗}$

$=x^2+12x+36$…答

できるかぎり因数分解する！

$4ax-6ay$

$=2\times 2\times a\times x-2\times 3\times a\times y$

$=2a(2x-3y)$…答

2aを
かっこの外に

$x^2\pm 2ax+a^2=(x\pm a)^2$

$x^2-12x+36$

$=x^2-\underbrace{2\times 6}_{6の2倍}\times x+\underbrace{6^2}_{6の2乗}$

$=(x-6)^2$…答

因数分解してから値を代入！

$a^2-2ab+b^2=(a-b)^2$ ← はじめに因数分解

これにa，bの値を代入すると，

$(78-58)^2=20^2=400$…答

使い方

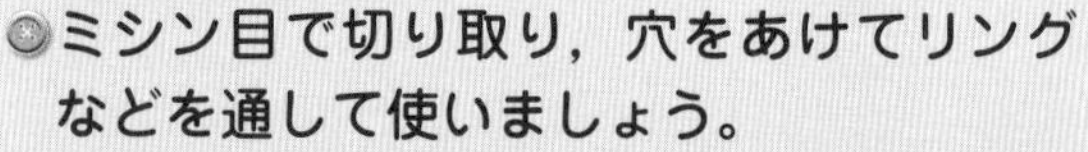

- ミシン目で切り取り，穴をあけてリングなどを通して使いましょう。
- カードの表面が問題，裏面が解答と解説です。

$(x+a)(x+b)=x^2+(a+b)x+ab$

$(x+3)(x-5)$

$=x^2+\underbrace{\{3+(-5)\}}_{和}x+\underbrace{3\times(-5)}_{積}$

$=x^2-2x-15$…答

$(x+a)(x-a)=x^2-a^2$

$(x+4)(x-4)$

$=\underbrace{x^2-4^2}_{(2乗)-(2乗)}$

$=x^2-16$…答

$x^2+(a+b)x+ab=(x+a)(x+b)$

$x^2-10x+21$

$=x^2+\underbrace{\{(-3)+(-7)\}}_{和が-10}x+\underbrace{(-3)\times(-7)}_{積が21}$

$=(x-3)(x-7)$…答

$x^2-a^2=(x+a)(x-a)$

x^2-100

$=\underbrace{x^2-10^2}_{(2乗)-(2乗)}$

$=(x+10)(x-10)$…答

10 平方根を求める

次の数の平方根は？

(1) 64　　(2) $\dfrac{9}{16}$

11 根号を使わずに表す

次の数を根号を使わずに表すと？

(1) $\sqrt{0.25}$　　(2) $\sqrt{(-5)^2}$

12 $a\sqrt{b}$ の形に

次の数を$a\sqrt{b}$の形に表すと？

(1) $\sqrt{18}$　　(2) $\sqrt{75}$

13 分母の有理化

次の数の分母を有理化すると？

(1) $\dfrac{1}{\sqrt{5}}$　　(2) $\dfrac{\sqrt{2}}{\sqrt{3}}$

14 平方根の近似値

$\sqrt{5}=2.236$として，次の値を求めると？

$\sqrt{50000}$

15 根号をふくむ式の計算

次の計算をすると？

$(\sqrt{5}+\sqrt{3})(\sqrt{5}-\sqrt{3})$

16 平方根の考えを使う

次の２次方程式を解くと？

$(x+4)^2=1$

17 ２次方程式の解の公式

２次方程式$ax^2+bx+c=0$の解は？

18 因数分解で解く(1)

次の２次方程式を解くと？

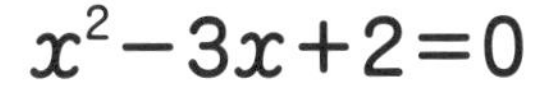

$x^2-3x+2=0$

19 因数分解で解く(2)

次の２次方程式を解くと？

$x^2+4x+4=0$

$\sqrt{a^2}=\sqrt{(-a)^2}=a\,(a\geqq 0)$

(1) $\sqrt{0.25}=\sqrt{0.5^2}=\mathbf{0.5}$

$0.5\times 0.5=0.25$

(2) $\sqrt{(-5)^2}=\sqrt{25}=\mathbf{5}$

$(-5)\times(-5)=25$

…答

$x^2=a\to x$はaの平方根（へいほうこん）

答 (1) 8と-8　(2) $\dfrac{3}{4}$と$-\dfrac{3}{4}$

(1) $8^2=64$, $(-8)^2=64$

(2) $\left(\dfrac{3}{4}\right)^2=\dfrac{9}{16}$, $\left(-\dfrac{3}{4}\right)^2=\dfrac{9}{16}$

分母に根号がない形に表す

(1) $\dfrac{1}{\sqrt{5}}=\dfrac{\sqrt{5}}{\sqrt{5}\times\sqrt{5}}=\dfrac{\sqrt{5}}{5}$

(2) $\dfrac{\sqrt{2}}{\sqrt{3}}=\dfrac{\sqrt{2}\times\sqrt{3}}{\sqrt{3}\times\sqrt{3}}=\dfrac{\sqrt{6}}{3}$

…答

根号の中を小さい自然数にする

答 (1) $3\sqrt{2}$　(2) $5\sqrt{3}$

(1) $\sqrt{18}=\sqrt{3^2\times 2}=3\sqrt{2}$

$\sqrt{3^2}\times\sqrt{2}=3\times\sqrt{2}$

(2) $\sqrt{75}=\sqrt{5^2\times 3}=5\sqrt{3}$

$\sqrt{5^2}\times\sqrt{3}=5\times\sqrt{3}$

乗法公式を使って式を展開

$(\sqrt{5}+\sqrt{3})(\sqrt{5}-\sqrt{3})$

$=(\sqrt{5})^2-(\sqrt{3})^2$

$=5-3$

$=2$…答

$(x+a)(x-a)$
$=x^2-a^2$

$a\sqrt{b}$の形にしてから値を代入

$\sqrt{50000}=\sqrt{5\times 10000}$

$=\sqrt{5}\times\sqrt{100^2}$

$=\sqrt{5}\times 100$

$=2.236\times 100=\mathbf{223.6}$…答

2次方程式の解の公式を覚える

2次方程式 $ax^2+bx+c=0$の解は

$$x=\frac{-b\pm\sqrt{b^2-4ac}}{2a}$$…答

$(x+m)^2=n\to x+m=\pm\sqrt{n}$

$(x+4)^2=1$

$x+4=\pm 1$

$x+4$が1の平方根

$x=-4+1$, $x=-4-1$

$x=-3$, $x=-5$…答

$x^2+2ax+a^2=(x+a)^2$で因数分解

$x^2+4x+4=0$

$(x+2)^2=0$

左辺を因数分解

$x+2=0$

$x=-2$…答 ←解が1つ

$x^2+(a+b)x+ab=(x+a)(x+b)$で因数分解

$x^2-3x+2=0$

$(x-1)(x-2)=0$

左辺を因数分解

$x-1=0$または$x-2=0$

$AB=0$ならば $A=0$または $B=0$

$x=1$, $x=2$…答

20 関数の式を求める

yはxの２乗に比例し，
$x=1$のとき，$y=3$です。
yをxの式で表すと？

21 関数$y=ax^2$のグラフ

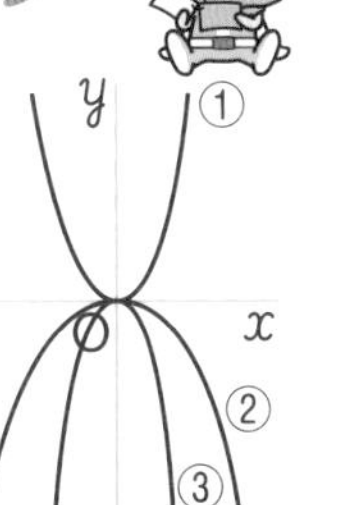

㋐～㋒の関数のグラフは
①～③のどれ？
㋐$y=-x^2$　㋑$y=2x^2$
㋒$y=-3x^2$

22 変域とグラフ

関数$y=-x^2$のxの変域が
$-2\leqq x\leqq 1$のとき，
yの変域は？

23 変化の割合

関数$y=x^2$について，xの値が
1から2まで増加するときの
変化の割合は？

24 相似な図形の性質

△ABC∽△DEFのとき，
xの値は？

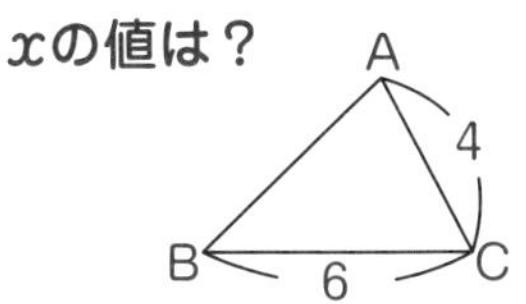

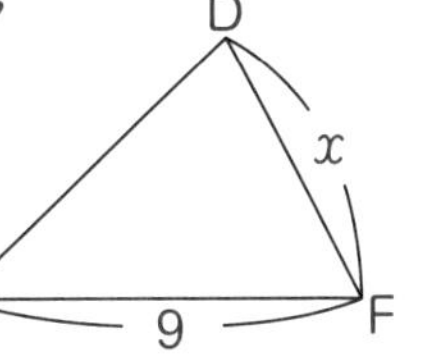

25 相似な三角形(1)

相似な三角形を∽
を使って表すと？
また，使った相似
条件は？

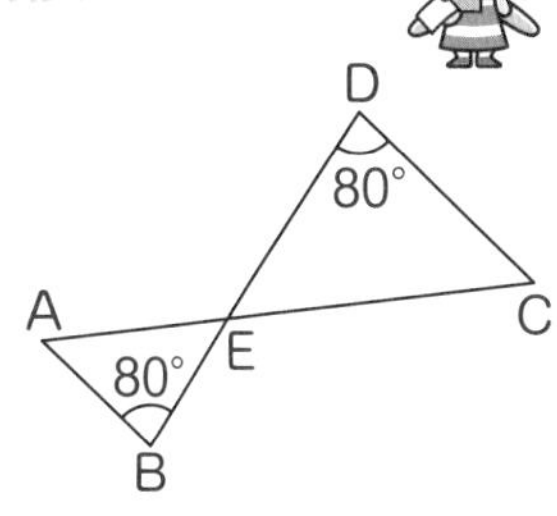

26 相似な三角形(2)

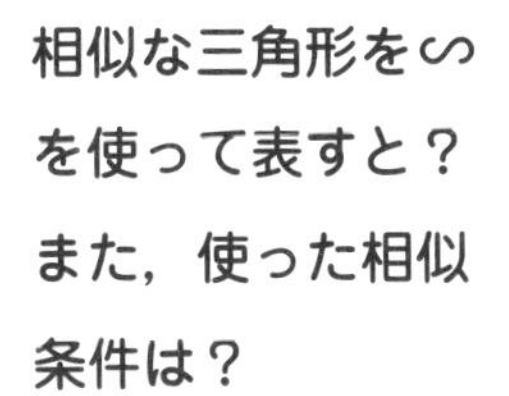

相似な三角形を∽
を使って表すと？
また，使った相似
条件は？

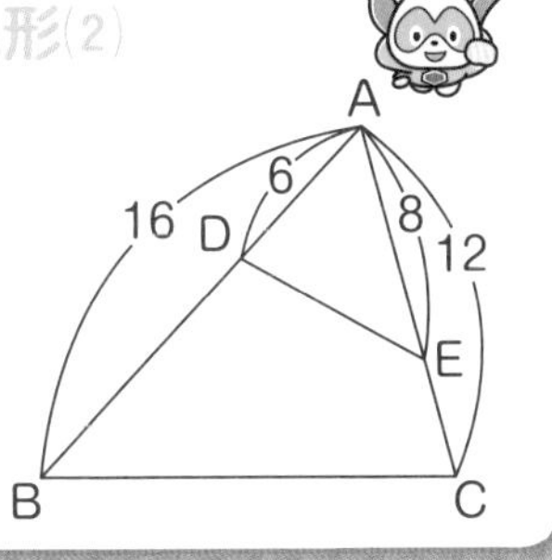

27 三角形と比

DE//BCのとき，
x，yの値は？

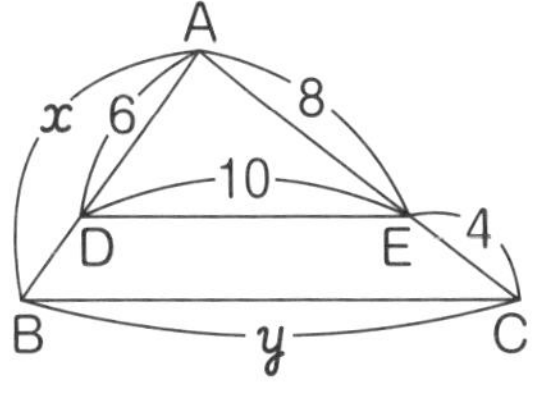

28 中点連結定理

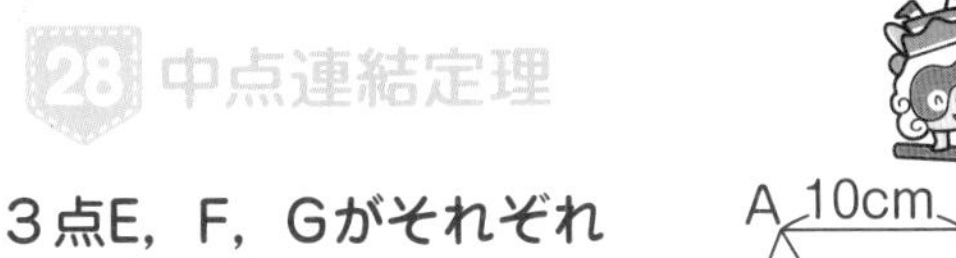

3点E，F，Gがそれぞれ
辺AB，対角線AC，
辺DCの中点であるとき，
EGの長さは？

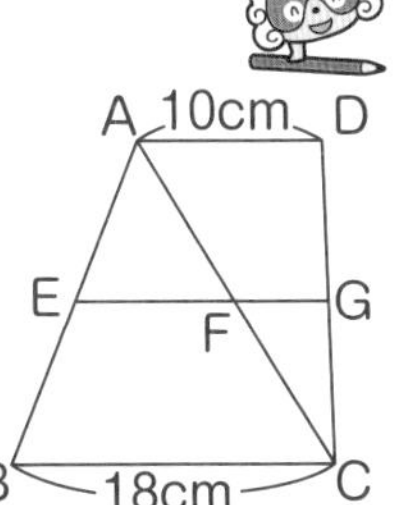

29 面積比と体積比

２つの円柱の相似比が２：３のとき，
次の比は？
(1)　表面積の比
(2)　体積比

グラフの開き方を見る

答 ア②，イ①，ウ③

> グラフは，$a>0$ のとき上，$a<0$ のとき下に開く。a の絶対値が大きいほど，グラフの開き方は小さい。

$y=ax^2$ とおいて，x，y の値を代入！

答 $y=3x^2$

・$y=ax^2$ とおいて，
$x=1$，$y=3$ を代入すると，
$3=a\times1^2$　$a=3$

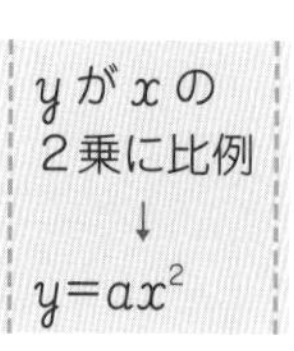

変化の割合は一定ではない！

答 3

・$(\text{変化の割合})=\dfrac{(y\text{ の増加量})}{(x\text{ の増加量})}$

$\dfrac{2^2-1^2}{2-1}=\dfrac{3}{1}=3$

y の変域は，グラフから求める

答 $-4\leqq y\leqq 0$

・$x=0$ のとき，$y=0$ で最大
・$x=-2$ のとき，
$y=-(-2)^2=-4$ で最小

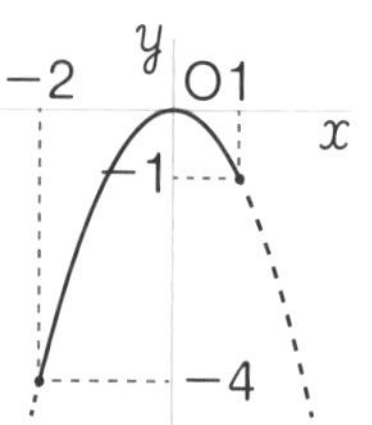

２組の等しい角を見つける

答 △ABE∽△CDE
２組の角がそれぞれ

等しい。

∠B＝∠D，∠AEB＝∠CED

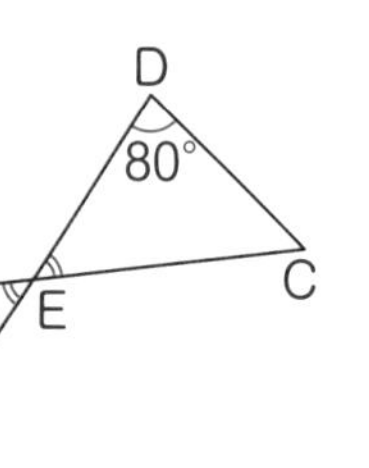

対応する辺の長さの比で求める

・BC：EF＝AC：DFより，
6：9＝4：x
$6x=36$
$x=6$…**答**

> 相似な図形の対応する部分の長さの比はすべて等しい！

DE//BC→AD：AB＝AE：AC＝DE：BC

・6：x＝8：(8＋4)
$8x=72$　$x=9$…**答**
・10：y＝8：(8＋4)
$8y=120$　$y=15$…**答**

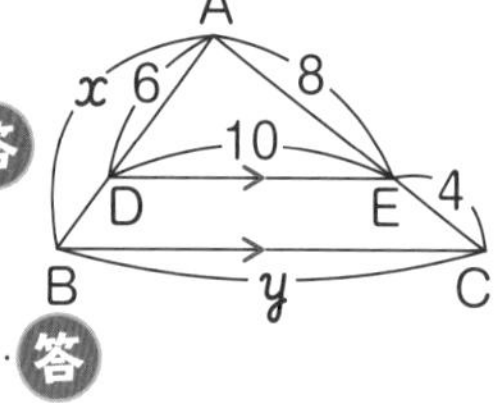

長さの比が等しい２組の辺を見つける

答 △ABC∽△AED
２組の辺の比とその間の角がそれぞれ等しい。

AB：AE＝AC：AD＝2：1
∠BAC＝∠EAD

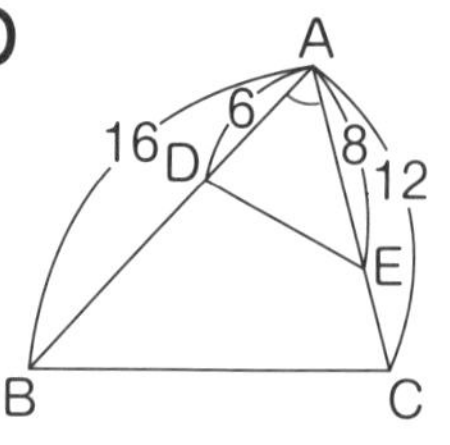

表面積の比は２乗，体積比は３乗

答 (1)　4：9　　(2)　8：27

・表面積の比は相似比の２乗
→$2^2:3^2=4:9$
・体積比は相似比の３乗
→$2^3:3^3=8:27$

中点を結ぶ→中点連結定理

答 14cm

・$EF=\dfrac{1}{2}BC=9$cm
・$FG=\dfrac{1}{2}AD=5$cm
・EG＝EF＋FG＝14cm

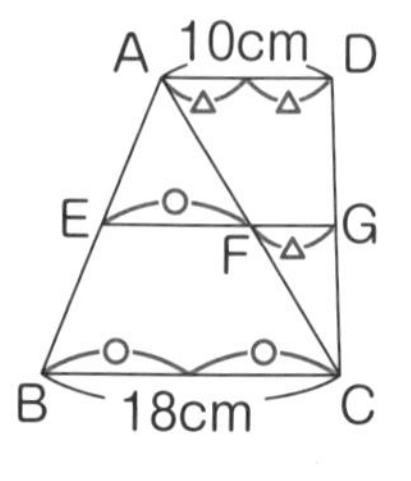

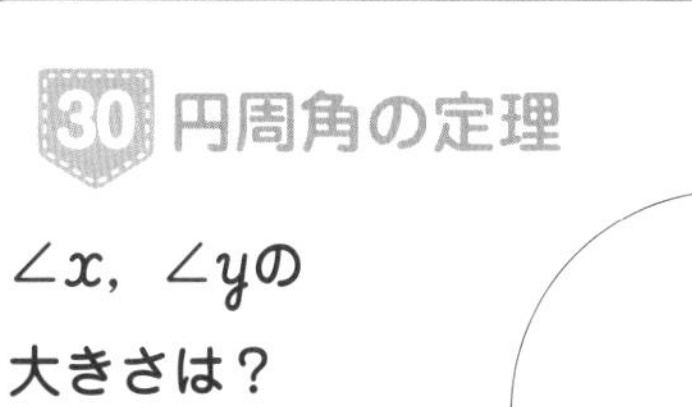

30 円周角の定理

$\angle x$，$\angle y$の大きさは？

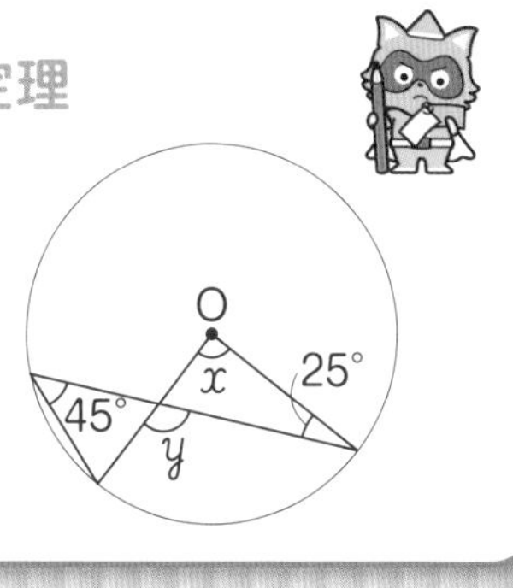

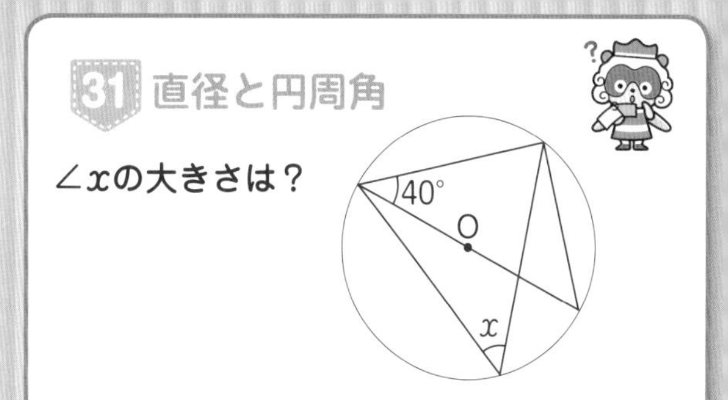

31 直径と円周角

$\angle x$の大きさは？

32 円周角の定理の逆

４点A，B，C，Dは１つの円周上にある？

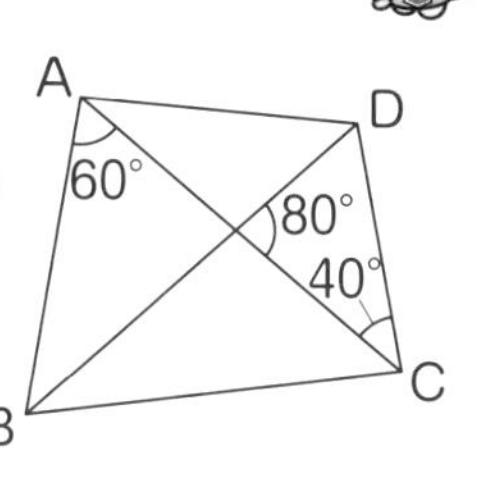

33 相似な三角形を見つける

$\angle ACB = \angle ACD$のとき，△DCEと相似な三角形は？

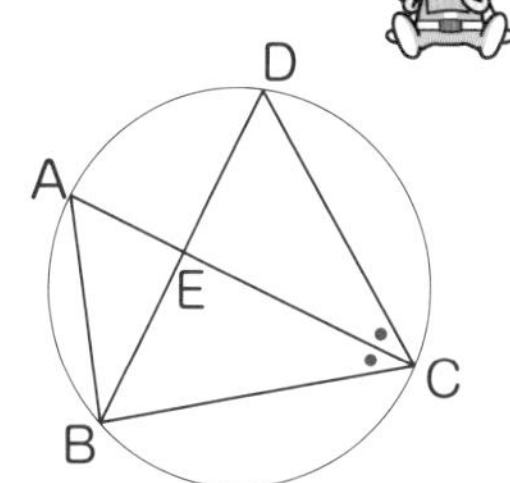

34 三平方の定理

x，yの値は？

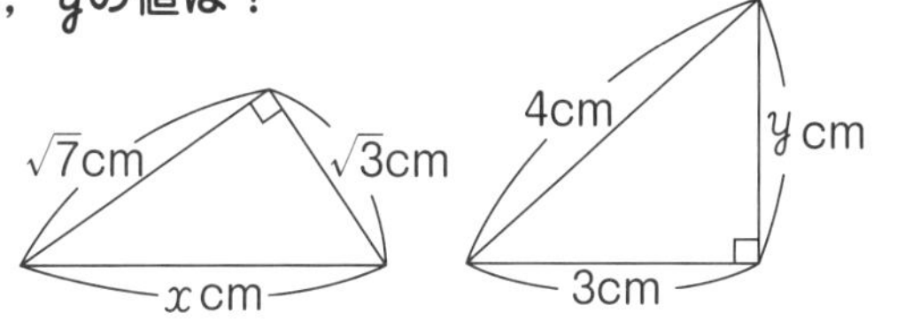

35 特別な直角三角形

x，yの値は？

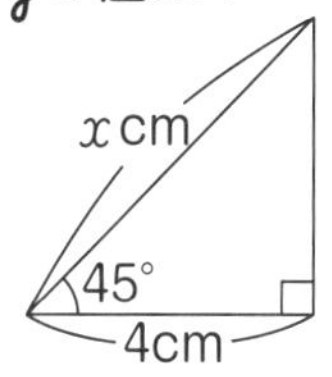

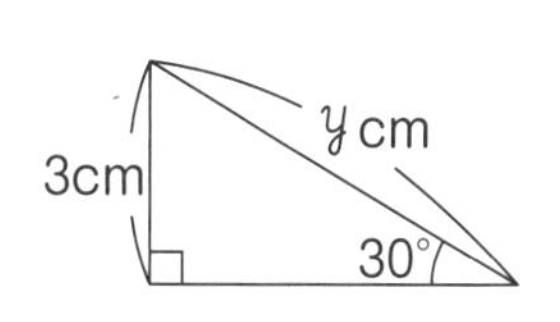

36 正三角形の高さ

１辺の長さが８cmの正三角形の高さは？

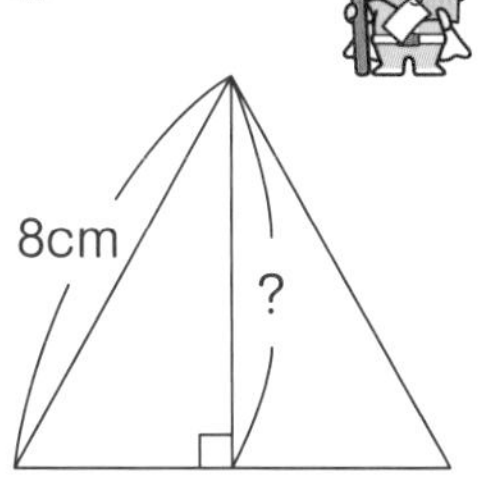

37 直方体の対角線の長さ

縦3cm，横3cm，高さ2cmの直方体の対角線の長さは？

38 全数調査と標本調査

次の調査は，全数調査？ 標本調査？

(1) 河川の水質調査

(2) 学校での進路調査

(3) けい光灯の寿命調査

39 母集団と標本

ある製品100個を無作為に抽出して調べたら，４個が不良品でした。

この製品１万個の中には，およそ何個の不良品があると考えられる？

半円の弧に対する円周角は90°

答 $\angle x=50°$

・△ACDの内角の和より，

$\angle x=180°-(40°+90°)$

$=50°$

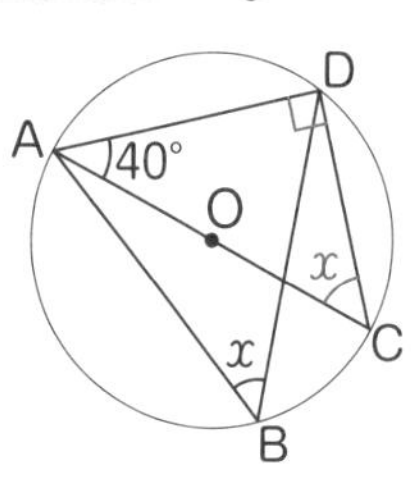

円周角は中心角の半分！

答 $\angle x=90°$，$\angle y=115°$

・$\angle x=2\angle A=90°$

・$\angle y=\angle x+\angle C=115°$

$\angle y$は△OCDの外角

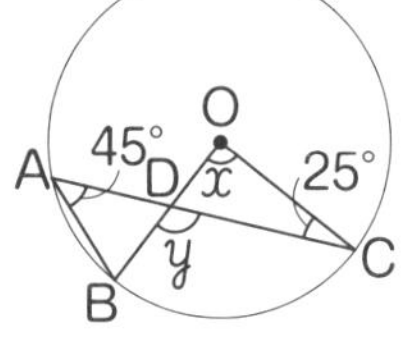

等しい角に印をつけてみよう！

答 △ABEと△ACB

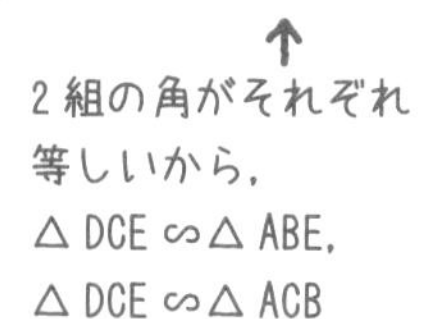

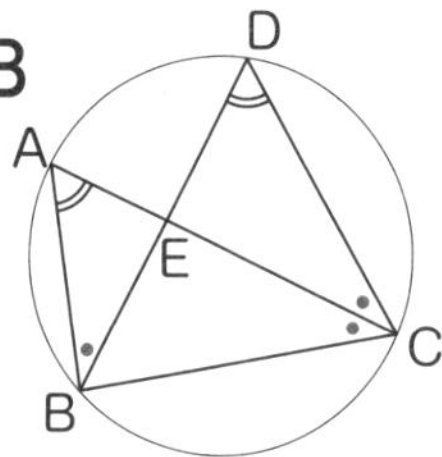

円周角の定理の逆←等しい角を見つける

答 ある

2点A，Dが直線BCの同じ側にあって，∠BAC＝∠BDCだから。

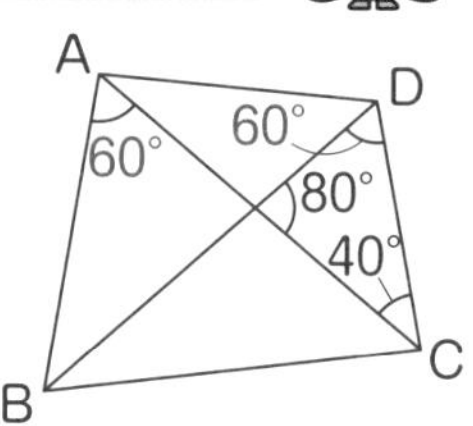

特別な直角三角形の3辺の比

答 $x=4\sqrt{2}$，$y=6$

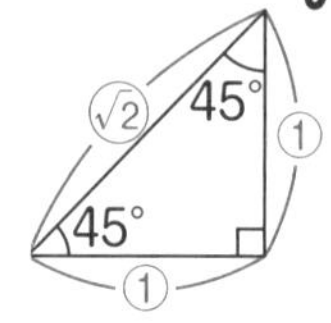

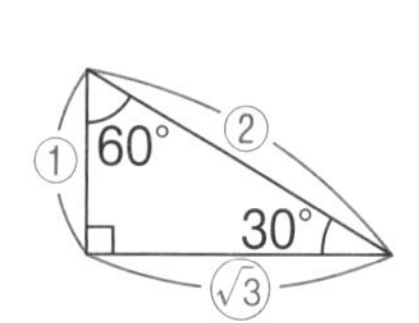

$a^2+b^2=c^2$(三平方の定理)

・$x^2=(\sqrt{7})^2+(\sqrt{3})^2=10$

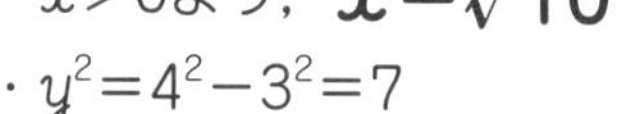

$x>0$より，$x=\sqrt{10}$…**答**

・$y^2=4^2-3^2=7$

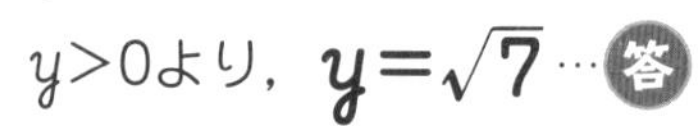

$y>0$より，$y=\sqrt{7}$…**答**

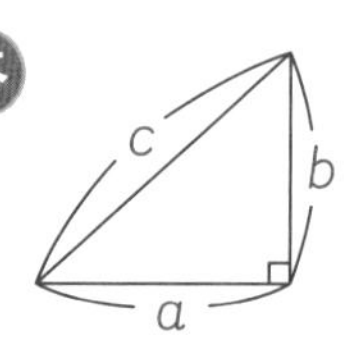

右の図で，$BH=\sqrt{a^2+b^2+c^2}$

答 $\sqrt{22}$ cm

・対角線の長さ

$=\sqrt{\underline{\underline{3}}^2+\underline{\underline{3}}^2+\underline{\underline{2}}^2}$

縦　横　高さ

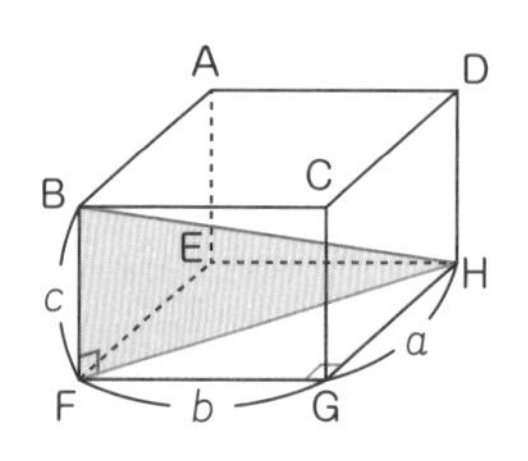

右の図の△ABHで考える

答 $4\sqrt{3}$ cm

・$AB:AH=2:\sqrt{3}$だから

$8:AH=2:\sqrt{3}$

$AH=4\sqrt{3}$

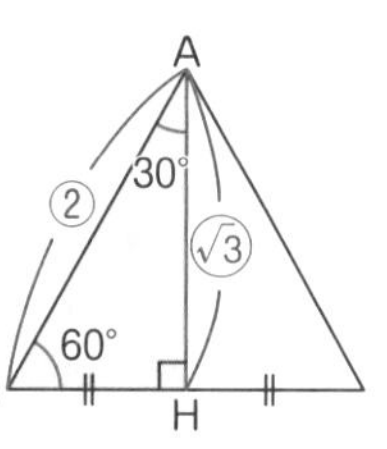

母集団の数量を推測する

答 およそ400個

・不良品の割合は$\frac{4}{100}$と推定できるから，この製品1万個の中の不良品は，およそ$10000\times\frac{4}{100}=400$(個)と考えられる。

全数調査と標本調査の違いに注意！

答 (1)　標本調査　(2)　全数調査

(3)　標本調査

・全数調査…集団全部について調査

・標本調査…集団の一部分を調査して全体を推測

数研出版版

数学3年 もくじ

発展→この学年の学習指導要領には示されていない内容を取り上げています。学習に応じて取り組みましょう。

特別ふろく

確認のワーク ステージ1

1 多項式の計算
1 単項式と多項式の乗法, 除法　2 多項式の乗法

例1 単項式と多項式の乗法

教 p.16 → 基本問題 1 2

$-3a(2b-3c)$ を計算しなさい。

考え方 分配法則を利用して，かっこをはずす。

解き方 $-3a(2b-3c)$

$=-3a\times 2b-3a\times(-3c)$ （かっこをはずす。）

$=$ ①[　　　]

分配法則

$\overset{①}{a}(b+c)=ab+ac$
（①　②）

$(a+b)\overset{①②}{c}=ac+bc$

例2 多項式を単項式でわる除法

教 p.17 → 基本問題 3

$(4x^2y-6xy^2)\div(-2xy)$ を計算しなさい。

考え方 乗法になおして計算する。

解き方 $(4x^2y-6xy^2)\div(-2xy)$

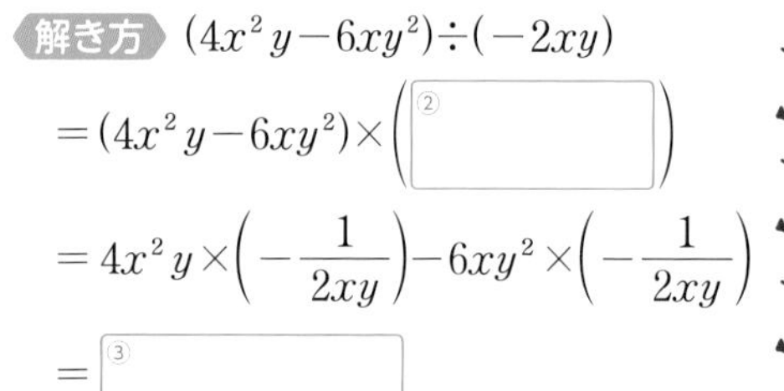

$=(4x^2y-6xy^2)\times\left(②[\quad]\right)$ （除法を乗法になおす。）

$=4x^2y\times\left(-\dfrac{1}{2xy}\right)-6xy^2\times\left(-\dfrac{1}{2xy}\right)$ （分配法則を利用する。）

$=$ ③[　　　] （符号(ふごう)に注意して約分する。）

$\dfrac{4x^2y}{-2xy}-\dfrac{6xy^2}{-2xy}$ のように計算することもできるよ。

例3 多項式の展開

教 p.19 → 基本問題 4

$(x+2)(y+3)$ を展開(てんかい)しなさい。

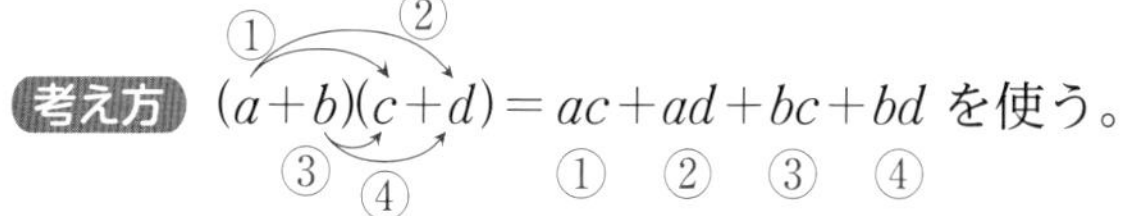

考え方 $(a+b)(c+d)=ac+ad+bc+bd$ を使う。
（① ② ③ ④）

解き方 $(x+2)(y+3)$

$=$ ④[　　　] （$y+3$ に x を，$y+3$ に 2 をかける。）

展開(てんかい)

単項式や多項式(たこうしき)の積を計算して，単項式の和の形に表すこと。

例4 多項式の展開（同類項をふくむ）

教 p.19 → 基本問題 5

$(a-5)(a+4b-2)$ を展開しなさい。

考え方 展開して，同類項があれば，同類項をまとめる。

解き方 $(a-5)(a+4b-2)$

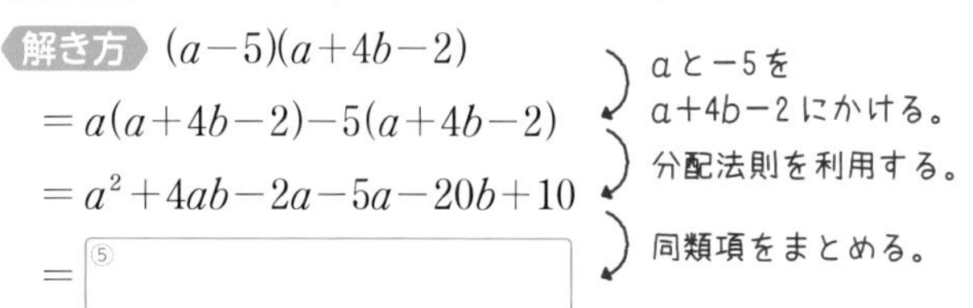

$=a(a+4b-2)-5(a+4b-2)$ （a と -5 を $a+4b-2$ にかける。）

$=a^2+4ab-2a-5a-20b+10$ （分配法則を利用する。）

$=$ ⑤[　　　] （同類項をまとめる。）

思い出そう

文字の部分が同じ項を同類項(どうるいこう)といい，

$3x+5x=(3+5)x=8x$

のようにまとめられる。

基本問題

解答 p.1

1 単項式と多項式の乗法　次の計算をしなさい。

教 p.16 問1

(1) $-4x(5x-y)$　(2) $(a+5b)\times 6a$

(3) $2x(3x-5y+4)$　(4) $(-4a^2+8a+2)\times\left(-\frac{1}{2}a\right)$

(4) $-4a^2\times\left(-\frac{1}{2}a\right)$

の符号に気をつけよう。

2 かっこをふくむ式の計算　次の計算をしなさい。

(1) $3x(x-4)+x(x+3)$　(2) $2a(5a-1)-a(1-3a)$

ここがポイント

同類項をふくむ式は，同類項をまとめて簡単な形にしよう。

3 多項式を単項式でわる除法　次の計算をしなさい。

(1) $(3x^2y-2xy^2)\div xy$　(2) $(12ab^2-16ab+4b)\div(-4b)$

(3) $(6a^2-4ab)\div\left(-\frac{a}{3}\right)$　(4) $(8x^2y+12xy^2)\div\frac{2}{5}xy$

4 多項式の展開　次の式を展開しなさい。

教 p.19 問2

(1) $(a+4)(b-2)$　(2) $(x-3)(y-1)$

5 多項式の展開　次の式を展開しなさい。

教 p.19 問3, 問4

(1) $(x+3)(x+5)$　(2) $(3a-2)(2a-4)$

(3) $(a+3)(6-a)$　(4) $(4x-y)(5x-y)$

(5) $(a+3)(a+b-1)$　(6) $(x-2y-4)(3x-y)$

(3)〜(6)では，展開したあとに，同類項をまとめるのを忘れないようにする。

左ページの例の答え　① $-6ab+9ac$　② $-\frac{1}{2xy}\left[\frac{1}{-2xy}\right]$　③ $-2x+3y$　④ $xy+3x+2y+6$　⑤ $a^2+4ab-7a-20b+10$

1　多項式の計算
3 展開の公式

例1　$(x+a)(x+b)$, $(x+a)^2$, $(x-a)^2$, $(x+a)(x-a)$ の展開

教 p.20〜23 → 基本問題 1

次の式を展開しなさい。

(1)　$(x-3)(x+5)$　　(2)　$(x+5)^2$　　(3)　$(x-4)^2$　　(4)　$(x+8)(x-8)$

考え方　それぞれ，右の展開の公式を使って，展開する。

解き方　(1)　公式[1]において，a が -3，b が 5 の場合である。

$(x-3)(x+5)=\{x+(-3)\}(x+5)$ ←公式[1]

$=x^2+\{(-3)+5\}x+(-3)\times 5$ （加える）（かける）

$=$ ①

(2)　$(x+5)^2=x^2+2\times 5\times x+5^2$ ←公式[2]（2倍）（2乗）

$=$ ②

(3)　$(x-4)^2=x^2-2\times 4\times x+4^2$ ←公式[3]（2倍）（2乗）

$=$ ③

(4)　$(x+8)(x-8)=x^2-8^2$ ←公式[4]

$=$ ④

展開の公式

[1]　$(x+a)(x+b)$
$=x^2+(a+b)x+ab$

[2]　$(x+a)^2$
$=x^2+2ax+a^2$
（和の平方）

[3]　$(x-a)^2$
$=x^2-2ax+a^2$
（差の平方）

[4]　$(x+a)(x-a)$
$=x^2-a^2$
（和と差の積）

例2　いろいろな式の展開

教 p.23 → 基本問題 2

次の式を展開しなさい。

(1)　$(x+3y)(x+2y)$　　(2)　$(5a+4b)(5a-4b)$

考え方　(1)では $3y$，$2y$ を，(2)では $5a$，$4b$ をそれぞれ1つの文字とみて，公式を利用する。

解き方　(1)　$(x+3y)(x+2y)=x^2+(3y+2y)x+3y\times 2y$ ←公式[1]

$=$ ⑤

(2)　$(5a+4b)(5a-4b)=(5a)^2-(4b)^2$ ←公式[4]

$=$ ⑥　←$(5a)^2$，$(4b)^2$ の計算に注意する。

例3　おきかえによる式の展開

教 p.24 → 基本問題 3

$(x-y+1)(x-y-3)$ を展開しなさい。

考え方　共通な式 $x-y$ を1つの文字でおきかえる。

解き方　$x-y=M$ とおくと，$(x-y+1)(x-y-3)=(M+1)(M-3)$　（公式[1]を使って展開する。）

$=M^2-2M-3$　（M を $x-y$ にもどす。）

$=(x-y)^2-2(x-y)-3$　（さらに展開して整理する。）

$=$ ⑦

基本問題

解答 p.1

1 展開の公式　次の式を展開しなさい。

教 p.21～23

(1) $(x+3)(x+1)$　(2) $(x-4)(x-5)$

(3) $\left(x-\dfrac{3}{5}\right)\left(x+\dfrac{2}{5}\right)$　(4) $\left(x+\dfrac{2}{3}\right)\left(x-\dfrac{1}{3}\right)$

(5) $(x+7)^2$　(6) $\left(x+\dfrac{1}{2}\right)^2$

(7) $(x-9)^2$　(8) $\left(x-\dfrac{2}{5}\right)^2$

(9) $(x-5)(x+5)$　(10) $\left(\dfrac{1}{3}+a\right)\left(\dfrac{1}{3}-a\right)$

ここがポイント

(1)～(4)は公式[1]，(5)(6)は公式[2]，(7)(8)は公式[3]，(9)(10)は公式[4] をそれぞれ利用する。

たいせつ

係数や定数項が分数でも公式は同じように使える。

例 $\left(x+\dfrac{1}{2}\right)^2$

$=x^2+2\times\dfrac{1}{2}\times x+\left(\dfrac{1}{2}\right)^2$

2 いろいろな式の展開　次の式を展開しなさい。

教 p.23 問5

(1) $(5x+4)(5x-3)$　(2) $(3a+4b)(3a-2b)$

(3) $(x-7y)(x-3y)$　(4) $(2a+3)^2$

(5) $\left(3x-\dfrac{1}{3}y\right)^2$　(6) $(3x-5y)(3x+5y)$

ここがポイント

(1) $5x$ を1つの文字とみて，公式を利用する。

(3)は次のように考えよう。
$\{x+(-7y)\}\{x+(-3y)\}$

3 おきかえ，いろいろな計算　次の計算をしなさい。

教 p.24 問6，問7

(1) $(x-y+5)(x-y-5)$　(2) $(a+b-2)^2$

(3) $(x+4)^2-2(x-5)(x+2)$

(4) $(2x+3y)(2x-3y)-4(x+y)^2$

ここがポイント

(1) $x-y=M$
(2) $a+b=M$ とおく。

ミス注意

(3) $-2(x-5)(x+2)$ は $-2(x^2-3x-10)$ と展開してから，かっこをはずす。

左ページの例の答え　① $x^2+2x-15$　② $x^2+10x+25$　③ $x^2-8x+16$　④ x^2-64　⑤ $x^2+5xy+6y^2$　⑥ $25a^2-16b^2$　⑦ $x^2-2xy+y^2-2x+2y-3$

解答 p.2

1　多項式の計算

1 次の計算をしなさい。

(1) $2x(4x-5)$　(2) $(8a-4b+1)\times(-5b)$　(3) $(5a-8b+c)\times(-3ab)$

(4) $(3x^2-9x)\div3x$　(5) $(2xy^2-4x^2y)\div\left(-\frac{2}{3}xy\right)$　(6) $4x(x-2)-x(3x+8)$

2 次の式を展開しなさい。

(1) $(a+2)(b-3)$　(2) $(2x-3y)(3x-y)$

(3) $(a-2b)(2a+b-3)$　(4) $(3x+4y-1)(2x-y)$

よく出る **3** 次の式を展開しなさい。

(1) $(x+6)(x-5)$　(2) $(a-9)(a+11)$　(3) $(x+12)^2$

(4) $(1-a)^2$　(5) $(9-x)(x+9)$　(6) $(4-x)(5-x)$

(7) $\left(a+\frac{1}{2}\right)\left(a-\frac{1}{3}\right)$　(8) $\left(x+\frac{3}{7}\right)^2$　(9) $\left(x-\frac{2}{3}\right)\left(x+\frac{2}{3}\right)$

4 次の式を展開しなさい。

(1) $(3x+5)(3x-2)$　(2) $(2x-7y)(2x+6y)$　(3) $(5a-2b)^2$

(4) $\left(\frac{1}{2}x+2\right)\left(\frac{1}{2}x-6\right)$　(5) $\left(3x+\frac{1}{2}y\right)^2$　(6) $(4a+5b)(5b-4a)$

3 (5) $(9+x)(9-x)$ として公式を利用する。
(6) $\{(-x)+4\}\{(-x)+5\}$ と変形して公式を利用する。
(7)～(9) 分数があっても，公式が使える。

5 次のような図形があります。

ア　1辺が x の正方形

イ　1辺が x で他の辺が1の長方形

ウ　1辺が1の正方形

アを1個，イを2個，ウを1個使って，$(x+1)^2=x^2+2x+1$ を表す図形の並べ方を右の図にかき入れて説明しなさい。

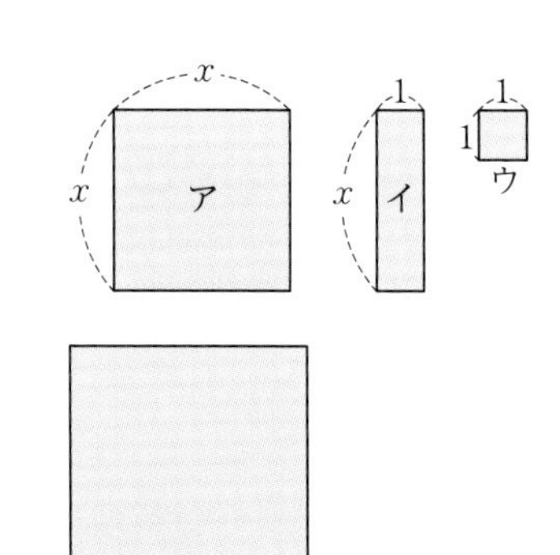

6 次の式を展開しなさい。

(1)　$(x+2y-1)(x+2y-5)$　　(2)　$(a-3b+2)^2$

(3)　$(x+y+1)(x+y-5)$　　レベルUP (4)　$(a-b+5)(a+b-5)$

7 次の計算をしなさい。

(1)　$(a-3b)^2-(a+4b)(a-4b)$　　(2)　$9x(x-2y)-(3x+4y)(3x-5y)$

入試問題をやってみよう！

1 次の式を展開しなさい。

(1)　$(x+4)^2$　〔沖縄〕　　(2)　$(3x-1)(4x+3)$　〔鳥取〕

2 次の計算をしなさい。

(1)　$(24x^2y-15xy)\div(-3xy)$　〔山形〕　　(2)　$(x+1)^2+(x-4)(x+2)$　〔和歌山〕

(3)　$(3x-1)^2+6x(1-x)$　〔熊本〕　　(4)　$(x+4)^2-(x-5)(x-4)$　〔神奈川〕

5 ア，イ，ウの面積はそれぞれ x^2，x，1になる。

6 (1)〜(3)　共通な式を1つの文字でおきかえると，展開の公式が使える形になる。

(4)　展開の公式を利用するために，$\{a-(b-5)\}\{a+(b-5)\}$ と変形する。

2 因数分解
1 因数分解　2 因数分解の公式(1)

例1 共通な因数と因数分解

教 p.27 → 基本問題1

$6x^2-3x$ を因数(いんすう)分解しなさい。

考え方 各項に共通な因数をふくむ多項式は，分配法則を使って，共通な因数をかっこの外にくくり出すことができる。

例　$Mx+My=M(x+y)$ ←Mは共通な因数

因数分解
多項式をいくつかの因数の積の形に表すこと。
例　x^2-5x+4
$=(x-1)(x-4)$
因数分解　展開

解き方 $6x^2$，$-3x$ に共通な因数は，

$6x^2=3x\times 2x$，$-3x=3x\times(-1)$

より $3x$ だから，これをくくり出すと，

$6x^2-3x=3x($ ① $)$

例2 $x^2+(a+b)x+ab$ の因数分解

教 p.28〜29 → 基本問題2

x^2-x-6 を因数分解しなさい。

ここがポイント
和が -1，積が -6 である2つの数を考える。

積が -6	和が -1
1と-6	~~-5~~
-1と6	~~5~~
2と-3	(-1)
-2と3	~~1~~

考え方 展開の公式

$(x+a)(x+b)=x^2+(a+b)x+ab$

を逆に使う。

解き方 積が -6 である2つの数のうち，和が -1 となるのは 2 と -3 だから，

x^2-x-6

$=x^2+\{2+(-3)\}x+2\times(-3)$

$=$ ② 　（公式[1]）

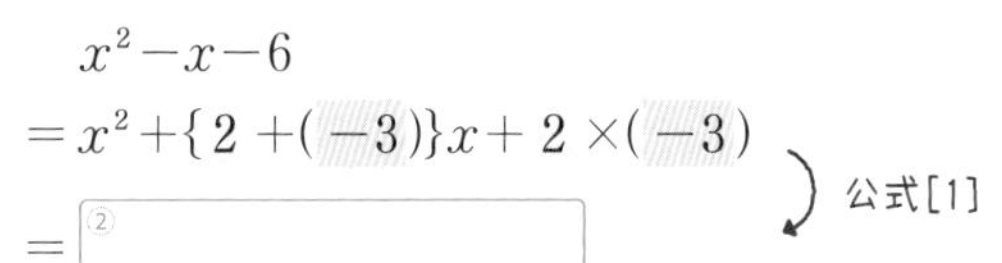

因数分解の公式
[1] $x^2+(a+b)x+ab=(x+a)(x+b)$
[2] $x^2+2ax+a^2=(x+a)^2$
[3] $x^2-2ax+a^2=(x-a)^2$

例3 $x^2+2ax+a^2$，$x^2-2ax+a^2$ の因数分解

教 p.30 → 基本問題3

次の式を因数分解しなさい。

(1) $x^2+12x+36$

(2) $x^2-10x+25$

考え方 展開の公式

$(x+a)^2=x^2+2ax+a^2$，$(x-a)^2=x^2-2ax+a^2$

を逆に使う。

解き方 (1) $x^2+12x+36=x^2+2\times 6\times x+6^2$

$=($ ③ $)^2$ 　（公式[2]）

(2) $x^2-10x+25=x^2-2\times 5\times x+5^2$

$=($ ④ $)^2$ 　（公式[3]）

(1)は，36が6の2乗で，xの係数が 2×6 だから公式[2]が，(2)は，25が5の2乗で，xの係数が -2×5 だから公式[3]が使えるよ！

基本問題

解答 p.2

1 共通な因数と因数分解　次の式を因数分解しなさい。

教 p.27 問1

(1)　$xy-6y$　　(2)　$3ax-9ay$

(3)　$ax+bx-cx$　　(4)　$x^3y^2-x^2y^3$

(5)　$\frac{1}{2}ax-\frac{1}{2}ay$　　(6)　$m(x-y)-n(x-y)$

共通な因数はすべてかっこの外にくくり出すので，たとえば(5)で $\frac{1}{2}(ax-ay)$ としないことに注意しよう。

2 $x^2+(a+b)x+ab$ の因数分解　次の式を因数分解しなさい。

教 p.29 問1，問2

(1)　$x^2+7x+10$　　(2)　$x^2+9x+18$

(3)　x^2-9x+8　　(4)　$x^2-16x+28$

(5)　x^2+3x-4　　(6)　$a^2+5a-14$

(7)　y^2-2y-3　　(8)　$m^2-4m-12$

(9)　a^2+a-6　　(10)　x^2-x-20

知ってると得

(1)は積も和も正の数だから，2つの数はともに正の数になる。
(3)は積が正の数，和が負の数だから，2つの数はともに負の数になる。
(5)は積が負の数だから，2つの数は異符号になる。

3 $x^2+2ax+a^2$, $x^2-2ax+a^2$ の因数分解　次の式を因数分解しなさい。

教 p.30 問3

(1)　x^2+2x+1　　(2)　$x^2-14x+49$

(3)　$x^2+8x+16$　　(4)　$x^2-20x+100$

(5)　$x^2-x+\frac{1}{4}$　　(6)　$x^2-\frac{2}{3}x+\frac{1}{9}$

ここがポイント

(5)　$x^2-2ax+a^2$ で $a=\frac{1}{2}$ と考える。

$x^2-x+\frac{1}{4}$

$=x^2-2\times\frac{1}{2}\times x+\left(\frac{1}{2}\right)^2$

左ページの例の答え　① $2x-1$　② $(x+2)(x-3)$　③ $x+6$　④ $x-5$

2 因数分解
2 因数分解の公式(2)

例1 x^2-a^2 の因数分解

教 p.31 → 基本問題 1

x^2-64 を因数分解しなさい。

考え方 展開の公式 $(x+a)(x-a)=x^2-a^2$ を逆に使う。

解き方 $x^2-64=x^2-8^2$ ←$64=8^2$

$=$ ①

[4] $x^2-a^2=(x+a)(x-a)$

例2 いろいろな式の因数分解

教 p.32 → 基本問題 2 3

次の式を因数分解しなさい。

(1) $9x^2+12x+4$　　(2) $49a^2-9b^2$

考え方 (1)は $3x$ を M とみて公式[2]，
(2)は $7a$ を M，$3b$ を N とみて公式[4]を利用する。

解き方 (1) $9x^2+12x+4$

$=(3x)^2+2\times2\times3x+2^2$　　$9x^2=(3x)^2$，$4=2^2$

$=$ ②　　$M^2+2\times2\times M+2^2=(M+2)^2$

(2) $49a^2-9b^2$

$=(7a)^2-(3b)^2$　　$49a^2=(7a)^2$，$9b^2=(3b)^2$

$=$ ③　　$M^2-N^2=(M+N)(M-N)$

ミス注意

(1) 公式[1]を利用して，
$9x^2+12x+4$
$=(3x)^2+(2+2)\times3x+2\times2$
$=(3x+2)(3x+2)$
と因数分解したときは，
必ず $(3x+2)^2$ としよう。

例3 おきかえによる因数分解

教 p.33 → 基本問題 4

次の式を因数分解しなさい。

(1) $(a-b)^2-4(a-b)-12$　　(2) $(x+y)^2-10x-10y+25$

考え方 (1)は $a-b=M$，(2)は $x+y=M$ とおく。

解き方 (1) $(a-b)^2-4(a-b)-12$

$=M^2-4M-12$　　$a-b=M$とおく。

$=(M+2)(M-6)$

$=$ ④　　Mを $a-b$ にもどす。

(2) $(x+y)^2-10x-10y+25$

$=(x+y)^2-10(x+y)+25$　　-10でくくると，$x+y$が出てくる。

$=M^2-10M+25$　　$x+y=M$とおき，公式[3]を利用。

$=(M-5)^2$

$=$ ⑤　　Mを $x+y$ にもどす。

(2) かっこでくくるとき，
$-10x-10y=-10(x-y)$
としないようにしよう！

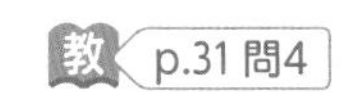

解答 p.3

1 x^2-a^2の因数分解　次の式を因数分解しなさい。

教 p.31 問4

(1)　y^2-81　　(2)　$25-x^2$

(3)　$x^2-\frac{1}{16}$　　(4)　$x^2-\frac{1}{36}$

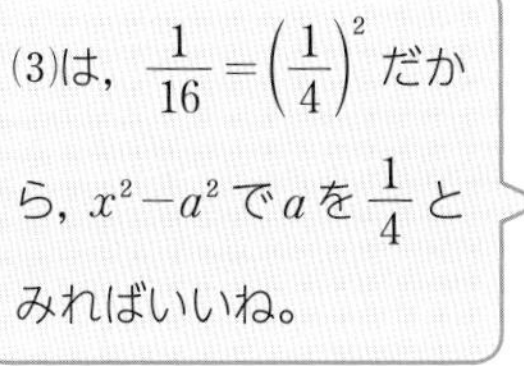

2 いろいろな式の因数分解　次の式を因数分解しなさい。

教 p.32 問6

(1)　$ax^2+2ax-3a$　　(2)　$-2xy^2+2xy+12x$

(3)　$2x^2-18$　　(4)　$3a^2b-12bc^2$

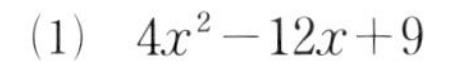

覚えておこう

因数分解で，はじめに考えることは，「共通な因数をくくり出せるか」ということ。

3 いろいろな式の因数分解　次の式を因数分解しなさい。

教 p.32 問7

(1)　$4x^2-12x+9$　　(2)　$x^2+14xy+49y^2$

(3)　$9x^2-6xy+y^2$　　(4)　$4a^2-1$

(5)　$36-25a^2$　　(6)　$16x^2-64y^2$

ここがポイント

(1)では，$4x^2=(2x)^2$ とみると，

$4x^2-12x+9$
$=(2x)^2-2\times3\times2x+3^2$

になるから，公式[3]が利用できる。

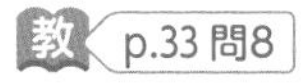

4 おきかえによる因数分解　次の式を因数分解しなさい。

教 p.33 問8

(1)　$(x-y)^2+8(x-y)+15$　　(2)　$(a+b)^2-(a+b)-30$

(3)　$(x-3)^2+2(x-3)-24$　　(4)　$(x+3)^2-8(x+3)+16$

(5)　$a(x-y)-b(x-y)$　　(6)　$mx-ny-nx+my$

ここがポイント

(1)　$x-y$ を M とおいて公式を利用する。

ミス注意

(6)　$mx-ny-nx+my$
$=m(x+y)-n(x+y)$
となる。符号に注意！

左ページの **例** の答え　① $(x+8)(x-8)$　② $(3x+2)^2$　③ $(7a+3b)(7a-3b)$　④ $(a-b+2)(a-b-6)$　⑤ $(x+y-5)^2$

確認のワーク ステージ1　3 式の計算の利用
1 式の計算の利用

例1 計算のくふう
教 p.34 →基本問題1

くふうして，次の計算をしなさい。

(1)　62×58　　　(2)　72^2-28^2

考え方 (1)は $62=60+2$，$58=60-2$ と考える。(2)は因数分解する。

解き方 (1)　$62\times58=(60+2)(60-2)$

$=60^2-2^2$　← $(x+a)(x-a)=x^2-a^2$ を利用して展開する。

$=$ ①［　　］

(2)　$72^2-28^2=(72+28)(72-28)$　← $x^2-a^2=(x+a)(x-a)$ を利用して因数分解する。

$=100\times$ ②［　　］

$=$ ③［　　］

例2 複雑な式に代入するときの式の値
教 p.34 →基本問題2

$x=2$，$y=-3$ のとき，$(4x^2y-8xy^2)\div2xy$ の値（あたい）を求めなさい。

考え方 式を簡単にしてから代入する。

解き方 $(4x^2y-8xy^2)\div2xy=2x-4y$　←式を簡単にする。

$x=2$，$y=-3$ を代入すると，$2\times$ ④［　　］ $-4\times(-3)$

$=$ ⑤［　　］

思い出そう
負の数には（ ）をつけて代入したね。

例3 式の計算の利用（数の性質）
教 p.35 →基本問題3

連続する2つの整数の積に大きい方の数を加えると大きい方の数の2乗になります。このことを証明しなさい。

考え方 n を整数とすると，連続する2つの整数は n，$n+1$ と表される。

証明 連続する2つの整数は，整数 n を使って，n，$n+1$ と表される。

このとき，これらの積に大きい方の数を加えたものは，

$n(n+1)+(n+1)=n^2+n+n+1$

$=n^2+2n+1$　←（整数）^{2} の形にするために，因数分解する。

$=($ ⑥［　　］$)^2$

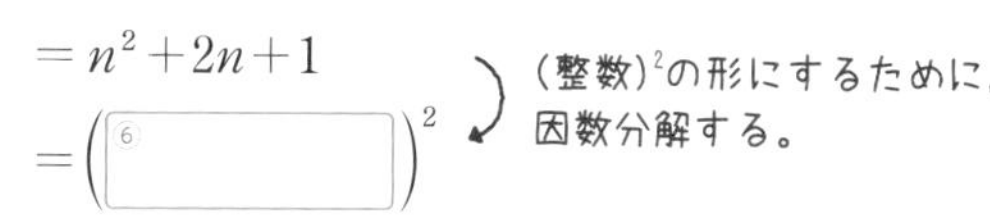

⑥［　　］は大きい方の数だから，連続する2つの整数の積に大きい方の数を加えると大きい方の数の2乗になる。

基本問題

1 計算のくふう くふうして，次の計算をしなさい。 教 p.34 問1

(1) 68×72　　(2) $101^2 - 99^2$　　(3) 99^2

2 複雑な式に代入するときの式の値 次の問いに答えなさい。 教 p.34 問2

(1) $a = 3.2$ のとき，$(a+3)^2 - a(a-4)$ の値を求めなさい。

(2) $a = 4$，$b = -3$ のとき，$a^2 - 2ab + b^2 - a + b$ の値を求めなさい。

(1) 式を簡単にしてから，数を代入する。
(2) 式を因数分解してから，数を代入する。

3 式の計算の利用（数の性質） 次の問いに答えなさい。 教 p.35 問3，問4

(1) 連続する 2 つの整数について，大きい方の 2 乗から小さい方の 2 乗をひいたときの差は，その 2 つの整数の和に等しくなります。このことを証明しなさい。

(2) 連続する 3 つの整数について，もっとも大きい数ともっとも小さい数の積に 1 を加えた数は，中央の数の 2 乗になります。このことを証明しなさい。

覚えておこう

n を整数とするとき，
(1) 連続する 2 つの整数は
n，$n+1$
(2) 連続する 3 つの整数は
$n-1$，n，$n+1$
と表せる。

4 式の計算の利用（図形の性質） 右の図のように，線分 AB 上に点 C をとり，AB，AC，CB をそれぞれ直径とする円をかきます。AC $= 2a$ cm，CB $= 2b$ cm とするとき，次の問いに答えなさい。 教 p.36 問5

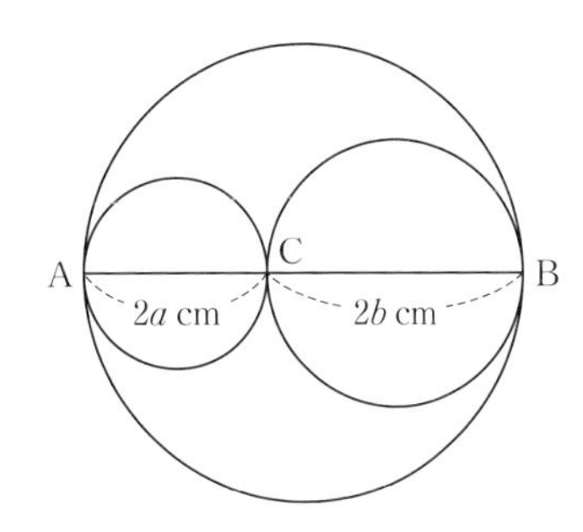

(1) 色のついた部分の面積を，a と b を用いて表しなさい。

(2) AB を直径とする円の円周は，AC を直径とする円の円周と CB を直径とする円の円周の和に等しいことを証明しなさい。

左ページの例の答え　① 3596　② 44　③ 4400　④ 2　⑤ 16　⑥ $n+1$

解答 p.4

2 因数分解 3 式の計算の利用

よく出る 1 次の式を因数分解しなさい。

(1) $6ax^2-3bx$ (2) a^2-9a (3) $x^2-5x-14$

(4) x^2+x-30 (5) $x^2-18x+81$ (6) $x^2+12x+32$

(7) x^2-144 (8) $y^2+22y+121$ (9) $x^2-9x-36$

2 次の式を因数分解しなさい。

(1) $2a^2b-12ab+18b$ (2) $25x^2-4y^2$ (3) $3x^2y+6xy-9xy^2$

(4) $-4x^2+24x-32$ (5) $4a^2-2ab+\frac{b^2}{4}$ (6) $x^2-\frac{y^2}{16}$

(7) $36a^2-81$ (8) $49x^2+42xy+9y^2$ (9) $45x^2y-20yz^2$

3 次の式を因数分解しなさい。

(1) $(x+2y)^2-10(x+2y)+25$ (2) $(x+7)^2-64$ (3) $2a(a-4)-(a-4)^2$

(4) $(2x-3)^2-(x-4)^2$ (5) $ab-a-b+1$ (6) $x^2+4x+4-y^2$

4 くふうして，次の計算をしなさい。

(1) 5.02×4.98 (2) $3.14\times29^2-3.14\times21^2$ (3) $51^2+2\times49\times51+49^2$

3 (1) $x+2y$ を１つの文字とみる。

(6) まず，x^2+4x+4 を因数分解する。

4 (3) $x=51$，$a=49$ とみれば，因数分解の公式[2]が利用できる。

5 次の式の値を求めなさい。

(1)　$x=3.2$，$y=1.8$ のとき，x^2-y^2 の値

(2)　$a=5.6$，$b=1.2$ のとき，a^2+9b^2-6ab の値

6 右の表は，ある月のカレンダーです。このカレンダーの中の $\begin{array}{|c|c|}\hline 7 & 8 \\ \hline 14 & 15 \\ \hline \end{array}$ のような4つの整数 $\begin{array}{|c|c|}\hline a & b \\ \hline c & d \\ \hline \end{array}$ について，$bc-ad$ を計算します。

(1)　b，c，d を a を使って表しなさい。

(2)　$bc-ad=7$ になることを証明しなさい。

日	月	火	水	木	金	土
					1	2
3	4	5	6	7	8	9
10	11	12	13	14	15	16
17	18	19	20	21	22	23
24	25	26	27	28	29	30
31						

7 右の図で，2つの円はそれぞれ AB，AC を直径とする円で，M は CB の中点です。CB を $2a$ cm，AM を直径とする円周の長さを ℓ cm，色のついた部分の面積を S cm^2 とするとき，$S=a\ell$ となることを証明しなさい。

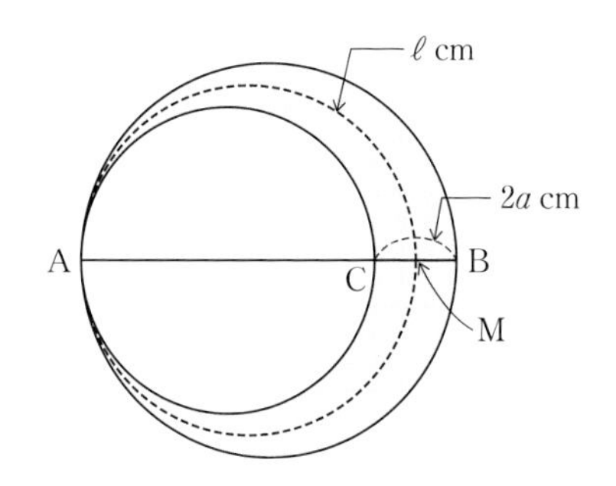

入試問題をやってみよう！

1 次の式を因数分解しなさい。

(1)　x^2-36　〔三重〕

(2)　$3a^2-24a+48$　〔京都〕

(3)　$2x^2-18$　〔北海道〕

(4)　$a(x+y)+2(x+y)$　〔長崎〕

(5)　$(x-4)^2+8(x-4)-33$　〔神奈川〕

(6)　$(a+2b)^2+a+2b-2$　〔大阪〕

2 $x=\dfrac{9}{2}$，$y=\dfrac{1}{2}$ のとき，$x^2-6xy+9y^2$ の値を求めなさい。求め方も書くこと。　〔山形〕

6 カレンダーでは，右に並ぶ数は1大きく，下に並ぶ数は7大きい。
7 AC $=2b$ cm とし，色のついた部分の面積 S と ℓ を，それぞれ a と b で表す。
2 因数分解してから数を代入して，式の値を求める。

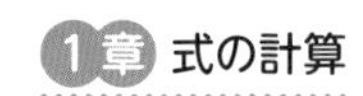

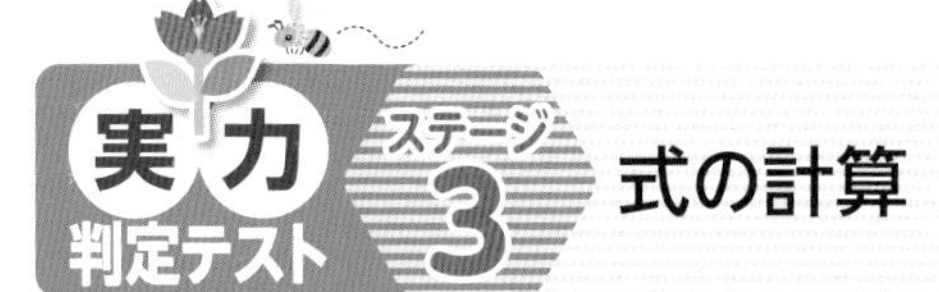

解答 p.5

実力判定テスト ステージ3 式の計算

40分　/100

よく出る 1 次の計算をしなさい。　4点×2（8点）

(1) $6a\left(\frac{1}{3}a-\frac{3}{2}b\right)$

（　　　　）

(2) $(6x^2y-8xy^2+10xy)\div\left(-\frac{2}{3}xy\right)$

（　　　　）

よく出る 2 次の式を展開しなさい。　4点×6（24点）

(1) $(x+5)(2x-3)$

（　　　　）

(2) $(x+2)(x-6)$

（　　　　）

(3) $(5x-8)^2$

（　　　　）

(4) $(7-3x)(3x+7)$

（　　　　）

(5) $(x-y-3)(x-y-8)$

（　　　　）

(6) $(x+2y+3)(x-2y-3)$

（　　　　）

3 次の計算をしなさい。　4点×2（8点）

(1) $(2x+1)(2x-1)-(2x-3)^2$

（　　　　）

(2) $(x-y)(x+2y)-x(x-3y)$

（　　　　）

よく出る 4 次の式を因数分解しなさい。　4点×4（16点）

(1) $6m^2n-2mn$

（　　　　）

(2) $x^2-11x+18$

（　　　　）

(3) a^2+6a-7

（　　　　）

(4) $25-y^2$

（　　　　）

目標 展開の公式や因数分解の公式はきちんと覚え，式の計算や因数分解が正確にできるようになろう。

自分の得点まで色をぬろう!

がんばろう! もう一歩 合格!

0 60 80 100点

5 次の式を因数分解しなさい。

4点×4（16点）

(1) $2a^2b-8b$

(　　)

(2) $9x^2-24xy+16y^2$

(　　)

(3) $4x^2-\dfrac{y^2}{9}$

(　　)

(4) $(x+1)^2+4(x+1)-5$

(　　)

6 次の問いに答えなさい。

4点×4（16点）

(1) くふうして，次の計算をしなさい。

① 43×37

(　　)

② $9\times28^2-9\times22^2$

(　　)

(2) 次の式の値を求めなさい。

① $x=97$ のとき，x^2+6x+9 の値

(　　)

② $a=83$，$b=23$ のとき，$a^2-2ab+b^2$ の値

(　　)

7 連続する 2 つの奇数の積に 1 を加えた数は，4 の倍数になることを証明しなさい。（6点）

(　　)

8 半径が r m，中心角が 120° のおうぎ形の土地のまわりに，幅が a m の道があります。道の中央を通る弧の長さを ℓ m，道の面積を S m^2 とするとき，$S=a\ell$ となることを証明しなさい。

（6点）

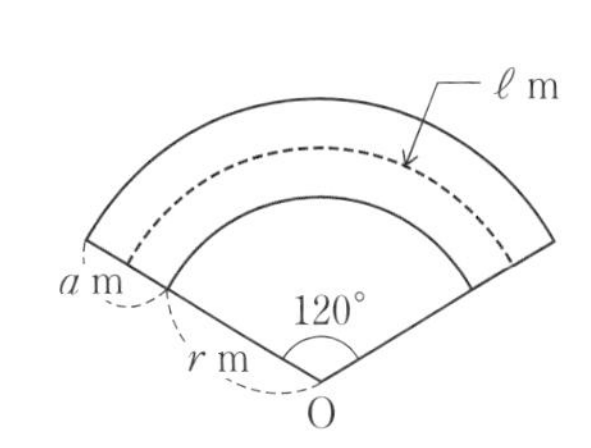

(　　)

アプリ【どこでもワーク計算編】をやって，さらに力をつけよう！

1　平方根
1 平方根

例1　2乗して a になる数と平方根

教 p.43 → 基本問題 1

次の数の平方根（へいほうこん）を求めなさい。

(1)　25　　(2)　$\dfrac{49}{121}$　　(3)　13

考え方　正の数の平方根は2つある。

解き方　(1)　$5^2=25$，$(-5)^2=25$ だから，

25の平方根は ①［　　］

(2)　$\left(\dfrac{7}{11}\right)^2=\dfrac{49}{121}$，$\left(-\dfrac{7}{11}\right)^2=\dfrac{49}{121}$

だから，$\dfrac{49}{121}$ の平方根は ②［　　］

(3)　$a^2=13$ を満たす整数や分数はないので，

根号（こんごう）（$\sqrt{}$）を使って，13の平方根は ③［　　］

たいせつ

a を正の数とするとき，a の平方根のうち
正の方を $\sqrt{a}$
負の方を $-\sqrt{a}$
と書く。
また，0の平方根は0だけだから，$\sqrt{0}=0$

例2　根号を使わずに表すことのできる数

教 p.47 → 基本問題 4 5

次の数を根号を使わずに表しなさい。

(1)　$\sqrt{64}$　　(2)　$-\sqrt{100}$　　(3)　$\sqrt{(-19)^2}$

考え方　(1)と(3)は平方根のうち正の方，(2)は負の方であることに注意する。

解き方　(1)　$\sqrt{64}=\sqrt{8^2}=$ ④［　　］

注　64の平方根は ±8 であるが，これと混同しないようにする。
$\sqrt{64}$ は64の平方根のうち，正の方になる。

(2)　$-\sqrt{100}=-\sqrt{10^2}=$ ⑤［　　］　　(3)　$\sqrt{(-19)^2}=\sqrt{19^2}=$ ⑥［　　］

a が正の数のとき，
$\sqrt{a^2}=a$，$\sqrt{(-a)^2}=a$

例3　平方根の大小

教 p.47～48 → 基本問題 6

次の2つの数の大小を，不等号を使って表しなさい。

(1)　$\sqrt{14}$，4　　(2)　$-\sqrt{5}$，-3

考え方　それぞれ2乗した数を比べる。

解き方　(1)　$(\sqrt{14})^2=14$，$4^2=16$ で，$14<16$ だから，

$\sqrt{14}<\sqrt{16}$ より ⑦［　　］

(2)　$(\sqrt{5})^2=5$，$3^2=9$ で，$5<9$ だから，$\sqrt{5}<\sqrt{9}$ より $\sqrt{5}<3$

よって，⑧［　　］

たいせつ

平方根の大小
a，b が正の数のとき
$a<b$ ならば
$\sqrt{a}<\sqrt{b}$

基本問題

解答 p.6

1 2乗して a になる数と平方根　次の数の平方根を求めなさい。 教 p.43 問1, 問2, p.45 問4

(1)　144　　(2)　0.09

(3)　$\frac{25}{64}$　　(4)　17

ここがポイント
正の数 a の平方根は $\pm\sqrt{a}$ の2つある。この2つの数は絶対値が等しく，符号が異なる。

2 計算機を使って近似値を求める　次の問いに答えなさい。 教 p.45 問5

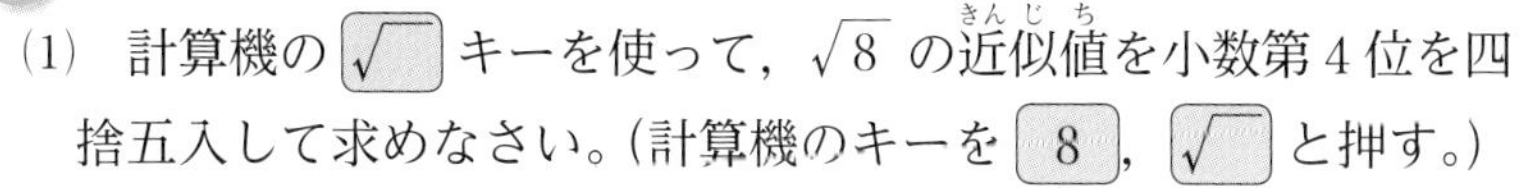

(1)　計算機の［$\sqrt{\ }$］キーを使って，$\sqrt{8}$ の近似値（きんじち）を小数第4位を四捨五入して求めなさい。（計算機のキーを［8］，［$\sqrt{\ }$］と押す。）

(2)　計算機を使って，面積が $12\,\text{cm}^2$ である正方形の1辺の長さを小数第2位を四捨五入して求めなさい。

近似値
真（しん）の値（あたい）に近い値を近似値という。たとえば，面積が $2\,\text{cm}^2$ の正方形の1辺の長さをものさしで測ると，およそ $1.4\,\text{cm}$ になるが，この1.4が $\sqrt{2}$ の近似値である。

3 $(\sqrt{a})^2$, $(-\sqrt{a})^2$ の値　次の値を求めなさい。 教 p.46 問6

(1)　$(\sqrt{11})^2$　　(2)　$-(\sqrt{7})^2$　　(3)　$(-\sqrt{5})^2$　　(4)　$-(-\sqrt{2})^2$

4 根号を使わずに表すことのできる数　次の数を根号を使わずに表しなさい。 教 p.47 問7

(1)　$\sqrt{49}$　　(2)　$\sqrt{\frac{9}{25}}$　　(3)　$-\sqrt{0.36}$　　(4)　$-\sqrt{(-12)^2}$

5 根号を使わずに表すことのできる数　次の(1)，(2)には誤りがあります。下線部をなおして，正しい文にしなさい。 教 p.47 問8

(1)　$\sqrt{49}=\underline{\pm 7}$ である。

(2)　196の平方根は $\underline{14}$ である。

ここがポイント
正の数 a の平方根は2つあり，
正の方は　$\sqrt{a}$
負の方は $-\sqrt{a}$

6 平方根の大小　次の2つの数の大小を，不等号を使って表しなさい。 教 p.48 問9, 問10

(1)　0，$\sqrt{3}$　　(2)　$\sqrt{7}$，3

(3)　-4，$-\sqrt{18}$　　(4)　$-\sqrt{27}$，-5

左ページの例の答え　① ± 5　② $\pm\frac{7}{11}$　③ $\pm\sqrt{13}$　④ 8　⑤ -10　⑥ 19　⑦ $\sqrt{14}<4$　⑧ $-\sqrt{5}>-3$

1 平方根
2 有理数と無理数

例1 有理数
教 p.49 → 基本問題 1

次の小数を分数で表しなさい。ただし，結果は，それ以上約分できない形で答えなさい。

(1) 0.8　　(2) 0.375　　(3) 2.05

考え方 小数は「10 分のいくつ」や「100 分のいくつ」と考えれば，分数に表せる。

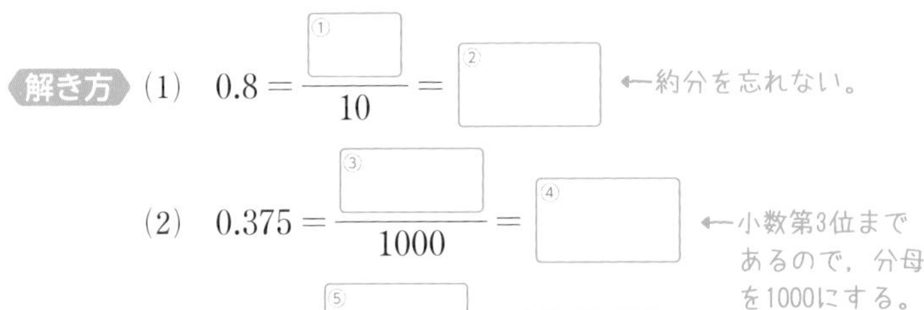

解き方 (1) $0.8=\dfrac{①}{10}=②$ ←約分を忘れない。

(2) $0.375=\dfrac{③}{1000}=④$ ←小数第3位まであるので，分母を1000にする。

(3) $2.05=\dfrac{⑤}{100}=⑥$

有理数
整数 m と 0 でない整数 n を用いて，分数 $\dfrac{m}{n}$ の形に表される数。整数 m は $\dfrac{m}{1}$ と表されるから，有理数（ゆうりすう）である。

例2 有理数と無理数
教 p.49〜50 → 基本問題 2 3

次の各数を，有理数と無理数に分けなさい。

$\sqrt{15}$, $\sqrt{0.36}$, $\sqrt{\dfrac{1}{3}}$, 0, $-\sqrt{\dfrac{9}{16}}$, $\sqrt{\dfrac{7}{11}}$

考え方 $\sqrt{\ \ }$ の中が ●^{2} の形であれば，根号を使わずに表すことができる有理数である。

解き方 $\sqrt{0.36}=\sqrt{(0.6)^2}=0.6$

0 は整数だから，有理数

$-\sqrt{\dfrac{9}{16}}=-\sqrt{\left(\dfrac{3}{4}\right)^2}=⑦$

したがって，有理数は ⑧，無理数は ⑨ である。

無理数
整数 m と 0 でない整数 n を用いて，分数 $\dfrac{m}{n}$ の形には表せない数が無理数（むりすう）である。

数 ｛有理数／無理数

例3 循環小数
教 p.51 → 基本問題 4

$0.\dot{1}\dot{8}$ を分数で表しなさい。

考え方 $0.\dot{1}\dot{8}\times100=18.181818\cdots\cdots$

これから，$0.\dot{1}\dot{8}$ をひくと，$0.\dot{1}\dot{8}\times99=18$

解き方 $0.\dot{1}\dot{8}=x$ とおくと，

$$\begin{array}{rl} 100x = & 18.1818\cdots\cdots \\ -)\quad x = & 0.1818\cdots\cdots \\ \hline 99x = & ⑩ \end{array}$$

$x=⑪$ ←約分した形で答える。

覚えておこう
循環（じゅんかん）小数は，循環する部分がわかるように，記号・を数字の上に書いて表す。

例 $0.333\cdots\cdots=0.\dot{3}$
$0.7181818\cdots\cdots=0.7\dot{1}\dot{8}$
$1.235235\cdots\cdots=1.\dot{2}3\dot{5}$

基本問題

1 有理数　次の小数を分数で表しなさい。ただし，結果は，それ以上約分できない形で答えなさい。　教 p.49 問1

(1)　1.2　　(2)　3.25　　(3)　0.625

2 有理数と無理数　次の各数を，有理数と無理数に分けなさい。　教 p.50 問2

$\sqrt{\dfrac{3}{5}}$，$-\sqrt{7}$，$\sqrt{64}$，$\sqrt{\dfrac{2}{3}}$，$\sqrt{0.16}$，π，$\sqrt{\dfrac{1}{9}}$

ここがポイント

- 円周率 π は無理数であることが知られている。
  $\pi = 3.141592653\cdots$
  と小数点以下には，同じ数字がくり返されることがなく無限に続く小数になる。
- $\sqrt{}$ の中が ○² になるか調べる。

3 有理数と無理数　数を右の図のように分類しました。次の数は右の図の①～④のどこに入るか記号で答えなさい。　教 p.50 問2

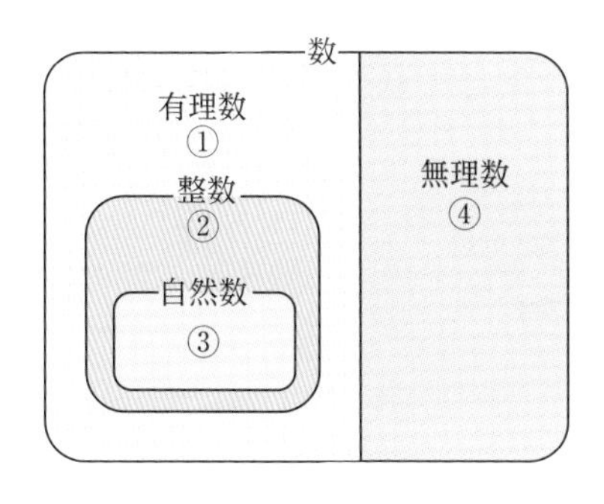

(1)　0.8　　(2)　$\sqrt{49}$

(3)　$\sqrt{10}$　　(4)　-6

4 循環小数　次の問いに答えなさい。　教 p.51

(1)　下の分類で， にあてはまる言葉を答えなさい。

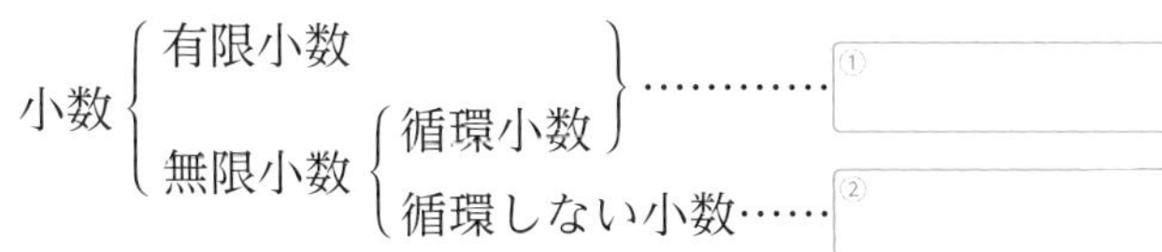

(2)　次の分数は循環小数で表し，循環小数は分数で表しなさい。

①　$\dfrac{5}{6}$　　②　$\dfrac{17}{11}$　　③　$0.\dot{7}$　　④　$1.\dot{6}\dot{2}$

- $\sqrt{2}$ …1.41421356
  一夜一夜に人見頃（ひとよひとよにひとみごろ）
- $\sqrt{3}$ …1.7320508
  人なみにおごれや（ひと）
- $\sqrt{5}$ …2.2360679
  富士山ろくオウム鳴く（ふじさん，な）
- $\sqrt{6}$ …2.4494897
  煮よよくよ焼くな（に，や）

③では，$x = 0.\dot{7}$ とおくと，$10x = 7.\dot{7}$ となるよ。

左ページの例の答え

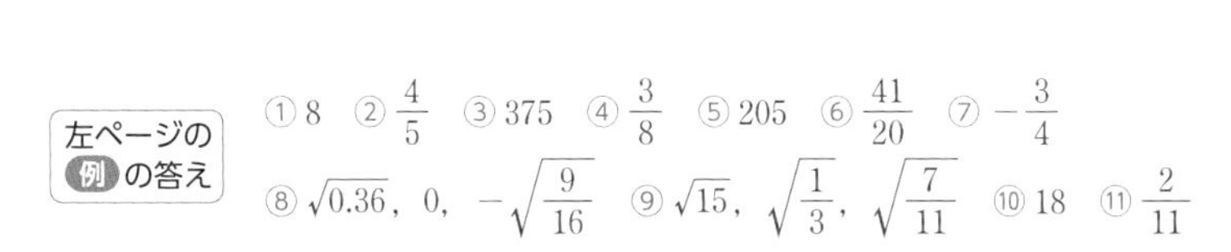

① 8　② $\dfrac{4}{5}$　③ 375　④ $\dfrac{3}{8}$　⑤ 205　⑥ $\dfrac{41}{20}$　⑦ $-\dfrac{3}{4}$
⑧ $\sqrt{0.36}$，0，$-\sqrt{\dfrac{9}{16}}$　⑨ $\sqrt{15}$，$\sqrt{\dfrac{1}{3}}$，$\sqrt{\dfrac{7}{11}}$　⑩ 18　⑪ $\dfrac{2}{11}$

解答 p.6

1 平方根

1 次の数の平方根を求めなさい。

(1) 900　(2) 0.01　(3) 0.4　(4) $\dfrac{64}{81}$

よく出る **2** 次の数を根号を使わずに表しなさい。

(1) $-\sqrt{\dfrac{16}{9}}$　(2) $-\sqrt{(-9)^2}$　(3) $\left(\sqrt{\dfrac{3}{4}}\right)^2$　(4) $(-\sqrt{0.2})^2$

3 次の文は正しいですか。正しければ○を，誤りがあれば下線部をなおして，正しい文にしなさい。

(1) 36の平方根は$\underline{6}$である。

(2) $\sqrt{100}=\underline{\pm10}$である。

(3) $-\sqrt{(-5)^2}=\underline{-5}$である。

(4) $\underline{\sqrt{0.9}}$と0.3は等しい。

よく出る **4** 次の各組の数の大小を，不等号を使って表しなさい。

(1) $12,\ \sqrt{140}$

(2) $-5,\ -\sqrt{23},\ -\sqrt{29}$

(3) $0.3,\ \sqrt{0.3}$

(4) $-\dfrac{1}{3},\ -\sqrt{\dfrac{1}{3}},\ -\sqrt{\dfrac{1}{2}}$

5 次の問いに答えなさい。

(1) $\sqrt{3}$をはさむ連続する2つの整数の求め方を説明しなさい。

(2) $1.73^2=2.9929$，$1.74^2=3.0276$より，$\sqrt{3}$の小数第2位の数を求めなさい。

3 aを正の数とするとき，aの平方根は2つあり，そのうち正の方を$\sqrt{a}$，負の方を$-\sqrt{a}$と書くことを忘れないようにする。

5 (1) $1^2=1$，$(\sqrt{3})^2=3$，$2^2=4$で，$1<3<4$から考える。

6 次の問いに答えなさい。

(1) 右の数直線上の点 A，B，C，D は，$\sqrt{3}$，$-\sqrt{4}$，-0.5，$\sqrt{6}$ のどれかと対応しています。A～D の点に対応する数をそれぞれ答えなさい。

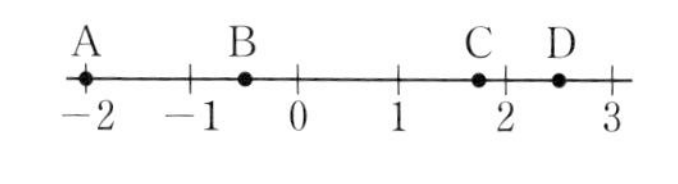

(2) n は 1 から 9 までの整数とします。$\sqrt{n}$ が無理数になるときの n の値をすべて答えなさい。

7 $\sqrt{17}$ を小数で表したとき，整数部分の数を答えなさい。また，小数第 1 位の数を答えなさい。

8 次の問いに答えなさい。

(1) $4.5<\sqrt{n}<5$ を満たす自然数 n の値をすべて求めなさい。

(2) $\sqrt{11}$ より大きく $\sqrt{51}$ より小さい整数はいくつありますか。

入試問題をやってみよう！

1 $5<\sqrt{n}<6$ を満たす自然数 n の個数を求めなさい。〔京都〕

2 $\sqrt{67-2n}$ の値が整数になるような自然数 n のうち，もっとも小さいものを求めなさい。〔長崎〕

3 n は自然数で，$8.2<\sqrt{n+1}<8.4$ です。このような n をすべて求めなさい。〔愛知〕

8 (1) $4.5^2=20.25$，$5^2=25$ だから，$20.25<n<25$

(2) $\sqrt{11}<n<\sqrt{51}$ とすると，$11<n^2<51$

2 $67-2n$ が $○^2$ の形になるときを考える。

2 根号をふくむ式の計算
1 根号をふくむ式の乗法と除法(1)

例1 平方根の積と商
教 p.55 → 基本問題 1

次の計算をしなさい。

(1) $\sqrt{17}\times\sqrt{3}$　　(2) $\sqrt{35}\div\sqrt{7}$

考え方 (1)は $\sqrt{17\times3}$ と変形し，(2)は $\sqrt{\dfrac{35}{7}}$ と変形する。

解き方 (1) $\sqrt{17}\times\sqrt{3}=\sqrt{17\times3}=$ ①

(2) $\sqrt{35}\div\sqrt{7}=\dfrac{\sqrt{35}}{\sqrt{7}}=\sqrt{\dfrac{35}{7}}=$ ②

たいせつ

a，b が正の数のとき

$\sqrt{a}\times\sqrt{b}=\sqrt{ab}$

$\sqrt{a}\div\sqrt{b}=\dfrac{\sqrt{a}}{\sqrt{b}}=\sqrt{\dfrac{a}{b}}$

例2 $\sqrt{a}$ の形に表す
教 p.55 → 基本問題 2

次の数を $\sqrt{a}$ の形に表しなさい。

(1) $2\sqrt{2}$　　(2) $\dfrac{\sqrt{48}}{4}$

考え方 (1)では $2=\sqrt{2^2}$，(2)では $4=\sqrt{4^2}$ と考える。

解き方 (1) $2\sqrt{2}=2\times\sqrt{2}=\sqrt{2^2}\times\sqrt{2}$

$=\sqrt{2^2\times2}$

$=$ ③

(2) $\dfrac{\sqrt{48}}{4}=\dfrac{\sqrt{48}}{\sqrt{4^2}}=\sqrt{\dfrac{48}{4^2}}$

$=\sqrt{\dfrac{48}{16}}=$ ④

たいせつ

a，b が正の数のとき

$a\sqrt{b}=\sqrt{a^2}\times\sqrt{b}$

$=\sqrt{a^2b}$

$\dfrac{\sqrt{b}}{a}=\dfrac{\sqrt{b}}{\sqrt{a^2}}=\sqrt{\dfrac{b}{a^2}}$

$2\times\sqrt{2}$，$\sqrt{2}\times2$ のような積は，乗法の記号×をはぶいて，$2\sqrt{2}$ と書くよ。

例3 根号の中を簡単にする
教 p.56 → 基本問題 3 4

次の数を，(1)は $a\sqrt{b}$ の形に，(2)は $\dfrac{\sqrt{b}}{a}$ の形に変形しなさい。

(1) $\sqrt{63}$　　(2) $\sqrt{\dfrac{3}{16}}$

考え方 63，16 を素因数分解して考える。

解き方 (1) $\sqrt{63}=\sqrt{9\times7}=\sqrt{9}\times\sqrt{7}=$ ⑤

(2) $\sqrt{\dfrac{3}{16}}=\dfrac{\sqrt{3}}{\sqrt{16}}=\dfrac{\sqrt{3}}{\sqrt{4^2}}$

$=$ ⑥

たいせつ

a，b が正の数のとき

$\sqrt{a^2b}=a\sqrt{b}$

$\sqrt{\dfrac{b}{a^2}}=\dfrac{\sqrt{b}}{a}$

思い出そう

自然数を，素数だけの積に表すことを素因数分解という。

基本問題

解答 p.7

1 平方根の積と商　次の計算をしなさい。

教 p.55 問1, 問2

(1) $\sqrt{2}\times\sqrt{19}$　　(2) $\sqrt{13}\times(-\sqrt{3})$

(3) $\sqrt{21}\div\sqrt{7}$　　(4) $(-\sqrt{48})\div\sqrt{8}$

思い出そう

(2)と(4)は
(正の数)×(負の数)
(負の数)÷(正の数)
符号はどちらも －
(マイナス) となる。

2 $\sqrt{a}$ の形に表す　次の数を $\sqrt{a}$ の形に表しなさい。

教 p.55 問3

(1) $3\sqrt{3}$　　(2) $5\sqrt{7}$

(3) $7\sqrt{2}$　　(4) $\dfrac{\sqrt{6}}{2}$

(5) $\dfrac{\sqrt{75}}{5}$　　(6) $\dfrac{\sqrt{72}}{6}$

(4)～(6)では

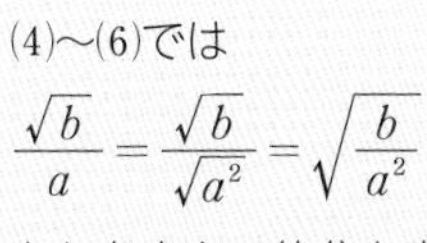

$\dfrac{\sqrt{b}}{a}=\dfrac{\sqrt{b}}{\sqrt{a^2}}=\sqrt{\dfrac{b}{a^2}}$

としたあと，約分を忘れないようにしよう！

3 根号の中を簡単にする　次の数を $a\sqrt{b}$ の形に変形しなさい。

教 p.56 問4, 問5

(1) $\sqrt{20}$　　(2) $\sqrt{28}$

(3) $\sqrt{32}$　　(4) $\sqrt{84}$

(5) $\sqrt{112}$　　(6) $\sqrt{450}$

ここがポイント

$\sqrt{}$ の中の数を素因数分解する。

例
2) 450
3) 225
3) 75
5) 25
　 5

⇨ $450=2\times3^2\times5^2$

4 根号の中を簡単にする　次の数を $\dfrac{\sqrt{b}}{a}$ の形に変形しなさい。

教 p.56 問6

(1) $\sqrt{\dfrac{5}{36}}$　　(2) $\sqrt{\dfrac{11}{49}}$

(3) $\sqrt{0.06}$　　(4) $\sqrt{0.12}$

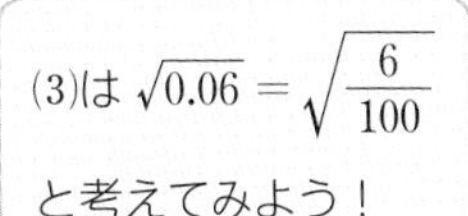

(3)は $\sqrt{0.06}=\sqrt{\dfrac{6}{100}}$ と考えてみよう！

左ページの例の答え　① $\sqrt{51}$　② $\sqrt{5}$　③ $\sqrt{8}$　④ $\sqrt{3}$　⑤ $3\sqrt{7}$　⑥ $\dfrac{\sqrt{3}}{4}$

確認のワーク ステージ1

2 根号をふくむ式の計算
1 根号をふくむ式の乗法と除法(2)

例1 平方根の乗法

教 p.57 → 基本問題 1

次の計算をしなさい。

(1) $\sqrt{12}\times\sqrt{50}$　　(2) $\sqrt{6}\times\sqrt{10}$

$\sqrt{12}=2\sqrt{3}$, $\sqrt{50}=5\sqrt{2}$ とすれば，単項式の乗法 $2a\times5b=10ab$ と同じように計算できるね！

考え方 素因数分解を利用して，根号の外に数を出して根号の中を簡単にする。

(1) $\sqrt{12}=\sqrt{2^2\times3}=2\sqrt{3}$，$\sqrt{50}=\sqrt{5^2\times2}=5\sqrt{2}$ とする。

(2) $\sqrt{6}\times\sqrt{10}=\sqrt{6\times10}=\sqrt{2\times3\times2\times5}$ とする。

解き方 (1) $\sqrt{12}\times\sqrt{50}=\sqrt{2^2\times3}\times\sqrt{5^2\times2}$

$=2\sqrt{3}\times5\sqrt{2}$　← 2と5を根号の外に出す。

$=2\times5\times\sqrt{3}\times\sqrt{2}$　← 単項式の積と同じように計算する。

$=$ ①　← $2\times5=10$，$\sqrt{3}\times\sqrt{2}=\sqrt{6}$

(2) $\sqrt{6}\times\sqrt{10}=\sqrt{6\times10}$

$=\sqrt{2\times3\times2\times5}$　← 根号の中を $a^2\times b$ にする。

$=\sqrt{2^2\times3\times5}$　← 2を根号の外に出す。

$=2\times\sqrt{3\times5}$　← $a\sqrt{b}$ の形で表す。

$=$ ②

たいせつ

平方根の乗法で，計算結果に根号をふくむ場合，根号の中は，できるだけ小さい自然数にしておく。

例 $\sqrt{6}\times\sqrt{30}=2\sqrt{45}$ …×
$\sqrt{6}\times\sqrt{30}=6\sqrt{5}$ …○

例2 分母の有理化

教 p.58 → 基本問題 2 3

次の問いに答えなさい。

(1) $\dfrac{21}{\sqrt{7}}$ の分母を有理化しなさい。

(2) $\sqrt{8}\div\sqrt{3}$ を計算しなさい。

考え方 (1) $\sqrt{7}$ を分母と分子にかける。

(2) 除法の計算の結果は，ふつう，分母を有理化して，分母に根号をふくまない形にしておく。

解き方 (1) $\dfrac{21}{\sqrt{7}}=\dfrac{21\times\sqrt{7}}{\sqrt{7}\times\sqrt{7}}=\dfrac{21\sqrt{7}}{7}$

$=$ ③　← $a\sqrt{b}$ の形で表す。

(2) $\sqrt{8}\div\sqrt{3}=\dfrac{\sqrt{8}}{\sqrt{3}}=\dfrac{2\sqrt{2}}{\sqrt{3}}=\dfrac{2\sqrt{2}\times\sqrt{3}}{\sqrt{3}\times\sqrt{3}}$　← 分母と分子に $\sqrt{3}$ をかけて，分母を有理化する。

$=$ ④　← $\dfrac{b\sqrt{c}}{a}$ の形で表す。

分母の有理化

分母に根号がある数は，分母と分子に同じ数をかけて，分母に根号をふくまない形に変えることができる。このことを，分母を有理化(ゆうりか)するという。

基本問題

解答 p.7

1 平方根の乗法　次の計算をしなさい。

教 p.57 問7

(1) $7\sqrt{3}\times(-2\sqrt{2})$　(2) $\sqrt{6}\times\sqrt{12}$

(3) $\sqrt{27}\times\sqrt{20}$　(4) $\sqrt{5}\times\sqrt{45}$

(5) $3\sqrt{2}\times\sqrt{8}$　(6) $\sqrt{40}\times(-\sqrt{54})$

(7) $-2\sqrt{3}\times3\sqrt{6}$　(8) $(-4\sqrt{15})\times(-2\sqrt{12})$

ここがポイント

(3) $\sqrt{27}=3\sqrt{3}$，$\sqrt{20}=2\sqrt{5}$
(6) $\sqrt{40}=2\sqrt{10}$，$\sqrt{54}=3\sqrt{6}$
のように，根号の中を簡単にしてから計算する。

2 分母の有理化　次の数の分母を有理化しなさい。

教 p.58 問8

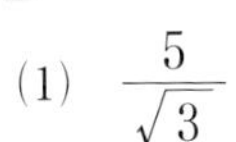

(1) $\dfrac{5}{\sqrt{3}}$　(2) $\dfrac{\sqrt{6}}{\sqrt{7}}$

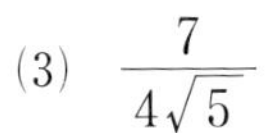

(3) $\dfrac{7}{4\sqrt{5}}$　(4) $\dfrac{10}{3\sqrt{5}}$

(5) $\dfrac{15}{\sqrt{18}}$　(6) $\dfrac{4}{\sqrt{12}}$

(7) $\dfrac{3\sqrt{2}}{\sqrt{6}}$　(8) $\dfrac{\sqrt{8}}{2\sqrt{10}}$

知ってると得

(5) 分母と分子に $\sqrt{18}$ をかけるのではなく，分母を $a\sqrt{b}$ の形に変形してから，有理化する。

3 平方根の除法　次の計算をしなさい。

教 p.58 問9

(1) $\sqrt{2}\div\sqrt{7}$　(2) $5\sqrt{3}\div(-\sqrt{20})$

(3) $-\sqrt{165}\div\sqrt{11}$　(4) $\sqrt{63}\div\sqrt{14}$

① $\sqrt{m}\div\sqrt{n}=\sqrt{\dfrac{m}{n}}$
② $\sqrt{\ }$ の中を約分する。
③ 分母を有理化する。
の順に計算するとよい。

左ページの例の答え　① $10\sqrt{6}$　② $2\sqrt{15}$　③ $3\sqrt{7}$　④ $\dfrac{2\sqrt{6}}{3}$

2　根号をふくむ式の計算
2 根号をふくむ式の加法と減法　3 いろいろな計算

例1 根号をふくむ式の加法と減法

教 p.59～60 →基本問題1

次の計算をしなさい。

(1)　$4\sqrt{3}+5\sqrt{3}$　　(2)　$\sqrt{48}-\sqrt{27}$

考え方 (1)　$4a+5a=(4+5)a$ と同じように計算する。

(2)　$\sqrt{48}=\sqrt{4^2\times3}$，$\sqrt{27}=\sqrt{3^2\times3}$ より，$a\sqrt{b}$ に変形する。

解き方 (1)　$4\sqrt{3}+5\sqrt{3}=(4+5)\sqrt{3}$ ←同類項の計算と同じように計算できる。

$=$ ①

(2)　$\sqrt{48}-\sqrt{27}=4\sqrt{3}-3\sqrt{3}$ ←それぞれ$a\sqrt{b}$に変形する。

$=(4-3)\sqrt{3}$ ←同類項の計算と同じように計算できる。

$=$ ②

覚えておこう

$\sqrt{\ }$ の中が同じ数の加法や減法では，分配法則

$ma+na=(m+n)a$

を使って計算する。

$\sqrt{\ }$ の中が異なる数のときは，$\sqrt{a^2\times b}=a\sqrt{b}$ の変形によって，和や差が計算できないか考える。

例2 分母の有理化と加法

教 p.60 →基本問題2

$\sqrt{2}-\sqrt{8}+\dfrac{6}{\sqrt{2}}$ を計算しなさい。

考え方 $\sqrt{8}$ と $\dfrac{6}{\sqrt{2}}$ を $○\sqrt{2}$ の形に変形して，分配法則を使う。

解き方 $\sqrt{2}-\sqrt{8}+\dfrac{6}{\sqrt{2}}=\sqrt{2}-\sqrt{2^2\times2}+\dfrac{6\times\sqrt{2}}{\sqrt{2}\times\sqrt{2}}$

$=\sqrt{2}-2\sqrt{2}+$ ③ ←約分を忘れない。

$=$ ④ ←分配法則を使って，まとめる。

たいせつ

$a\sqrt{b}$ の形に変形したり，分母を有理化して，根号の中の数を，できるだけ簡単にすることを考える。

例3 いろいろな計算

教 p.61～62 →基本問題3

次の計算をしなさい。

(1)　$\sqrt{5}(\sqrt{5}-\sqrt{10})$　　(2)　$(\sqrt{3}+2)(\sqrt{3}-4)$

考え方 (1)　分配法則 $m(a+b)=ma+mb$ を利用する。

(2)　展開の公式[1] $(x+a)(x+b)=x^2+(a+b)x+ab$ を利用する。

解き方 (1)　$\sqrt{5}(\sqrt{5}-\sqrt{10})=\sqrt{5}\times\sqrt{5}-\sqrt{5}\times\sqrt{10}$ ←分配法則

$\sqrt{5}\times\sqrt{10}=\sqrt{50}=5\sqrt{2}$

$=$ ⑤

(2)　$(\sqrt{3}+2)(\sqrt{3}-4)=(\sqrt{3})^2+\{2+(-4)\}\sqrt{3}+2\times(-4)$ ←$\sqrt{3}$をx，2をa，−4をbとみて，展開の公式[1]を利用する。

$=$ ⑥

基本問題

解答 p.8

1 根号をふくむ式の加法と減法　次の計算をしなさい。

教 p.59 問1, 問2, p.60 問3

(1)　$3\sqrt{5}+7\sqrt{5}$　　(2)　$2\sqrt{7}-\sqrt{7}$

(3)　$-2\sqrt{2}+5\sqrt{2}-\sqrt{2}$　　(4)　$8\sqrt{3}-9\sqrt{3}+\sqrt{3}$

(5)　$\sqrt{80}-\sqrt{5}$　　(6)　$3\sqrt{12}-\sqrt{75}$

(7)　$\sqrt{45}-6\sqrt{5}+3\sqrt{20}$　　(8)　$\sqrt{8}+4\sqrt{3}-\sqrt{32}+\sqrt{12}$

(1)～(4)は分配法則を使って，同類項の計算と同じように考える。(5)～(8)は$\sqrt{a^2\times b}=a\sqrt{b}$ の変形を考えればいいね。

2 分母の有理化と加法　次の計算をしなさい。

教 p.60 問4

(1)　$\dfrac{18}{\sqrt{6}}+5\sqrt{6}$　　(2)　$\sqrt{28}-\dfrac{21}{\sqrt{7}}$

(3)　$\dfrac{2}{\sqrt{3}}+\dfrac{\sqrt{3}}{2}$　　(4)　$\sqrt{40}-\sqrt{\dfrac{2}{5}}$

ここがポイント

根号の中の数を，できるだけ簡単にすることを考えよう。

3 いろいろな計算　次の計算をしなさい。

教 p.61 問1, p.62 問2

(1)　$3\sqrt{2}(\sqrt{10}-\sqrt{8})$　　(2)　$\dfrac{1}{\sqrt{3}}(\sqrt{12}-\sqrt{6})$

(3)　$(\sqrt{5}-2)(4\sqrt{5}+5)$　　(4)　$(\sqrt{2}+3)(\sqrt{2}-5)$

(5)　$(3\sqrt{2}+2\sqrt{5})(3\sqrt{2}-2\sqrt{5})$　　(6)　$(\sqrt{7}-\sqrt{2})^2$

思い出そう

展開の公式

[1]　$(x+a)(x+b)$
$=x^2+(a+b)x+ab$

[2]　$(x+a)^2$
$=x^2+2ax+a^2$

[3]　$(x-a)^2$
$=x^2-2ax+a^2$

[4]　$(x+a)(x-a)$
$=x^2-a^2$

4 式の値　$x=\sqrt{3}+1$，$y=\sqrt{3}-1$ のとき，次の式の値を求めなさい。

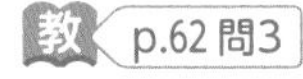

(1)　$x+y$　　(2)　$x-y$

(3)　xy　　(4)　x^2-y^2

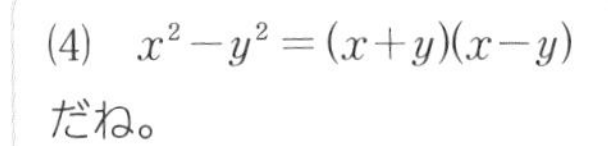

左ページの例の答え

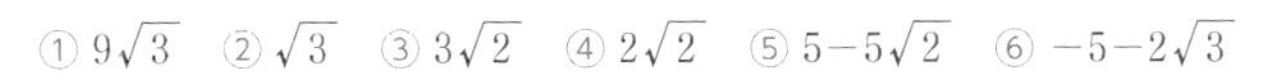

2 根号をふくむ式の計算
4 近似値と有効数字

例1 平方根の近似値

教 p.63〜64 → 基本問題 1

$\sqrt{5}=2.236$ とするとき，次の値を求めなさい。

(1) $\sqrt{20}$　(2) $\sqrt{0.05}$　(3) $\dfrac{1}{\sqrt{5}}$

考え方 $\sqrt{5}=2.236$ を利用できるように，(1)は $a\sqrt{b}$ の形に変形し，(2)は 0.05 を分数にする。また，(3)は分母を有理化する。

解き方 (1) $\sqrt{20}=2\sqrt{5}=2\times2.236=$ ①[　　]

$\sqrt{20}=\sqrt{2^2\times5}=2\sqrt{5}$

(2) $\sqrt{0.05}=\sqrt{\dfrac{5}{②[\ ]}}=\dfrac{\sqrt{5}}{\sqrt{②[\ ]}}=\dfrac{2.236}{③[\ ]}=$ ④[　　]

(3) $\dfrac{1}{\sqrt{5}}=\dfrac{1\times\sqrt{5}}{\sqrt{5}\times\sqrt{5}}$ ← $\dfrac{1}{2.236}$ としないように注意する。

$=\dfrac{\sqrt{5}}{5}=$ ⑤[　　]

思い出そう
近似値…真の値に近い値のこと
ここでは，$\sqrt{5}$ の近似値である 2.236 を使って，$\sqrt{20}$ や $\sqrt{0.05}$，$\dfrac{1}{\sqrt{5}}$ の近似値を求める。

例2 誤差と有効数字

教 p.65〜66 → 基本問題 2 3

ある教科書の重さの測定値 450 g が，小数第 1 位を四捨五入した近似値であるとします。

(1) 真の値を a g とするとき，a の値の範囲を，不等号を使って表しなさい。

(2) 誤差（ごさ）の絶対値は何 g 以下と考えられますか。

(3) この値の有効数字を答えなさい。また，この重さを整数の部分が 1 けたの数と，10 の累乗（るいじょう）との積の形で表しなさい。

解き方 (1) 小数第 1 位を四捨五入しているから，

⑥[　　] $\leqq a<$ ⑦[　　]

(2) 誤差は(近似値)−(真の値)で求められるから，

⑧[　　] g 以下である。

(3) 有効数字は 4，5，⑨[　　] だから，

$450=$ ⑩[　　] $\times100$

$=4.50\times$ ⑪[　　] (g)

有効数字
近似値を表す数のうち，信頼できる数字を**有効数字**（ゆうこうすうじ）という。近似値の有効数字をはっきり示す場合には，整数の部分が 1 けたの数と，10 の累乗との積の形で表す。

整数の部分が 1 けたの数
↓
$\bigcirc\times10^{\square}$ ←自然数

基本問題

1 平方根の近似値 $\sqrt{2}=1.414$，$\sqrt{3}=1.732$ とするとき，次の値を求めなさい。

(1) $\sqrt{50}$　　(2) $\dfrac{3}{\sqrt{2}}$

(3) $\sqrt{12}$　　(4) $\sqrt{4800}$

(5) $\sqrt{0.08}$　　(6) $\sqrt{32}-\sqrt{27}$

(5) $\sqrt{0.08}=\sqrt{\dfrac{8}{100}}=\dfrac{\sqrt{8}}{10}$

$=\dfrac{2\sqrt{2}}{10}=\dfrac{\sqrt{2}}{5}$

とすればいいね！

2 誤差と有効数字 ある長さの測定値 2.9 m が，小数第 2 位を四捨五入した近似値であるとします。

教 p.65 問3

(1) 真の値を a m とするとき，a の値の範囲を，不等号を使って表しなさい。

(2) 誤差の絶対値は何 m 以下と考えられますか。

近似値の範囲を図に表すと，次のようになるね。

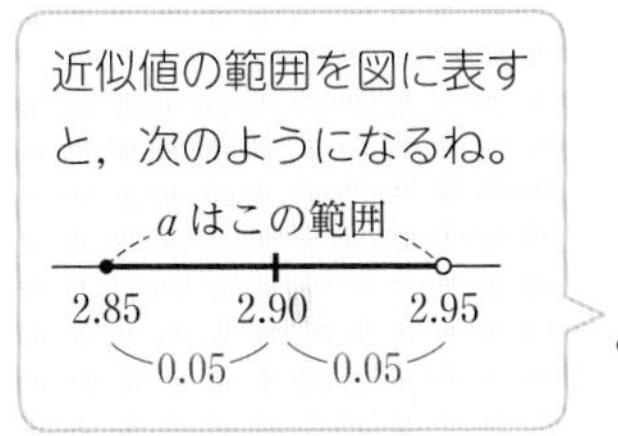

3 近似値と有効数字 次の問いに答えなさい。

(1) 2 地点間の距離の測定値 3780 m が，一の位を四捨五入した近似値である場合，この距離の有効数字を答えなさい。また，真の値を a m とするとき，a の値の範囲を，不等号を使って表しなさい。

(2) ある木の高さを測ったところ，12.0 m になりました。この値は，何 m の位まで測ったものですか。

有効数字の最後のけたが 0 かどうかに注意する。

例　真の値を a とすると

8.4×10^2

→ $835 \leqq a < 845$

8.40×10^2

→ $839.5 \leqq a < 840.5$

(3) ある品物の重さを，最小のめもりが 10 g であるはかりで量ったところ，2400 g になりました。この重さを，整数の部分が 1 けたの数と，10 の累乗との積の形で表しなさい。

(4) ある長さの測定値 5380 m の有効数字が 5，3，8 のとき，この長さを，整数の部分が 1 けたの数と，10 の累乗との積の形で表しなさい。

左ページの例の答え　① 4.472　② 100　③ 10　④ 0.2236　⑤ 0.4472　⑥ 449.5　⑦ 450.5　⑧ 0.5　⑨ 0　⑩ 4.50　⑪ 10^2

2 根号をふくむ式の計算

1 次の計算をしなさい。

(1) $\sqrt{21}\times\dfrac{\sqrt{7}}{7}$　　(2) $14\div\sqrt{21}$　　(3) $\sqrt{45}\div3\sqrt{7}\times(-\sqrt{14})$

2 次の数の分母を有理化しなさい。

(1) $\sqrt{\dfrac{5}{6}}$　　(2) $\dfrac{6\sqrt{2}}{\sqrt{24}}$　　(3) $\dfrac{\sqrt{15}}{\sqrt{2}\times\sqrt{3}}$　　(4) $\dfrac{\sqrt{14}-\sqrt{3}}{\sqrt{2}}$

3 $\sqrt{3}=1.732$，$\sqrt{30}=5.477$ とするとき，次の値を求めなさい。

(1) $\sqrt{0.003}$　　(2) $\sqrt{27}$　　(3) $\dfrac{6}{\sqrt{3}}$

よく出る **4** 次の計算をしなさい。

(1) $\dfrac{\sqrt{2}}{5}+\dfrac{4\sqrt{2}}{5}$　　(2) $\dfrac{\sqrt{20}}{2}-\dfrac{\sqrt{45}}{3}$　　(3) $\dfrac{6}{\sqrt{12}}+\dfrac{1}{\sqrt{3}}$

(4) $\sqrt{48}-\sqrt{15}\div\sqrt{5}$　　(5) $\dfrac{25}{\sqrt{5}}-2\sqrt{3}\times\sqrt{15}$　　(6) $\sqrt{2}\times\sqrt{6}-4\sqrt{3}+\dfrac{7}{\sqrt{3}}$

5 次の計算をしなさい。

(1) $(\sqrt{20}-\sqrt{5})\times\sqrt{45}$　　(2) $\sqrt{6}(\sqrt{24}-2\sqrt{8})$

(3) $(\sqrt{5}+2)(\sqrt{5}-4)$　　(4) $(\sqrt{3}+\sqrt{6})^2$

(5) $(\sqrt{7}+\sqrt{2})(\sqrt{7}-\sqrt{2})$　　(6) $(\sqrt{2}+1)^2-\dfrac{6}{\sqrt{2}}$

2 (3) 分母と分子に $\sqrt{2}\times\sqrt{3}=\sqrt{6}$ をかけるか，先に $\sqrt{15}$ と $\sqrt{3}$ を約分する。
(4) 分母と分子に $\sqrt{2}$ をかけ，分子の $(\sqrt{14}-\sqrt{3})\times\sqrt{2}$ を計算してから約分する。

3 (3) 分母を有理化してから代入する。

よく出る **6** 次の問いに答えなさい。

(1)　$\sqrt{2}=1.414$ とするとき，$(\sqrt{2}-1)^2$ の値を求めなさい。

(2)　あるタンクの水の量の測定値 18300 L の有効数字が 4 けた（1，8，3，0）のとき，この水の量を，整数の部分が 1 けたの数と，10 の累乗との積の形で表しなさい。

7 $\sqrt{10}$ の小数部分を a とします。

(1)　$\sqrt{10}$ の整数部分を求め，a の値の求め方を説明しなさい。

(2)　$a(a+6)$ の値を求めなさい。

入試問題をやってみよう！

1 次の計算をしなさい。

(1)　$\sqrt{32}-\sqrt{18}+\sqrt{2}$　〔和歌山〕

(2)　$\dfrac{4}{\sqrt{2}}-\sqrt{3}\times\sqrt{6}$　〔千葉〕

(3)　$(3\sqrt{2}-1)(2\sqrt{2}+1)-\dfrac{4}{\sqrt{2}}$　〔愛媛〕

(4)　$(\sqrt{7}-2\sqrt{5})(\sqrt{7}+2\sqrt{5})$　〔三重〕

(5)　$(\sqrt{2}-\sqrt{6})^2+\dfrac{12}{\sqrt{3}}$　〔長崎〕

(6)　$\sqrt{3}(\sqrt{5}-3)+\sqrt{27}$　〔愛知〕

2 次の問いに答えなさい。

(1)　$a=\sqrt{6}$ のとき，$a(a+2)-2(a+2)$ の値を求めなさい。　〔富山〕

(2)　$x=5-2\sqrt{3}$ のとき，$x^2-10x+2$ の値を求めなさい。　〔大阪〕

7 (1)　$9<10<16$ より，$3<\sqrt{10}<4$ となることから整数部分を求める。

2 (1)　$a(a+2)-2(a+2)$ を簡単にしてから，代入する。

平方根

40分 /100

1 次の問いに答えなさい。

3点×7(21点)

(1) $\dfrac{121}{64}$ の平方根を求めなさい。

(　　　)

(2) 次の数を根号を使わずに表しなさい。

① $-\sqrt{(-13)^2}$　② $(-\sqrt{16})^2$　③ $\sqrt{0.81}$

(　　　)(　　　)(　　　)

(3) -3，$-\sqrt{10}$，$-\sqrt{8}$ の大小を，不等号を使って表しなさい。

(　　　)

(4) $2<\sqrt{n}<3$ を満たす整数 n の個数を求めなさい。

(　　　)

(5) $0.\dot{4}\dot{5}$ を分数で表しなさい。

(　　　)

2 次の問いに答えなさい。

3点×4(12点)

(1) 右の数の中から，無理数をすべて選びなさい。$\sqrt{3}$，0，$\sqrt{\dfrac{16}{9}}$，$\dfrac{2}{\sqrt{3}}$，$\sqrt{0.9}$，$\sqrt{0.49}$

(　　　)

(2) $\sqrt{135n}$ が整数となる自然数 n のうち，もっとも小さいものを求めなさい。

(　　　)

(3) 1辺の長さが10 cmの正方形と1辺の長さが20 cmの正方形があります。面積が，この2つの正方形の面積の和になる正方形をつくるとき，その1辺の長さは何cmになりますか。$\sqrt{5}=2.236$ として，mmの位までの近似値で答えなさい。

(　　　)

(4) 地球と火星がもっとも近づいたときの距離はおよそ5600万kmです。有効数字を3けたとして，この距離を整数の部分が1けたの数と，10の累乗との積の形で表しなさい。

(　　　)

3 次の数の分母を有理化しなさい。

3点×3(9点)

(1) $\dfrac{3\sqrt{2}}{\sqrt{54}}$　(2) $\dfrac{\sqrt{21}}{\sqrt{2}\times\sqrt{7}}$　(3) $\dfrac{4\sqrt{15}}{\sqrt{30}}$

(　　　)(　　　)(　　　)

目標 平方根の意味や性質を十分に理解するとともに，平方根の計算が正確にできるようになろう。

自分の得点まで色をぬろう!

がんばろう! もう一歩 合格!

0 60 80 100点

4 $\sqrt{10}=3.162$ とするとき，次の値を求めなさい。 2点×2（4点）

(1) $\sqrt{1000}$ （　　）

(2) $\sqrt{0.1}$ （　　）

5 次の計算をしなさい。 3点×4（12点）

(1) $\sqrt{3}\times\sqrt{24}$ （　　）

(2) $\sqrt{18}\div\sqrt{27}$ （　　）

(3) $3\sqrt{5}\div\sqrt{10}\times(-\sqrt{12})$ （　　）

(4) $\sqrt{18}\times\dfrac{1}{\sqrt{3}}\div\dfrac{1}{\sqrt{2}}$ （　　）

6 次の計算をしなさい。 3点×4（12点）

(1) $3\sqrt{5}+2\sqrt{3}-4\sqrt{5}+\sqrt{3}$ （　　）

(2) $-\sqrt{8}+2\sqrt{18}-\sqrt{50}$ （　　）

(3) $\sqrt{20}-\dfrac{15}{\sqrt{5}}$ （　　）

(4) $3\sqrt{7}-\sqrt{14}\times\sqrt{2}$ （　　）

よく出る **7** 次の計算をしなさい。 4点×6（24点）

(1) $2\sqrt{3}(\sqrt{27}-\sqrt{15})$ （　　）

(2) $(2\sqrt{7}+1)(\sqrt{7}-4)$ （　　）

(3) $(3\sqrt{2}-4)(3\sqrt{2}+5)$ （　　）

(4) $(\sqrt{6}+\sqrt{10})^2$ （　　）

(5) $(\sqrt{3}-\sqrt{2})^2+\dfrac{12}{\sqrt{6}}$ （　　）

(6) $(2\sqrt{5}+1)(2\sqrt{5}-1)-(\sqrt{5}-2)^2$ （　　）

8 $x=\sqrt{6}+\sqrt{3}$，$y=\sqrt{6}-\sqrt{3}$ のとき，次の式の値を求めなさい。 3点×2（6点）

(1) x^2-y^2 （　　）

(2) $x^2+2xy+y^2$ （　　）

アプリ【どこでもワーク計算編】をやって，さらに力をつけよう！

1　2次方程式
1 2次方程式とその解　2 因数分解による解き方

例1 2次方程式とその解

教 p.74〜75 → 基本問題 1 2

次の問いに答えなさい。

(1) 2次方程式 $2x^2-6x+5=0$ について，$ax^2+bx+c=0$ の a，b，c にあたる数を，それぞれ答えなさい。

(2) 1，2，3，4，5，6のうち，2次方程式 $x^2-7x+6=0$ の解になるものを求めなさい。

考え方 (2) x^2-7x+6 の x に1，2，3，4，5，6を代入して，2次方程式 $x^2-7x+6=0$ を成り立たせる x の値がその方程式の解である。

解き方 (1) $ax^2+bx+c=0$

と2次方程式 $2x^2-6x+5=0$

の各項の係数を比べて，

$ax^2 \cdots 2x^2$
$bx \cdots -6x$
$c \cdots 5$

$a=$ ① ☐，$b=$ ② ☐，$c=$ ③ ☐

(2) x^2-7x+6 に $x=1$ を代入すると，$1^2-7\times1+6=0$

同様に $x=2$，3，4，5，6について，x^2-7x+6 の値が0になるか調べる。

2次方程式 $x^2-7x+6=0$ の解になるのは $x=$ ④ ☐，⑤ ☐

覚えておこう

移項（いこう）して整理すると，$ax^2+bx+c=0$（a は0でない定数，b，c は定数）の形になる方程式を，x についての2次方程式という。

例2 因数分解による解き方

教 p.76〜79 → 基本問題 3 4 5

次の方程式を解きなさい。

(1) $x^2-3x-18=0$　(2) $x^2-16=0$

(3) $x^2+20x+100=0$　(4) $x^2-14x+49=0$

考え方 左辺を因数分解する。

$AB=0$ ならば，$A=0$ または $B=0$ の考え方を使う。

解き方 (1) 左辺を因数分解すると，$(x+3)(x-6)=0$ ←公式[1]

$x+3=0$ または $x-6=0$

よって，$x=$ ⑥ ☐，⑦ ☐

(2) 左辺を因数分解すると，$(x+4)(x-4)=0$ ←公式[4]

よって，$x=\pm$ ⑧ ☐

(3) 左辺を因数分解すると，$(x+10)^2=0$ ←公式[2]

よって，$x=$ ⑨ ☐

(4) 左辺を因数分解すると，$(x-7)^2=0$ ←公式[3]

よって，$x=$ ⑩ ☐

思い出そう

因数分解の公式

[1] $x^2+(a+b)x+ab$
$=(x+a)(x+b)$

[2] $x^2+2ax+a^2$
$=(x+a)^2$

[3] $x^2-2ax+a^2$
$=(x-a)^2$

[4] x^2-a^2
$=(x+a)(x-a)$

基本問題

解答 p.10

1 2次方程式 次の方程式から，2次方程式をすべて選び，記号で答えなさい。 教 p.74 問1

㋐ $x^2-3x=2$　　㋑ $x^2-5=x^2-x$

㋒ $2x^2+x=-x+3$　　㋓ $(x-2)^2=x^2-5x+9$

$ax^2+bx+c=0$ の形に整理してみよう。aは0でない定数だよ。

2 2次方程式 -3，-2，-1，0，1，2，3のうち，2次方程式 $x^2+x-6=0$ の解になるものを求めなさい。 教 p.75 問3

3章

3 因数分解による解き方 次の方程式を解きなさい。 教 p.77 問1

(1) $(x+5)(x-2)=0$　　(2) $x(x-4)=0$

(3) $x^2-4x+3=0$　　(4) $x^2-7x+6=0$

(5) $x^2-25=0$　　(6) $x^2-100=0$

(3),(4)は因数分解の公式[1]
$x^2+(a+b)x+ab$
$=(x+a)(x+b)$
(5),(6)は因数分解の公式[4]
$x^2-a^2=(x+a)(x-a)$
を使って，
左辺を因数分解する。

4 (2次式)＝0 の形でない2次方程式 次の方程式を解きなさい。 教 p.78 問2, p.79 問3

(1) $x^2+2x=8$　　(2) $x^2=7x-10$

(3) $3x^2+6x=9$　　(4) $4x^2=-20x$

(1),(2)は，移項して $ax^2+bx+c=0$ の形にしてから，左辺を因数分解する。
(3)は両辺を3で，(4)は両辺を4でわって，式を簡単にしてから解く。

5 解を1つしかもたない2次方程式 次の方程式を解きなさい。 教 p.79 問4

(1) $x^2+8x+16=0$　　(2) $x^2+2x+1=0$

(3) $x^2-6x+9=0$　　(4) $x^2-12x+36=0$

たいせつ

2次方程式はふつう解を2つもつが，5のように解を1つしかもたないものもある。

左ページの例の答え　①2　②−6　③5　④1　⑤6（または④6　⑤1）　⑥−3　⑦6（または⑥6　⑦−3）　⑧4　⑨−10　⑩7

確認のワーク ステージ1

1 2次方程式
3 平方根の考えを使った解き方
4 2次方程式の解の公式
5 いろいろな2次方程式

例1 $x^2=k$, $(x+m)^2=k$ の形に変形する解き方

教 p.80〜82 →基本問題 1

次の方程式を解きなさい。

(1) $3x^2-15=0$　　(2) $(x-2)^2=9$

考え方 (1) $x^2=k$ ─ x は k の平方根 → $x=\pm\sqrt{k}$

(2) $x-2=M$ とおくと，$M^2=9$ → M は9の平方根

解き方 (1) 両辺を3でわって移項すると，$x^2=5$ ←$x^2=k$ の形に変形する。

x は5の平方根だから，　$x=$ ①

(2) $x-2=M$ とおくと，$M^2=9$

$M=\pm3$ ← Mは9の平方根

M をもとにもどすと，$x-2=\pm3$

$x=2\pm3$ ←$x=2+3$ と $x=2-3$ をまとめて表したもの。

$x=2+3$ より $x=$ ②　　$x=2-3$ より $x=-1$

よって，$x=$ ③

思い出そう

正の数 a について，
a の平方根は $\pm\sqrt{a}$
0の平方根は0だけである。

例2 $(x+m)^2=k$ の形をつくる解き方

教 p.83〜84 →基本問題 2

方程式 $x^2-4x+1=0$ を解きなさい。

考え方 方程式を $(x+m)^2=k$ の形に変形して，

$x+m=\pm\sqrt{k}$ → $x=-m\pm\sqrt{k}$

解き方 1を移項すると，$x^2-4x=-1$

両辺に x の係数（の絶対値）の半分の2乗を加えると，

$$x^2-4x+2^2=-1+2^2$$

$$(x-2)^2=3$$

$$x-2=\pm\sqrt{3}$$

よって，$x=$ ④

ここがポイント

$x^2+px+q=0$

❶ q を移項して，$x^2+px=-q$

❷ x の係数 p の半分の2乗である $\left(\dfrac{p}{2}\right)^2$ を両辺に加える。

❸ 左辺を因数分解する。

$\left(x+\dfrac{p}{2}\right)^2=-q+\dfrac{p^2}{4}$

❹ 例1 (2)と同様にして解く。

例3 解の公式による解き方

教 p.85〜87 →基本問題 3

方程式 $2x^2+5x+1=0$ を解きなさい。

考え方 2次方程式の解の公式を用いる。

解き方 解の公式に，$a=2$，$b=5$，$c=1$ を代入すると，

$$x=\frac{-5\pm\sqrt{5^2-4\times2\times1}}{2\times2}=⑤$$

2次方程式の解の公式

$ax^2+bx+c=0$ の解は

$$x=\frac{-b\pm\sqrt{b^2-4ac}}{2a}$$

基本問題

解答 p.11

1 $x^2=k,\ (x+m)^2=k$ の解き方　次の方程式を解きなさい。

(1) $x^2-7=0$　　(2) $5x^2-40=0$

(3) $(x+3)^2=5$　　(4) $(x-4)^2-49=0$

平方根の考え方を使うんだね。

2 $(x+m)^2=k$ の形をつくる　空らんをうめて，次の方程式を解きなさい。

(1) $x^2+6x+7=0$

7 を移項すると，

$$x^2+6x=-7$$

両辺に x の係数の半分の2乗を加えると，

x^2+6x+ ㋐ $=-7+$ ㋐

$\left(x+\text{㋑}\right)^2=$ ㋒

$x+$ ㋑ $=\pm$ ㋓

$x=$ ㋔

(2) $x^2-3x-2=0$

-2 を移項すると，

$$x^2-3x=2$$

両辺に x の係数の絶対値の半分の2乗を加えると，

x^2-3x+ ㋕ $=2+$ ㋕

$\left(x-\text{㋖}\right)^2=$ ㋗

$x-$ ㋖ $=\pm$ ㋘

$x=$ ㋙

$x^2+px+q=0$ の方程式は

❶ $x^2+px=-q$

❷ $x^2+px+\left(\frac{p}{2}\right)^2=-q+\left(\frac{p}{2}\right)^2$

と変形すると，

左辺が $\left(x+\frac{p}{2}\right)^2$ と因数分解できるね！

3 解の公式による解き方　次の方程式を，2 次方程式の解の公式を用いて解きなさい。

(1) $x^2-7x+5=0$　　(2) $3x^2-5x+1=0$

(3) $x^2+4x+1=0$　　(4) $2x^2-5x-3=0$

4 複雑な 2 次方程式の解き方　次の方程式を解きなさい。

(1) $(x-4)(x+2)=7$　　(2) $x(x+5)=x$

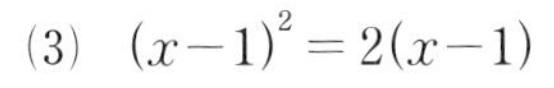

(3) $(x-1)^2=2(x-1)$　　(4) $(x-3)(x+8)=4x+6$

(2)は x で，(3)は $x-1$ で，両辺をわってしまってはいけないね。左辺を展開して，整理してから，2 次方程式を解くよ。

5 解が与えられた 2 次方程式　x の 2 次方程式 $x^2+ax-20=0$ の解の 1 つが -4 であるとき，a の値ともう 1 つの解を求めなさい。

教 p.88 問2

覚えておこう

解の 1 つが●のとき，方程式に $x=$● を代入することができる。

左ページの例の答え　① $\pm\sqrt{5}$　② 5　③ 5, -1　④ $2\pm\sqrt{3}$　⑤ $\frac{-5\pm\sqrt{17}}{4}$

1 2次方程式

よく出る **1** 次の方程式を解きなさい。

(1) $(x+2)(3x-4)=0$　(2) $(2x+5)^2=0$　(3) $2x^2=3x$

(4) $x^2+15x+36=0$　(5) $x^2+2x-120=0$　(6) $x^2-22x+121=0$

(7) $2x^2-2x-112=0$　(8) $3x^2=6x-3$　(9) $\frac{1}{2}x^2+4=3x$

2 次の方程式を解きなさい。

(1) $4x^2-1=0$　(2) $25x^2-9=9$　(3) $6x^2+15=20$

(4) $(x+2)^2-64=0$　(5) $(x-4)^2=8$　(6) $(2x-1)^2=28$

3 次の方程式を，$(x+○)^2=△$ の形に変形して解きなさい。

(1) $x^2-8x+5=14$　(2) $x^2+5x-3=0$

よく出る **4** 解の公式を利用して，次の方程式を解きなさい。

(1) $4x^2-x-2=0$　(2) $3x^2-7x+2=0$　(3) $2x^2+4x-5=0$

(4) $9x^2+1=6x$　(5) $x^2=2x+5$　(6) $6x^2-6x=48$

1 (7)，(8)は両辺を x^2 の係数でわり，(9)は両辺に 2 をかけて分母をはらう。
4 2次方程式 $ax^2+bx+c=0$ で，a，b，c を正しく読みとる。
(6) 両辺を 6 でわって係数を小さくしてから，移項して整理する。

5 次の方程式を解きなさい。

(1)　$x^2 = 6(x-1)$

(2)　$(x+1)^2 + 2(x+1) - 3 = 0$

6 x の 2 次方程式 $x^2 - 2x + a = 0$ の解の 1 つが 3 であるとき，次の問いに答えなさい。

(1)　a の値の求め方を説明しなさい。

(2)　この方程式のもう 1 つの解を求めなさい。

レベルUP **7** x の 2 次方程式 $x^2 + ax + 1 = 0$ の解の 1 つが $2-\sqrt{3}$ であるとき，a の値ともう 1 つの解を求めなさい。

1 次の方程式を解きなさい。

(1)　$(x+1)^2 = 3$　〔静岡〕

(2)　$2x^2 + x - 4 = 0$　〔千葉〕

(3)　$2x^2 - 3x - 1 = 0$　〔三重〕

(4)　$3x^2 - 8x + 2 = 0$　〔神奈川〕

(5)　$(x+3)(x-8) + 4(x+5) - 0$　〔愛知〕

(6)　$(x+1)(x+4) = 2(5x+1)$　〔長崎〕

よく出る **2** x についての 2 次方程式 $x^2 - 5x + a = 0$ の解の 1 つが 2 であるとき，a の値を求めなさい。

〔愛媛〕

5 (1)は右辺を展開し，左辺に移項して整理してから解く。　(2)は $x+1 = M$ とおきかえてもよい。

7 $x^2 + ax + 1 = 0$ に $x = 2-\sqrt{3}$ を代入して，a の値を求める。

2 x に 2 を代入する。

2 2次方程式の利用
1 2次方程式の利用

教 p.90 → 基本問題 1

連続する2つの整数の積が72になるとき，これら2つの整数を求めなさい。

考え方 小さい方の整数をxとおくと，大きい方の整数は$x+1$と表される。

解き方 連続する2つの整数をx，$x+1$と表すと，

$x(x+1)=72$

$x^2+x-72=0$

$(x-8)(x+9)=0$

$x=$ ①

$x=8$ のとき，大きい方の整数は 9

$x=-9$ のとき，大きい方の整数は -8

これらは，ともに問題に適している。

よって，連続する2つの整数は8と ② ，-9と ③

ここがポイント

❶ 求める数量を文字で表す。

❷ 等しい数量を見つけて，方程式に表す。

❸ 方程式を解く。

❹ 解が実際の問題に適しているか確かめる。

例2 三角形の面積

教 p.91 → 基本問題 2

右の図のような正方形ABCDがあります。点Pは点Aを出発して，辺AB上を秒速1cmで点Bまで動きます。また，点Qは点Pと同時に点Aを出発して，辺AD，DC上を秒速2cmで点Cまで動きます。△APQの面積が16cm^{2}になるのは，点Pが点Aを出発してから何秒後か求めなさい。

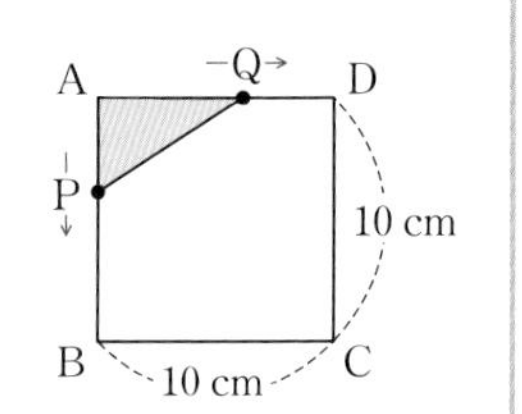

考え方 点Qが辺AD上にあるときと，点Qが辺DC上にあるときに分けて考える。

解き方 点Pが点Aを出発してからx秒後の△APQの面積は，

- 点Qが辺AD上にあるとき，$10\div2=5$ より $0\leqq x\leqq5$ のとき，

  AP$=x$cm，AQ$=2x$cm だから，

  $\triangle APQ=\frac{1}{2}\times AP\times AQ=\frac{1}{2}\times x\times 2x=x^2$ よって，$x^2=16$ より $x=$ ④

  $0\leqq x\leqq5$ であるから，$x=$ ⑤

- 点Qが辺DC上にあるとき，$20\div2=10$ より $5\leqq x\leqq10$ のとき，

  $\triangle APQ=\frac{1}{2}\times AP\times AD=\frac{1}{2}\times x\times10=5x$

  よって，$5x=16$ より $x=\frac{16}{5}$

  $5\leqq x\leqq10$ であるから，これは問題に適さない。

よって， ⑥ 秒後

ここがポイント

Qが辺DC上にあるとき，△APQは，底辺がAP$=x$cmで，高さがAD$=10$cmの三角形になる。

基本問題

解答 p.12

1 整数の問題　次の問いに答えなさい。

教 p.90 問1

(1)　連続する2つの整数のそれぞれを2乗した和が85になるとき，これら2つの整数を求めなさい。

(2)　連続する3つの自然数があります。もっとも小さい数ともっとも大きい数の積が，中央の数の5倍より49だけ大きいとき，もっとも小さい自然数を求めなさい。

連続する3つの整数は，x，$x+1$，$x+2$と表せるが，

$x-1$，x，$x+1$

とすると，問題が解きやすくなることが多い。

2 辺や線分上を動く点と図形の面積　次の問いに答えなさい。

教 p.91 問2

(1)　右の図のような正方形ABCDがあります。点Pは点Bを出発して，辺AB上を点Aまで動きます。また，点Qは点Pと同時に点Bを出発して，辺BC上を点Pと同じ速さで点Cまで動きます。△PQCの面積が$5\,\text{cm}^2$になるのは，点Pが点Bから何cm動いたときか求めなさい。

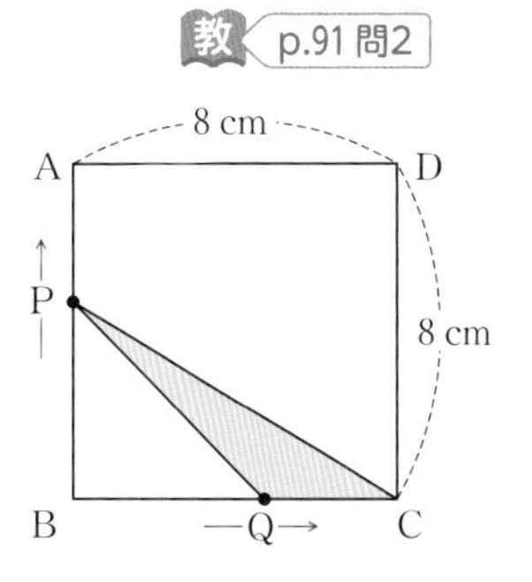

(2)　長さが18 cmの線分ABがあります。点Pは点Aを出発して，線分AB上を秒速1 cmで点Bまで動きます。線分APの長さを横とし，線分PBの長さを縦とする長方形をつくるとき，面積が$32\,\text{cm}^2$になるのは，点Pが点Aを出発してから何秒後か求めなさい。

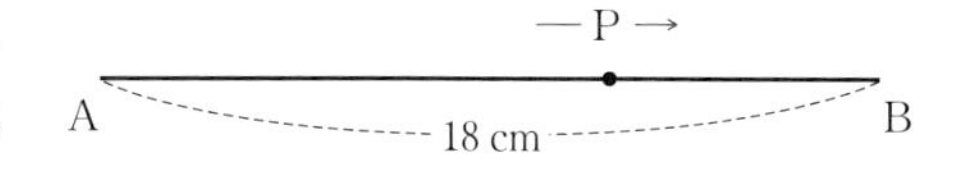

3 図形の問題　次の問いに答えなさい。

教 p.93 問3

(1)　縦が10 m，横が14 mの長方形の土地に，右の図のように道幅（みちはば）が同じで互いに垂直な道を2本つくり，残りの土地の面積を$96\,\text{m}^2$にしようと思います。道幅は何mにすればよいか求めなさい。

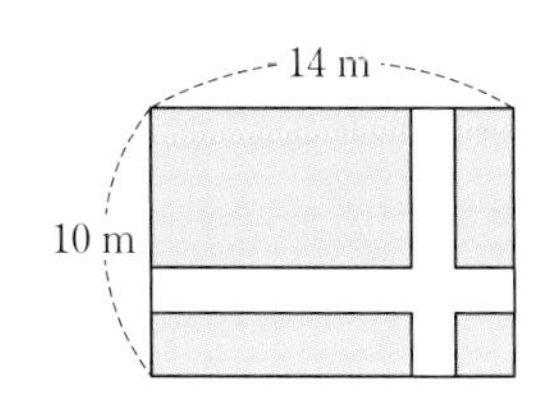

たいせつ

(1)では，道幅をx mとするとき，$0 < x < 10$という範囲で考えないといけないので，それに適する解を答えること。

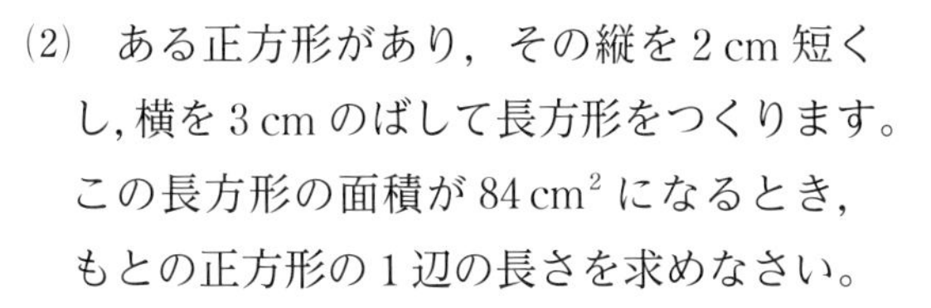

(2)　ある正方形があり，その縦を2 cm短くし，横を3 cmのばして長方形をつくります。この長方形の面積が$84\,\text{cm}^2$になるとき，もとの正方形の1辺の長さを求めなさい。

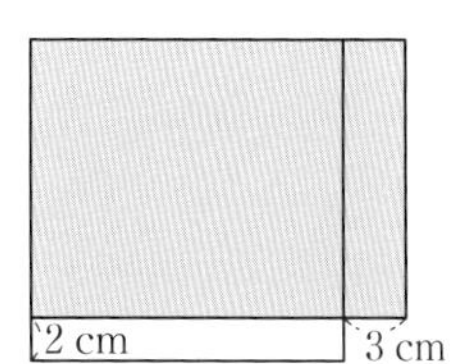
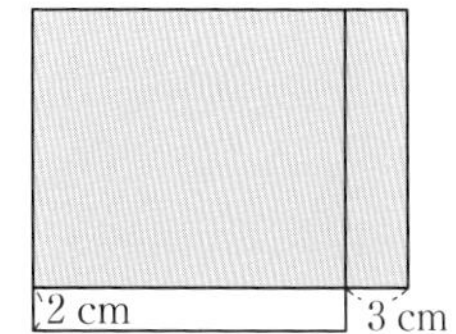

左ページの例の答え　①8，−9　②9　③−8　④±4　⑤4　⑥4

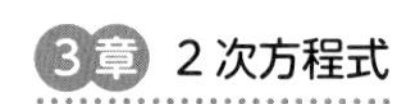

解答 p.13

2　2次方程式の利用

1 次の問いに答えなさい。

(1) ある正の数の2乗は，もとの数の3倍より10だけ大きい数です。この正の数を求めなさい。

よく出る (2) 連続する3つの整数のそれぞれを2乗した和が110になるとき，これら3つの整数を求めなさい。

レベルUP (3) 右のカレンダーにおいて，この中にある数を x とします。x の2乗と x のすぐ真上の数の2乗との和が，x の右どなりの数の2乗に等しいとき，x にあたるのは何日か求めなさい。

日	月	火	水	木	金	土
	1	2	3	4	5	6
7	8	9	10	11	12	13
14	15	16	17	18	19	20
21	22	23	24	25	26	27
28	29	30	31			

2 周の長さが22 cmで，面積が24 cm^2 の長方形があります。この長方形の縦の長さが横の長さより短いとき，縦の長さを求めなさい。

よく出る **3** 右の図のような直角二等辺三角形ABCがあります。点Pは点Aを出発して，辺AC上を点Cまで動きます。また，点Qは点Pと同時に点Bを出発して，辺BC上を点Pと同じ速さで点Cまで動きます。台形ABQPの面積が15 cm^2 になるのは，点Pが点Aから何cm動いたときか求めなさい。

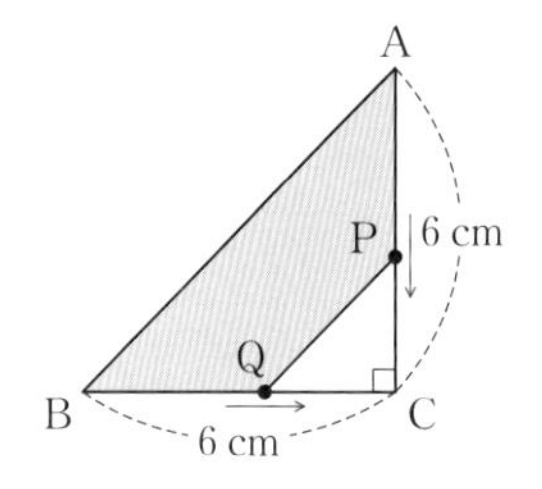

1 (2) 連続する3つの整数を $x-1$，x，$x+1$ とする。

(3) x のすぐ真上の数は $x-7$，x の右どなりの数は $x+1$ と表される。

2 周の長さが22 cmだから，縦と横の長さの和は $(22\div2=)11$ cmである。

4 横の長さが縦の長さより 3 cm 長い長方形の紙があります。右の図のように，この紙の四すみから 1 辺が 2 cm の正方形を切り取って折り曲げ，ふたのない箱を作りました。箱の容積が 80 cm³ であるとき，もとの長方形の紙の縦の長さを求めなさい。

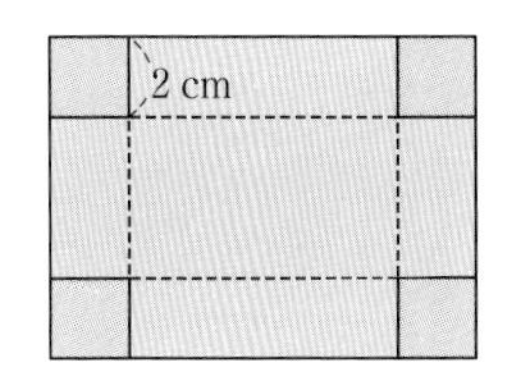

5 右の図のような正方形 ABCD があります。点 P は点 A を出発して，辺 AB 上を点 B まで動きます。また，点 Q は点 P と同時に点 B を出発して，辺 BC 上を点 P と同じ速さで点 C まで動きます。

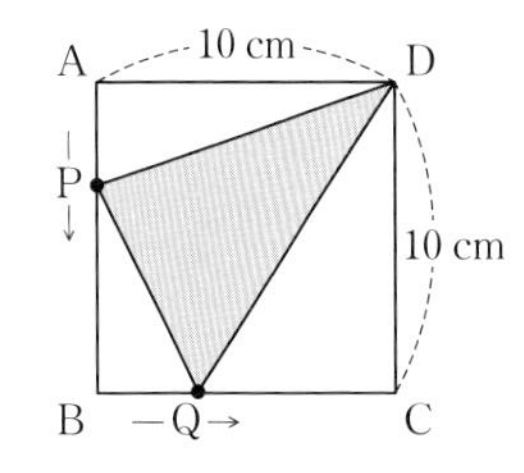

(1) AP = x cm として，△DPQ の面積を x を使った式で表すとき，その表し方を説明しなさい。

(2) △DPQ の面積が 42 cm² になるのは，点 P が点 A から何 cm 動いたときか求めなさい。

6 右の図で，点 P は $y = 2x + 4$ のグラフ上の点で，点 P から x 軸(じく)にひいた垂線と x 軸との交点を Q とします。△OPQ の面積が 24 cm² のときの点 P の座標を求めなさい。ただし，点 P の x 座標は正とし，座標の 1 めもりは 1 cm とします。

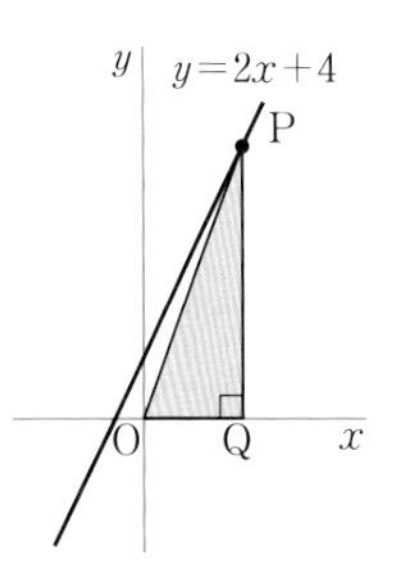

入試問題をやってみよう！

1 ある素数 x を 2 乗したものに 52 を加えた数は，x を 17 倍した数に等しくなります。このとき，素数 x を求めなさい。 〔佐賀〕

2 1 辺の長さが x cm の正方形があります。この正方形の縦の長さを 4 cm 長くし，横の長さを 5 cm 長くして長方形をつくったところ，できた長方形の面積は 210 cm² でした。x の値を求めなさい。 〔大阪〕

4 紙の縦の長さを x cm とすると，ふたのない箱の底の縦の長さは $(x-2\times2)$ cm，横の長さは $(x+3-2\times2)$ cm になる。

6 P の x 座標を p とすると，P$(p,\ 2p+4)$ で，PQ $= 2p+4$，OQ $= p$

解答 p.13

2次方程式

/100

よく出る **1** 次の方程式を解きなさい。 4点×8（32点）

(1) $4x^2-7=0$ （　　　）

(2) $(x+3)^2=81$ （　　　）

(3) $2x^2-x-4=0$ （　　　）

(4) $x^2-6x-10=0$ （　　　）

(5) $6x^2-7x+2=0$ （　　　）

(6) $x^2-x-42=0$ （　　　）

(7) $x^2+16x+64=0$ （　　　）

(8) $\frac{1}{4}x^2=4x$ （　　　）

2 次の方程式を解きなさい。 4点×4（16点）

(1) $(x-3)^2=4x-7$ （　　　）

(2) $(x+1)(x-4)=14$ （　　　）

(3) $-2x^2-6x+4=0$ （　　　）

(4) $\frac{3}{2}x^2=x-\frac{1}{6}$ （　　　）

3 次の問いに答えなさい。 6点×2（12点）

(1) x の2次方程式 $x^2-8x+a=0$ の解の1つが2のとき，もう1つの解を求めなさい。

（　　　）

(2) x の2次方程式 $x^2+ax+b=0$ の解が -2 と -5 のとき，a と b の値をそれぞれ求めなさい。

（　　　）

目標 因数分解，平方根の考え，解の公式の使い分けに慣れよう。文章題では，解が問題に適しているか確かめよう。

自分の得点まで色をぬろう!

がんばろう! もう一歩 合格!

0 60 80 100点

4 連続する 2 つの正の整数があります。小さい方の数を 2 乗した数は，大きい方の数の 4 倍より 8 だけ大きくなるとき，これら 2 つの整数を求めなさい。 （8点）

（　　　　　）

5 縦が 12 m，横が 21 m の長方形の土地に，右の図のように道幅が同じで互いに垂直な道を 2 本つくり，残りの土地に花を植えることにしました。花を植える土地の面積を 190 m^2 にするには，道幅を何 m にすればよいですか。道幅を x m として，方程式をつくり，答えを求めなさい。 4点×2（8点）

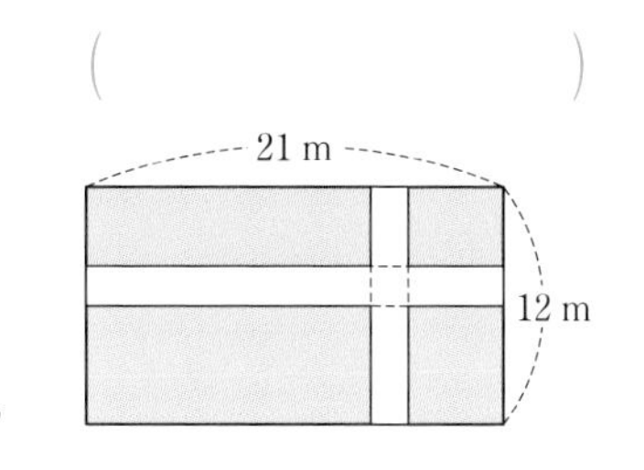

方程式（　　　　　）

答え（　　　　　）

6 n 角形の対角線は全部で $\frac{n(n-3)}{2}$ 本ひくことができます。対角線が 35 本ある多角形は何角形ですか。 （8点）

（　　　　　）

7 ある正方形があり，その縦を 4 cm，横を 6 cm それぞれのばして長方形をつくります。この長方形の面積が，もとの正方形の面積の 2 倍になるとき，もとの正方形の 1 辺の長さを求めなさい。 （8点）

（　　　　　）

8 右の図のような長方形 ABCD があります。点 P は点 A を出発して，辺 AB 上を秒速 1 cm で点 B まで動きます。また，点 Q は，点 P と同時に点 B を出発して，辺 BC 上を秒速 2 cm で点 C まで動きます。△PBQ の面積が 20 cm^2 になるのは，点 P が点 A を出発してから何秒後か求めなさい。 （8点）

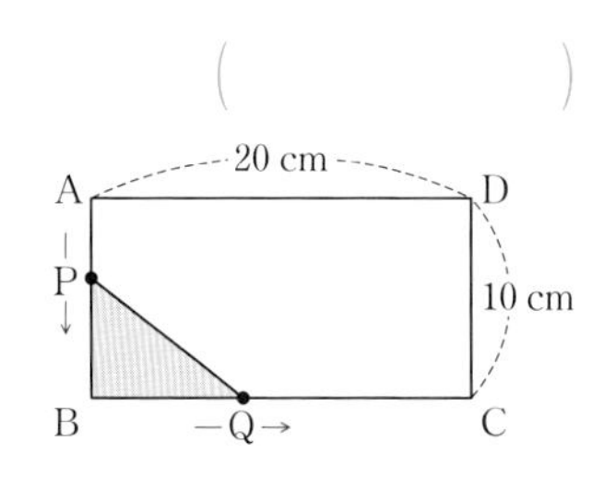

（　　　　　）

3章

1 関数 $y=ax^2$
1 2乗に比例する関数

例1 2乗に比例する関数

教 p.98～101 →基本問題 1 2

底面が1辺 x cm の正方形で，高さが 9 cm の正四角錐(すい)の体積を y cm^3 とします。

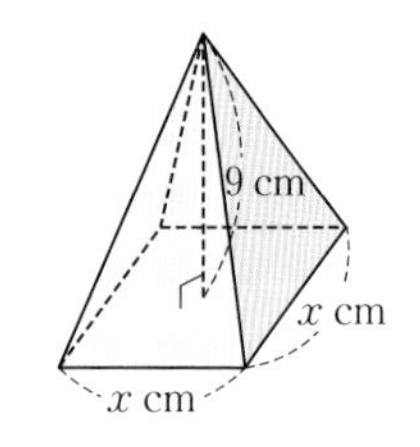

(1) y を x の式で表しなさい。

(2) 比例定数を求めなさい。

(3) 下の表の空らんの ㋐，㋑ にあてはまる数を求めなさい。

x	1	2	3	4	5	…
y	3	12	㋐	㋑	75	…

考え方 (1) (四角錐の体積)$=\frac{1}{3}\times$(底面積)$\times$(高さ)

解き方 (1) 底面積は $x\times x=x^2$ より x^2 cm^2 だから，体積 y は

$y=\frac{1}{3}\times x^2\times 9$ より $y=$ ① と表される。

(2) (1)より，y が x の関数で，$y=$ ① と表されるので，

比例定数は ② である。

(3) ㋐ $y=$ ① に $x=3$ を代入すると，$y=$ ③

㋑ $y=$ ① に $x=4$ を代入すると，$y=$ ④

別解 y は x の2乗に比例するので，㋐は，x の値が3倍になると，y の値は $(3^2=)9$ 倍になることから，

$3\times$ ⑤ $=$ ⑥ と求められる。

関数

x の値が1つ決まると，それに対応して y の値がただ1つに決まるとき，

y は x の関数であるという。

たいせつ

y が x の関数で

$y=ax^2$

(a は0でない定数)

と表されるとき，

y は x の2乗に比例するといい，この定数 a を**比例定数**という。

例2 2乗に比例する関数を求める

教 p.101 →基本問題 3

y は x の2乗に比例し，$x=3$ のとき $y=-18$ です。

(1) y を x の式で表しなさい。

(2) $x=-2$ のときの y の値を求めなさい。

考え方 (1) y は x の2乗に比例するから，比例定数を a とすると，$y=ax^2$ と表すことができる。

解き方 (1) $y=ax^2$ に $x=3$，$y=-18$ を代入すると，

$-18=a\times 3^2$ より $a=-2$

よって，$y=$ ⑦

(2) $y=$ ⑦ に $x=-2$ を代入すると，$y=$ ⑧

ここがポイント

y は x の2乗に比例するとき，比例定数を a とすると，

$y=ax^2$

と表される。ただし，a は0でない定数である。

基本問題

解答 p.14

1 **2乗に比例する関数**　直角をはさむ2辺の長さが x cm である直角二等辺三角形の面積を y cm^2 とします。

教 p.100

(1) y を x の式で表しなさい。

(2) 比例定数を求めなさい。

(3) x の値が3倍になると，y の値は何倍になるか答えなさい。

ここがポイント

y が x の2乗に比例するとき，a を比例定数とすると，$y=ax^2$ と表すことができる。また，x の値が2倍，3倍，…になると，y の値は 2^2 倍，3^2 倍，…になる。

2 **2乗に比例する関数**　次の㋐～㋓について，y を x の式で表し，y が x の2乗に比例するものを選びなさい。

教 p.101 問2

㋐　底面が1辺 x cm の正方形で，高さが10 cm の正四角柱の体積を y cm^3 とする。

㋑　直径が x cm の円の周の長さを y cm とする。

㋒　40 km の道のりを時速 x km で進んだときにかかる時間を y 時間とする。

㋓　12 km 走るのに1Lのガソリンを使う自動車が，40Lのガソリンを入れて x km 走ったときの残りのガソリンの量を y L とする。

思い出そう

- 比例　$y=ax$
- 反比例　$y=\dfrac{a}{x}$
- 1次関数　$y=ax+b$

3 **2乗に比例する関数を求める**　次の問いに答えなさい。

教 p.101 問3

(1) y は x の2乗に比例し，$x=3$ のとき $y=-9$ です。このとき，y を x の式で表しなさい。

(2) y は x の2乗に比例し，$x=-2$ のとき $y=-12$ です。

①　y を x の式で表しなさい。

②　$x=4$ のときの y の値を求めなさい。

③　$y=-27$ となる x の値を求めなさい。

$y=ax^2$ に，対応する x と y の値を代入して，比例定数 a の値を求めればいいね。

左ページの例の答え　① $3x^2$　② 3　③ 27　④ 48　⑤ 9　⑥ 27　⑦ $-2x^2$　⑧ -8

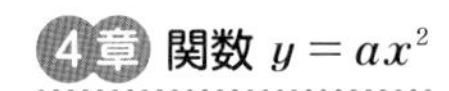

1 関数 $y=ax^2$
2 関数 $y=ax^2$ のグラフ

例1 関数 $y=ax^2$ のグラフ
教 p.104～109 →基本問題 1 2

関数 $y=\frac{1}{2}x^2$ について，次の問いに答えなさい。

(1) 下の表の空らんをうめて，グラフをノートにかきなさい。

x	…	-3	-2	-1	0	1	2	3	…
y	…	□	□	0.5	0	0.5	□	□	…

(2) (1)のグラフを利用して，$y=-\frac{1}{2}x^2$ のグラフをかきなさい。

たいせつ

$y=ax^2$ のグラフの特徴(とくちょう)

1 原点を通り，y 軸(じく)について対称(たいしょう)な曲線（放物線(ほうぶつせん)）である。

2 $a>0$ のとき，上に開く。
$a<0$ のとき，下に開く。

3 a の絶対値が大きいほど，グラフの開きぐあいは小さくなる。

4 2つの関数 $y=ax^2$，$y=-ax^2$ のグラフは，x 軸(じく)について対称である。

考え方 (1) x の値を代入して，対応する y の値を求める。

(2) $y=\frac{1}{2}x^2$ のグラフと $y=-\frac{1}{2}x^2$ のグラフの関係を考える。

解き方 (1) $x=-3$ のとき，$y=\frac{1}{2}\times(-3)^2=$ ①□

$x=-2$ のとき，$y=$ ②□ $x=-1$ のとき，$y=0.5$

$x=0$ のとき，$y=0$ $x=1$ のとき，$y=0.5$

$x=2$ のとき，$y=$ ③□ $x=3$ のとき，$y=$ ④□

グラフは，表の x と y の値の組をそれぞれ座標とする点をかき，次にそれらの点を通るなめらかな ⑤□ をかけばよい。

(2) $y=\frac{1}{2}x^2$ のグラフと $y=-\frac{1}{2}x^2$ のグラフは，x 軸について ⑥□ だから，$y=\frac{1}{2}x^2$ のグラフをもとにしてかけばよい。

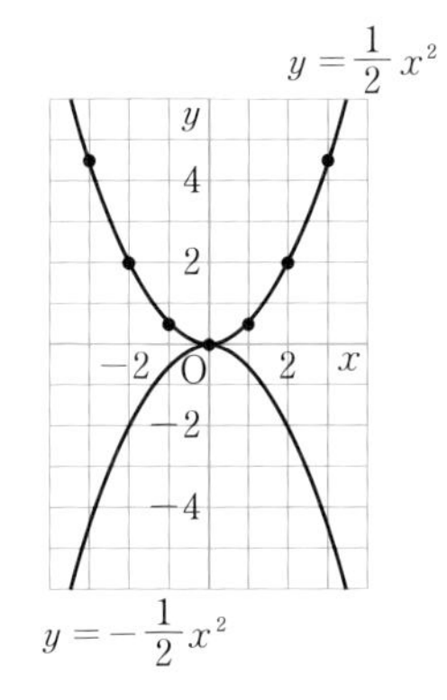

例2 関数 $y=ax^2$ のグラフ
教 p.110 →基本問題 3

右の図の放物線(1)～(3)は，次の関数のグラフです。グラフが(1)～(3)になる関数の式を㋐～㋒の中から選びなさい。

㋐ $y=-4x^2$ ㋑ $y=2x^2$ ㋒ $y=-x^2$

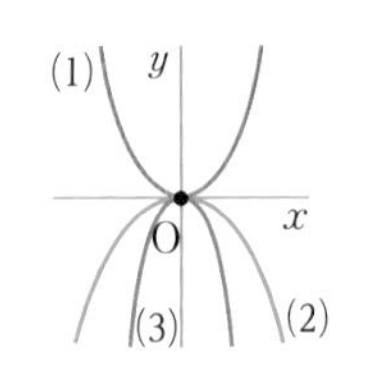

覚えておこう

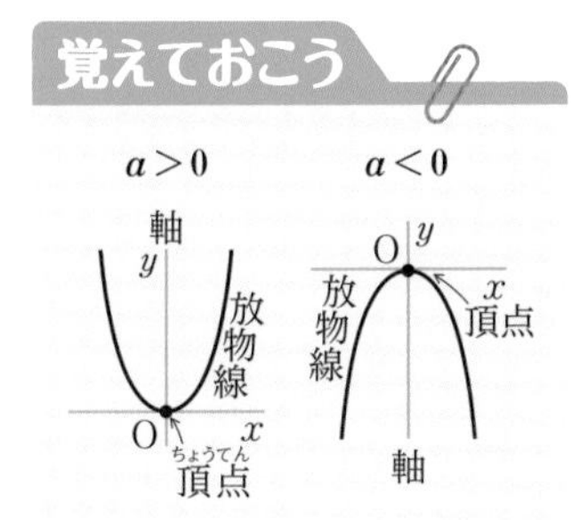

考え方 $y=ax^2$ の a の値から，グラフのだいたいの形を考える。

解き方 $a>0$ のとき上に開いたグラフだから，(1)は ⑦□ である。

$a<0$ のとき下に開いたグラフになり，a の絶対値は㋐の方が㋒より大きいから，(2)は ⑧□，(3)は ⑨□ である。

基本問題

解答 p.14

1 関数 $y=x^2$ のグラフ　関数 $y=x^2$ について，次の問いに答えなさい。

教 p.104 問1，問2

(1)　x の値を -2 から 2 まで 1 おきにとり，x の値に対応する y の値を求めて，下の表を完成させなさい。

x	…	-2	-1	0	1	2	…
y	…						…

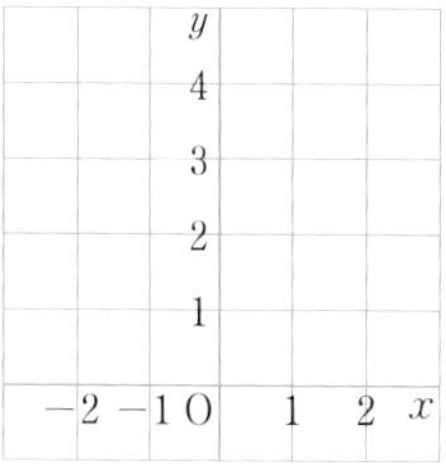

(2)　右の図に，関数 $y=x^2$ のグラフをかき入れなさい。

2 関数 $y=ax^2$ のグラフ　関数 $y=2x^2$ について，次の問いに答えなさい。

教 p.106 問3

(1)　x の値を -2 から 2 まで 1 おきにとり，x の値に対応する y の値を求めて，下の表を完成させなさい。

x	…	-2	-1	0	1	2	…
y	…						…

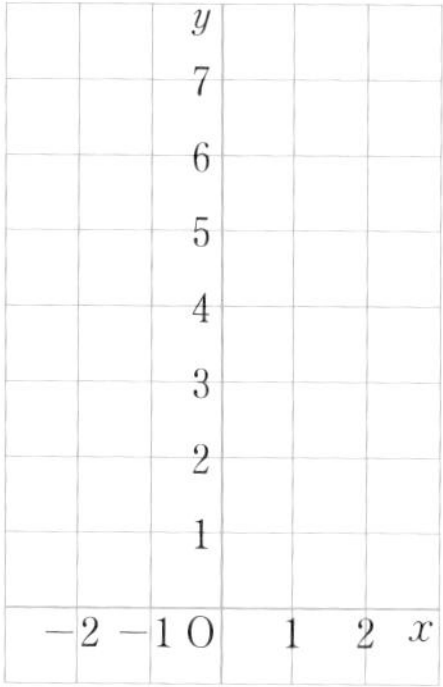

(2)　右の図に，関数 $y=2x^2$ のグラフをかき入れなさい。

(3)　次の □ にあてはまる数を答えなさい。

関数 $y=2x^2$ のグラフは，関数 $y=x^2$ のグラフ上の各点について，その y 座標を □ 倍にした点の集まりである。

ある x の値に対応する $2x^2$ の値は，同じ x の値に対応する x^2 の値の 2 倍になっているね。

(4)　$y=2x^2$ と $y=x^2$ では，グラフの開きぐあいは，どちらが小さいですか。

3 関数 $y=ax^2$ のグラフ　関数 $y=-x^2$ について，次の問いに答えなさい。

教 p.108 問5

(1)　右の図に，関数 $y=-x^2$ のグラフをかき入れなさい。

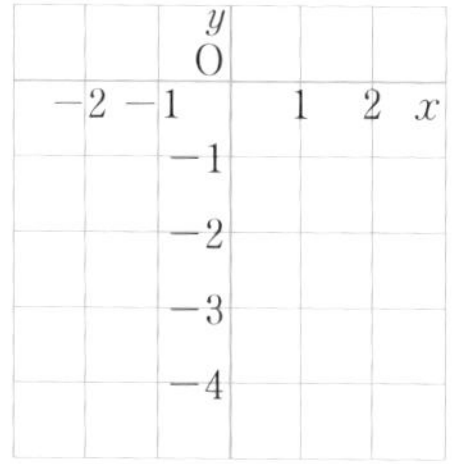

(2)　2 つの関数 $y=x^2$ と $y=-x^2$ のグラフは，x 軸について対称といえますか。

左ページの例の答え　① 4.5　② 2　③ 2　④ 4.5　⑤ 曲線（放物線）　⑥ 対称　⑦ ㋑　⑧ ㋒　⑨ ㋐

確認のワーク ステージ1

1 関数 $y=ax^2$
3 関数 $y=ax^2$ の値の変化

例1 関数 $y=ax^2$ の変域
教 p.113 → 基本問題 1 2

関数 $y=2x^2$ について，x の変域が $-2 \leqq x \leqq 1$ であるとき，y の変域と，最大値と最小値を求めなさい。

考え方 $y=2x^2$ のグラフを考える。$x=0$ を境に増減がどのように変わるか注意しよう。

解き方 右の図のように，関数 $y=2x^2$ のグラフは，$-2 \leqq x \leqq 0$ では，y の値は ① [　　] から 0 に減少し，$0 \leqq x \leqq 1$ では，y の値は ② [　　] から 2 まで増加するから，y の変域は ③ [　　] で，関数 $y=2x^2$ は $x=0$ のとき最小値 $y=0$，$x=-2$ のとき最大値 $y=8$ をとる。

たいせつ

関数 $y=ax^2$ の値の変化…
x の値が増加するとき

• $a>0$ のとき

x	負	0	正
y	減少 ↘	0 最小値	増加 ↗

• $a<0$ のとき

x	負	0	正
y	増加 ↗	0 最大値	減少 ↘

グラフをかくとよくわかるよ。

例2 関数 $y=ax^2$ の変化の割合
教 p.114～115 → 基本問題 3

関数 $y=-x^2$ について，x の値が 3 から 5 まで増加するときの変化の割合を求めなさい。

変化の割合

変化の割合は，$\dfrac{(y\text{の増加量})}{(x\text{の増加量})}$ で求める。

考え方 はじめに，**x の増加量と y の増加量**を計算する。

解き方 $x=3$ のとき $y=-3^2=-9$，$x=5$ のとき $y=-5^2=-25$

$(x\text{の増加量})=5-3=2$

$(y\text{の増加量})=-25-(-9)=$ ④ [　　]

$(\text{変化の割合})=\dfrac{(y\text{の増加量})}{(x\text{の増加量})}=\dfrac{⑤[\quad]}{2}=$ ⑥ [　　]

1 次関数 $y=ax+b$ では，変化の割合は一定で a に等しいけれど，関数 $y=ax^2$ の変化の割合は一定ではないよ。関数 $y=ax^2$ の変化の割合は，グラフ上の 2 点を通る直線の傾きを表しているんだよ。

例3 平均の速さ
教 p.116 → 基本問題 4

斜面（しゃめん）にそってボールを転がしたとき，転がり始めてから x 秒間に転がった距離を y m とすると，x と y の関係は $y=3x^2$ になりました。ボールが転がり始めて 1 秒後から 5 秒後までの間の平均の速さを求めなさい。

考え方 変化の割合を求めるときと同様に計算する。

解き方 転がり始めて 1 秒後から 5 秒後までに転がる距離は，

$3\times5^2-3\times1^2=$ ⑦ [　　] だから，

平均の速さは $\dfrac{(\text{転がる距離})}{(\text{転がる時間})}=\dfrac{⑦[\quad]}{4}=$ ⑧ [　　] より秒速 ⑧ [　　] m

基本問題

解答 p.15

1 関数 $y=ax^2$ の変域　関数 $y=3x^2$ について，x の変域が次の場合の y の変域と，最大値と最小値を求めなさい。

教 p.113 問3

(1)　$-2 \leqq x \leqq 4$　　(2)　$1 \leqq x \leqq 3$

(3)　$-3 \leqq x \leqq 2$　　(4)　$-4 \leqq x \leqq -2$

たいせつ

(1)や(3)のように，x の変域に0がふくまれる場合
　$x=0$ のとき最小値 $y=0$ をとる。

2 関数 $y=ax^2$ の変域　関数 $y=-\dfrac{1}{3}x^2$ について，x の変域が次の場合の y の変域と，最大値と最小値を求めなさい。

教 p.113 問4

(1)　$-3 \leqq x \leqq 2$　　(2)　$1 \leqq x \leqq 6$

(3)　$-2 \leqq x \leqq 3$　　(4)　$-9 \leqq x \leqq -6$

たいせつ

(1)や(3)のように，x の変域に0がふくまれる場合
　$x=0$ のとき最大値 $y=0$ をとる。

3 関数 $y=ax^2$ の変化の割合　次の問いに答えなさい。

教 p.115 問5, 問6

(1)　関数 $y=2x^2$ について，x の値が次のように増加するときの変化の割合を求めなさい。

①　1 から 3 まで増加　　②　-5 から 2 まで増加

覚えておこう

$$(\text{変化の割合})=\frac{(y\text{の増加量})}{(x\text{の増加量})}$$

(2)　関数 $y=-3x^2$ について，x の値が次のように増加するときの変化の割合を求めなさい。

①　0 から 4 まで増加　　②　-3 から 2 まで増加

4 平均の速さ　ある斜面にそってジェットコースターがおりたとき，おり始めてから x 秒間に進んだ距離を y m とすると，x と y の関係は $y=4x^2$ になりました。このとき，ジェットコースターがおり始めて 1 秒後から 3 秒後までの間の平均の速さを求めなさい。

教 p.116 問7

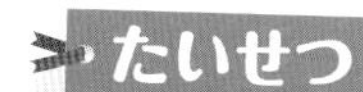

たいせつ

$$(\text{平均の速さ})=\frac{(\text{進んだ距離})}{(\text{進んだ時間})}$$

変化の割合と同じ計算だね。

5 1 次関数と 2 乗に比例する関数　$x<0$ の範囲（はんい）で，x の値が増加すると y の値も増加する関数を，㋐～㋓の中からすべて選び記号で答えなさい。

教 p.117

㋐　$y=3x^2$　　㋑　$y=-\dfrac{1}{3}x^2$　　㋒　$y=3x+1$　　㋓　$y=-3x$

左ページの例の答え　① 8　② 0　③ $0 \leqq y \leqq 8$　④ -16　⑤ -16　⑥ -8　⑦ 72　⑧ 18

解答 p.15

1 関数 $y=ax^2$

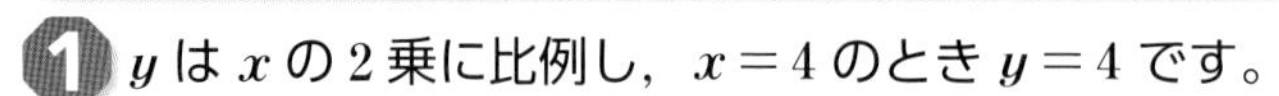

1 y は x の2乗に比例し，$x=4$ のとき $y=4$ です。

(1) y を x の式で表しなさい。

(2) この関数のグラフをかきなさい。

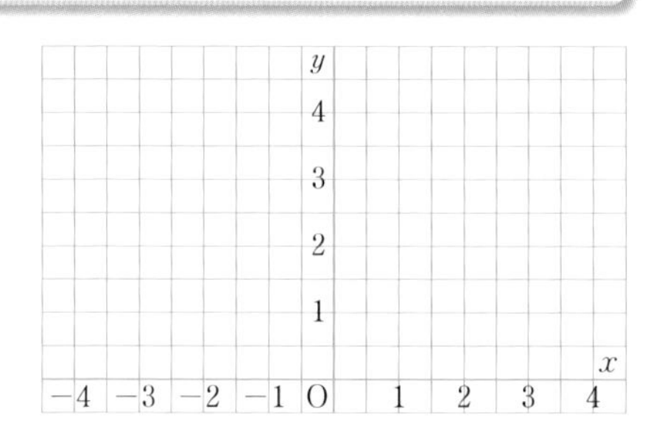

2 次の問いに答えなさい。

(1) y は x の2乗に比例し，$x=3$ のとき $y=6$ です。$x=-6$ のときの y の値を求めなさい。

(2) 関数 $y=ax^2$ のグラフが点 $(-2,\ -8)$ を通るとき，a の値を求めなさい。

3 次の(1)〜(4)にあてはまる関数を，㋐〜㋕の中からすべて選び記号で答えなさい。

㋐ $y=3x$　　㋑ $y=3x^2$　　㋒ $y=-3x+1$

㋓ $y=-3x^2$　　㋔ $y=\dfrac{3}{x}$　　㋕ $y=\dfrac{1}{3}x^2$

(1) グラフが原点を通る関数

(2) グラフが y 軸について対称となる関数

(3) $x>0$ の範囲で，x の値が増加すると，y の値が減少する関数

(4) 変化の割合が一定でない関数

よく出る **4** 次の問いに答えなさい。

(1) 関数 $y=-2x^2$ について, x の変域が次の場合の y の変域と, 最大値と最小値を求めなさい。

① $-1 \leqq x \leqq 3$　　② $-5 \leqq x \leqq -2$

(2) 次の関数について，x の変域が $-4 \leqq x \leqq 3$ であるとき，y の変域を求めなさい。

① $y=-2x+1$　　② $y=\dfrac{3}{4}x^2$

2 (2) グラフが点 $(-2,\ -8)$ を通るから，$y=ax^2$ に $x=-2$，$y=-8$ を代入する。
3 (4) 変化の割合が一定でない関数のグラフは曲線になる。
4 y の変域は，グラフを使って考えるとよい。

5 次の問いに答えなさい。

(1) 関数 $y=-\frac{1}{2}x^2$ について，x の変域が $-3\leqq x\leqq 4$ であるときの y の変域は $a\leqq y\leqq b$ です。このとき，a，b の値を求めなさい。

(2) 関数 $y=ax^2$ について，x の変域が $-4\leqq x\leqq 2$ であるときの y の変域は $0\leqq y\leqq 12$ です。このとき，a の値の求め方を説明しなさい。

よく出る **6** 次の問いに答えなさい。

(1) 関数 $y=-3x^2$ について,x の値が 4 から 6 まで増加するときの変化の割合を求めなさい。

(2) 関数 $y=\frac{1}{2}x^2$ について,x の値が -5 から -1 まで増加するときの変化の割合を求めなさい。

(3) 関数 $y=ax^2$ について，x の値が 1 から 3 まで増加するときの変化の割合が -12 であるとき，a の値を求めなさい。

(4) 関数 $y=ax^2$ について，x の値が 2 から 4 まで増加するときの変化の割合が，$y=-3x+6$ の変化の割合に等しいとき，a の値を求めなさい。

入試問題をやってみよう！

1 次の問いに答えなさい。

(1) 関数 $y=2x^2$ で，x の値が 2 から 5 まで増加するときの変化の割合を求めなさい。〔岐阜〕

(2) 関数 $y=-\frac{1}{3}x^2$ について，x の値が 3 から 6 まで増加するときの変化の割合を求めなさい。

〔神奈川〕

2 関数 $y=ax^2$（a は定数）について，x の変域が $-2\leqq x\leqq 4$ のときの y の変域が $-4\leqq y\leqq 0$ であるとき，a の値を求めなさい。

〔愛知〕

5 x の変域に 0 がふくまれるときは注意が必要である。
関数 $y=ax^2$ は，$x=0$ のとき最大値または最小値をとる。

6 (3)(4)は，変化の割合を a の式で表して，a の方程式をつくる。

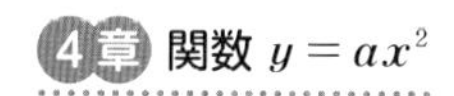

2　関数の利用
1　関数 $y=ax^2$ の利用

例1　物体の落下時間と落下距離

教 p.119 → 基本問題 1

物体を落下させるとき，落下し始めてから x 秒間に落下する距離を y m とすると，x と y の関係は $y=4.9x^2$ で表されます。物体を落下させてから 3 秒後までに物体が落下する距離を求めなさい。

考え方　落下させてからの時間 x(秒)の値を $y=4.9x^2$ に代入すると，落下する距離 y(m)の値が求められる。

解き方　$y=4.9x^2=4.9\times$ [①]^2 $=$ [②] (m)　←$y=4.9x^2$ に $x=3$ を代入する。

例2　図形と関数

教 p.121 → 基本問題 2

右の図のような直角二等辺三角形 ABC があります。点 P は辺 BA 上を B から A まで，点 Q は点 P と同じ速さで辺 BC 上を B から C まで移動します。2 点 P，Q は同時に B を出発し，線分 BP の長さが x cm のときの，△PBQ の面積を y cm^2 とします。このとき，y を x の式で表し，$x=3$ のときの y の値を求めなさい。

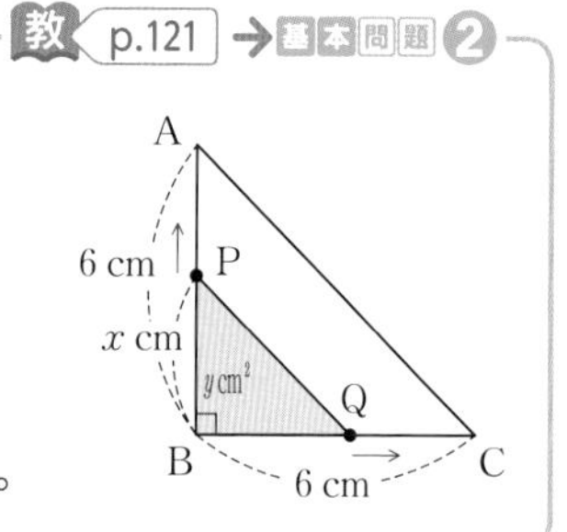

考え方　△PBQ は直角二等辺三角形だから，BQ $=$ BP $=x$ cm になる。

解き方　△PBQ $=\frac{1}{2}\times$BQ$\times$BP だから，$y=\frac{1}{2}\times x\times x=$ [③]

$y=$ [③] に $x=3$ を代入して，$y=$ [④]

例3　放物線と直線

教 p.122 → 基本問題 3

関数 $y=\frac{1}{2}x^2$ と $y=ax$ のグラフが，右の図のように，2 点 A，O で交わっています。点 A の x 座標が -2 であるとき，a の値を求めなさい。

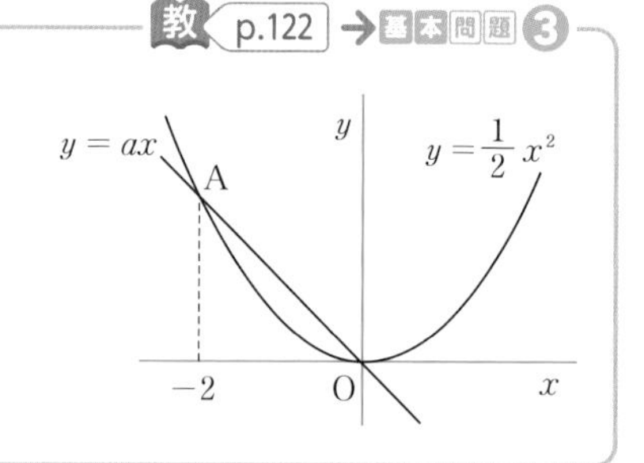

考え方　まず，点 A の座標を求める。

解き方　点 A は関数 $y=\frac{1}{2}x^2$ のグラフ上にあるから，

y 座標は，$y=\frac{1}{2}\times(-2)^2=$ [⑤]　←$y=\frac{1}{2}x^2$ に $x=-2$ を代入する。

これより，点 A の座標は $($$-2$, [⑤]$)$

点 A は関数 $y=ax$ のグラフ上にもあるから，$y=ax$ に $x=-2$，$y=$ [⑤] を代入すると，[⑤] $=a\times(-2)$　　よって，$a=$ [⑥]

ここがポイント
点 A は 2 つの関数のグラフ上にあるから，点 A の x 座標と y 座標の値の組は，どちらの関数の式に代入しても成り立つ。

基本問題

解答 p.16

1 関数 $y=ax^2$ の利用 まっすぐな車道と，その横に平行に走る自転車道があります。ある自動車が車道の P 地点を出発してから x 秒間に進む距離を y m とすると，$0 \leqq x \leqq 10$ では，y は x の 2 乗に比例し，そのグラフは右の図のようになりました。 教 p.120

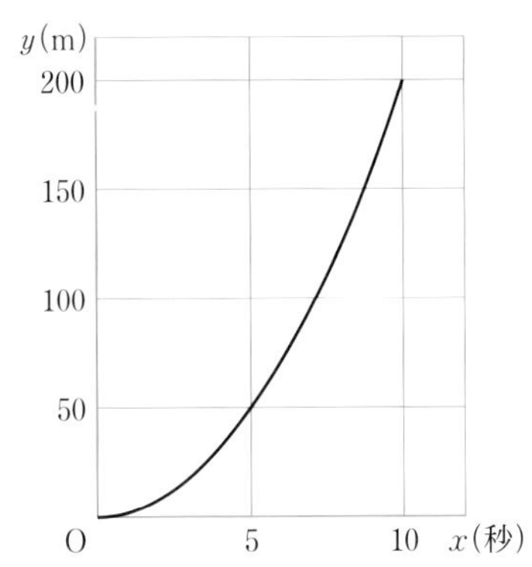

(1) y を x の式で表しなさい。

(2) 車が P 地点を出発すると同時に，秒速 10 m で走ってきた自転車が P 地点を通過しました。自転車はこの速さのまま進むものとします。自転車が P 地点を通過してから x 秒間に進む距離を y m として，y を x の式で表し，そのグラフを右の図にかき入れなさい。

(3) 自転車が車に追いつかれるのは，P 地点を通過してから何秒後になりますか。グラフを利用して答えなさい。

2 図形と関数 AB＝12 cm，BC＝18 cm の長方形 ABCD があります。点 P は秒速 2 cm で辺 AB 上を A から B まで移動します。点 Q は秒速 3 cm で辺 AD 上を A から D まで移動します。2 点 P，Q は同時に A を出発し，出発してから x 秒後の △APQ の面積を y cm^2 とします。 教 p.121 問5

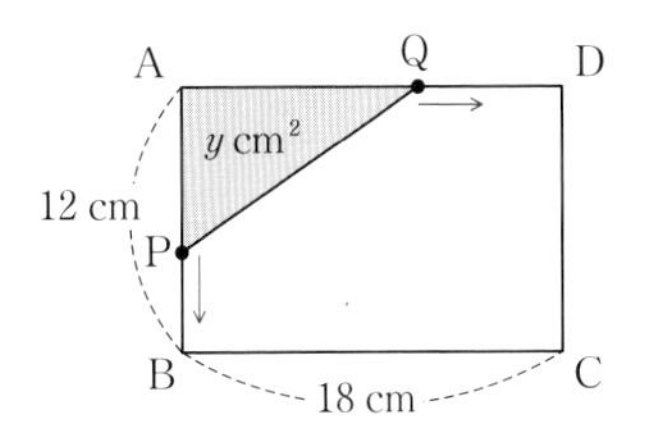

(1) y を x の式で表しなさい。

(2) x と y の変域をそれぞれ求めなさい。

3 放物線と直線 関数 $y=x^2$ のグラフと直線 ℓ が，右の図のように，2 点 A，B で交わっていて，その x 座標はそれぞれ -2，1 です。 教 p.122 問6

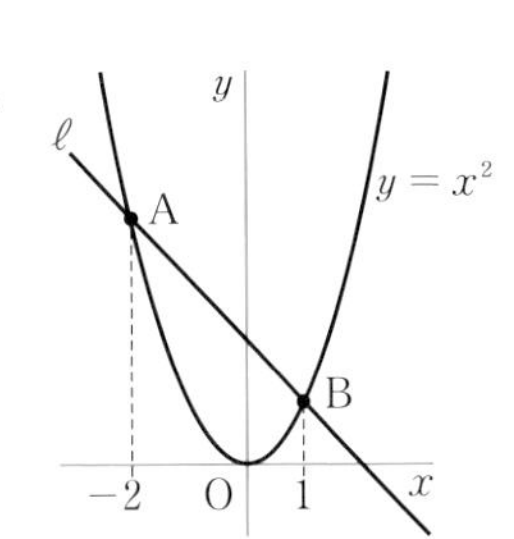

(1) 2 点 A，B の座標を，それぞれ求めなさい。

(2) 直線 ℓ の式を求めなさい。

(3) △OAB の面積の求め方を説明しなさい。

ここがポイント

(3) △OAB の面積を求めるときは，直線 ℓ と y 軸との交点を C として，△OAB＝△OAC＋△OBC で考える。

左ページの例の答え ① 3 ② 44.1 ③ $\frac{1}{2}x^2$ ④ $\frac{9}{2}$（または 4.5） ⑤ 2 ⑥ -1

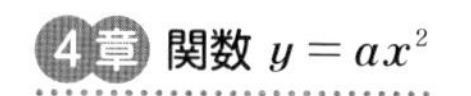

確認のワーク ステージ1
2 関数の利用
2 いろいろな関数　発展 放物線と直線の交点の座標

例1 いろいろな関数
教 p.123 → 基本問題 1

下の表は，あるタクシー会社の料金表です。走行距離が x m のときの乗車料金 y 円の関係をグラフに表しなさい。

走行距離	2000 m まで	2300 m まで	2600 m まで	2900 m まで
乗車料金	710 円	800 円	890 円	980 円

たいせつ
y は，とびとびの値をとっているが，x の値が1つ決まると，それに対応して y の値がただ1つに決まるから，y は x の関数である。

考え方 $0<x\leqq 2000$ のとき，$y=710$ ←x軸に平行な直線

解き方 x と y の関係を整理すると，

$0<x\leqq 2000$ のとき，　$y=710$

$2000<x\leqq 2300$ のとき，$y=$ ①

$2300<x\leqq 2600$ のとき，$y=$ ②

$2600<x\leqq 2900$ のとき，$y=$ ③

端(はし)の点をふくむ場合は •，

ふくまない場合は ◦ を使うことに注意する。

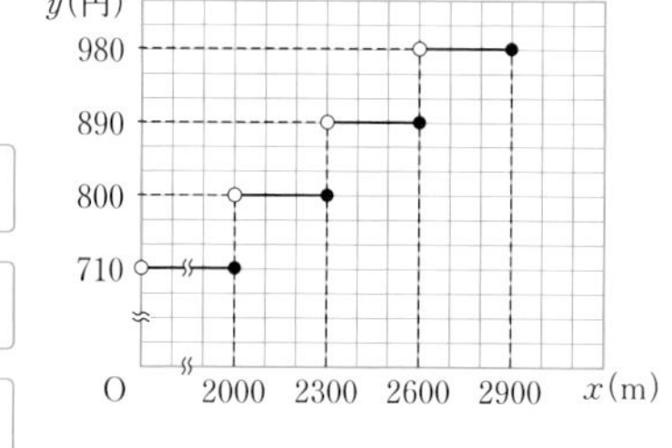

発展 例2 放物線と直線の交点の座標
教 p.127 → 基本問題 2 3

関数 $y=x^2$ と $y=2x+3$ のグラフの交点の座標を求めなさい。

考え方 関数 $y=x^2$ と $y=2x+3$ のグラフの交点の x 座標と y 座標の値の組は，$y=x^2$ と $y=2x+3$ を連立させた連立方程式の解になる。

解き方 $y=x^2$ と $y=2x+3$ を連立させて y を消去すると，

$x^2=2x+3$

この方程式を解くと，

$x^2-2x-3=0$

$(x+1)(x-3)=0$

$x=-1$，$x=$ ④

$x=-1$ を $y=x^2$ に代入すると，$y=1$

$x=$ ④ を $y=x^2$ に代入すると，$y=$ ⑤

よって，求める交点の座標は $(-1,\ 1)$，⑥

グラフからわかるように交点は2つある。

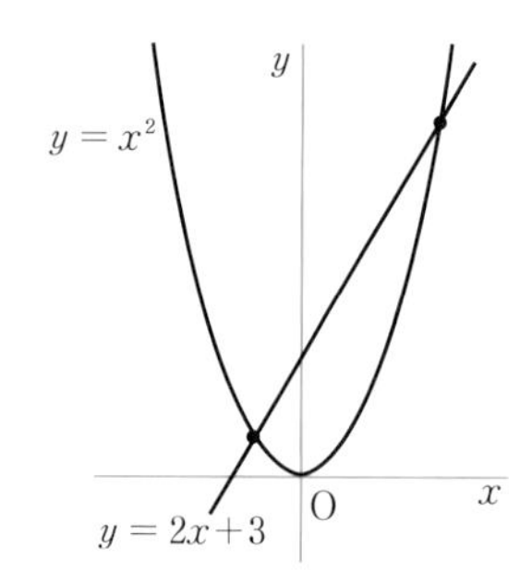

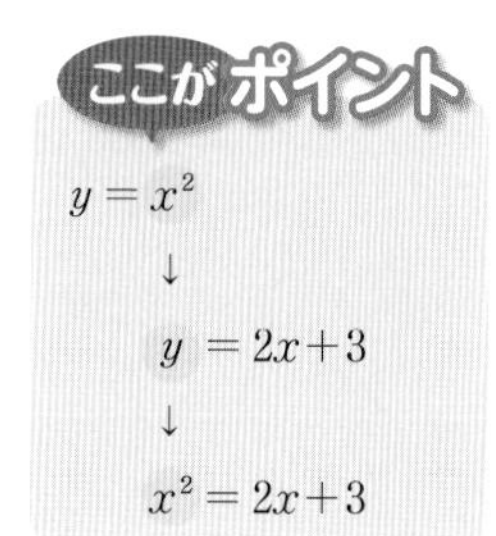

基本問題

解答 p.17

1 いろいろな関数　ある運送会社の宅配料金は，縦，横，高さの合計によって決まり，長さの合計が 60 cm までは 800 円，80 cm までは 1000 円です。その後 140 cm までは同じように，長さの合計が 20 cm 長くなるごとに 200 円ずつ高くなります。

教 p.123

長さの合計	60 cm まで	80 cm まで	100 cm まで	120 cm まで	140 cm まで
料金	800 円				

縦，横，高さの合計が x で，x の値が 1 つ決まると，それに対応して y の値がただ 1 つに決まるから，y は x の関数だね。

(1)　料金を上の表にまとめました。空らんをうめなさい。

(2)　長さの合計を x cm，料金を y 円として，x と y の関係をグラフに表しなさい。

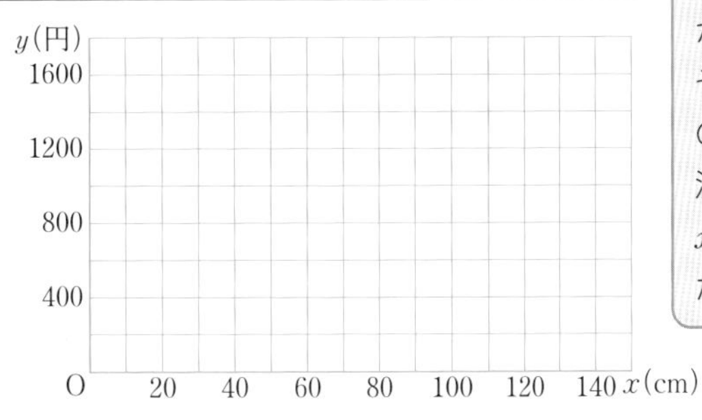

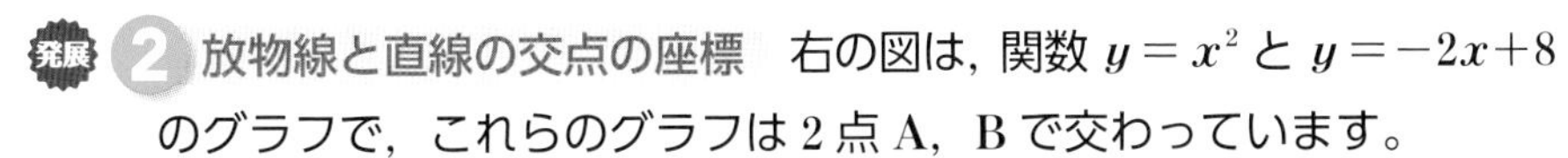

発展 2 放物線と直線の交点の座標　右の図は，関数 $y=x^2$ と $y=-2x+8$ のグラフで，これらのグラフは 2 点 A，B で交わっています。

(1)　2 次方程式 $x^2=-2x+8$ を解きなさい。

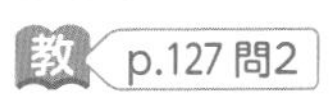

(2)　2 点 A，B の座標を求めなさい。

(3)　△OAB の面積を求めなさい。

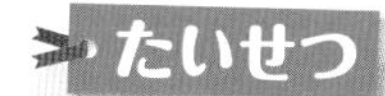

(1)の 2 次方程式の解が，点 A，B の x 座標の値になる。y 座標は直線の式または $y=x^2$ に代入して求める。

発展 3 放物線と直線の交点の座標　右の図は，関数 $y=ax^2$ と $y=2x-3$ のグラフを表しています。2 つの交点のうち，1 つの点の y 座標は -9 です。

教 p.127 問2

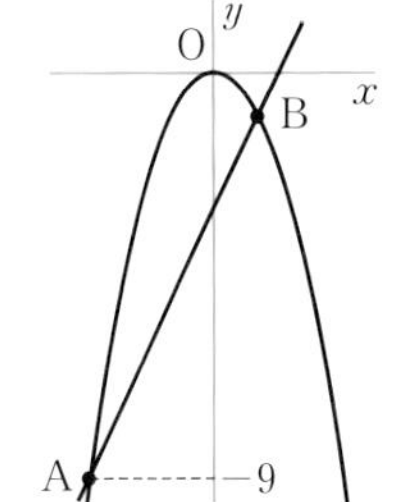

(1)　点 A の座標を求めなさい。

(2)　a の値を求めなさい。

(3)　点 B の座標を求めなさい。

① 800　② 890　③ 980　④ 3　⑤ 9　⑥ (3, 9)

解答 p.17

2 関数の利用  放物線と直線の交点の座標

1 時速 40 km で走る自動車 A がブレーキをかけたところ，ブレーキがきき始めてから 8 m 走って停止しました。自動車が時速 x km で走っているとき，ブレーキがきき始めてから停止するまでに進む距離を y m とすると，y は x の 2 乗に比例する関数になります。時速 80 km で走っている自動車 A は何 m 走って止まりますか。

2 秒速 x m で真上にボールを投げるとき，ボールの到達する高さを y m とすると，地球の表面ではおよそ $y=\frac{1}{20}x^2$ の関係があり，月面ではおよそ $y=\frac{3}{10}x^2$ の関係があります。

(1) 地球の表面で秒速 10 m で真上にボールを投げるとき，ボールの到達する高さはおよそ何 m ですか。

(2) 地球の表面でボールを真上に投げ上げたとき，ボールの到達した高さは 15 m でした。同じ速さで月面でボールを投げ上げるとき，ボールの到達する高さはおよそ何 m ですか。

3 図[1]のように，厚紙 P と長方形の封筒 S があります。この封筒 S の中に厚紙 P を折らずに全部入れて，図[2]のように，厚紙 P を AB ⊥ CD となるように，矢印(⬅)の方向に引き出します。このとき，頂点 A と辺 CD との距離を厚紙 P を引き出した長さとし，厚紙 P を引き出した長さが x cm のときに封筒 S から出ている部分の面積を y cm² とします。

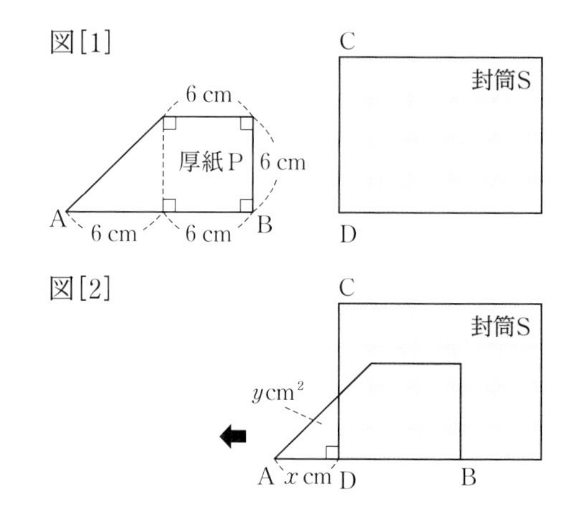

(1) x の変域を $0 \leqq x \leqq 6$ とするとき，y を x の式で表しなさい。

(2) x の変域を $6 \leqq x \leqq 12$ とするとき，y を x の式で表しなさい。

4 ある市のタクシー料金は，2000 m までの料金は 710 円で，その後 300 m ごとに 90 円ずつ高くなります。このタクシーに 3000 m 乗ったときの料金を求めなさい。

2 (2) $y=\frac{1}{20}x^2$ に $y=15$ を代入して，まず速さを求める。
3 x の変域から，封筒 S から出ている厚紙の形を正しく読みとろう。

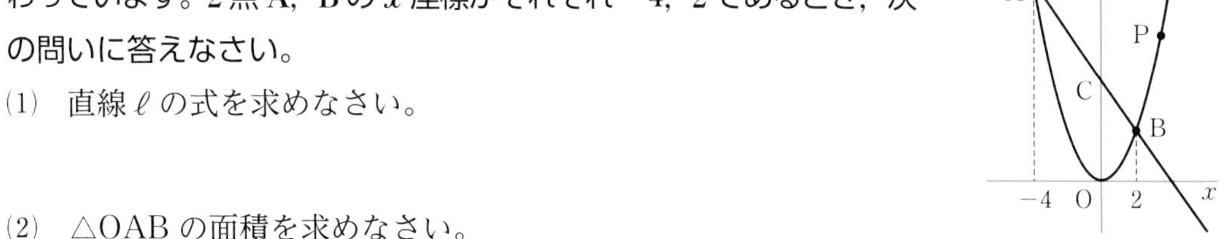

よく出る **5** 関数 $y=2x^2$ のグラフと直線 ℓ が，右の図のように 2 点 A，B で交わっています。2 点 A，B の x 座標がそれぞれ -4，2 であるとき，次の問いに答えなさい。

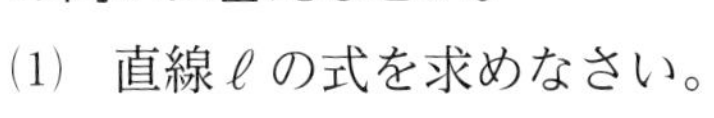

(1) 直線 ℓ の式を求めなさい。

(2) △OAB の面積を求めなさい。

(3) 関数 $y=2x^2$ のグラフ上に，x 座標が $t(t>0)$ である点 P をとります。直線 ℓ と y 軸との交点を C とするとき，△OPC の面積を t の式で表しなさい。

(4) (3)で，△OPC の面積が △OAB の面積の $\frac{1}{2}$ になるときの点 P の座標を求めなさい。

発展 **6** 関数 $y=x^2$…①と $y=x+6$…②のグラフが，右の図のように 2 点 A，B で交わっています。

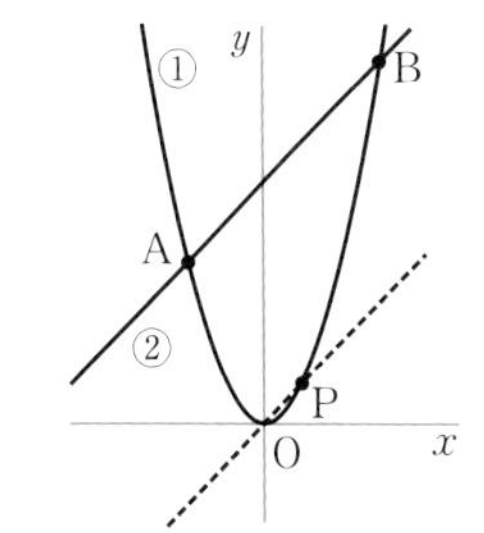

(1) 点 A，B の座標をそれぞれ求めなさい。

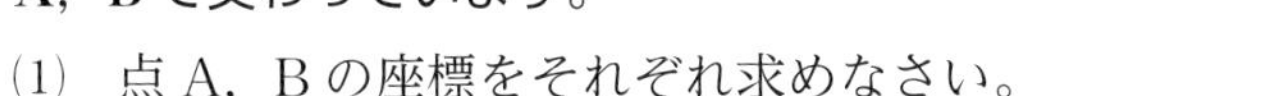

(2) 原点を通り，直線②と平行な直線の式を求めなさい。

(3) (2)の直線と放物線①との交点のうち，原点と異なる点 P の座標を求めなさい。

レベルUP (4) (3)において，△PAB の面積を求めなさい。

入試問題をやってみよう！

1 右の図のように，$y=\frac{1}{4}x^2$…①のグラフ上に点 A があり，その x 座標は -6 です。また，x 軸上に点 B があり，その x 座標は 8 です。①のグラフ上に点 P をとり，△OPB の面積が △OAB の面積の $\frac{1}{4}$ 倍となるような P の座標をすべて求めなさい。

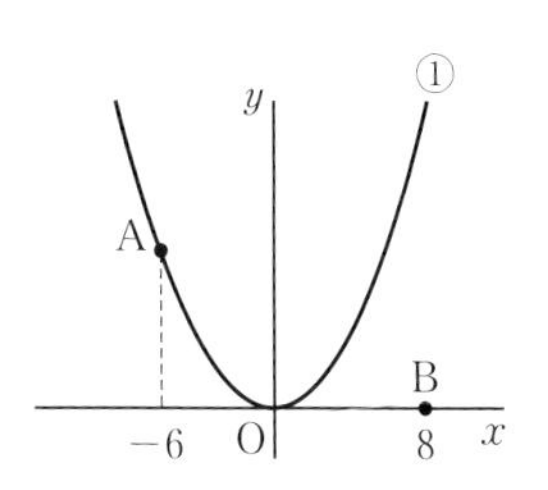

〔和歌山〕

5 (4) (2)(3)より，$8t=\frac{1}{2}\times48$ が成り立つ。
6 (4) AB // OP より △PAB = △OAB だから，△OAB の面積を求める。

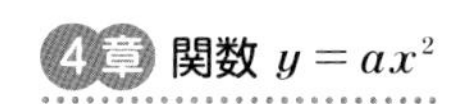

解答 p.19

実力判定テスト ステージ3 関数 $y=ax^2$

40分 /100

1 次の問いに答えなさい。 5点×3（15点）

(1) 底面が1辺 x cm の正方形で，高さが6 cm の正四角柱の体積を y cm^3 とします。x の値が5倍になると，y の値は何倍になりますか。

（　　　　）

(2) y は x の2乗に比例し，$x=2$ のとき $y=-16$ です。$x=-3$ のときの y の値を求めなさい。

（　　　　）

(3) 関数 $y=ax^2$ のグラフが点 $(3,\ -6)$ を通るとき，a の値を求めなさい。

（　　　　）

2 関数 $y=\frac{1}{2}x^2$ について，次の問いに答えなさい。 5点×3（15点）

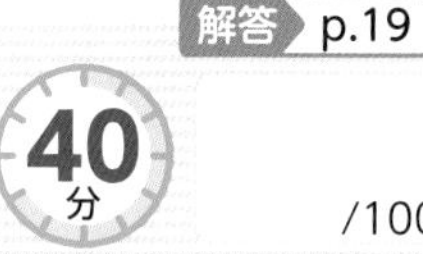

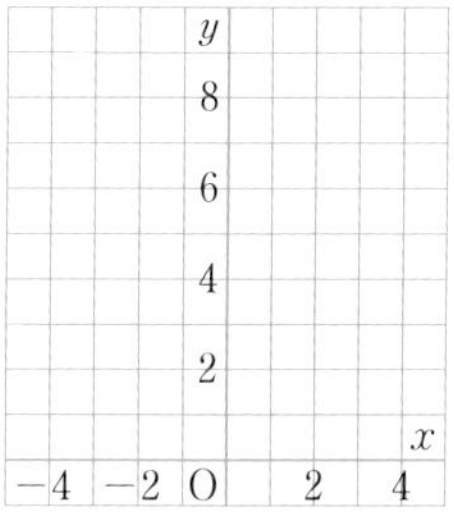

(1) この関数のグラフを右の図にかきなさい。

(2) 関数 $y=\frac{1}{2}x^2$ のグラフと x 軸について対称なグラフが表す式を答えなさい。

（　　　　）

(3) 関数 $y=\frac{1}{2}x^2$ と関数 $y=\frac{2}{5}x^2$ で，グラフの開きぐあいが大きいのはどちらの関数か答えなさい。

（　　　　）

よく出る 3 次の問いに答えなさい。 5点×2（10点）

(1) 関数 $y=-4x^2$ について，x の変域が $-2 \leqq x \leqq 1$ であるとき，y の変域を求めなさい。

（　　　　）

(2) 関数 $y=ax^2$ について，x の変域が $-3 \leqq x \leqq 4$ であるときの y の変域は $0 \leqq y \leqq 8$ です。このとき，a の値を求めなさい。

（　　　　）

4 次の問いに答えなさい。 5点×2（10点）

(1) 関数 $y=2x^2$ について，x の値が -6 から -3 まで増加するときの変化の割合を求めなさい。

（　　　　）

(2) 2つの関数 $y=ax^2$ と $y=-2x+3$ は，x の値が4から6まで増加するときの変化の割合が等しくなります。このとき，a の値を求めなさい。

（　　　　）

目標 2乗に比例する関数を式で表し，特徴を理解して，グラフをかき，変域や変化の割合が求められるようになろう。

自分の得点まで色をぬろう!

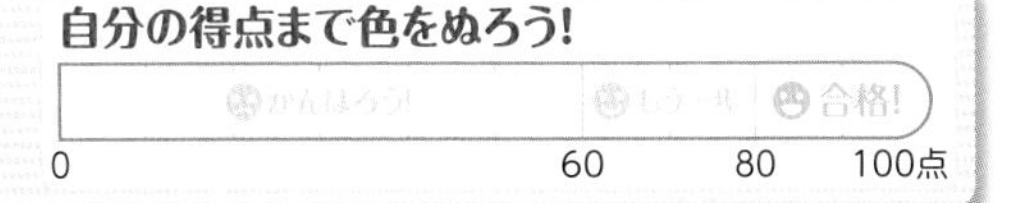

5 1辺が 8 cm の正方形があります。点 P は辺 BC 上を B から C まで，点 Q は点 P と同じ速さで辺 CD 上を C から D まで移動します。2点 P，Q は同時に B，C を出発し，BP＝x cm のときの △BPQ の面積を y cm^2 とします。

5点×4（20点）

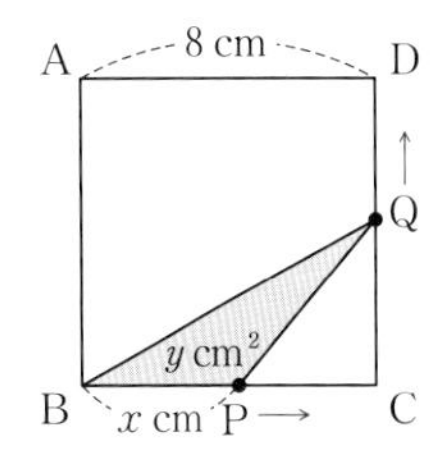

(1) y を x の式で表しなさい。

（　　　　）

(2) $x=4$ のときの y の値を求めなさい。

（　　　　）

(3) y の変域を求めなさい。

（　　　　）

(4) △BPQ の面積が 18 cm^2 となるときの BP の長さを求めなさい。

（　　　　）

4章

6 関数 $y=ax^2$ のグラフ…①と直線 ℓ が，右の図のように2点 A，B で交わっていて，点 A の x 座標は 2，点 B の座標は $(-4, 12)$ です。直線 ℓ と x 軸との交点を C とするとき，次の問いに答えなさい。

5点×4（20点）

(1) a の値を求めなさい。

（　　　　）

(2) 直線 ℓ の式を求めなさい。

(3) △OBC の面積を求めなさい。

（　　　　）

(4) ①のグラフの $x>0$ の部分に点 P をとり，点 P を通り x 軸に平行な直線と①のグラフとの交点のうち，点 P と異なる点を Q とします。また，点 P を通り y 軸に平行な直線と x 軸との交点を R とします。PQ＝PR となるときの点 P の x 座標を求めなさい。

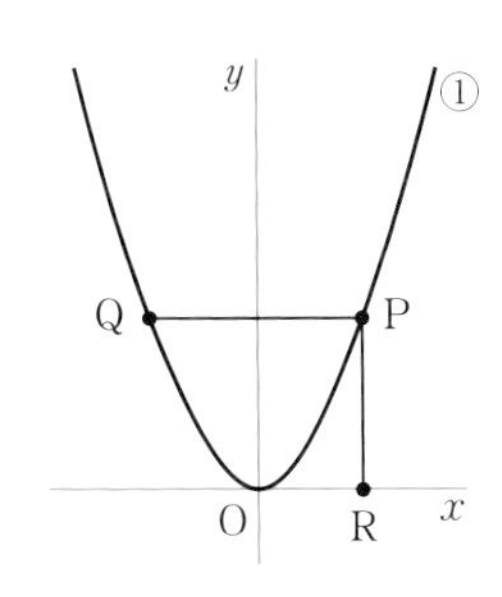

（　　　　）

7 右のグラフは，ある運送会社の料金を表したものの一部で，箱の縦，横，高さの合計を x cm，そのときの料金を y 円としています。x の値が次の(1)，(2)のときの料金を答えなさい。5点×2（10点）

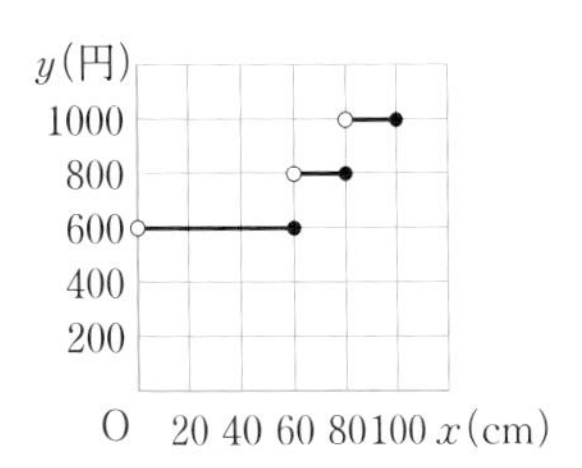

(1) $x=50$　　(2) $x=80$

（　　　　）　（　　　　）

アプリ【どこでもワーク計算編・図形編】をやって，さらに力をつけよう！

ステージ 1

1 相似な図形

1 相似な図形の性質

例1 相似比

教 p.132〜134 → 基本問題 2 3

右の図において，

△ABC∽△DEF であるとき，

辺 DF の長さを求めなさい。

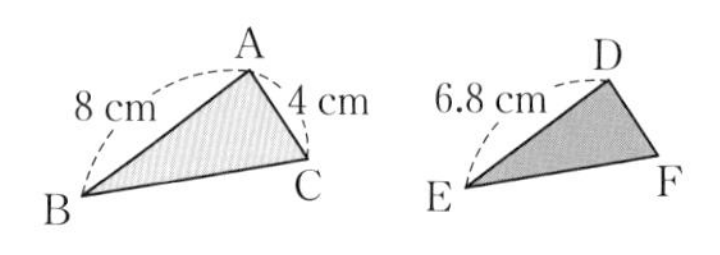

相似

2 つの図形の一方を拡大または縮小した図形が，他方と合同になるとき，この 2 つの図形は**相似**（そうじ）であるという。

考え方 相似な図形の対応する辺の比は等しいことを利用する。

解き方 DF = x cm とする。AB：DE = AC：DF より

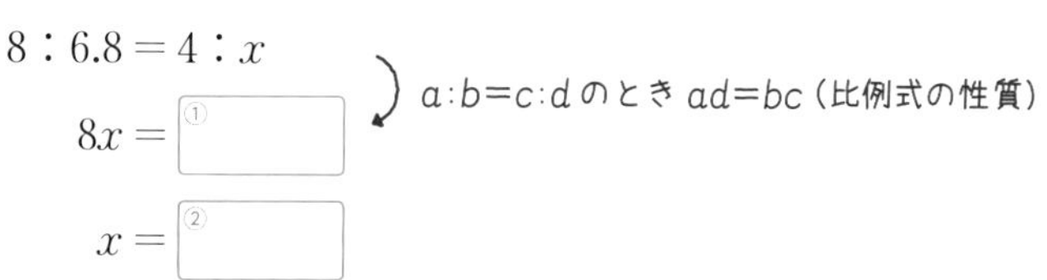

8：6.8 = 4：x

$8x$ = ①

x = ②

$a:b=c:d$ のとき $ad=bc$（比例式の性質）

別解 8：4 = 6.8：x ← となり合う 2 辺の長さの比は等しいから，AB：AC = DE：DF

これより，x = ②

例2 相似の位置

教 p.135〜136 → 基本問題 4

右の図のように，点 O と △ABC に対して，OA′ = 3OA となる点 A′ をとります。

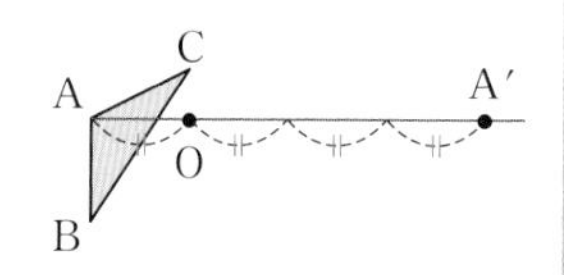

(1) 同じように，OB′ = 3OB，OC′ = 3OC となる点 B′，C′ をとって，相似の位置にある △A′B′C′ をかきなさい。

(2) (1)の三角形が相似であることを，記号 ∽ を使って表しなさい。

(3) △A′B′C′ は △ABC を何倍に拡大した図形ですか。

たいせつ

2 つの図形の対応する頂点を結んだ直線が 1 点 O で交わり，O から対応する点までの距離の比がすべて等しいとき，2 つの図形は相似になる。このような位置にある 2 つの図形を**相似の位置**にあるといい，点 O を**相似の中心**という。

考え方 (3) 相似の中心から対応する点までの距離の比は相似比に等しい。

解き方 (1) 直線 OB をひき，OB′ = 3OB となる点 B′ をとる。同じように，OC′ = 3 ③ となる点 C′ をとり，3 点 A′，B′，C′ を結ぶ。

答 右図

(2) 対応する頂点の順に書く。

△ABC∽ ④

(3) OA：OA′ = 1： ⑤ より相似比は 1：3 だから，

△A′B′C′ は △ABC を ⑥ 倍に拡大した図形である。

覚えておこう

相似の位置にある図形は，下のようにしてもかける。

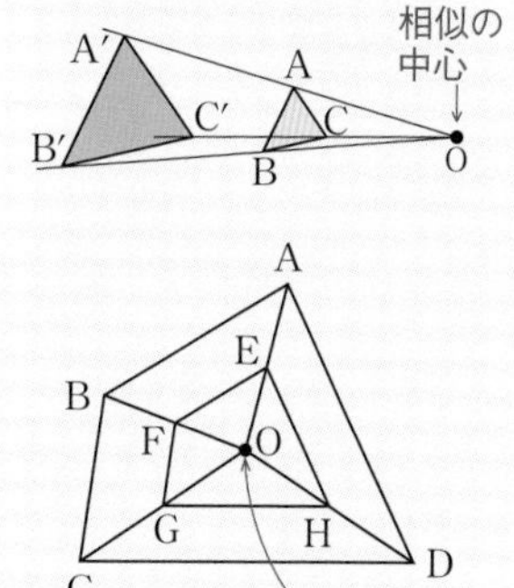

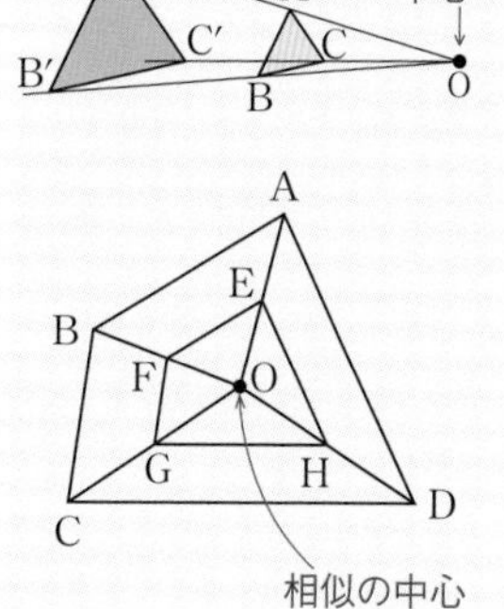

基本問題

解答 p.20

1 相似な図形の性質 右の2つの相似な四角形について，次の問いに答えなさい。 教 p.132 問2

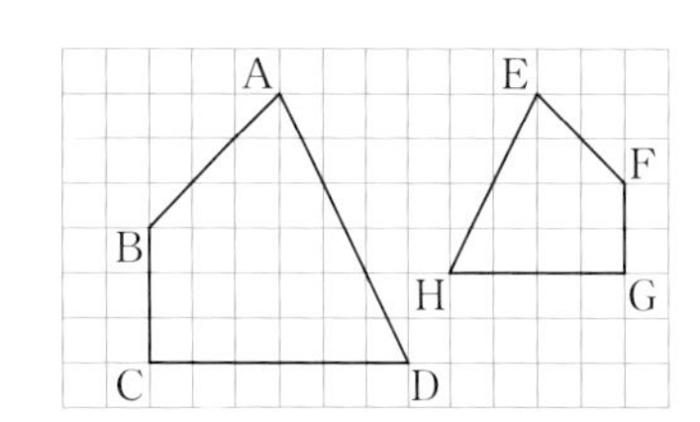

(1) 2つの四角形が相似であることを，記号∽を使って表しなさい。

(2) 次の□にあてはまる記号を書きなさい。

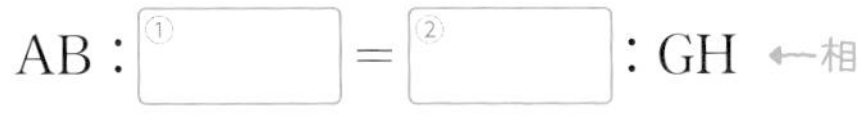

∠③□＝∠E，∠C＝∠④□ ←相似な図形の性質[2]

相似な図形の性質

[1] 相似な図形では，対応する線分の長さの比は，すべて等しい。

[2] 相似な図形では，対応する角の大きさは，それぞれ等しい。

2 相似比 次の図において，△ABC∽△DEF であるとき，x の値を求めなさい。

(1)

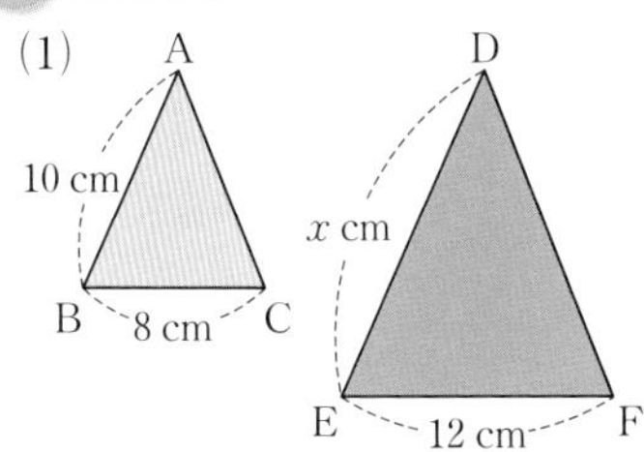

(2)

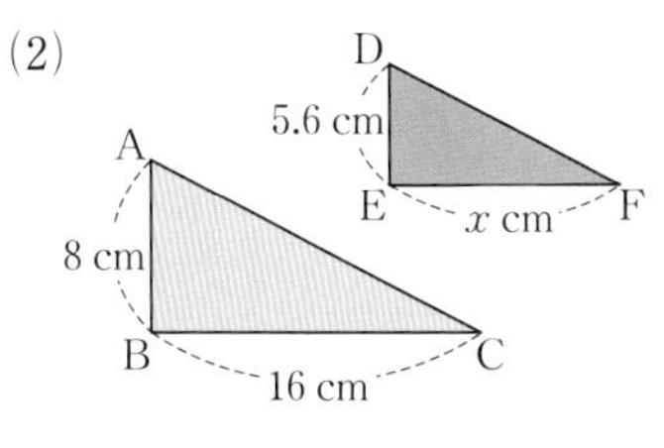

相似比

相似な図形で，対応する線分の長さの比を**相似比**という。

3 相似比 右の図において，四角形 ABCD∽四角形 EFGH です。

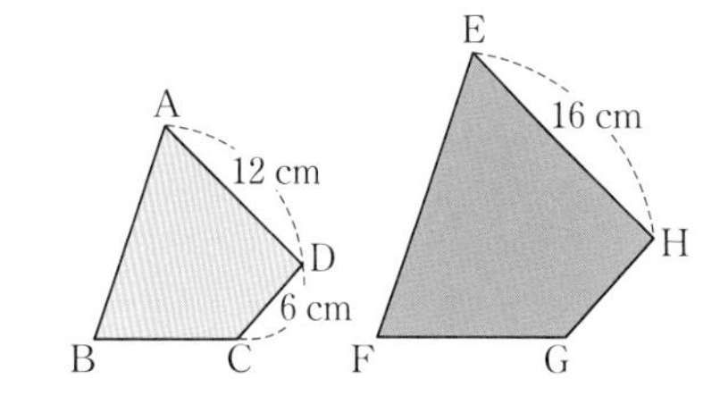

(1) 四角形 ABCD と四角形 EFGH の相似比を求めなさい。

(2) 辺 GH の長さを求めなさい。

4 相似の位置 右の図で，点 O を相似の中心として四角形 ABCD を2倍に拡大した四角形 EFGH をかきなさい。また，点 O′ を相似の中心として四角形 ABCD を $\frac{1}{2}$ に縮小した四角形 IJKL をかきなさい。

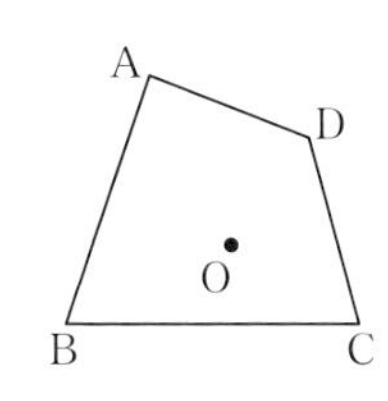

O′

教 p.135 問8, p.136 TRY1

左ページの例の答え ① 27.2 ② 3.4 ③ OC ④ △A′B′C′ ⑤ 3 ⑥ 3

5章

確認のワーク ステージ1

1 相似な図形

2 三角形の相似条件

例1 三角形の相似条件

教 p.137～139 →基本問題 1 2

次の図において，相似な三角形を，記号 ∽ を使って表し，そのとき使った相似条件を答えなさい。

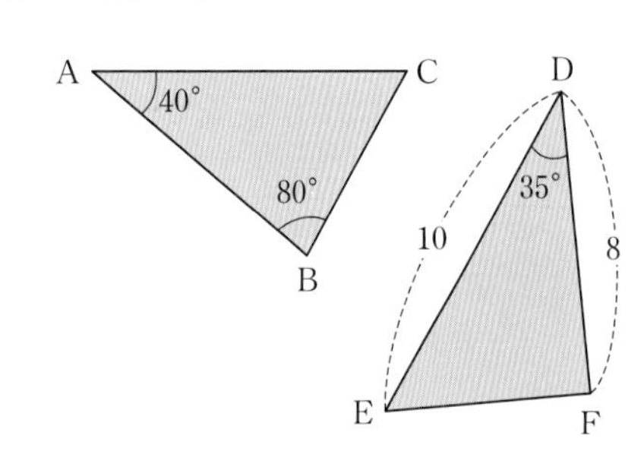

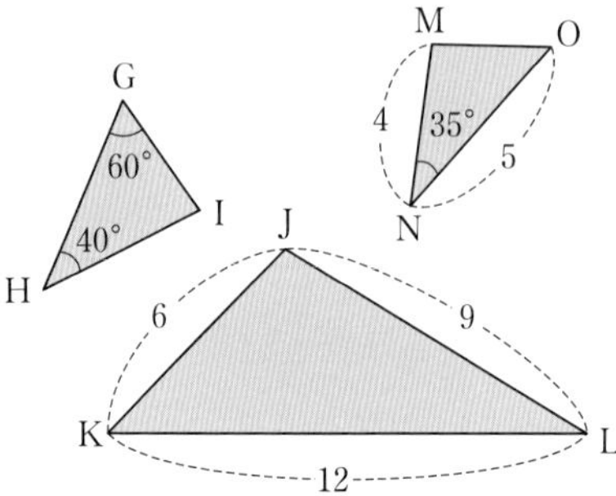

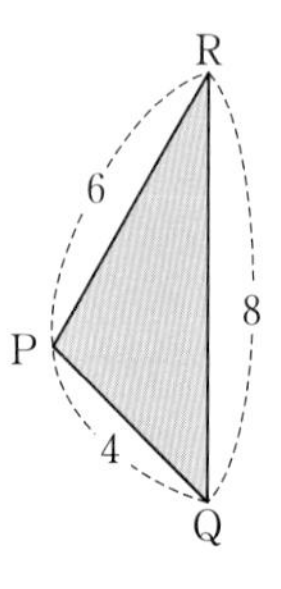

考え方 3 辺，2 辺とその間の角，2 つの角がわかっている三角形の組を考える。

解き方 △JKL と △PQR において，JK：PQ＝6：4＝3：2，KL：QR＝12：8＝3：2，LJ：RP＝9：6＝3：2 より，JK：PQ＝KL：QR＝(①　　　) ←3組の辺の比

△DEF と △NOM において，DE：NO＝10：5＝2：1，DF：NM＝8：4＝2：1 より，DE：NO＝DF：NM　　また，∠FDE＝∠MNO＝(②　　　) ←2組の辺の比とその間の角

△ABC と △HIG において，∠A＝∠H＝40°，∠I＝180°−(40°＋60°)＝80° より，∠B＝∠(③　　　)＝80° ←2組の角

答 △JKL ∽ △(④　　　)　　相似条件：(⑤　　　)がすべて等しい。

△DEF ∽ △(⑥　　　)　　相似条件：2 組の辺の比とその間の角がそれぞれ等しい。

△ABC ∽ △HIG　　相似条件：(⑦　　　)がそれぞれ等しい。

例2 相似な三角形

教 p.139～140 →基本問題 3 4

右の図において，∠ABC＝∠DEC のとき，△ABC ∽ △DEC であることを証明しなさい。

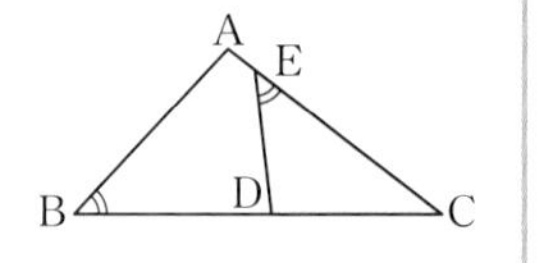

思い出そう

三角形の合同条件

[1] 3 組の辺がそれぞれ等しい。

[2] 2 組の辺とその間の角がそれぞれ等しい。

[3] 1 組の辺とその両端（りょうたん）の角がそれぞれ等しい。

考え方 相似であることを証明する三角形を取り出して，向きをそろえてかくとよい。

証明 △ABC と △DEC において，

仮定より，∠ABC＝∠DEC　…①

共通な角であるから，∠ACB＝∠(⑧　　　)　…②

①，②より，(⑨　　　)がそれぞれ等しいから，

△ABC ∽ △DEC

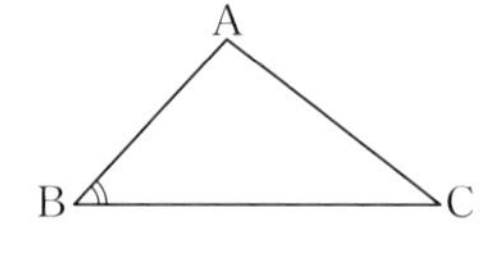

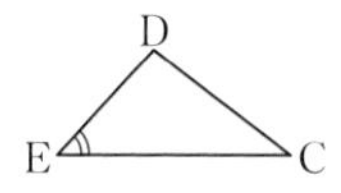

基本問題

解答 p.20

1 三角形の相似条件　次の図において，相似な三角形の組を見つけ，そのとき使った相似条件を答えなさい。

教 p.139 問2

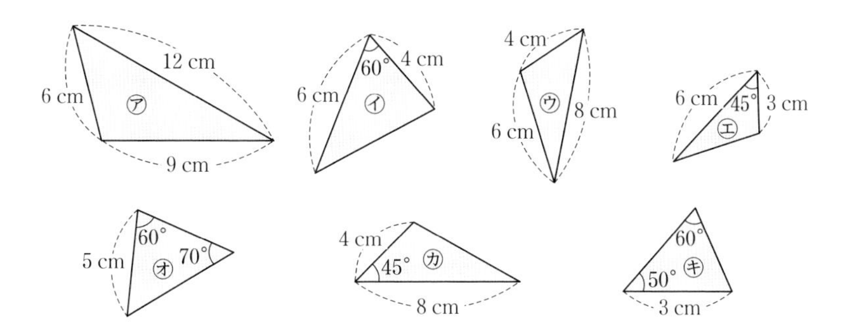

ここがポイント

2つの角の大きさがわかっている場合，残りの角の大きさは，計算によって求められる。

2 三角形の相似条件　次の図において，相似な三角形を見つけて記号 ∽ を使って表し，相似であることを証明しなさい。

教 p.139 問3

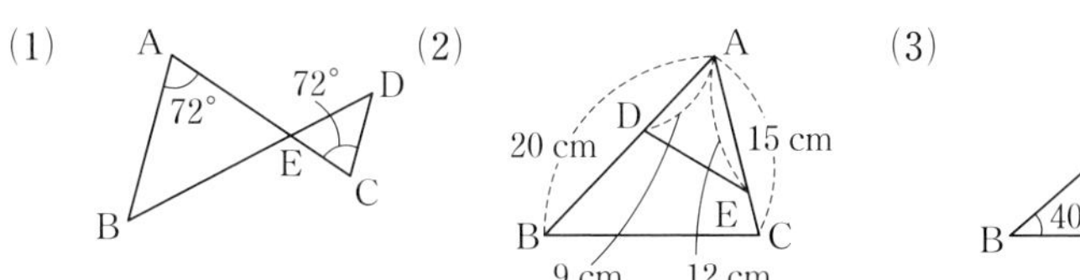

知ってると得

相似の証明で，

- 角の大きさしかわかっていない場合は，「2組の角がそれぞれ等しい」
- 2組の辺の比がわかっている場合は，「2組の辺の比とその間の角がそれぞれ等しい」を導けないか考える。ただし，共通な角の大きさは示されていないので，注意が必要である。

3 相似な三角形　右の図において，△ABC ∽ △ADB であることを証明しなさい。

教 p.140 問4

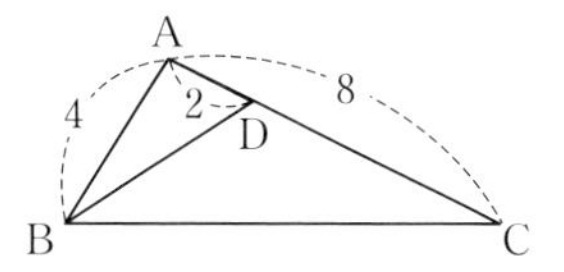

4 相似な三角形　右の図の △ABC について，頂点 A，C から，それぞれ辺 BC，AB に垂線 AD，CE をひき，その交点を F とします。

教 p.140 問5

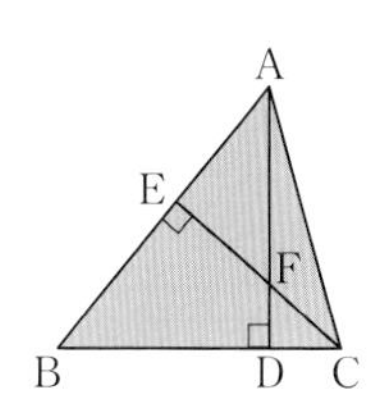

(1)　△ABD ∽ △CFD であることを証明しなさい。

(2)　AB = 28 cm，CF = 7 cm，DF = 5 cm であるとき，線分 BD の長さを求めなさい。

相似な図形では，対応する線分の長さの比は等しかったね。

左ページの例の答え　① LJ：RP　② 35°　③ I　④ PQR　⑤ 3組の辺の比　⑥ NOM　⑦ 2組の角　⑧ DCE　⑨ 2組の角

1 相似な図形
3 相似な図形の面積の比　4 相似な立体とその性質

例1 三角形の面積と線分の比

教 p.141 → 基本問題 1

右の図の △ABC において，点 D は辺 BC を 2：3 に分ける点で，点 E は線分 AD の中点です。△ABC の面積が 40 cm² のとき，次の三角形の面積を求めなさい。

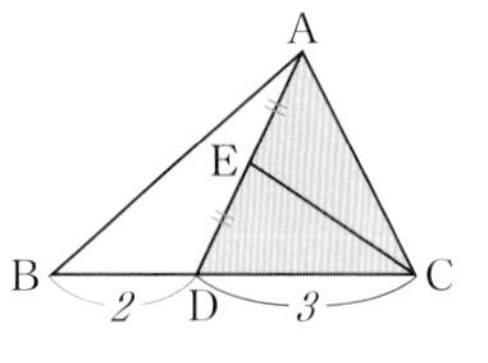

(1)　△ACD　　(2)　△DEC

考え方 (1)　△ABD と △ACD は，底辺をそれぞれ BD，DC と考えると，高さは共通で等しい。

解き方 (1)　△ABD：△ACD＝BD：①＝2：②

△ABC＝S cm² とすると，△ACD＝③ S

よって，△ACD＝③×40＝④(cm²)

(2)　AE：ED＝1：1 だから，

△AEC：△DEC＝1：⑤　←底辺の比に等しい。

よって，△DEC＝⑥ cm²

例2 相似な図形の面積の比

教 p.142 → 基本問題 2

△ABC∽△DEF で，相似比が 2：3 のとき，△ABC と △DEF の面積の比を求めなさい。

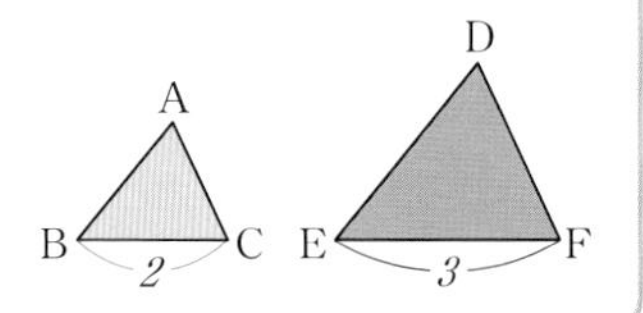

考え方 相似比が $m：n$ のとき，面積の比は $m^2：n^2$ を利用する。

解き方 △ABC：△DEF＝2^2：⑦＝4：9

例3 相似な立体の表面積と体積

教 p.145 → 基本問題 3

相似な 2 つの円柱 P，Q があり，その相似比は 5：3 です。

(1)　P の表面積が 75 cm² のとき，Q の表面積を求めなさい。

(2)　Q の体積が 54 cm³ のとき，P の体積を求めなさい。

解き方 (1)　Q の表面積を S cm² とすると，

75：S＝$5^2：3^2$＝25：9 より，S＝⑧(cm²)

↑相似比の 2 乗

(2)　P の体積を V cm³ とすると，

V：54＝$5^3：3^3$＝125：27 より，V＝⑨(cm³)

↑相似比の 3 乗

たいせつ

高さが等しい 2 つの三角形の面積の比は，底辺の長さの比に等しい。

△ABD：△ACD
＝2：3
このほかには？

ここがポイント

ある三角形の面積を，1 などにおきかえる。
例1 では，△ABD の面積を 2，△ACD の面積を 3 と考えている。

たいせつ

2 つの相似な図形の相似比が $m：n$ であるとき，それらの面積の比は

$m^2：n^2$

である。

たいせつ

2 つの相似な立体の相似比が $m：n$ であるとき，それらの表面積の比は

$m^2：n^2$ ←2乗

で，体積の比は

$m^3：n^3$ ←3乗

である。

基本問題

解答 p.21

1 三角形の面積と線分の比　右の図の平行四辺形 ABCD において，点 E は辺 DC を 2：3 に分ける点で，AE と BD の交点を F とします。

教 p.141 問1

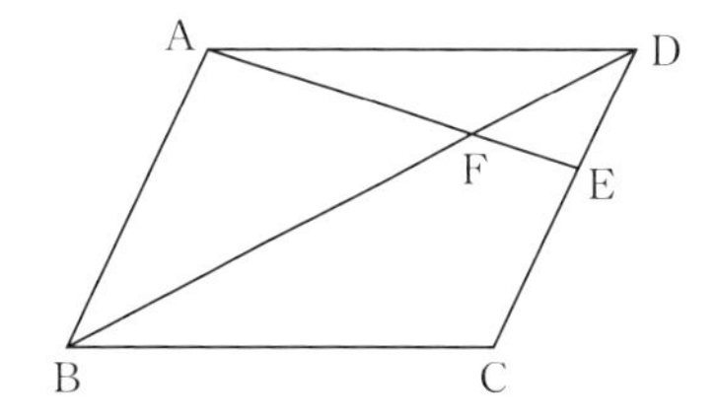

(1)　△DAE と △DEF の面積の比を，もっとも簡単な整数の比で表しなさい。

(2)　平行四辺形の面積が 70 cm² のとき，次の三角形の面積を求めなさい。

①　△DAE　　②　△DEF

2 相似な図形の面積の比　右の図のような △ABC において，D，E はそれぞれ辺 AB，AC 上の点で，DE // BC，AD：DB＝2：1 とします。

教 p.143 問6

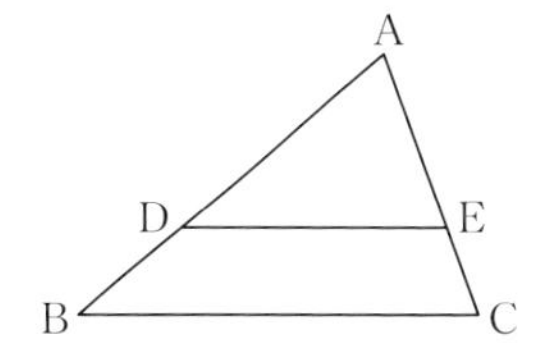

(1)　△ABC と △ADE の面積の比を，もっとも簡単な整数の比で表しなさい。

(2)　△ABC の面積が 63 cm² のとき，四角形 DBCE の面積を求めなさい。

知ってると得

2のように，△ABC と △ADE が相似で，相似比が $m:n$ のとき，面積の比は $m^2:n^2$ だから，△ABC と四角形 DBCE の面積の比は $m^2:(m^2-n^2)$ になる。

3 相似な立体の表面積と体積　右の図のように，三角錐(すい) OABC を底面に平行な平面 L で切り，切り口を △PQR とします。OP：PA＝2：1 であるとき，次の問いに答えなさい。

教 p.145 問1，問2，問3

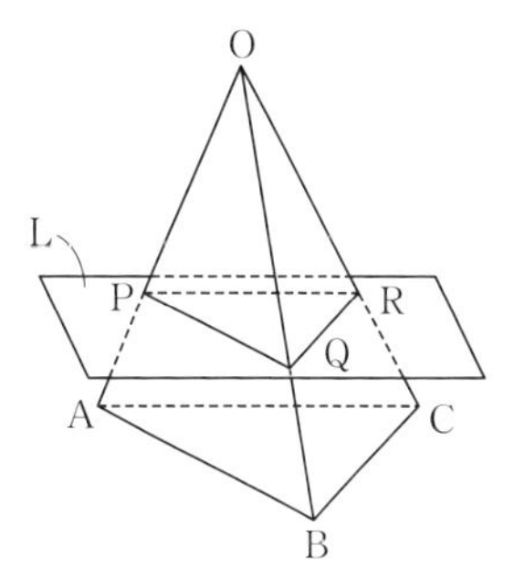

(1)　三角錐 OABC と三角錐 OPQR の表面積の比を求めなさい。

(2)　三角錐 OABC と三角錐 OPQR の体積の比を求めなさい。

(3)　三角錐 OABC の体積が 54 cm³ のとき，立体 PQR－ABC の体積を求めなさい。

知ってると得

(3)のように，三角錐 OABC と三角錐 OPQR が相似で，相似比が $m:n$ のとき，三角錐 OABC と立体 PQR－ABC の体積の比は $m^3:(m^3-n^3)$ になる。

左ページの例の答え　① DC(CD)　② 3　③ $\frac{3}{5}$　④ 24　⑤ 1　⑥ 12　⑦ 3^2(9)　⑧ 27　⑨ 250

解答 p.21

1 相似な図形

1 右の図で，OA：OD＝OB：OE＝OC：OF＝1：2，AC＝8 cm のとき，下の⑴，⑵の□にあてはまる用語や数を書きなさい。

⑴ △ABC と △DEF は，点 O を ① □ として，相似の ② □ にある。

⑵ △ABC と △DEF の相似比は ③ □ で，DF＝ ④ □ cm である。

2 次の図において，相似な三角形を，記号 ∽ を使って表し，そのとき使った相似条件を答えなさい。

⑴

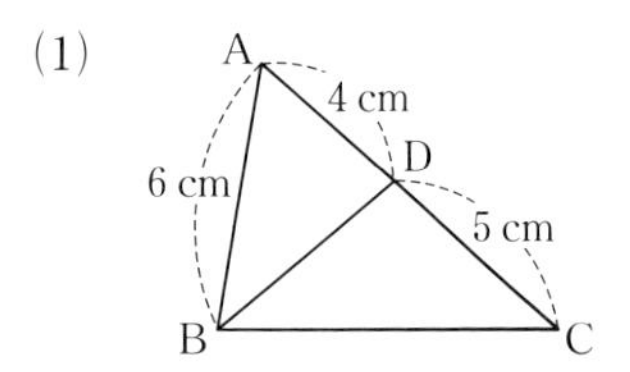

⑵ AB // CD

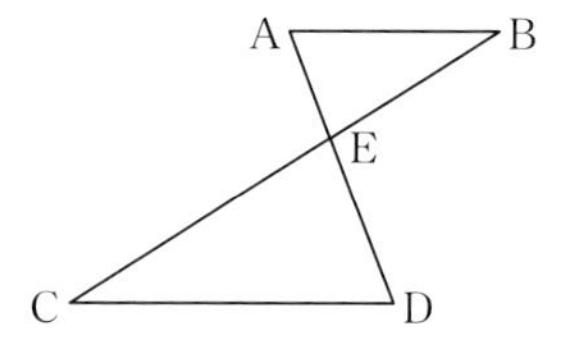

3 よく出る 右の図のような △ABC において，D，E はそれぞれ辺 AB，AC 上の点とします。

⑴ △ABC ∽ △AED を証明しなさい。

⑵ 辺 DE の長さを求めなさい。

4 AD // BC である台形 ABCD において，対角線 AC と BD の交点を O とします。

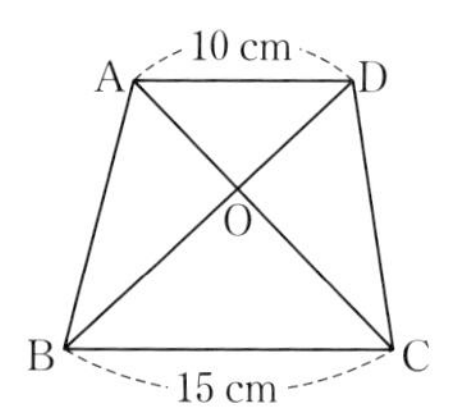

⑴ △AOD と △COB の面積の比を求めなさい。

⑵ △AOD と △AOB の面積の比を求めなさい。

⑶ 台形 ABCD の面積を S とするとき，△AOD の面積を S を使って表しなさい。

2 ⑴ AB：AD と AC：AB に注目する。
⑵ AB // CD より錯角が等しいので，△AEB ∽ △DEC がいえる。

3 △AED を △ABC の外に取り出して，向きをそろえて考えるとよい。

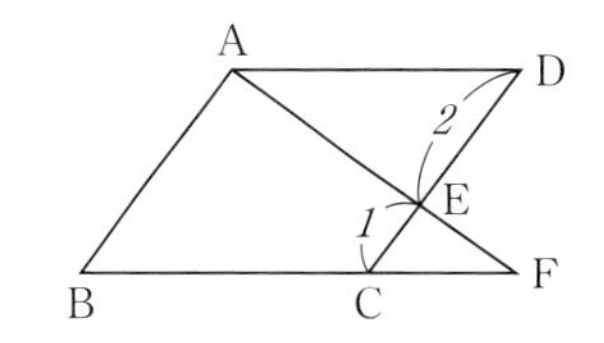

5 右の図の平行四辺形 ABCD において，点 E は辺 DC を 2：1 に分ける点で，直線 AE と直線 BC の交点を F とします。

(1) △FEC と △FAB の面積の比を，もっとも簡単な整数の比で表しなさい。

(2) 平行四辺形 ABCD の面積は，△FEC の何倍か求めなさい。

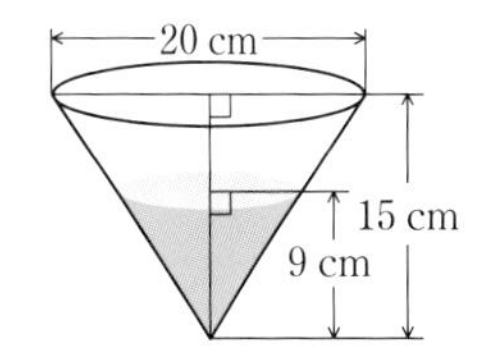

6 右の図のような円錐（すい）の形をした容器に，9 cm の深さまで水が入っています。ただし，容器の厚さは考えないものとします。

(1) 容器の容積を求めなさい。

(2) 容器に入っている水の体積を求めなさい。

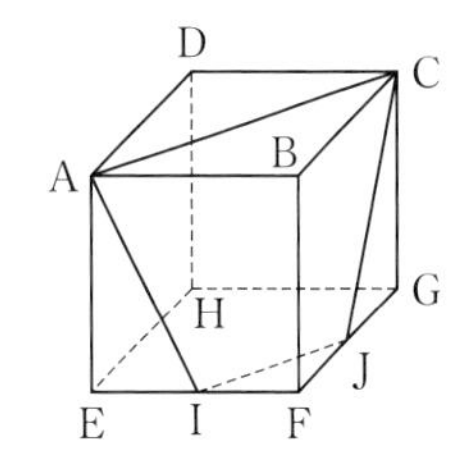

7 右の図の立方体 ABCD-EFGH において，I，J はそれぞれ辺 EF，FG の中点です。この立方体の 1 辺の長さを 12 cm とするとき，A，B，C，I，F，J を頂点とする立体の体積を求めなさい。

入試問題をやってみよう！

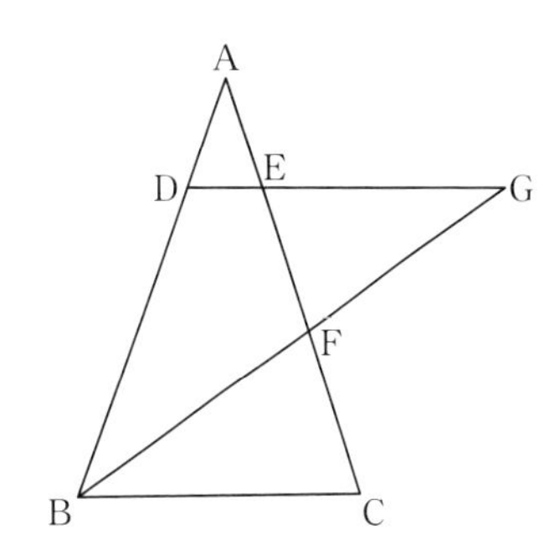

1 図で，△ABC は AB＝AC の二等辺三角形であり，D，E はそれぞれ辺 AB，AC 上の点で，DE // BC です。また，F，G はそれぞれ ∠ABC の二等分線と辺 AC，直線 DE との交点です。AB＝12 cm，BC＝8 cm，DE＝2 cm のとき，次の問いに答えなさい。〔愛知〕

(1) 線分 DG の長さは何 cm か，求めなさい。

(2) △FBC の面積は △ADE の面積の何倍か，求めなさい。

7 AI の延長，BF の延長，CJ の延長は 1 点で交わる。その点を K とすると，三角錐 KABC と三角錐 KIFJ は相似な立体である。

2 平行線と線分の比
1 三角形と比

例1 三角形と線分の比
教 p.147〜149 →基本問題 1 2 3

次の図において，DE // BC のとき，x，y の値を求めなさい。

(1)
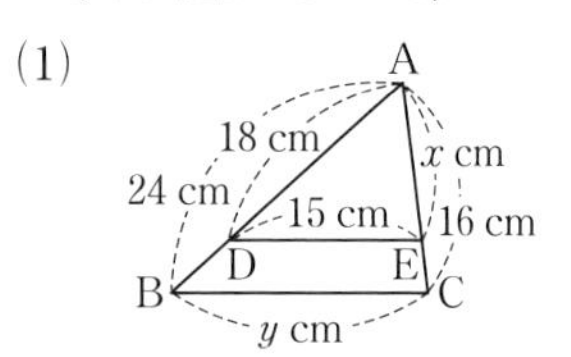

(2)
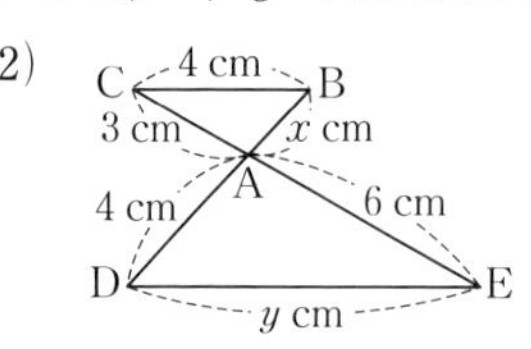

(3)
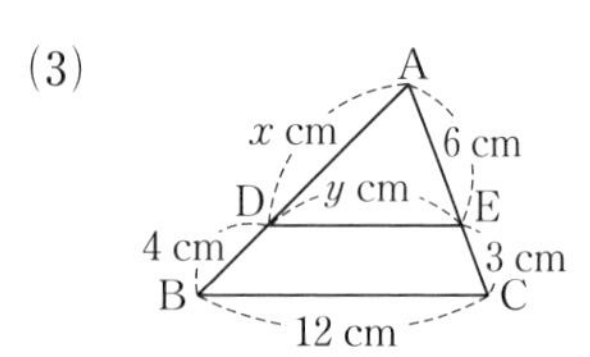

(4)
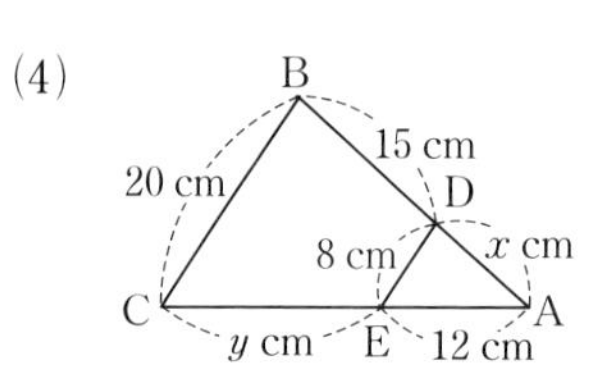

三角形と線分の比の定理(1)

△ABC の辺 AB，AC 上に，それぞれ点 D，E をとるとき，次のことが成り立つ。

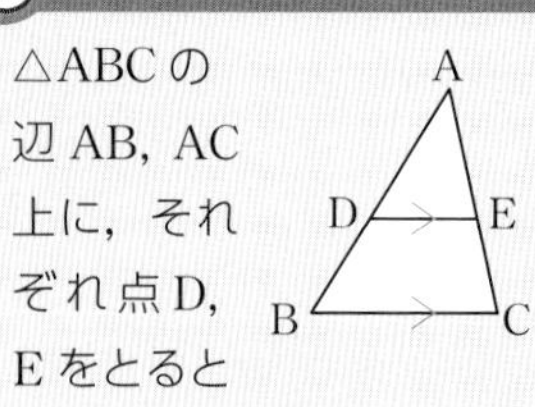

[1] DE // BC ならば
AD : AB = AE : AC = DE : BC

[2] DE // BC ならば
AD : DB = AE : EC

考え方 (1)(2) DE // BC より AD : AB = AE : AC = DE : BC

(3)(4) DE // BC より AD : DB = AE : EC

解き方 (1) $x : 16 = 18 : 24$ より $x =$ ①____

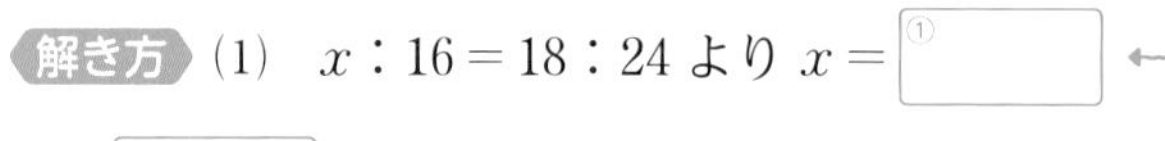

②____ $: y = 18 : 24$ より $y = 20$ ←三角形と線分の比(1)[1]

(2) $x : 4 = 3 :$ ③____ より $x = 2$

$y : 4 = 6 : 3$ より $y =$ ④____ ←三角形と線分の比(1)[1]

(3) $x : 4 = 6 : 3$ より $x =$ ⑤____ ←三角形と線分の比(1)[2]

$y : 12 = 6 : (6+$ ⑥____$)$ より $y = 8$ ←三角形と線分の比(1)[1]

(4) $x : (x+15) = 8 : 20$ より $20x = 8(x+15)$　$x =$ ⑦____ ←三角形と線分の比(1)[1]

$12 : y =$ ⑦____ $: 15$ より $y =$ ⑧____ ←三角形と線分の比(1)[2]

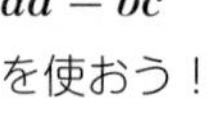

比例式の性質
$a : b = c : d$ ならば
$ad = bc$
を使おう！

例2 三角形と線分の比の定理の逆
教 p.150〜151 →基本問題 4

右の図において，線分 DE，EF，FD の中から，△ABC の辺に平行な線分を選びなさい。また，その理由を答えなさい。

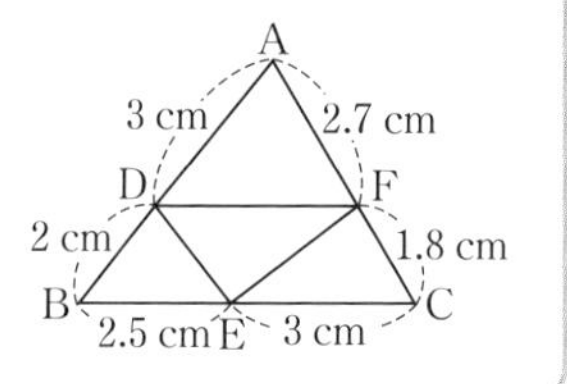

三角形と線分の比の定理(2)

△ABC の辺 AB，AC 上に，それぞれ点 D，E をとるとき，次のことが成り立つ。

[1] AD : AB = AE : AC ならば DE // BC

[2] AD : DB = AE : EC ならば DE // BC

考え方 三角形と線分の比の定理(2)の[1]または[2]が成り立つことをいう。

解き方 AD : DB = 3 : 2，BE : EC = 5 : 6，AF : FC = 3 : 2

よって，AD : DB = AF : FC であるから，DF // ⑨____

基本問題

解答 p.22

1 三角形と線分の比⑴ △ABC の辺 AB，AC 上に，それぞれ D，E をとります。DE ∥ BC とするとき，次のことを証明しなさい。

教 p.147 問1

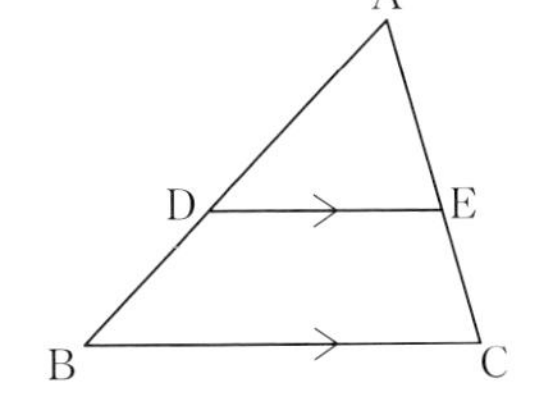

⑴ AD：AB＝DE：BC

⑵ AD：DB＝AE：EC

思い出そう
[平行線の性質]
2直線に1つの直線が交わるとき，2直線が平行ならば同位角，錯角は等しい。
[平行線になるための条件]
2直線に1つの直線が交わるとき，同位角または錯角が等しいならば，2直線は平行である。
(同位角) (錯角)

2 三角形と線分の比⑴ 次の図において，DE ∥ BC のとき，x，y の値を求めなさい。

教 p.149 問2

⑴
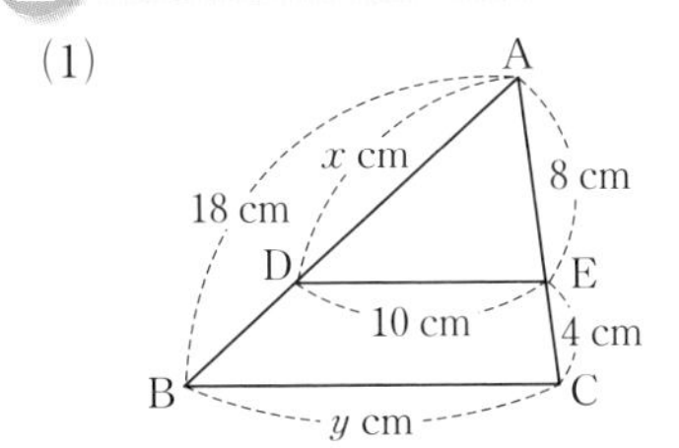

⑵
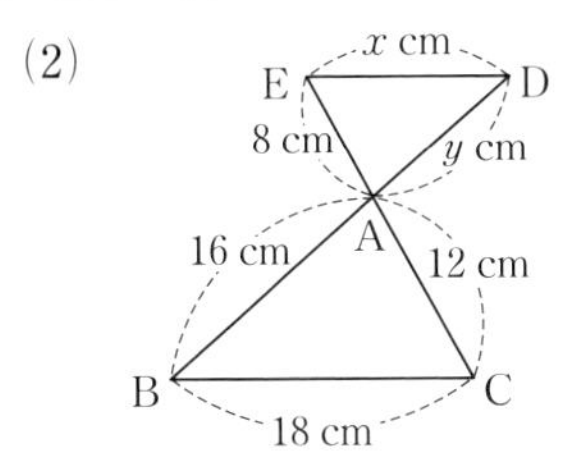

ミス注意
⑴ x：18＝8：4
⑵ 8：16＝y：12
は，どちらもまちがい。
対応する辺に注意して，比例式をつくるよ。

3 三角形と線分の比⑴ 次の図において，DE ∥ BC のとき，x，y の値を求めなさい。

教 p.149 問2

⑴
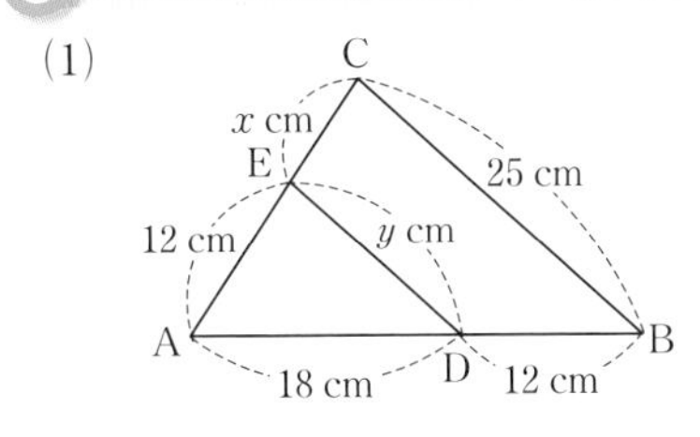

⑵
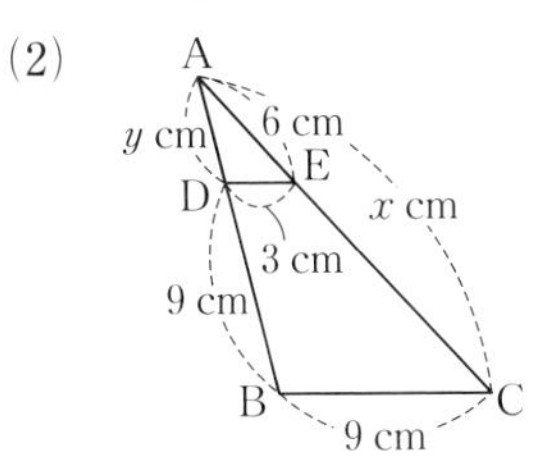

ここがポイント
三角形と線分の比の定理⑴の[1]，[2]を用いる。

4 三角形と線分の比⑵ 右の図において，線分 DE，EF，FD の中から，△ABC の辺に平行な線分を選びなさい。また，その理由を答えなさい。 教 p.151 問5

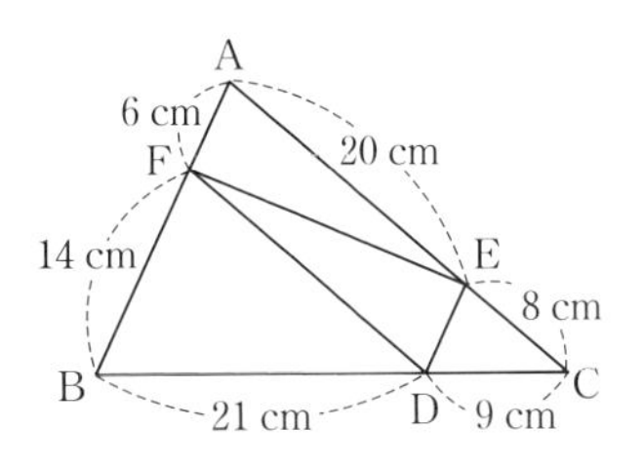

ここがポイント
三角形と線分の比の定理⑵の[1]，[2]を用いる。

三角形と線分の比の定理⑵は，72ページの下にあるよ。しっかり理解しておこう。

5章

左ページの例の答え ①12 ②15 ③6 ④8 ⑤8 ⑥3 ⑦10 ⑧18 ⑨BC

2 平行線と線分の比
2 中点連結定理　3 平行線と線分の比

例1 中点連結定理
教 p.152 → 基本問題 1

右の図の △ABC において，点 M，N は，それぞれ辺 AB，AC の中点です。このとき，∠ANM の大きさと線分 MN の長さを求めなさい。

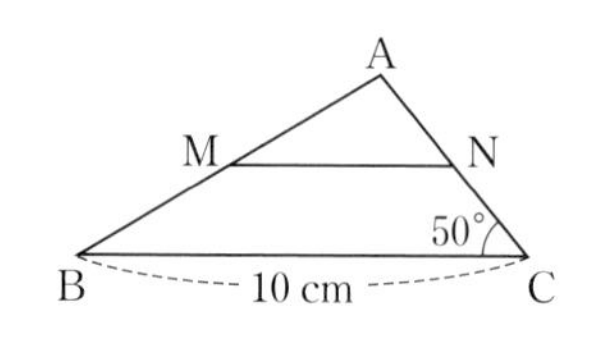

考え方 M，N が中点より，中点連結定理が使えるか考える。

解き方 △ABC において，点 M，N はそれぞれ辺 AB，AC の中点であるから，MN // ①____，MN = ②____ ←中点連結定理

よって，同位角は等しいから，∠ANM = ∠ACB = ③____°

$MN = \frac{1}{2}BC =$ ④____(cm)

中点連結定理

△ABC の辺 AB，AC の中点を，それぞれ M，N とすると，次のことが成り立つ。

MN // BC

$MN = \frac{1}{2}BC$

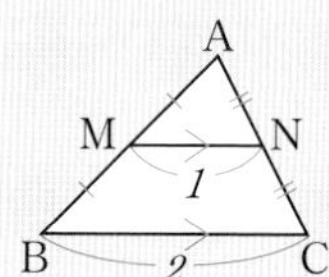

例2 平行線と線分の比
教 p.154〜155 → 基本問題 2

右の図において，3 直線 ℓ，m，n が平行であるとき，x の値を求めなさい。

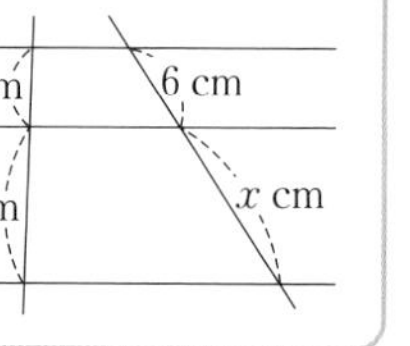
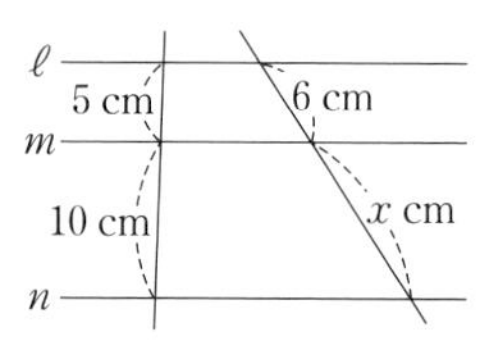

考え方 平行線と線分の比の定理が使えるか考える。

解き方 ℓ，m，n が平行だから，5：⑤____ = 6：x ←平行線と線分の比の定理

$x =$ ⑥____ ←比例式の性質を用いて求める。

平行線と線分の比

平行な 3 直線 ℓ，m，n に直線 p がそれぞれ点 A，B，C で交わり，直線 q がそれぞれ点 D，E，F で交わるとき，

AB：BC = DE：EF

が成り立つ。

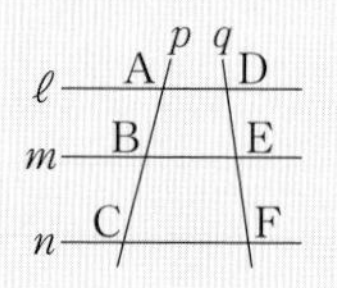

例3 角の二等分線と線分の比
教 p.156〜157 → 基本問題 3

右の図において，線分 AD は ∠BAC の二等分線です。

(1) BD：DC を求めなさい。

(2) 線分 BD の長さを求めなさい。

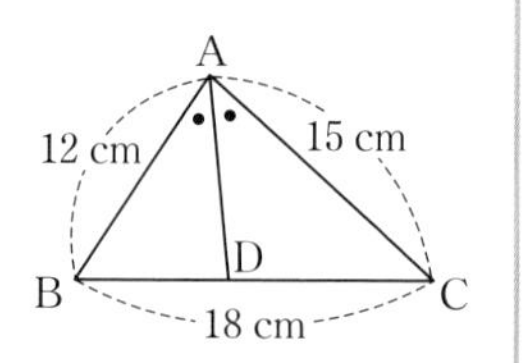

考え方 角の二等分線と線分の比の定理を用いる。

解き方 (1) AD は ∠BAC の二等分線だから，

AB：AC = BD：⑦____ より，BD：DC = 4：⑧____

(2) BD = BC × $\frac{⑨}{4+⑧}$ = ⑩____(cm)

角の二等分線と線分の比

△ABC において，∠A の二等分線と辺 BC の交点を D とすると，次のことが成り立つ。

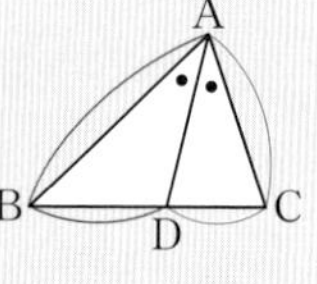

AB：AC = BD：DC

証明は p.77 5 を参照

基本問題

解答 p.23

1 中点連結定理　右の図のような△ABC の辺 BC，CA，AB の中点を，それぞれ D，E，F とします。 教 p.152 問3

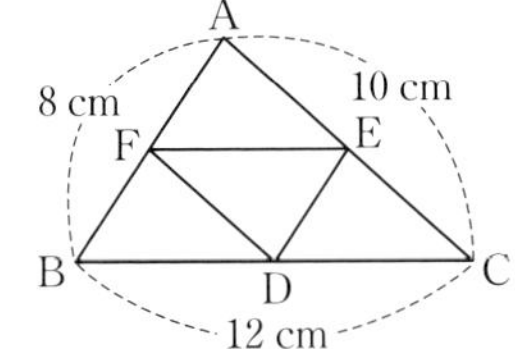

(1)　辺 DE の長さを求めなさい。

(2)　△DEF の周の長さを求めなさい。

(3)　四角形 FDCE の名前を答えなさい。

2 平行線と線分の比　次の図において，3 直線 ℓ，m，n が平行であるとき，x の値を求めなさい。 教 p.155 問2

(1)

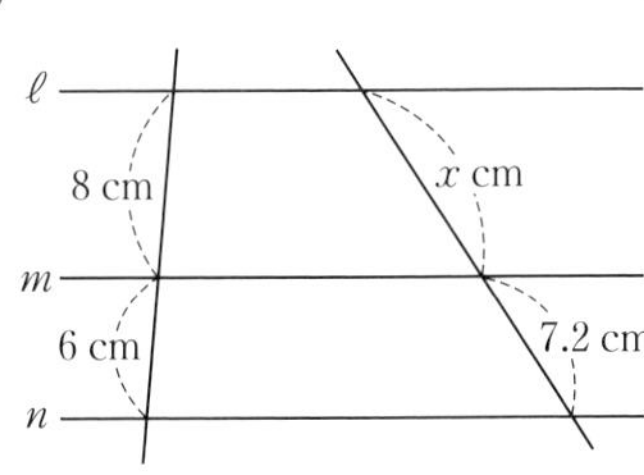

(2)

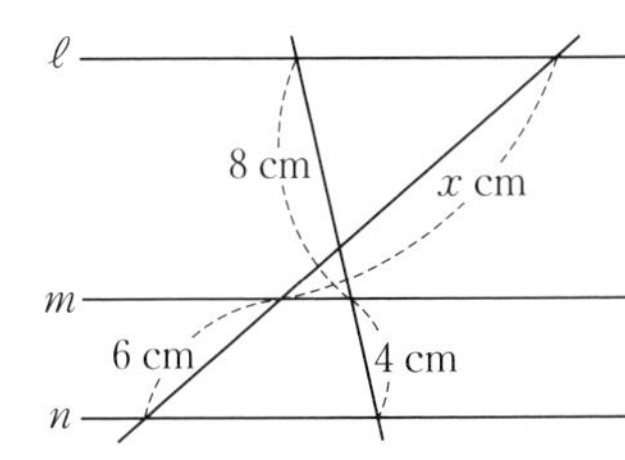

(3)

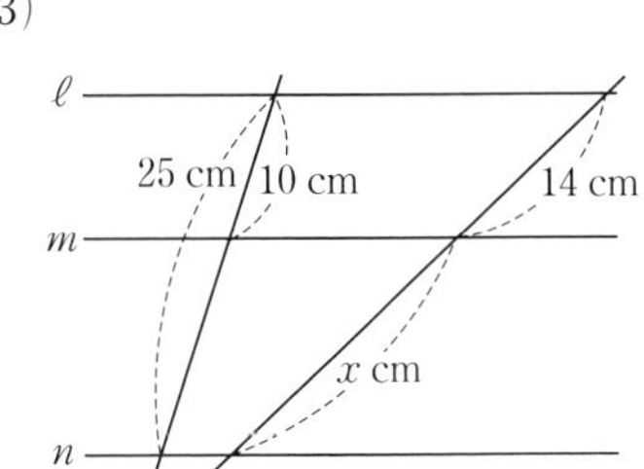

(4)

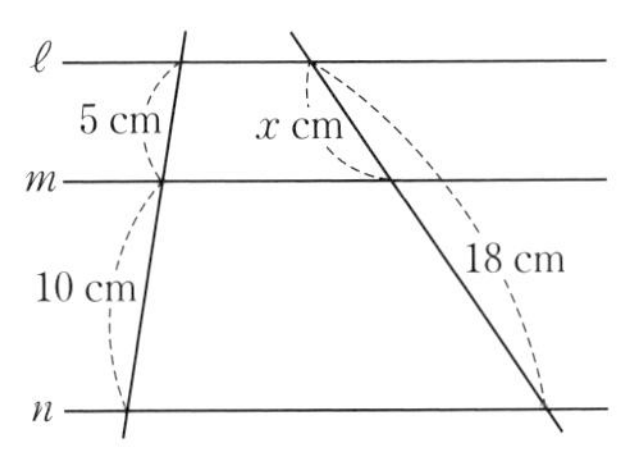

3 角の二等分線と線分の比　次の図において，線分 AD は ∠BAC の二等分線です。このとき，x の値を求めなさい。

教 p.157 問5

(1)

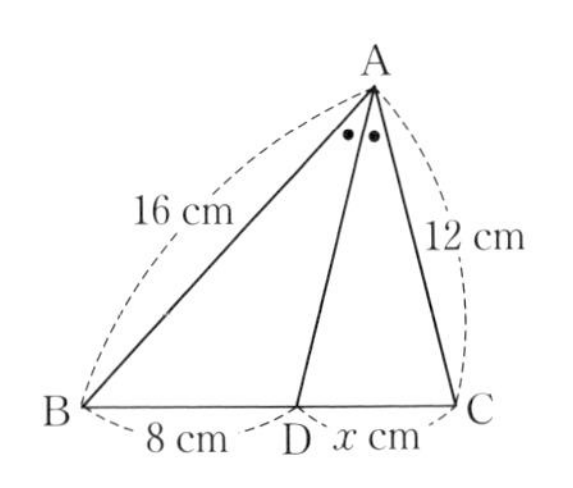

(2)

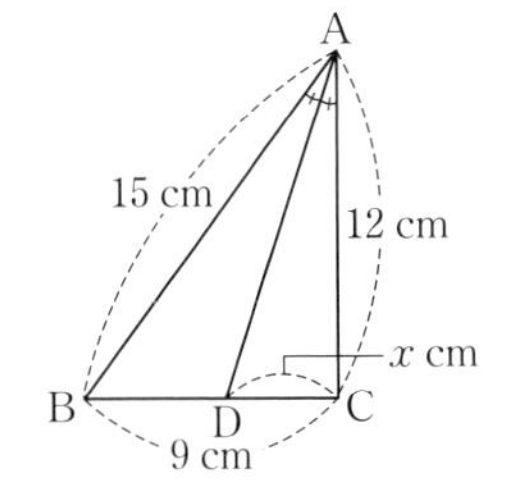

覚えておこう

中点連結定理の証明

[図: △ABC，AB の中点 M，AC の中点 N]

[証明] △ABC において，

AM：MB＝AN：NC
　　＝1：1

よって，三角形と線分の比の定理(2)より，MN // BC

また，三角形と線分の比の定理(1)より，

MN：BC＝AM：AB
　　＝1：2

したがって，$\mathrm{MN}=\frac{1}{2}\mathrm{BC}$

ミス注意

対応する線分をまちがえないように注意しよう！

(3)　14：x に等しい比は
10：(25−10)

(4)　5：10 に等しい比は
x：(18−x)

となる。

ここがポイント

角の二等分線と線分の比の定理より，

$$\mathrm{BD}=\mathrm{BC}\times\frac{\mathrm{AB}}{\mathrm{AB}+\mathrm{AC}}$$

$$\mathrm{DC}=\mathrm{BC}\times\frac{\mathrm{AC}}{\mathrm{AB}+\mathrm{AC}}$$

左ページの例の答え　① BC　② $\frac{1}{2}$BC　③ 50　④ 5　⑤ 10　⑥ 12　⑦ DC　⑧ 5　⑨ 4　⑩ 8

2 平行線と線分の比

よく出る **1** 次の図において，x の値を求めなさい。

(1)

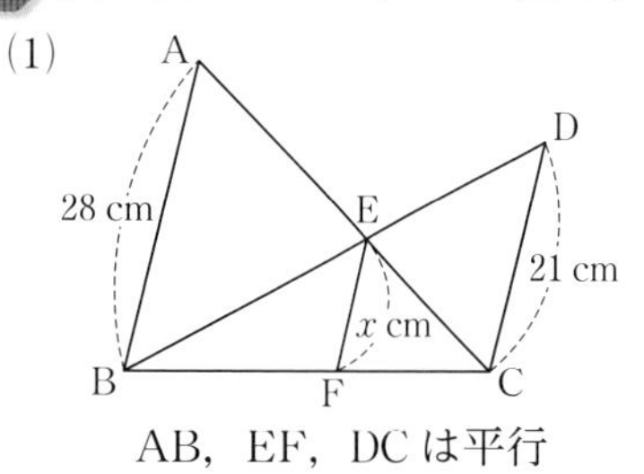

AB，EF，DC は平行

(2)

A D
6 cm
x cm
F
15 cm
E
4 cm
B C

四角形 ABCD は平行四辺形

2 AB＝DC である四角形 ABCD において，辺 AD，BC の中点をそれぞれ M，N とし，対角線 BD の中点を L とします。このとき，△LMN は二等辺三角形であることを証明しなさい。ただし，AB と DC は平行ではないものとします。

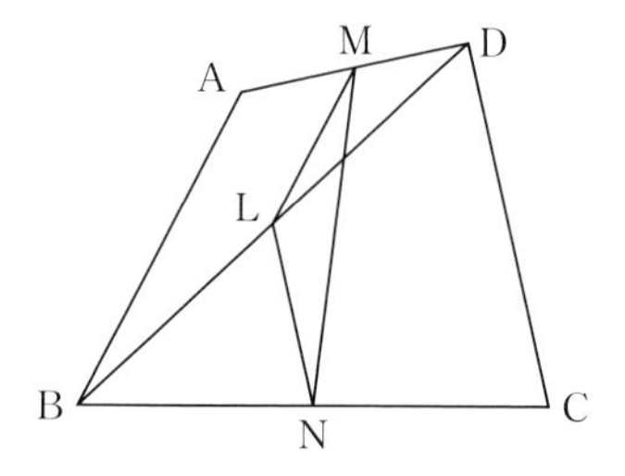

レベルUP **3** **AD // BC である台形 ABCD において，点 E は辺 AB を 2：1 に分ける点で，E から BC に平行な直線をひいて CD との交点を F とします。**

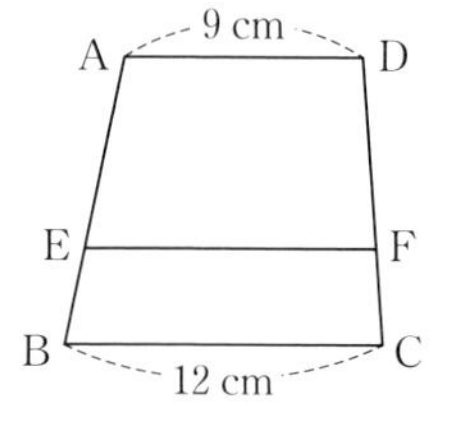

(1) DF＝6 cm のとき，線分 FC の長さを求めなさい。

(2) AF の延長と BC の延長の交点を G とするとき，AF：FG をもっとも簡単な整数の比で表しなさい。

(3) 線分 EF の長さを求めなさい。

4 **右の図の △ABC において，D，E は辺 AB を 3 等分した点，F は AC の中点です。直線 DF と辺 BC の延長との交点を G とし，C と E を直線で結びます。**

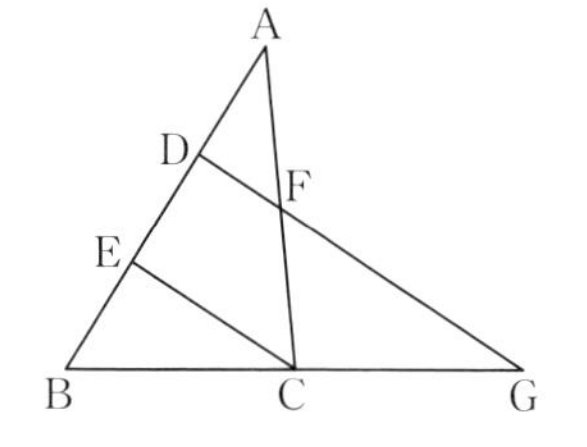

(1) DF＝5 cm のとき，線分 EC，FG の長さを求めなさい。

(2) FG＝8 cm のとき，線分 DF の長さを求めなさい。

2 △DAB と △BCD において，AB＝DC から中点連結定理を用いて導く。

3 (3) △ABG で EF // BG だから，三角形と線分の比の定理を用いる。

5 △ABC の ∠BAC の二等分線と辺 BC との交点を D とすると，AB：AC＝BD：DC が成り立ちます。これを次のように証明しました。□にあてはまる記号やことばを書きなさい。

証明 点 C を通り，AD に平行な直線をひき，BA の延長との交点を E とする。

AD // EC より，同位角は等しいから，∠AEC＝①□

錯角は等しいから，∠ACE＝∠CAD

仮定より，∠BAD＝∠CAD

よって，∠AEC＝∠ACE より，△ACE は ②□ だから，

AC＝

また，△BCE で，AD // EC より，BA：AE＝④□：DC

したがって，AB：AC＝BA：AE＝BD：DC

6 右の図の △ABC において，∠BAC の二等分線と辺 BC との交点を D，∠ACB の二等分線と辺 AB との交点を E，線分 AD と CE との交点を F とします。AB＝6 cm，BC＝5 cm，CA＝4 cm とするとき，次の問いに答えなさい。

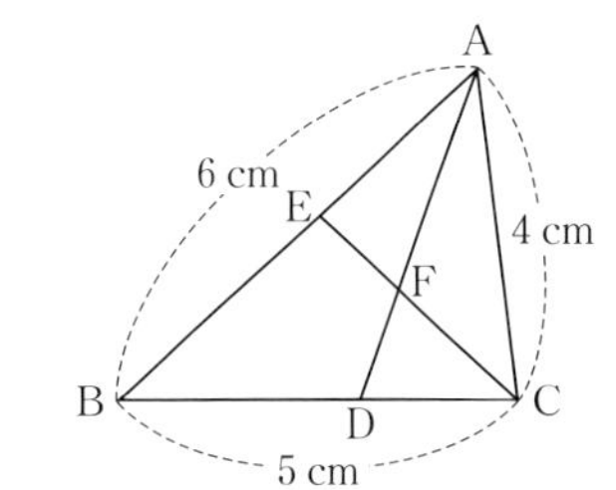

(1) 線分 CD の長さを求めなさい。

(2) AF：FD をもっとも簡単な整数の比で表しなさい。

入試問題をやってみよう！

1 右の図のような △ABC があります。辺 AB，BC の中点をそれぞれ P，Q とします。AC＝6 cm とするとき，線分 PQ の長さを求めなさい。〔大分〕

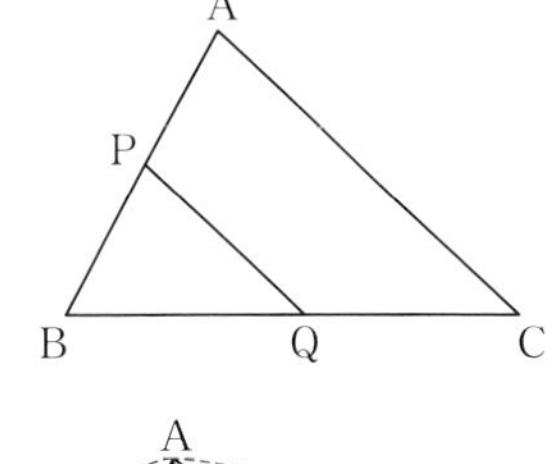

2 右の図のように，AB－6 cm，BC＝9 cm，CA＝8 cm の △ABC があります。∠A の二等分線が辺 BC と交わる点を D とするとき，線分 BD の長さは何 cm になりますか。〔長崎〕

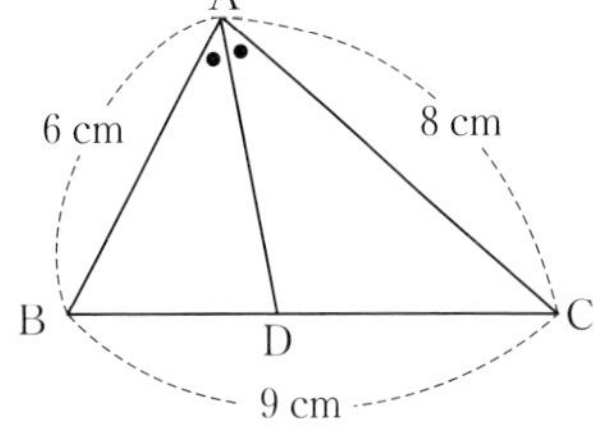

1 中点連結定理を利用する。
2 角の二等分線と線分の比の定理を利用する。

3 相似の利用
1 縮図の利用　2 相似の利用

例1 縮図の利用
教 p.160～161 →基本問題 1 2

右の図のように，川をはさんだ 2 地点 A，B があります。この間の距離を知るために，2 地点 A，B を見通すことができる地点 P を決め，2 地点 A，P 間の距離，∠APB の大きさを実際に測ったところ，図のようになりました。

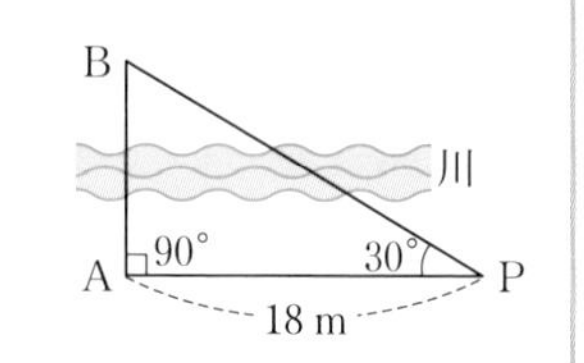

(1) △ABP の 600 分の 1 の縮図 △A′B′P′ をかきなさい。

(2) 2 地点 A，B 間の距離を，小数第 1 位を四捨五入して求めなさい。

考え方 1 辺とその両端の角がわかっているので，△ABP の縮図をかくことができる。

解き方 (1) △ABP の ① の縮図 △A′B′P′ をかくと，右の図のようになる。

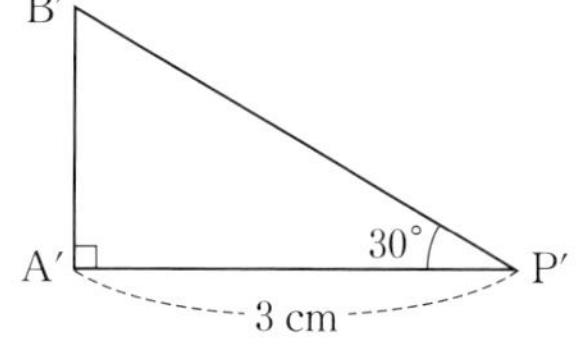

(2) A′B′ の長さを測ると，1.7 cm より実際の 2 地点 A，B 間の距離は 1.7×600 = ② (cm) だから，約 ③ m

例2 相似な三角形の利用
教 p.160 →基本問題 3

右の図のように，長さ 1 m の棒 AB の影 BC の長さが 0.8 m であるとき，そばに立っている木 DE の影 EF の長さは 4 m でした。この木の高さを求めなさい。

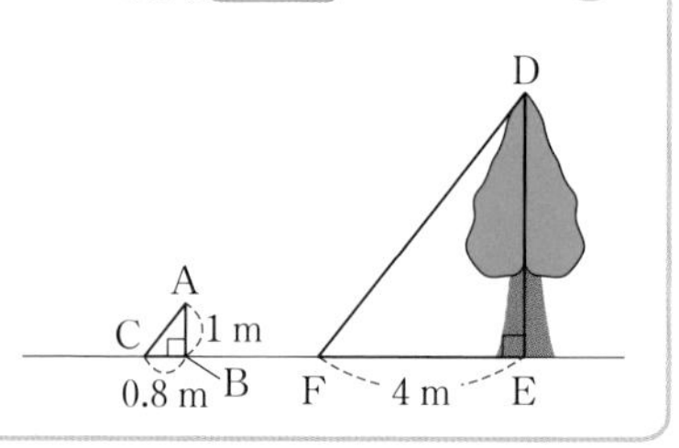

考え方 △ABC∽△DEF を利用する。

解き方 △ABC∽△DEF で，相似な三角形の対応する辺の比はすべて等しいので，
木の高さ DE について，AB：DE = BC：EF が成り立つから，
1：DE = 0.8：4 より DE = ④　　よって，④ m

例3 相似の利用
教 p.162～163 →基本問題 4

右の図のように，木でできた大小 2 個の球があり，小さい球と大きい球の半径の比は 2：3 になっています。小さい球を赤色のペンキで，大きい球を黄色のペンキでそれぞれ塗(ぬ)るとき，黄色のペンキの量は赤色のペンキの量の何倍必要ですか。

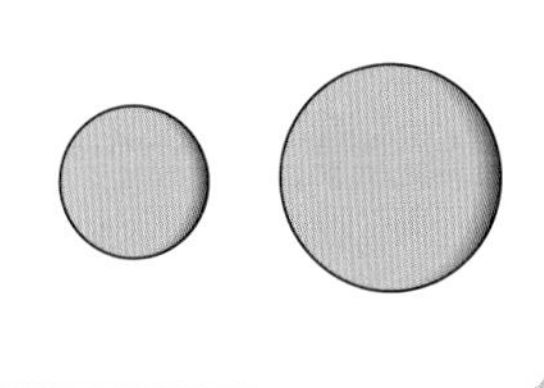

解き方 大小の球は相似な立体で，相似な立体の表面積の比は相似比の 2 乗に等しいから，
(赤色のペンキの量)：(黄色のペンキの量) = ⑤ ： ⑥ = ⑦
よって，黄色のペンキは ⑧ 倍必要。

基本問題

解答 p.24

1 縮図の利用　池をはさんだ2地点A，Bがあります。この間の距離を知るために，2地点A，Bを見通すことができる地点Cを決め，2地点A，C間の距離，2地点B，C間の距離，∠ACBの大きさを実際に測ったところ，AC＝12m，BC＝16m，∠ACB＝90°になりました。右の図は△ABCの縮図△A′B′C′をかいたものです。この縮図を利用して，2地点A，B間の距離を求めなさい。

教 p.160 問2

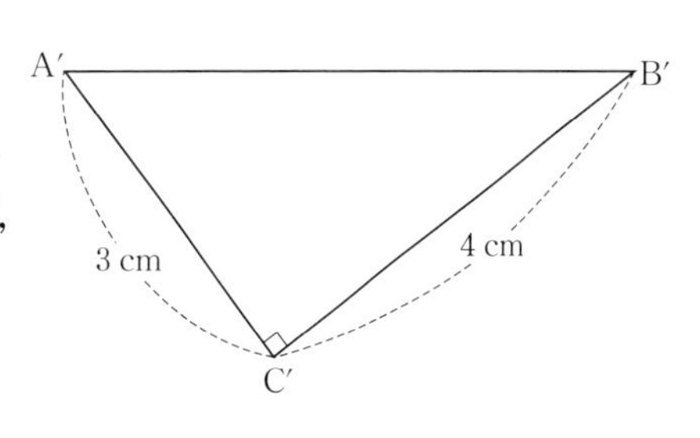

2 縮図の利用　右の図のように，木から25m離(はな)れた地点Pから木の先端Aを見上げたら，水平方向に対して30°上に見えました。目の高さを1.5mとして，縮図をかいて，木の高さを求めなさい。

教 p.161 問4

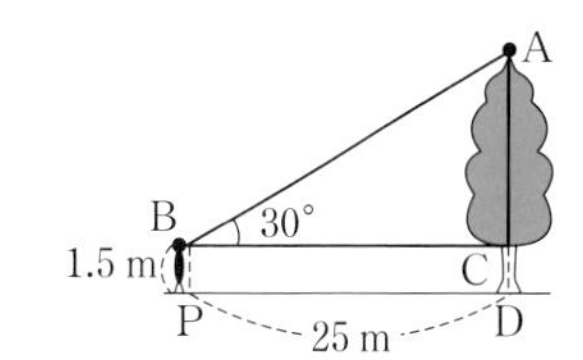

目の高さ1.5mを加えるのを忘れやすいので，気をつけよう。

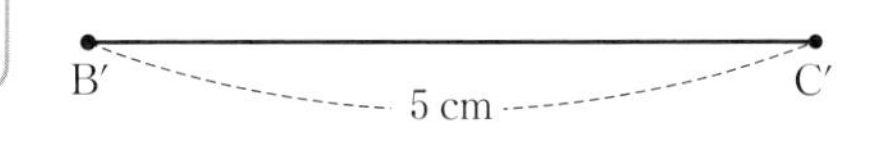

3 相似な三角形の利用　右の図のように，長さ1.5mの棒ABの影BCの長さは1mでした。また，近くに立つ木DEの影が図のように，地面と校舎の壁に映っていました。棒，木，壁が，それぞれ地面に対して垂直であるとき，木DEの高さを求めなさい。

教 p.160 問3

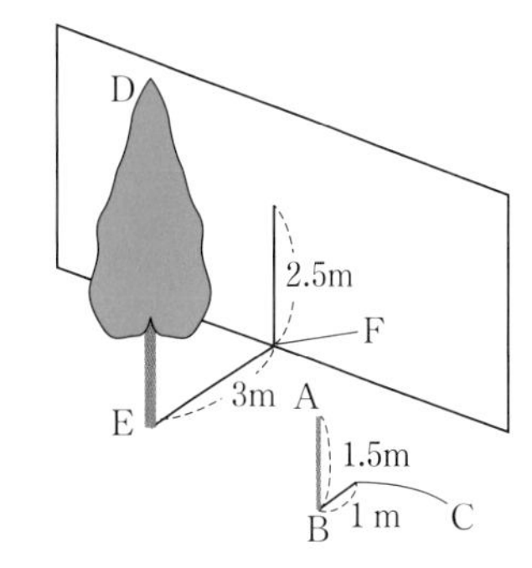

4 相似の利用　あるピザ店では，円形のピザを売っていて，Mサイズのピザの直径は25cm，Lサイズのピザの直径は30cmになっています。使うチーズの量はピザの面積に比例するものとします。Mサイズのピザに100gのチーズが使われているとすると，Lサイズのピザには何gのチーズが使われていますか。

教 p.162 問1，問2

左ページの例の答え　① $\frac{1}{600}$　② 1020　③ 10　④ 5　⑤ 2^2（または4）　⑥ 3^2（または9）　⑦ 4：9　⑧ $\frac{9}{4}$

5章

発展 三角形の重心と内心

例1 三角形の重心

教 p.166 → 基本問題 1 2 3

右の図の △ABC において, 線分 AD, BE はそれぞれ中線で, AD と BE の交点を G とします。

(1) BD : DC を, もっとも簡単な整数の比で表しなさい。

(2) AG : GD を, もっとも簡単な整数の比で表しなさい。

(3) CG の延長と辺 AB との交点を F とするとき, CG : GF をもっとも簡単な整数の比で表しなさい。

考え方 点 G は △ABC の重心になる。

解き方 (1) 線分 AD は中線より, 頂点 A とそれに向かい合う辺 BC の中点を結んだ線分だから,

BD : DC = ①［　　］ ←中線の定義

(2) 重心は各中線を 2 : 1 に分けるから,

AG : GD = ②［　　］

(3) 三角形の 3 つの中線は 1 点で交わるから, ←CFも △ABC の中線

CG : GF = ③［　　］

三角形の中線と重心

中線：三角形の 1 つの頂点とそれに向かい合う辺の中点を結んだ線分。

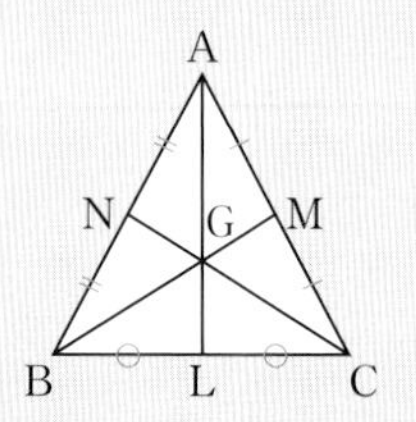

重心：三角形の 3 つの中線は 1 点で交わる。この点を重心という。

ここがポイント

三角形の 3 つの中線は 1 点で交わり, 各中線を 2 : 1 に分ける。

例2 三角形の内心

教 p.167 → 基本問題 4 5

右の図において, 点 I は △ABC の内心です。

(1) ∠CBE の大きさを求めなさい。

(2) ∠BAD の大きさを求めなさい。

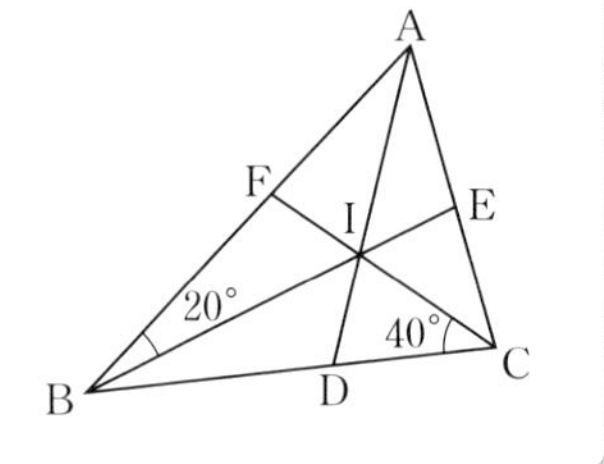

考え方 三角形の 3 つの内角の二等分線は 1 点で交わることを用いる。 ←この点を内心という。

解き方 (1) BE は ∠ABC の二等分線だから,

∠CBE = ∠ABE = ④［　　］°

(2) ∠BAC = 180° − 2(∠ABE + ∠BCF)

　　= 180° − 2 × (20° + 40°) = ⑤［　　］° ←三角形の内角の和は 180°

よって, ∠BAD = $\frac{1}{2}$∠BAC = ⑥［　　］°

三角形の内心

三角形の 3 つの内角の二等分線は 1 点で交わる。この点を内心という。

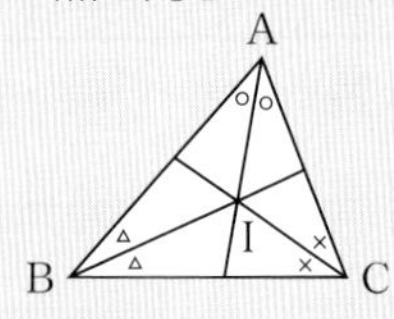

参考

内心 I は 3 辺から等しい距離にあり, I を中心とし, 3 辺に接する円（内接円）がかける。内接円の半径を r とし, 3 辺の長さを a, b, c とすると, その三角形の面積 S は,

$$S = \frac{1}{2}r(a+b+c)$$

と表される。

基本問題

解答 p.25

1 三角形の重心　右の図で，点 G は △ABC の重心です。このとき，x，y の値を求めなさい。
教 p.166 問1

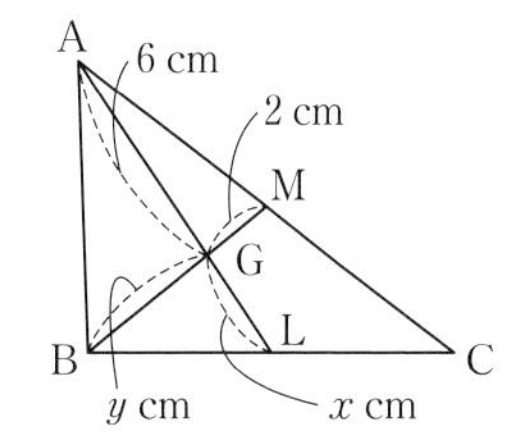

2 三角形の重心　右の図の △ABC において，点 D は辺 BC の中点，点 E は AC の中点で，AD と BE の交点を F とします。
教 p.166 問1

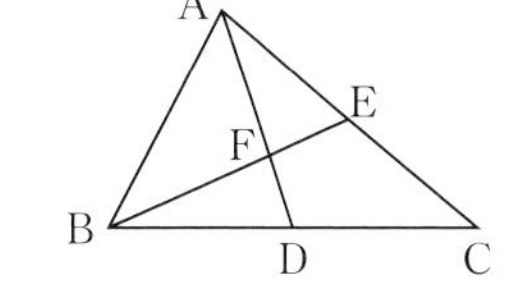

(1)　AF：FD をもっとも簡単な整数の比で表しなさい。

(2)　△ABC の面積は △BDF の面積の何倍ですか。

3 三角形の重心　右の図において，△ABC は ∠B＝90° の直角三角形で，M，N はそれぞれ辺 AB，BC の中点で，D は AN と CM の交点です。
教 p.166 問1

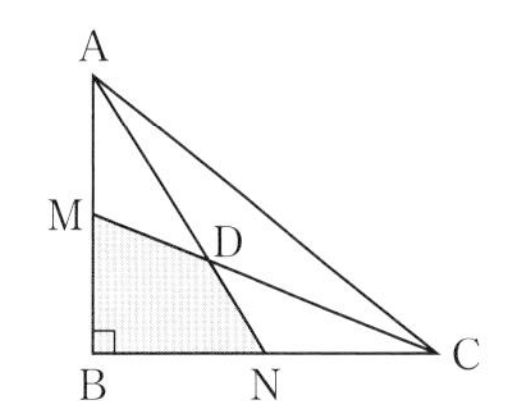

(1)　AD：DN をもっとも簡単な整数の比で表しなさい。

(2)　AB＝8 cm，BC＝12 cm のとき，四角形 BMDN の面積を求めなさい。

4 三角形の内心　右の図において，点 I は △ABC の内心です。このとき，AI：DI をもっとも簡単な整数の比で表しなさい。
教 p.167 問2

5 三角形の内心　右の図のように，△ABC の内心 I を通り，辺 BC に平行な直線と辺 AB，AC との交点をそれぞれ D，E とします。このとき，DE＝BD＋CE であることを証明しなさい。
教 p.167 問2

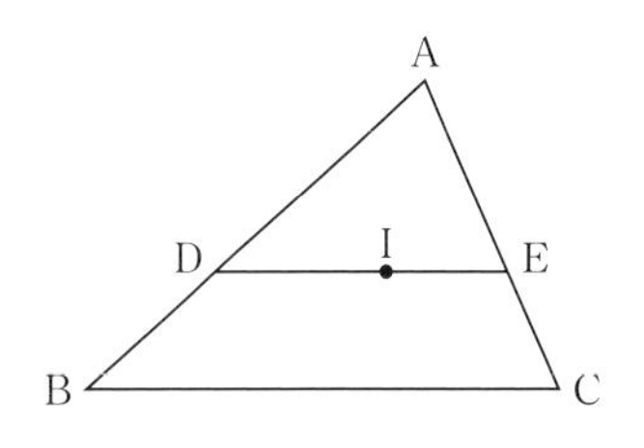

左ページの例の答え　①1：1　②2：1　③2：1　④20　⑤60　⑥30

5章

3 相似の利用　発展 三角形の重心と内心

1 校舎の高さを求めるために，右の図のように，校舎から少し離(はな)れた場所に立って，校舎の先端を見上げたら，水平方向に対して 37° 上に見えました。

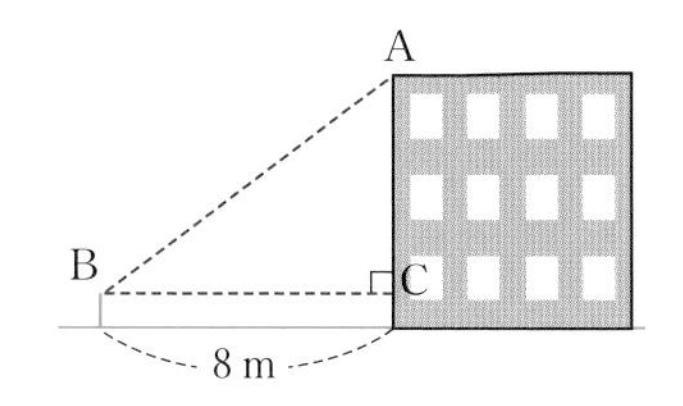

(1) △ABC の 200 分の 1 の縮図 △A′B′C′ をかきなさい。

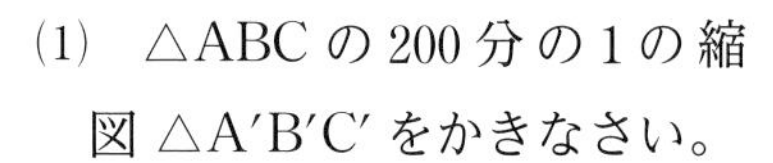

(2) 目の高さを 1.6 m とするとき，縮図を利用して，校舎の高さを求めなさい。

2 右の図のように，半径 3 cm の円の中に同じ点を中心とする円をかき，2 つの円で囲まれた部分をア，内側の円をイとします。アの部分の面積がイの円の面積の 2 倍であるとき，内側の円の半径を r cm，面積を S cm^2 として，内側の円の半径の求め方を説明しなさい。

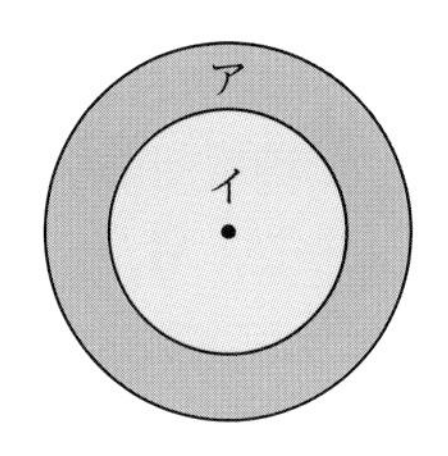

3 右の図のような円錐(すい)形の容器に水を 200 cm^3 入れたら，容器のちょうど半分の深さまで水が入りました。

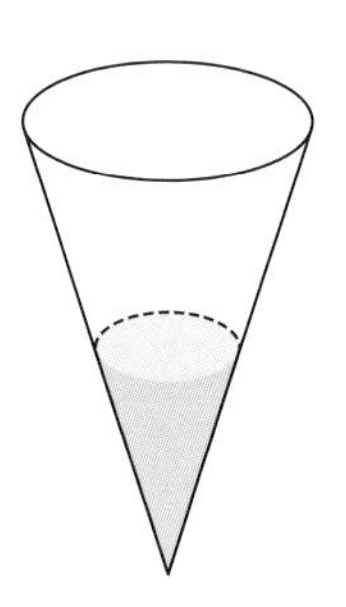

(1) 水が入っている部分と容器は相似な立体です。水が入っている部分と容器の相似比をもっとも簡単な整数の比で表しなさい。

(2) この容器をいっぱいにするには，あと何 cm^3 の水を入れればよいですか。

1 (1) BC の 200 分の 1 の長さを計算で求め，∠A′B′C′ = 37°，∠A′C′B′ = 90° の直角三角形 A′B′C′ をかく。

2 内側の円と外側の円は相似で，相似比は半径の比に等しく，r : 3 である。

よく出る **4** 右の図の △ABC において，辺 AB，AC の中点をそれぞれ D，E とし，辺 BC を 1：2 に分ける点を F とします。また，線分 CD と線分 EF との交点を G とします。

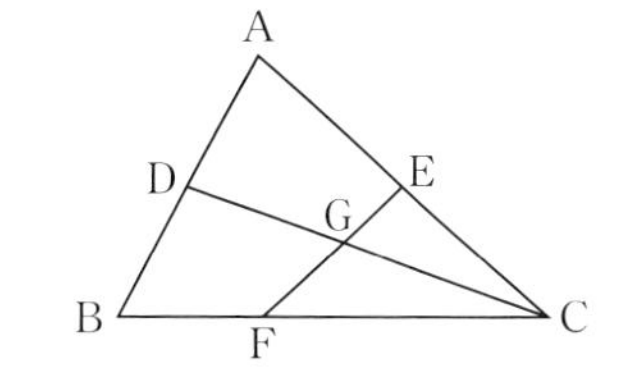

(1) CG＝8 cm のとき，線分 GD の長さを求めなさい。

(2) △CEG の面積を S とするとき，△ABC の面積を S を用いて表しなさい。

発展 **5** 右の図のように，△ABC の内心を I とします。∠BIC＝132° であるとき，∠BAC の大きさを求めなさい。

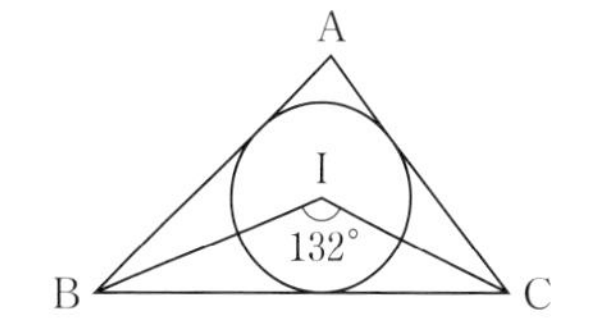

発展 **6** 右の図において，点 G は △ABC の重心（じゅうしん）で，EF // BC です。

(1) x，y の値を求めなさい。

(2) △ABD の内心を I とし，BI と AD との交点を K とします。このとき，BI：IK をもっとも簡単な整数の比で表しなさい。

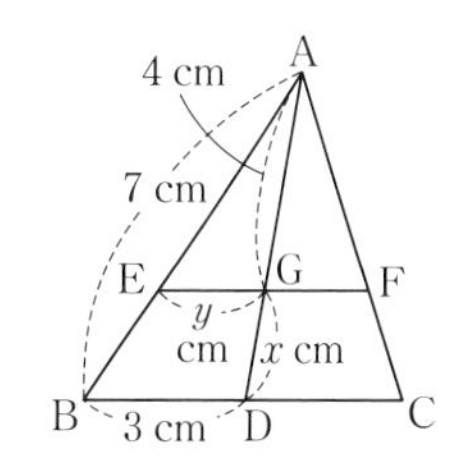

入試問題をやってみよう！

1 右の図のように，底面の直径が 12 cm，高さが 12 cm の円錐の容器を，頂点を下にして底面が水平になるように置き，この容器に頂点からの高さが 6 cm のところに水面がくるまで水を入れます。ただし，容器の厚さは考えないものとします。〔佐賀〕

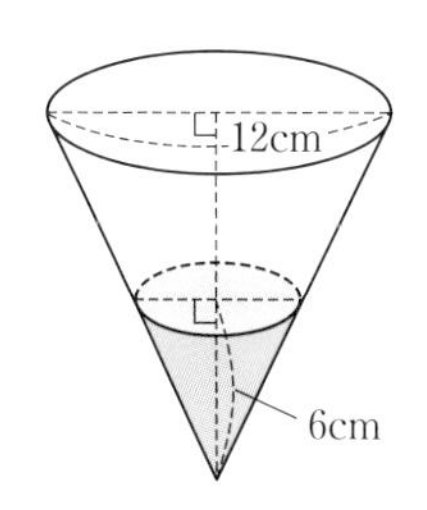

(1) 水面のふちでつくる円の半径を求めなさい。

(2) 容器の中の水をさらに増やし，容器の底面までいっぱいに水を入れました。このときの体積は，水を増やす前に比べて何倍になったかを求めなさい。

4 D，E を結んで，中点連結定理を用いる。
5 IB，IC はそれぞれ ∠B，∠C の二等分線である。

解答 p.26

相似

/100

1 右の図において，△ABC と △DEF は相似の位置にあり，**OA：OD＝3：2** です。　2点×3（6点）

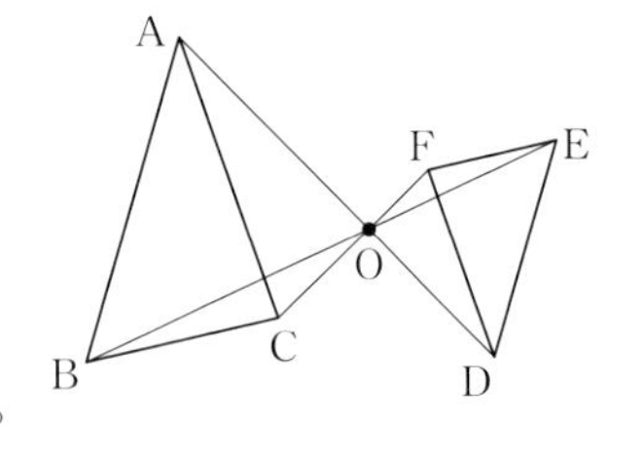

(1) 点 O を何といいますか。

（　　　　　）

(2) OA：OD＝□：OF です。□にあてはまる線分を答えなさい。

（　　　　　）

(3) AB＝12 cm のとき，辺 DE の長さを求めなさい。

（　　　　　）

2 次の図において，△ABC と相似な三角形を，記号 ∽ を使って表し，そのとき使った相似条件を答えなさい。また，x の値を求めなさい。　3点×6（18点）

(1)

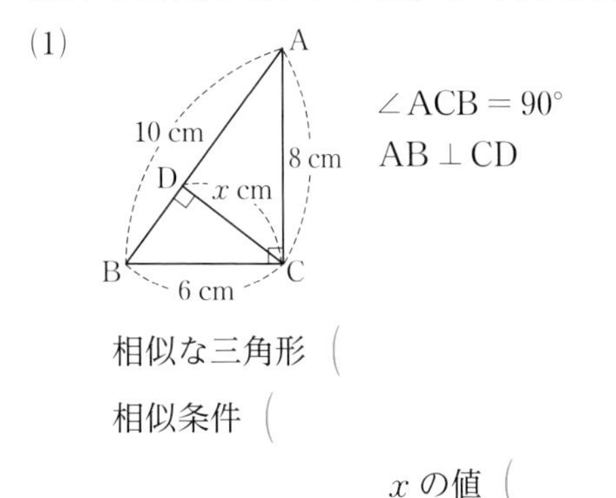

相似な三角形（　　　　　）

相似条件（　　　　　）

x の値（　　　　　）

(2)

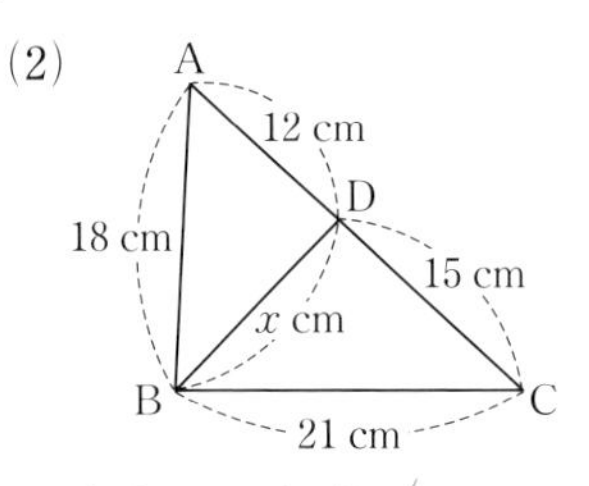

相似な三角形（　　　　　）

相似条件（　　　　　）

x の値（　　　　　）

3 右の図の △ABC において，∠A の二等分線と辺 BC との交点を D とすると，**AD＝DC** になりました。**AB＝12 cm，BC＝16 cm** のとき，次の問いに答えなさい。　5点×3（15点）

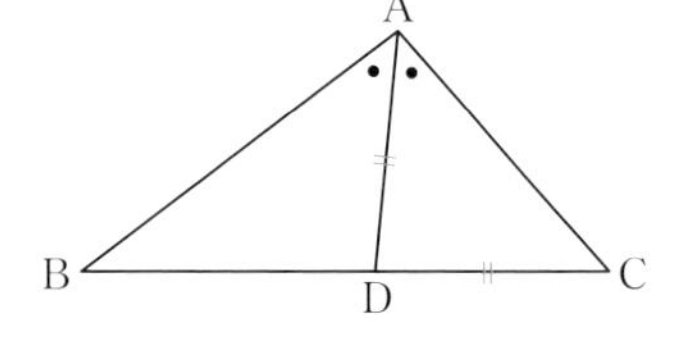

(1) △ABC と相似な三角形を答えなさい。

（　　　　　）

(2) 線分 DC の長さを求めなさい。

（　　　　　）

(3) 辺 AC の長さを求めなさい。

（　　　　　）

よく出る **4** 次の図において，**DE // BC** のとき，x の値を求めなさい。　6点×2（12点）

(1)

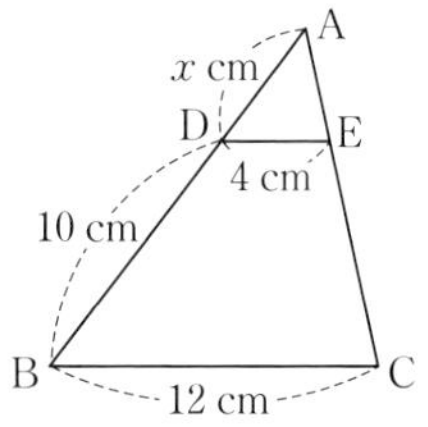

A
x cm
D　E
4 cm
10 cm
B　C
12 cm

（　　　　　）

(2)

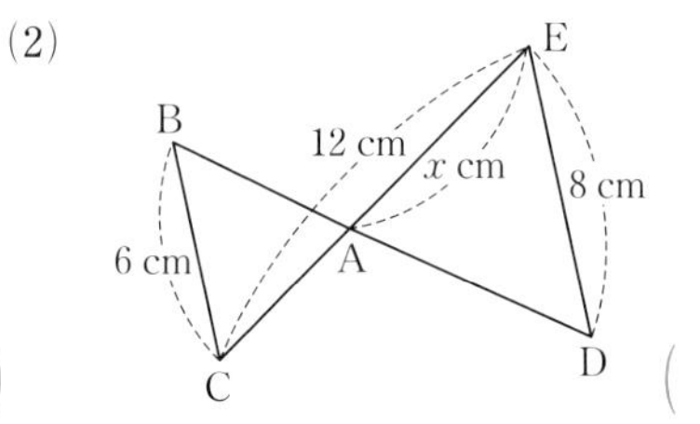

（　　　　　）

目標 三角形の相似条件，三角形と線分の比の定理，中点連結定理，相似な図形の面積の比などが利用できるようになろう。

自分の得点まで色をぬろう!
がんばろう!　もう一歩　合格!
0　60　80　100点

5 次の図において，3 直線 ℓ，m，n が平行であるとき，x の値を求めなさい。 5点×2（10点）

(1)

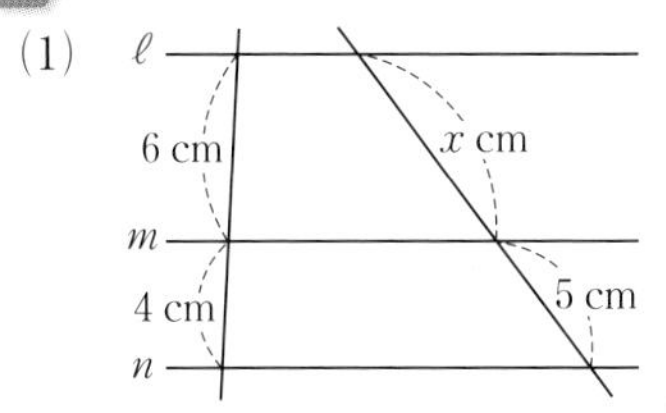

（　　　）

(2)

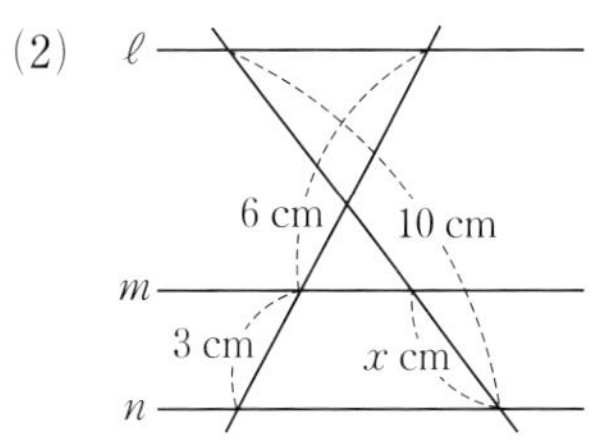

（　　　）

6 AD // BC である台形 ABCD において，対角線 AC と BD の交点を O とし，O を通り，辺 BC に平行な直線と辺 AB，DC との交点をそれぞれ E，F とします。AD = 10 cm，BC = 15 cm のとき，次の問いに答えなさい。 6点×3（18点）

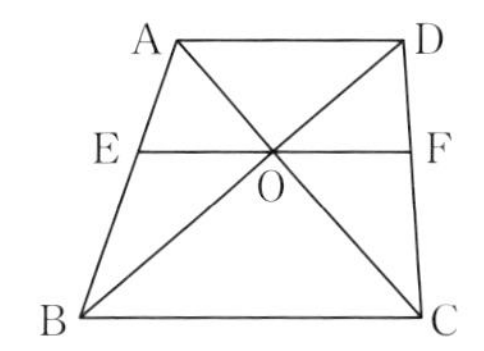

(1) △AOD ∽ △COB となることを証明しなさい。

(2) 線分 EO，EF の長さをそれぞれ求めなさい。

EO（　　　），EF（　　　）

7 次の問いに答えなさい。 6点×2（12点）

(1) ▱ABCD ∽ ▱EFGH で，その相似比は 4：5 です。▱ABCD の面積が 80 cm² のとき，▱EFGH の面積を求めなさい。

（　　　）

(2) 右の図のような高さが 12 cm の円錐（えんすい）形の容器に，いっぱいまで水が入っています。この容器から水をこぼしたら，容器に残っている水の高さが 8 cm になりました。容器に残っている水の体積と，こぼした水の体積の比をもっとも簡単な整数の比で求めなさい。

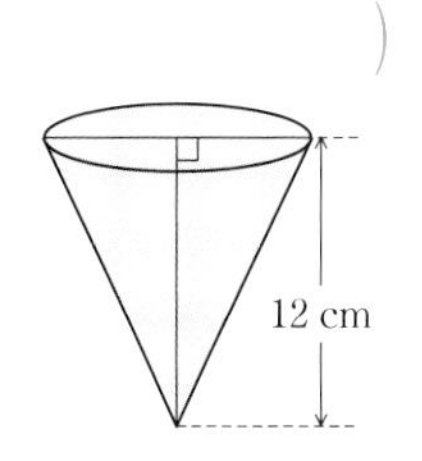

（　　　）

発展 **8** 平行四辺形 ABCD において，辺 BC の中点を M，辺 CD の中点を N とします。また，AM と BD の交点を E，AN と BD の交点を F とします。このとき，E，F は BD を 3 等分することを証明しなさい。 （9点）

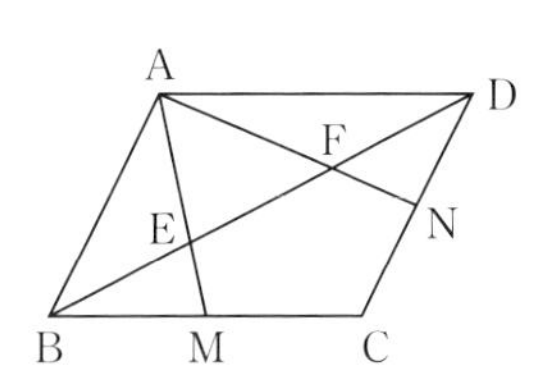

1 円
1 円周角の定理

例1 円周角の定理
教 p.170〜174 → 基本問題 1

次の図において，$\angle x$，$\angle y$ の大きさを求めなさい。

(1) 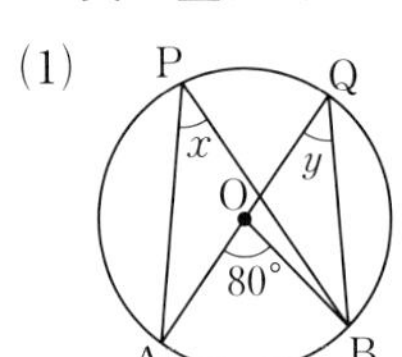

(2) 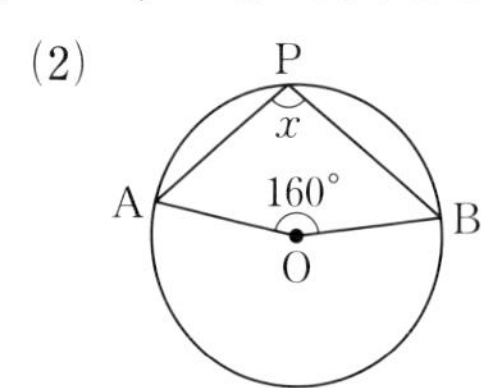

(3) 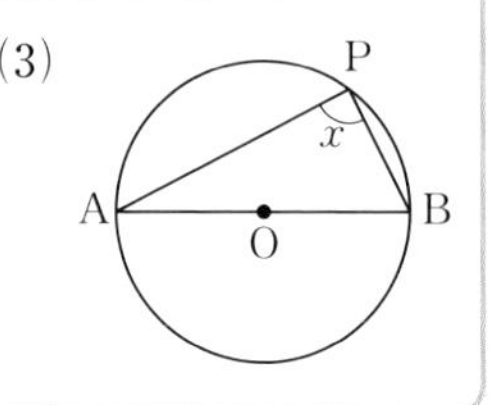

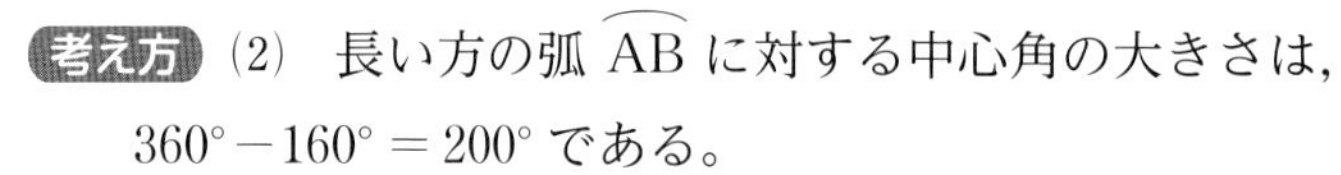

考え方 (2) 長い方の弧 $\overset{\frown}{AB}$ に対する中心角の大きさは，

$360° - 160° = 200°$ である。

(3) 半円の弧に対する円周角（えんしゅうかく）を考える。

解き方 (1) $\angle x = \frac{1}{2} \times \angle$ ① $=$ ②

同じ弧に対する円周角の大きさは等しいから，

$\angle y = \angle x =$ ③

(2) 円周角 $\angle APB$ に対する中心角の大きさは，

$360° - 160° = 200°$ だから，$\angle x = \frac{1}{2} \times$ ④ $=$ ⑤

(3) AB は円 O の直径で，$\angle AOB = 180°$ だから，

$\angle x = \frac{1}{2} \times$ ⑥ $=$ ⑦

例2 円周角と弧
教 p.175 → 基本問題 2 3

次の図において，$\angle x$，$\angle y$ の大きさを求めなさい。

(1) $\overset{\frown}{AB} = \overset{\frown}{BC} = \overset{\frown}{CD}$　　(2) $\overset{\frown}{AB} : \overset{\frown}{CD} = 1 : 2$

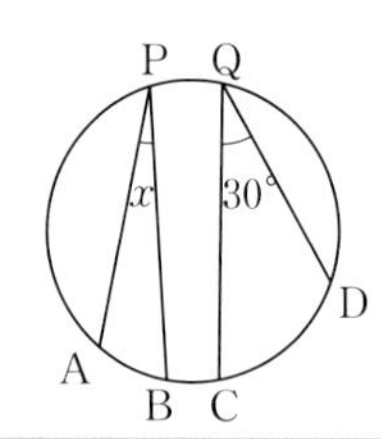

考え方 (1) 長さの等しい弧に対する円周角は等しいから，$\overset{\frown}{AB}$，$\overset{\frown}{CD}$ に対する円周角 $\angle APB$，$\angle CQD$ は大きさが等しく，その中心角は $\angle BOC$ に等しい。

(2) 1つの円で，弧の長さと円周角の大きさは比例する。

解き方 (1) $\angle x = 2 \times$ ⑧ $=$ ⑨　　$\angle y =$ ⑩

(2) $\overset{\frown}{AB} : \overset{\frown}{CD} = 1 : 2$ だから，$\angle x : 30° =$ ⑪

よって，$\angle x =$ ⑫

覚えておこう

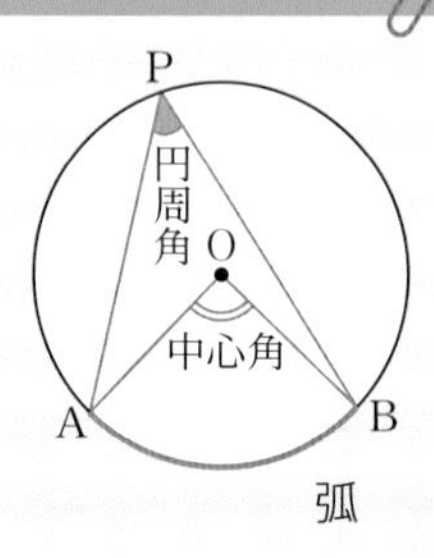

円周角の定理

[1] 1つの弧に対する円周角の大きさは，その弧に対する中心角の大きさの半分である。

[2] 同じ弧に対する円周角の大きさは等しい。

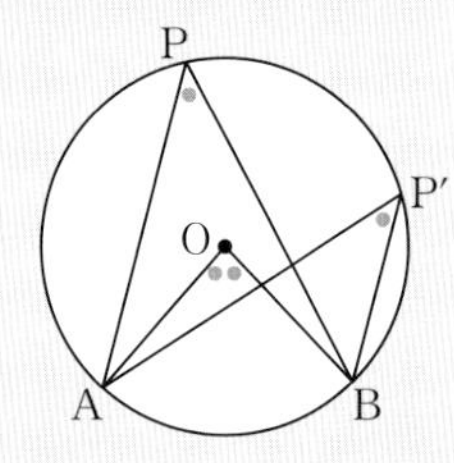

$\angle APB = \angle AP'B$

$= \frac{1}{2} \angle AOB$

円周角と弧

1つの円において，

[1] 等しい円周角に対する弧の長さは等しい。

[2] 長さの等しい弧に対する円周角は等しい。

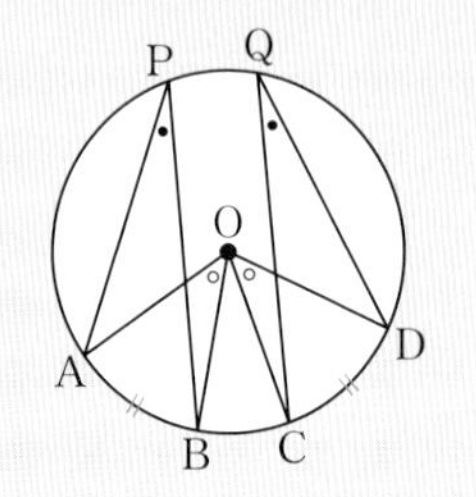

基本問題

解答 p.28

1 円周角の定理 次の図において，$\angle x$，$\angle y$ の大きさを求めなさい。

教 p.173 問2, p.174 問3, 問4

(1)

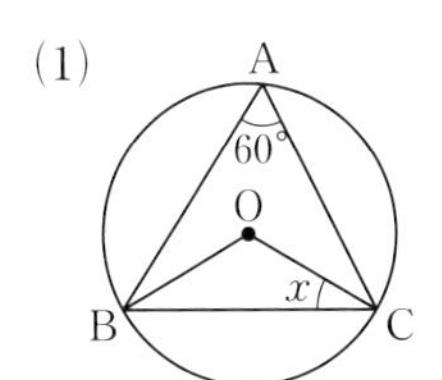

(2)

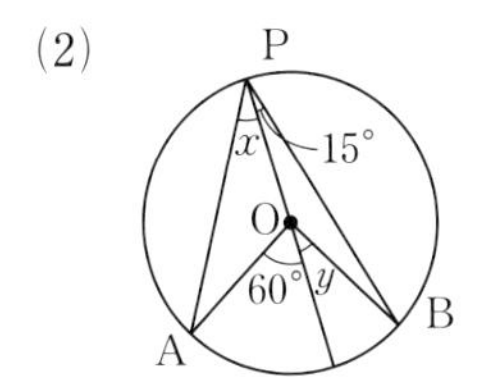

(3)

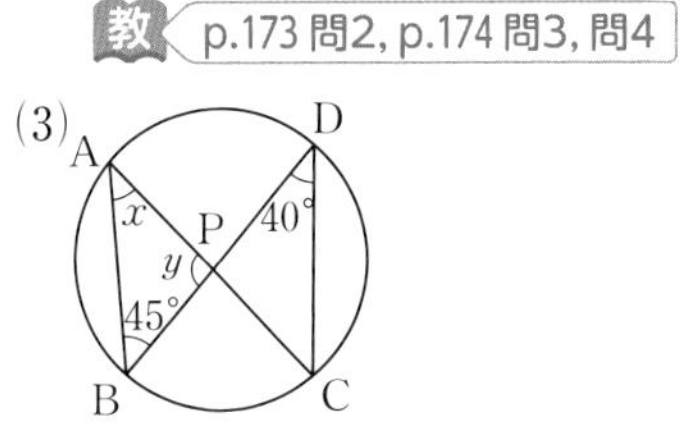

(4)

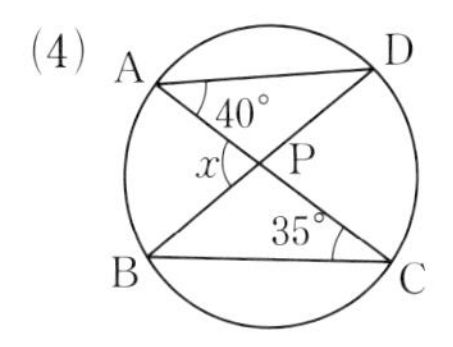

(5)

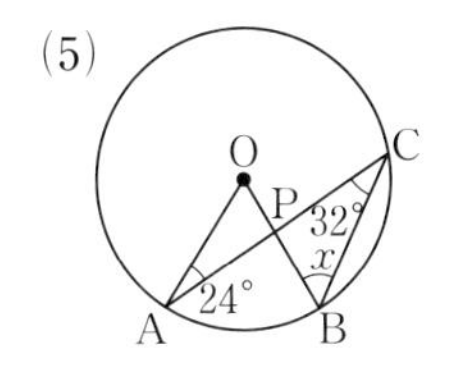

(6)

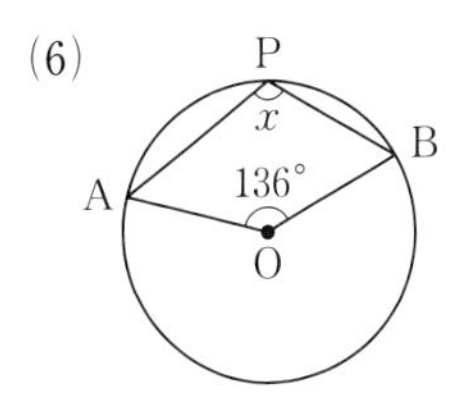

(7)

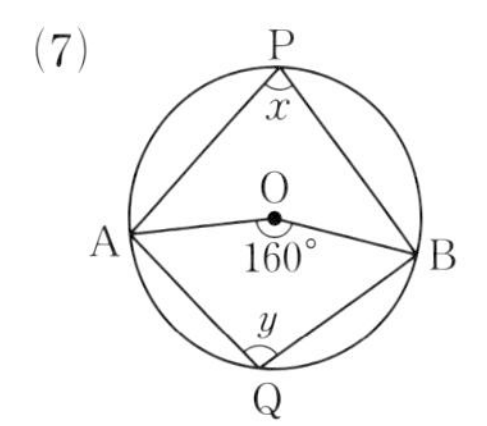

(8)

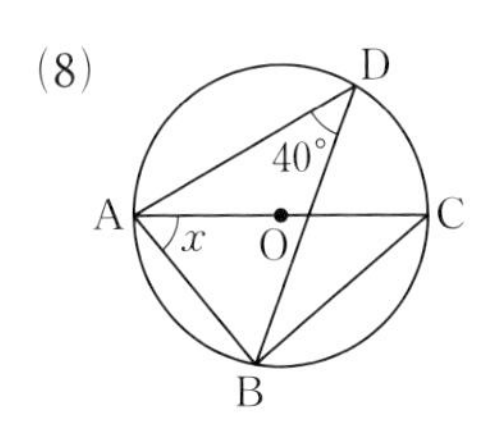

(9)

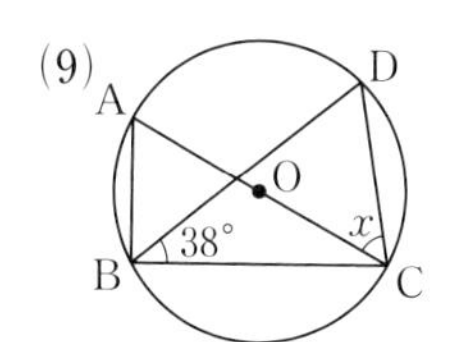

(10)

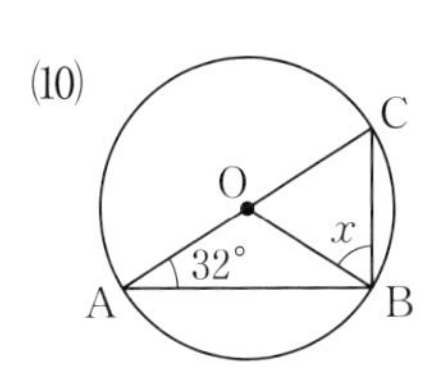

たいせつ

半円の弧に対する円周角の大きさは 90° である。

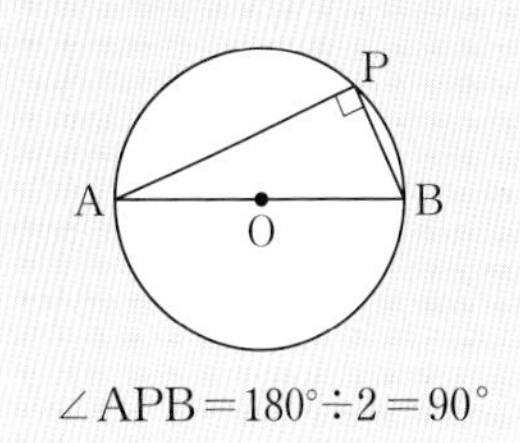

$\angle APB = 180° \div 2 = 90°$

2 円周角と弧 次の図において，$\angle x$，$\angle y$ の大きさを求めなさい。

教 p.175 問5

(1) $\overset{\frown}{AB} = \overset{\frown}{CD}$

(2) $\overset{\frown}{AB} : \overset{\frown}{AC} = 2 : 5$

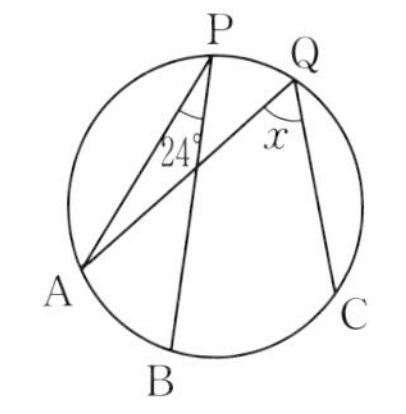

(3) $\overset{\frown}{AB} = 2\overset{\frown}{BC}$

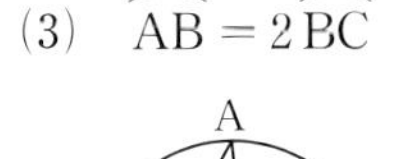

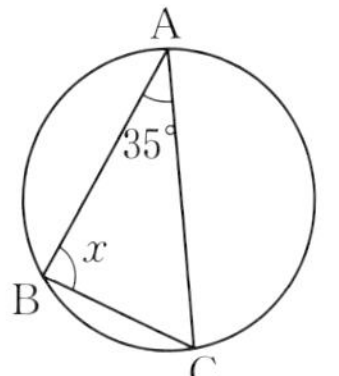

1つの円で，弧の長さと円周角の大きさは比例するから，

(2) $\angle APB : \angle AQC = \overset{\frown}{AB} : \overset{\frown}{AC} = 2 : 5$

(3) $\angle ACB : \angle BAC = \overset{\frown}{AB} : \overset{\frown}{BC} = 2 : 1$

3 円周角と弧 右の図において，円周上の点は円周を 12 等分する点です。$\angle x$，$\angle y$ の大きさを求めなさい。

教 p.175

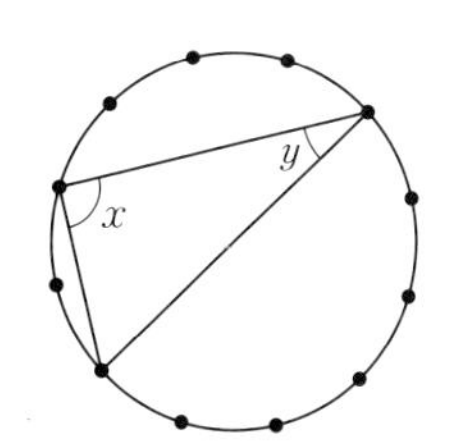

円周角 $\angle x$ に対する弧は円周の $\frac{6}{12}$ だね。

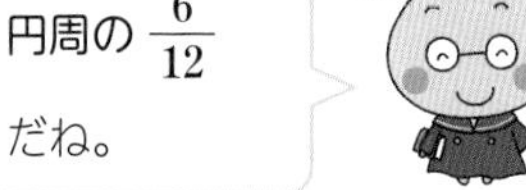

6章

左ページの 例 の答え　① AOB　② 40°　③ 40°　④ 200°　⑤ 100°　⑥ 180°　⑦ 90°　⑧ 35°　⑨ 70°　⑩ 35°　⑪ 1：2　⑫ 15°

1 円
2 円周角の定理の逆　3 円の性質の利用

例1 円周角の定理の逆

教 p.176～179 → 基本問題 1

右の図において，$\angle x$ の大きさを求めなさい。

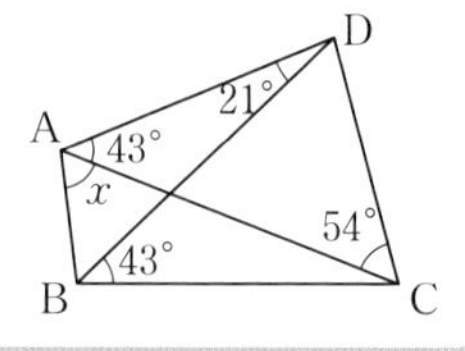

考え方 円周角の定理の逆を考える。

解き方 $\angle CAD = \angle$ ① ＿＿ $= 43°$

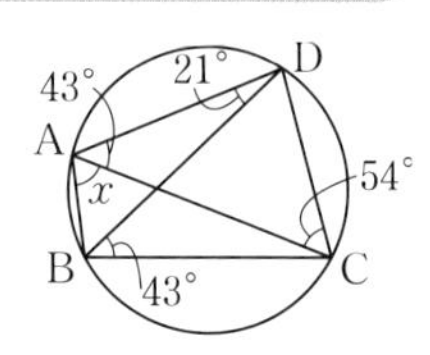

だから，円周角の定理の逆より，4点A，B，C，Dは1つの円周上にある。

よって，$\overset{\frown}{BC}$ に対する円周角は等しいので，$\angle x = \angle BDC$

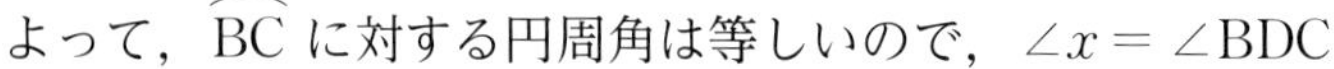

△BCDで，$\angle BDC = 180° - (43° + 21° + 54°) =$ ② ＿＿ より $\angle x =$ ③ ＿＿

例2 円の接線の長さ

教 p.180 → 基本問題 2

右の図において，PA，PBはともに円の接線です。このとき，∠AQBの大きさを求めなさい。ただし，点A，Bは接点とします。

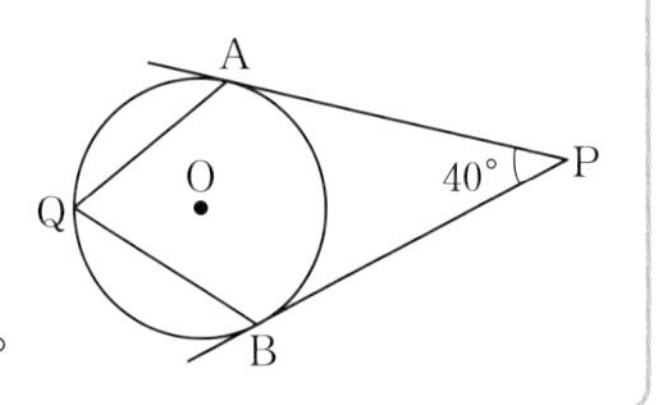

考え方 PA，PBは接線だから，$\angle OAP = \angle OBP = 90°$

解き方 線分OA，OBをひくと，

OA⊥PA，OB⊥PBだから，

$\angle AOB = 360° - (90° + 90° + 40°)$

$=$ ④ ＿＿ ← 四角形OAPBの内角を考える。

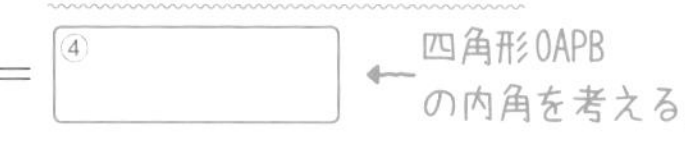

円周角の定理より，$\angle AQB = \frac{1}{2}\angle AOB =$ ⑤ ＿＿ ← ∠AQBは $\overset{\frown}{AB}$ に対する円周角

例3 相似な三角形と円

教 p.182～183 → 基本問題 4

右の図のように，2つの弦AD，BCを延長した直線が，点Pで交わっています。また，弦ACとBDの交点をQとするとき，△AQD∽△BQCを証明しなさい。

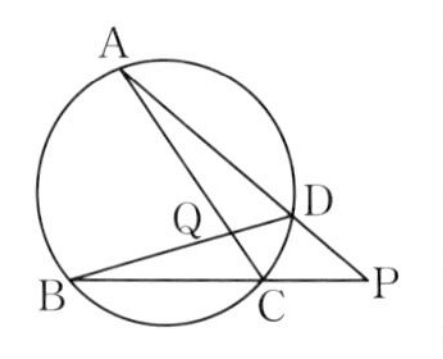

証明 $\overset{\frown}{DC}$ に対する円周角は等しいから，∠DAQ＝∠ ⑥ ＿＿

$\overset{\frown}{AB}$ に対する円周角は等しいから，∠ADQ＝∠ ⑦ ＿＿

2組の角がそれぞれ等しいから，△AQD∽△ ⑧ ＿＿

円周角の定理の逆

2点C，Pが直線ABについて同じ側にあるとき，

∠APB＝∠ACB

ならば，4点A，B，C，Pは1つの円周上にある。

たいせつ

接線と半径…円の接線は，接点を通る半径に垂直である。

円の接線の長さ

円の外部の点からその円にひいた2つの接線の長さは等しい。

下の図で，**PA＝PB**

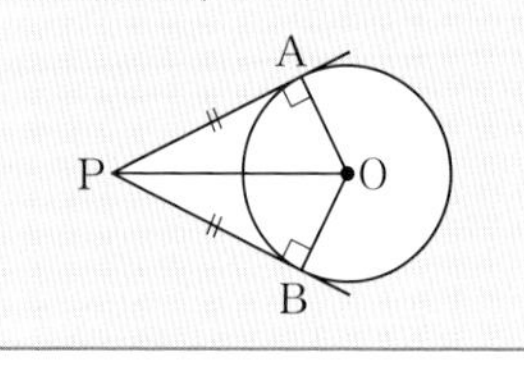

思い出そう

三角形の相似条件

[1] 3組の辺の比がすべて等しい。

[2] 2組の辺の比とその間の角がそれぞれ等しい。

[3] 2組の角がそれぞれ等しい。

基本問題

解答 p.28

1 円周角の定理の逆　次の図において，4点A，B，C，Dが1つの円周上にあるものを選びなさい。 教 p.179 問2

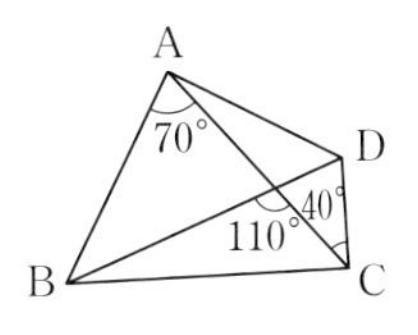

㋑

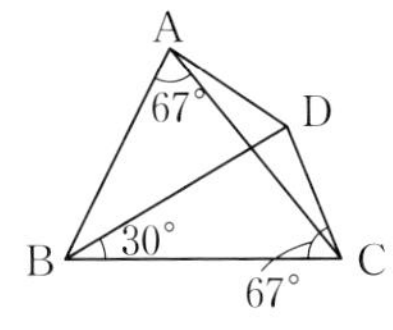

㋒

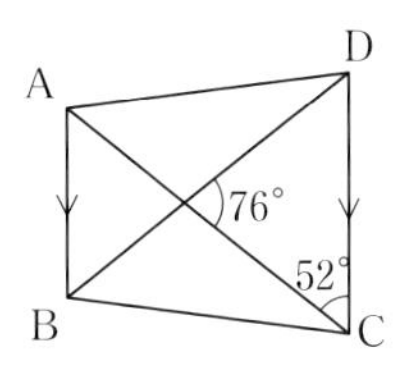

AB // DC

同じ大きさの角を見つけて，**円周角の定理の逆**を使うんだね！

2 円の接線の長さ　次の図において，x の値を求めなさい。ただし，点P，Q，Rは△ABCの各辺と円Oの接点とします。

教 p.180

(1)

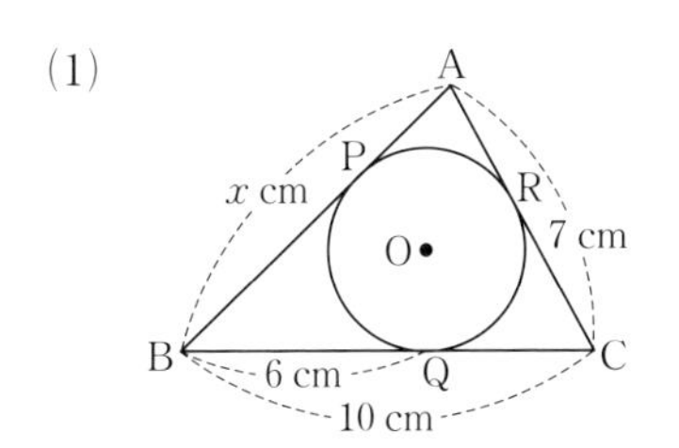

(2)

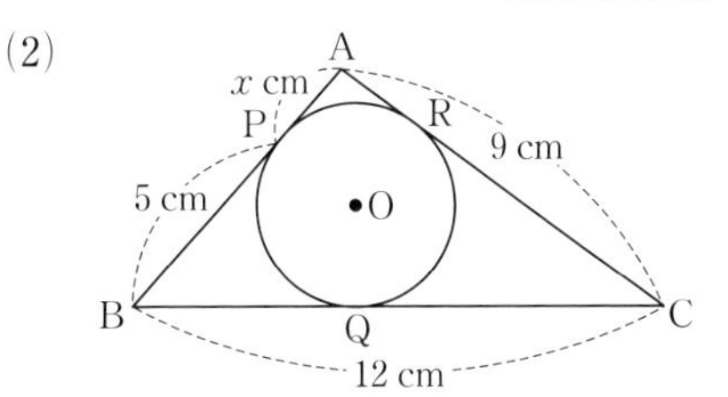

ここがポイント

(1)　円の外部の点からその円にひいた2つの接線の長さは等しいから，BP＝BQ，CQ＝CR，AR＝APより，APとBPの長さを求める。

3 円の接線の作図　次の図で，点Pを通る円Oの接線を作図しなさい。 教 p.181 TRY1

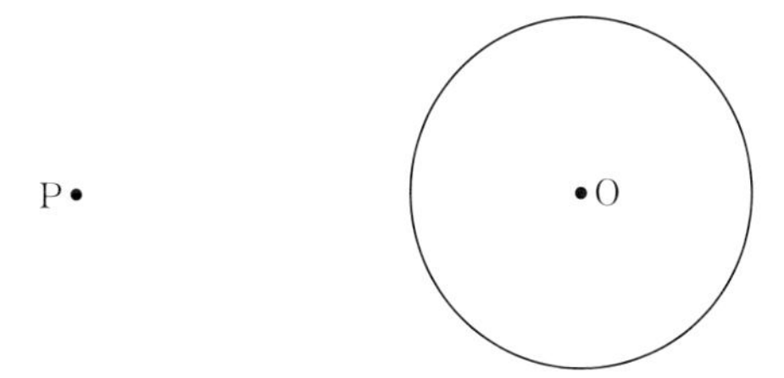

接点は2つあり，その接点をA，Bとすると，∠PAO＝∠PBO＝90°
半円の弧に対する円周角は90°だから，線分POを直径とする円を作図するといいね。

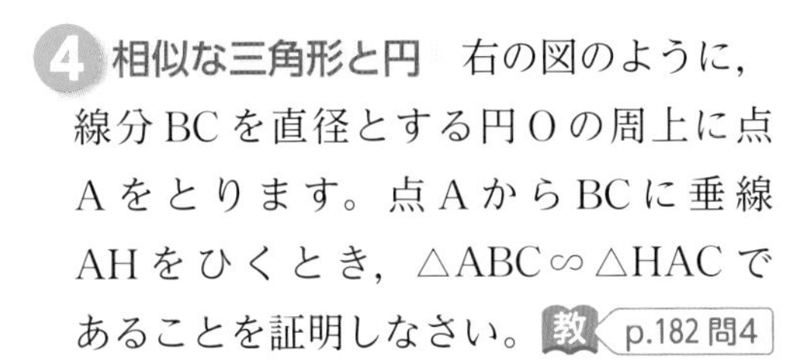

4 相似な三角形と円　右の図のように，線分BCを直径とする円Oの周上に点Aをとります。点AからBCに垂線AHをひくとき，△ABC∽△HACであることを証明しなさい。 教 p.182 問4

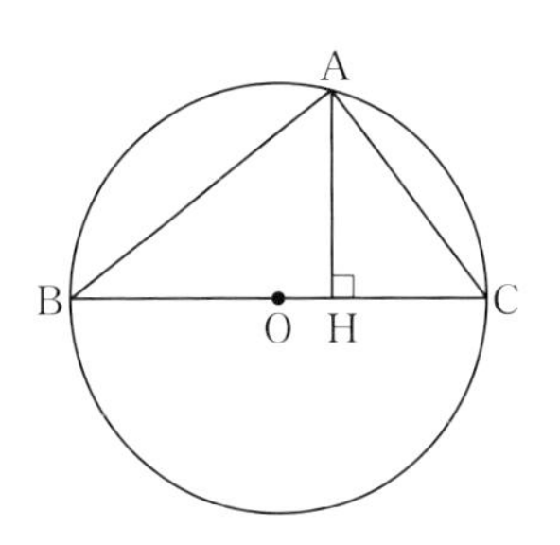

半円の弧に対する円周角は90°だよ！

左ページの例の答え　① CBD　② 62°　③ 62°　④ 140°　⑤ 70°　⑥ CBQ　⑦ BCQ　⑧ BQC

発展 円に関するいろいろな性質

例1 円に内接する四角形

教 p.187 → 基本問題 1

右の図において，$\angle x$，$\angle y$ の大きさを求めなさい。

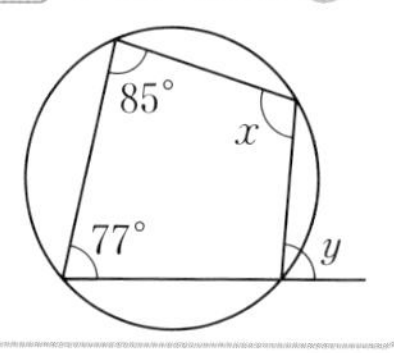

考え方 円に内接する四角形では，対角の和は 180° であること，外角はそれととなり合う内角の対角と等しいことを利用する。

解き方 $\angle x + 77^\circ =$ ① [ ] ←対角の和は180°

より $\angle x =$ ② [ ]

また，円に内接する四角形の外角はそれととなり合う内角の対角に等しいから，$\angle y =$ ③ [ ]

円に内接する四角形の性質

円に内接する四角形において

[1] 対角の和は 180° である。

[2] 外角はそれととなり合う内角の対角に等しい。

等しい
和が 180°

例2 円の接線と弦のつくる角

教 p.188 → 基本問題 2 3

右の図において，直線 AT は点 A を接点とする円 O の接線です。
$\angle x$，$\angle y$ の大きさを求めなさい。

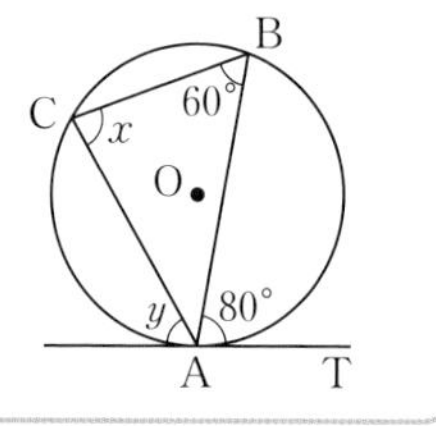

考え方 円の接線と弦のつくる角の定理を用いる。

解き方 円の接線とその接点を通る弦のつくる角は，その角の内部にある弧に対する円周角に等しいから，

$\angle$BAT ←接線と接点を通る弦のつくる角

$= \angle$ACB ←$\angle$BATの内部にある$\overset{\frown}{AB}$に対する円周角

よって，$\angle x =$ ④ [ ]

同様に，$\angle y = \angle$ABC $=$ ⑤ [ ]

円の接線と弦のつくる角

円の接線とその接点を通る弦のつくる角は，その角の内部にある弧に対する円周角に等しい。

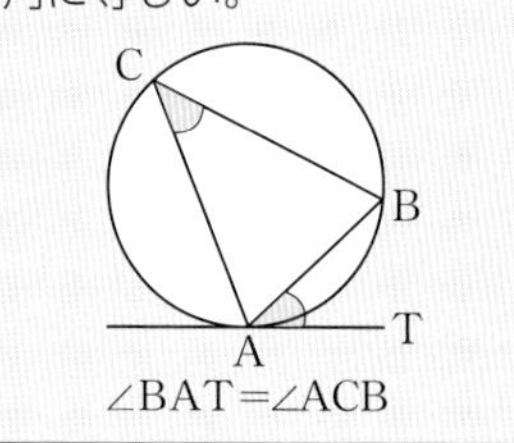

$\angle$BAT$=\angle$ACB

例3 方べきの定理

教 p.189 → 基本問題 4

右の図において，x の値を求めなさい。

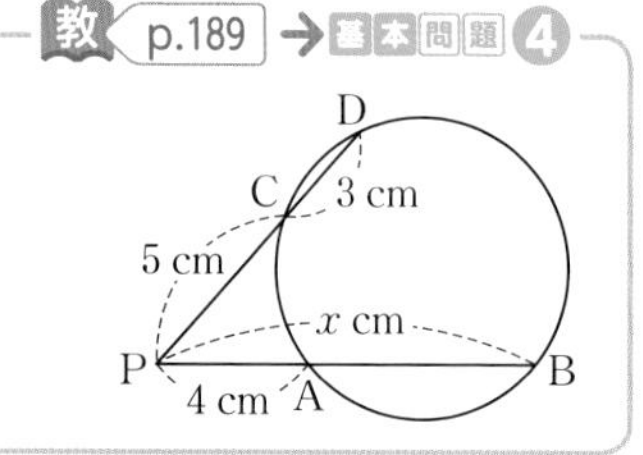

考え方 △PAC∽△PDB より，PA：PD＝PC：PB
よって，PA×PB＝PC×PD（**方べきの定理**）が成り立つ。

解き方 $4x = 5\times(5+3)$ より，$x =$ ⑥ [ ]

方(ほう)べきの定理

次の図において
PA×PB＝PC×PD

右の図において
PA×PB
＝PC²

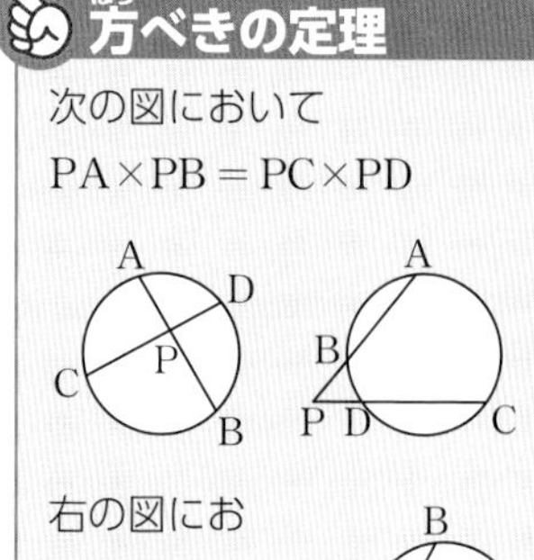

（PC は接線）

基本問題

解答 p.29

1 円に内接する四角形　次の図において，$\angle x$，$\angle y$ の大きさを求めなさい。

教 p.187 問1

(1)
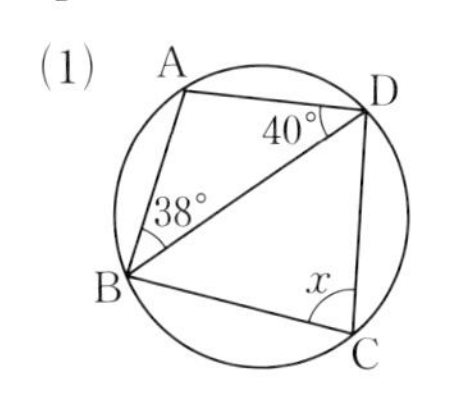

(2)
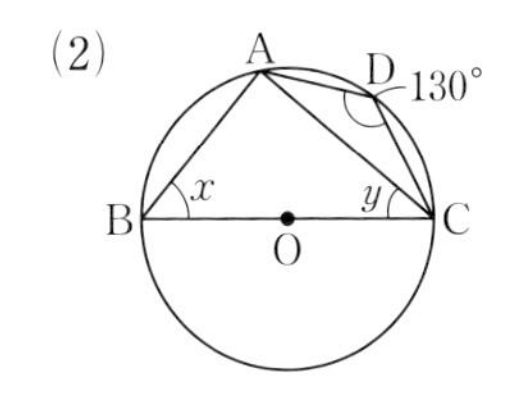

(3)
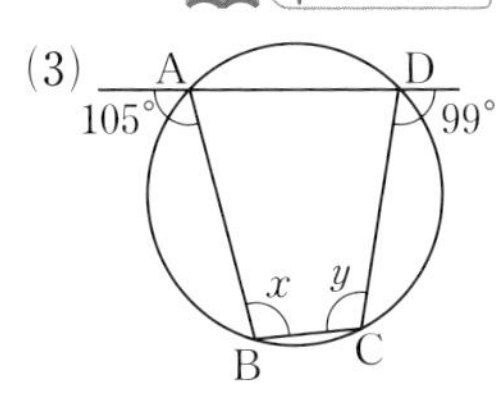

(4)
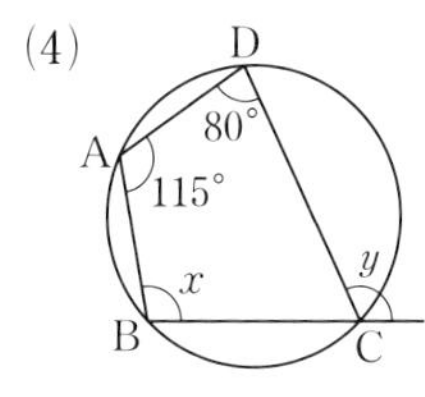

(5)
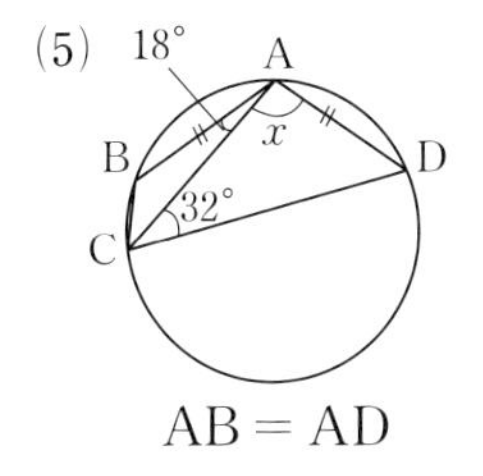

AB = AD

(6)
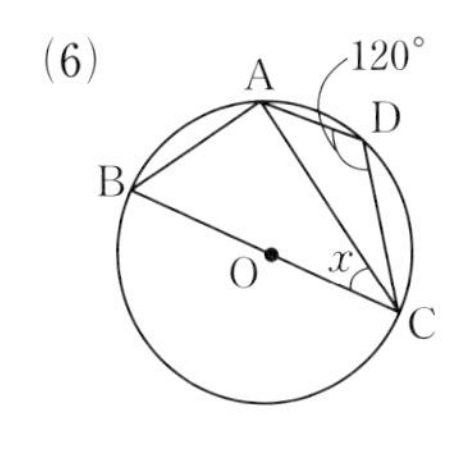

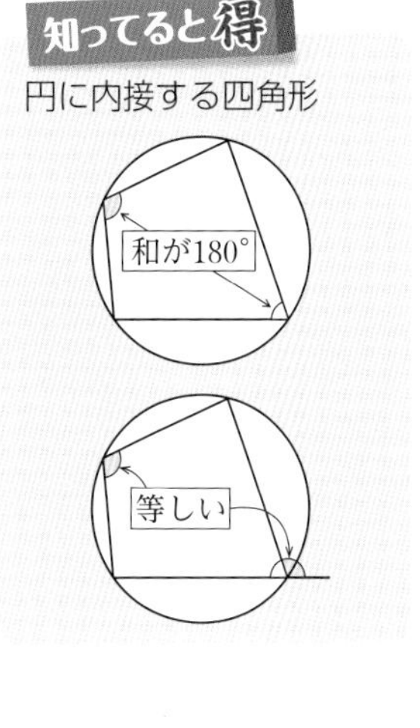

2 円の接線と弦のつくる角　次の図において，直線 AT は，点 A を接点とする円の接線です。$\angle x$，$\angle y$ の大きさを求めなさい。

教 p.188 問2

(1)
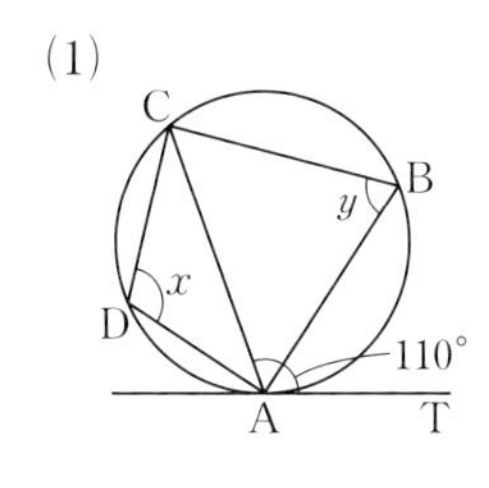

(2)
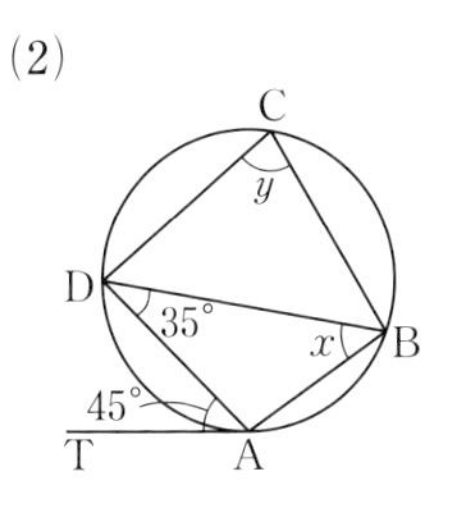

(3)
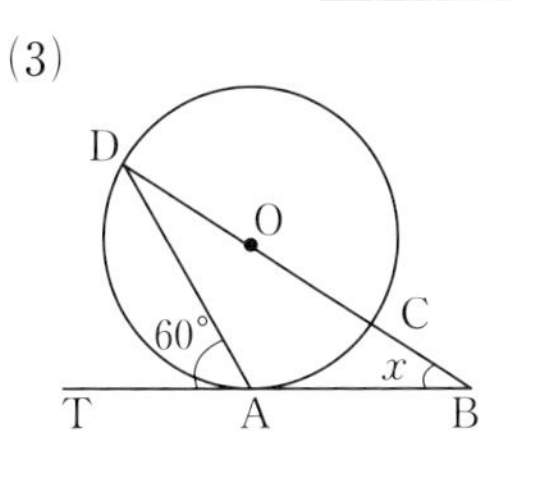

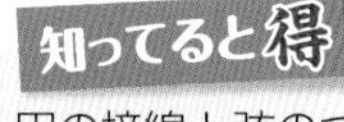

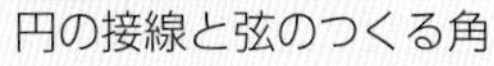

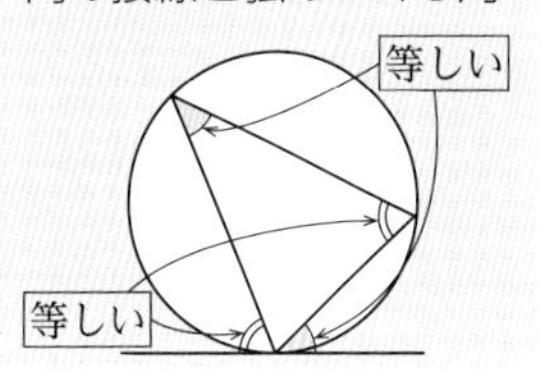

3 円の接線と弦のつくる角　右の図で，直線 AT は，点 A を接点とする円 O の接線であり，$\angle$DAB$=70°$，$\overset{\frown}{AC}:\overset{\frown}{CD}=3:2$ とします。このとき，$\angle$ABD の大きさを求めなさい。教 p.188 問2

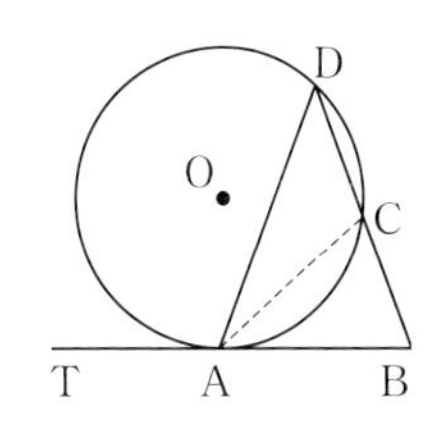

4 方べきの定理　次の図において，x の値を求めなさい。

教 p.189

(1)
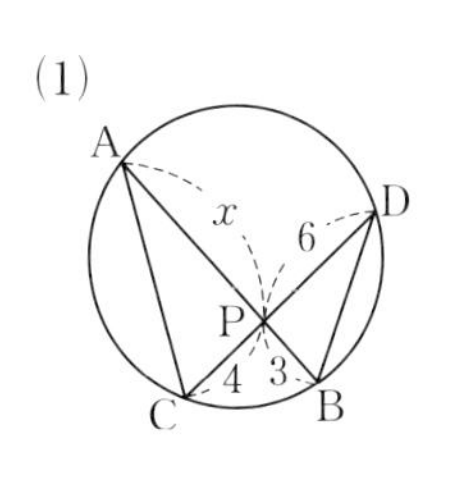

(2)
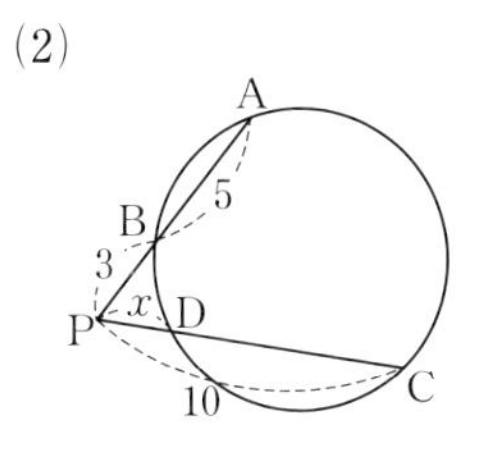

(3)
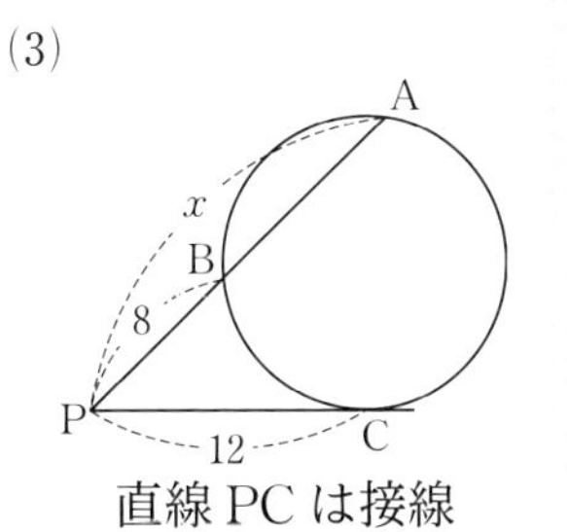

直線 PC は接線

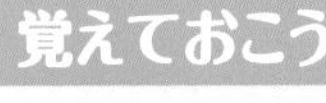

(1)(2)は，
△ACP ∽ △DBP から
PA×PB＝PC×PD
(3)は，
△APC ∽ △CPB から
PA×PB＝PC×PC
が導かれる。

左ページの例の答え　① 180°　② 103°　③ 85°　④ 80°　⑤ 60°　⑥ 10

解答 p.30

1 円

よく出る 1 次の図において，$\angle x$，$\angle y$ の大きさを求めなさい。

(1)

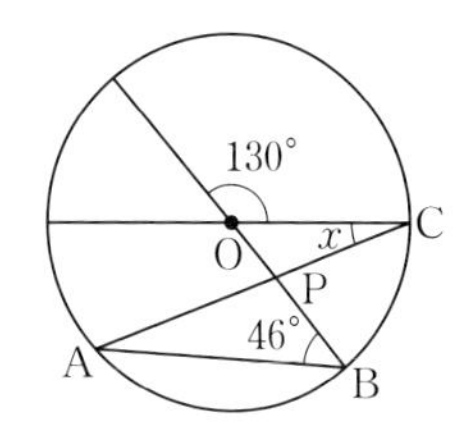

(2)

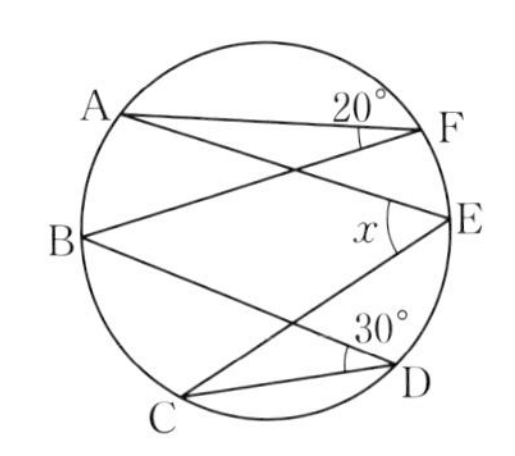

(3)

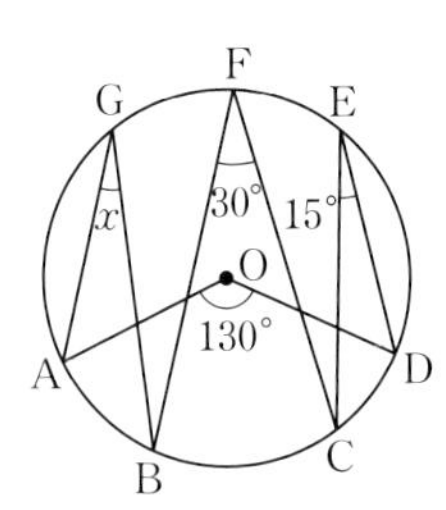

(4)

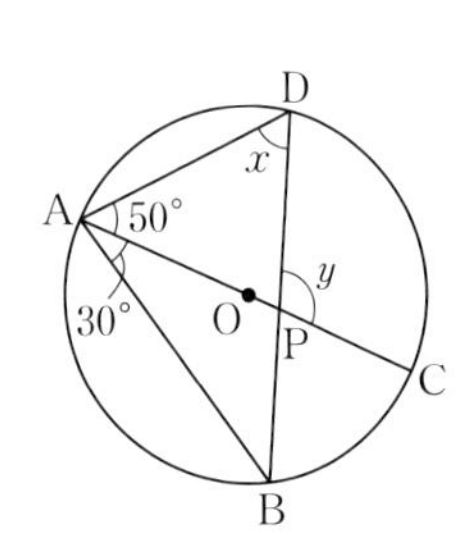

(5)

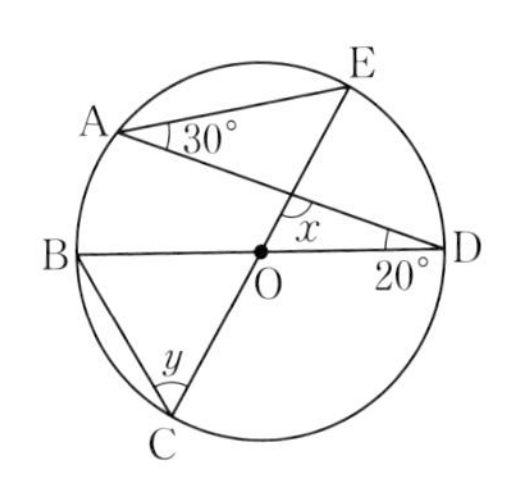

(6)

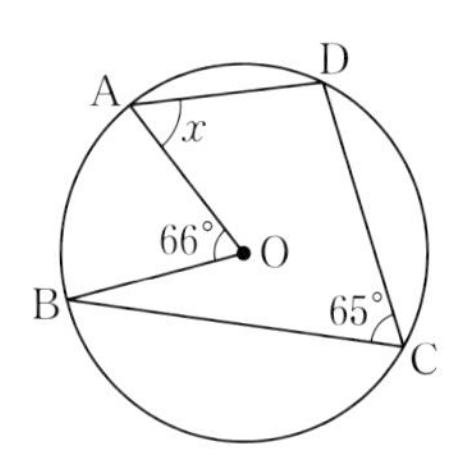

よく出る 2 次の図において，円周上の点は，(1)，(2)では円周を 6 等分する点，(3)では円周を 5 等分する点です。$\angle x$，$\angle y$ の大きさを求めなさい。

(1)

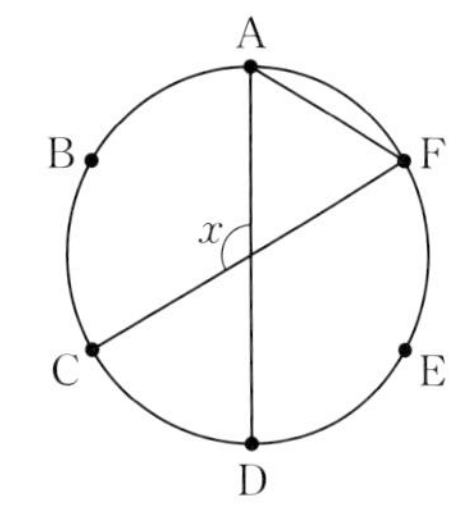

(2)

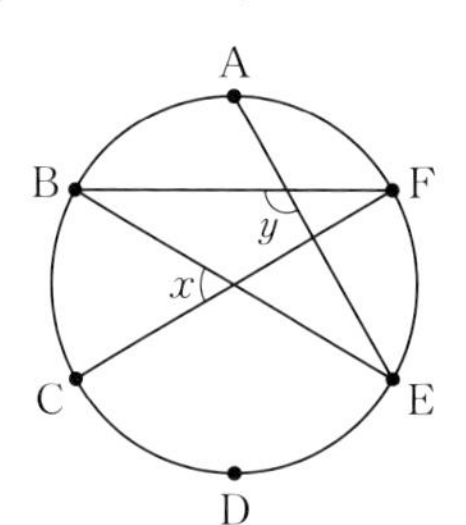

(3)

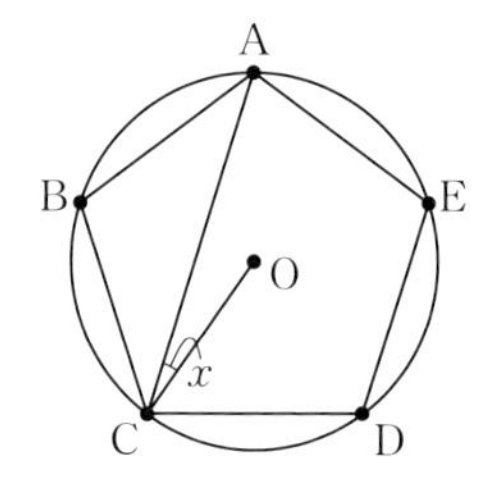

3 右の図のように，△ABC の点 B，C から辺 AC，AB に垂線をひき，その交点をそれぞれ Q，P とします。また，BQ と CP の交点を R とします。

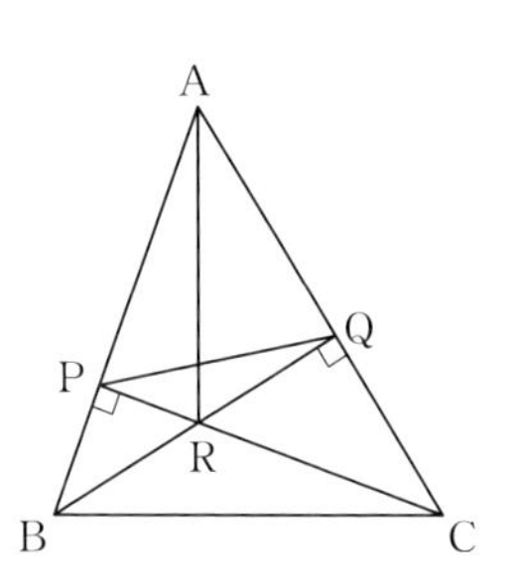

(1) 6 点 A，B，C，P，Q，R のうち，1 つの円周上にある 4 点を 1 組見つけ，その理由を説明しなさい。

(2) △APR と相似な三角形を答えなさい。

1 (4) 3 頂点が円周上にあり，1 辺が直径である三角形は，直角三角形になる。

3 (2) 1 つの円周上にある 4 点をもう 1 組見つける。

4 右の図のように，円 O が四角形 ABCD の各辺に，点 P, Q, R, S で接しています。$\angle B = 90°$ で，$BC = 13$，$CD = 12$，$DS = 4$ のとき，円 O の半径を求めなさい。

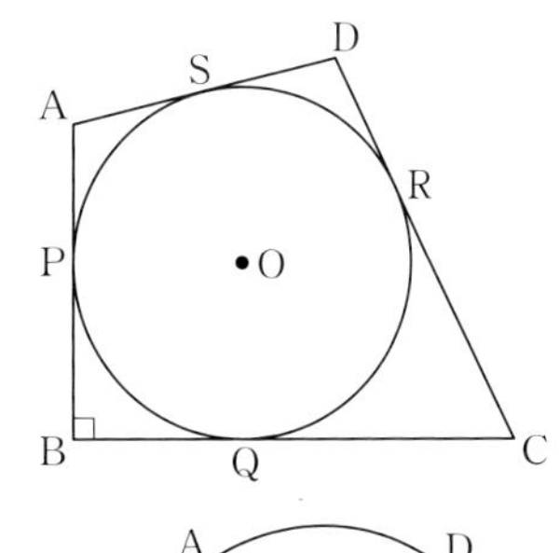

5 **右の図のように，円周上に 4 点 A，B，C，D があります。弦 AC，BD の交点を P，また，$BD = BC$，$DA = DC$ とします。**

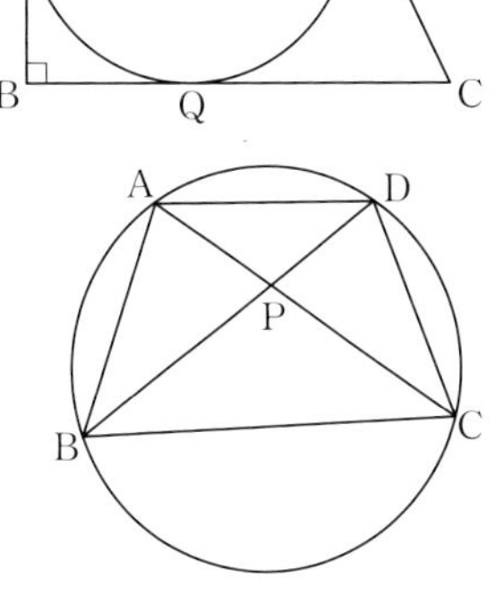

(1)　$\angle ABD$ と大きさの等しい角をすべて答えなさい。

(2)　$\triangle ABD \equiv \triangle PBC$ であることを証明しなさい。

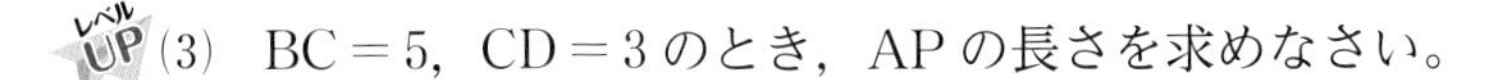

(3)　$BC = 5$，$CD = 3$ のとき，AP の長さを求めなさい。

入試問題をやってみよう！

1 右の図で，C，D は AB を直径とする半円 O の周上の点であり，E は直線 AC と BD との交点です。半円 O の半径が 5 cm，弧 CD の長さが 2π cm のとき，$\angle CED$ の大きさは何度か，求めなさい。〔愛知〕

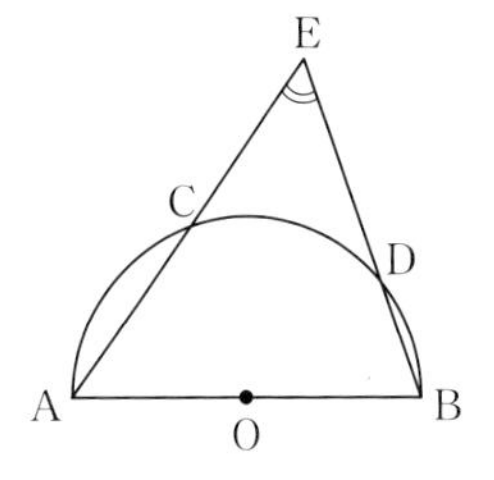

2 右の図は，5 つの頂点が円周上にある正五角形 ABCDE です。このとき，$\angle x$ の大きさを求めなさい。〔富山〕

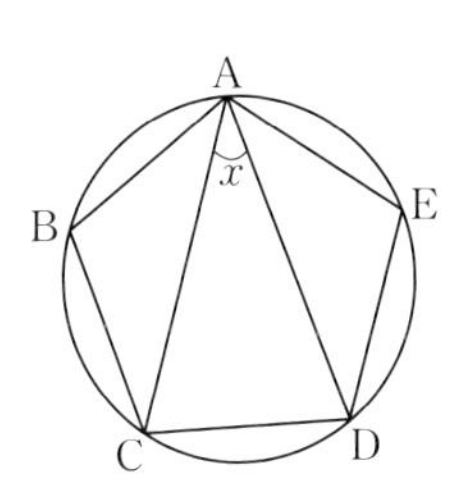

3 右の図のように，線分 AB を直径とする円 O の周上に 2 点 C，D があり，$AB \perp CD$ とします。$\angle ACD = 58°$ のとき，$\angle x$ の大きさを求めなさい。〔和歌山〕

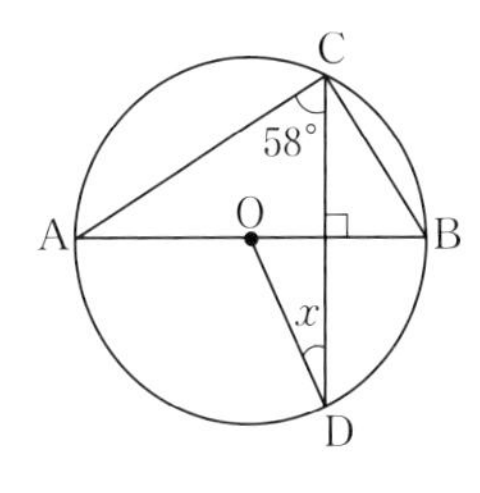

6章

4　$\angle B = \angle OPB = \angle OQB = 90°$，$BP = BQ$ より，四角形 PBQO は正方形である。

5　(3)　$\triangle PAD \backsim \triangle PBC$ から，まず PD の長さを求める。

円

解答 p.32

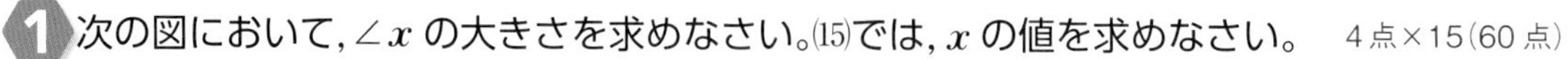

1 次の図において，$\angle x$ の大きさを求めなさい。(15)では，x の値を求めなさい。　4点×15（60点）

(1)
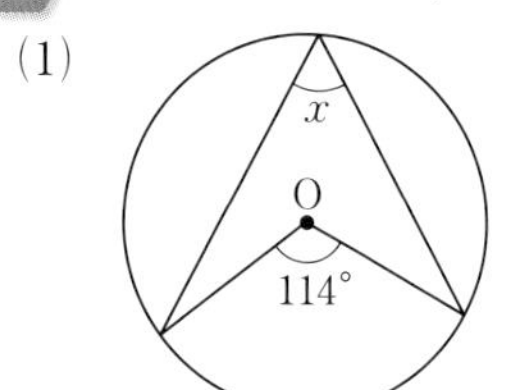

(　　　)

(2)
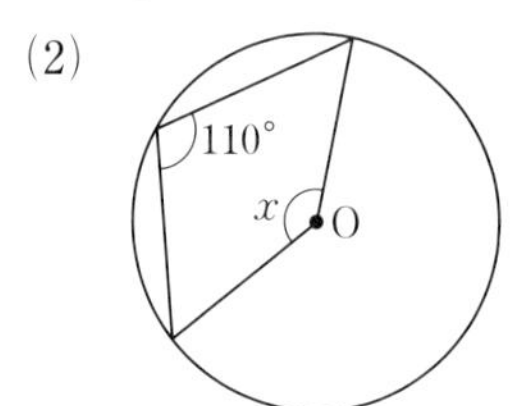

(　　　)

(3)
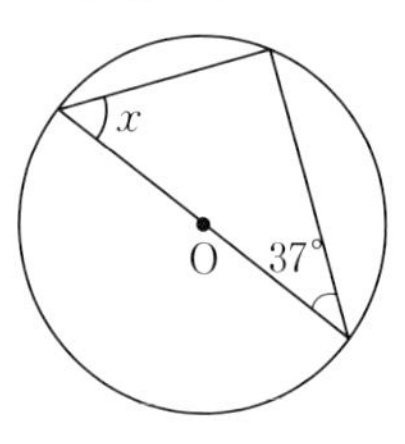

(　　　)

(4)
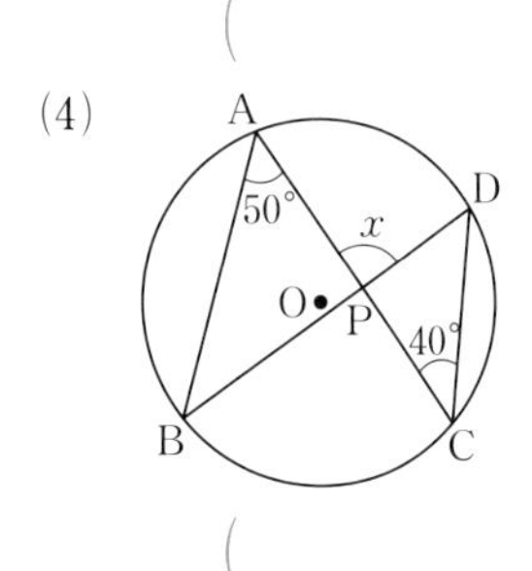

(　　　)

(5)
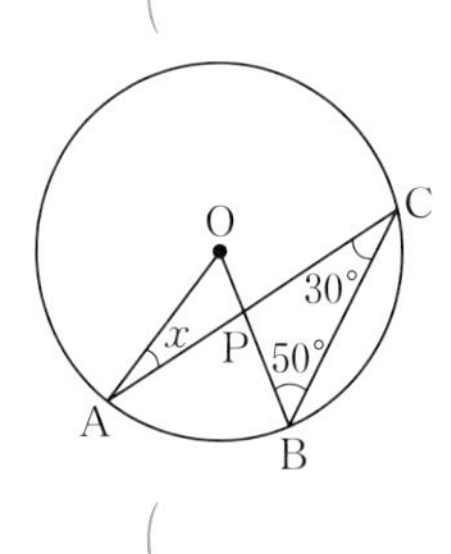

(　　　)

(6)
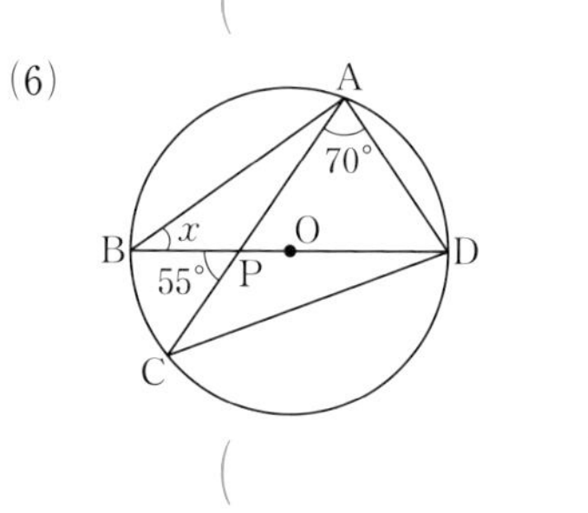

(　　　)

(7)
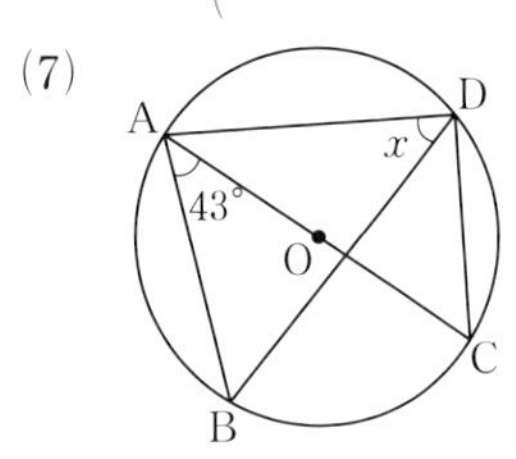

(　　　)

(8)
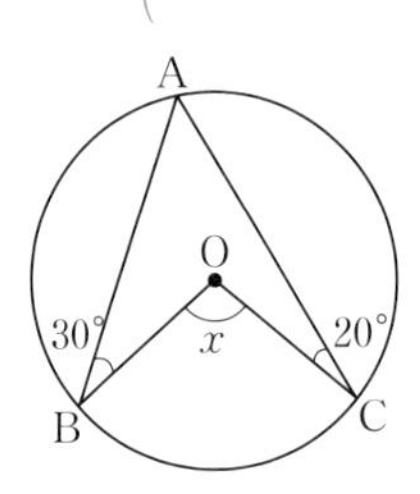

(　　　)

(9)
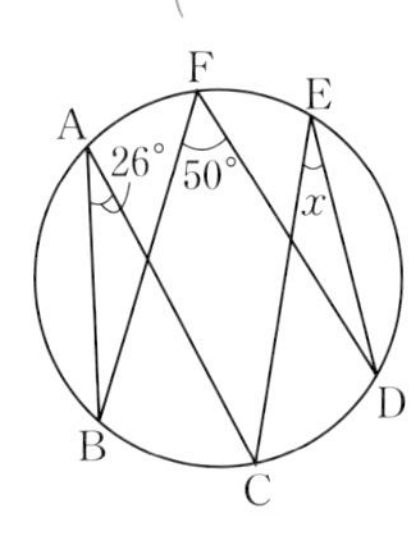

(　　　)

(10)
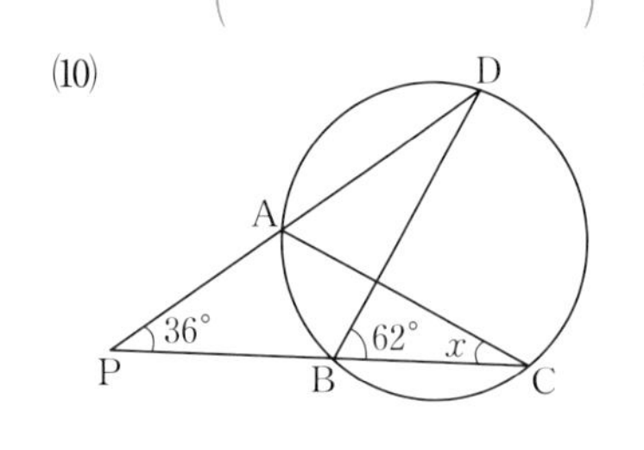

(　　　)

(11)
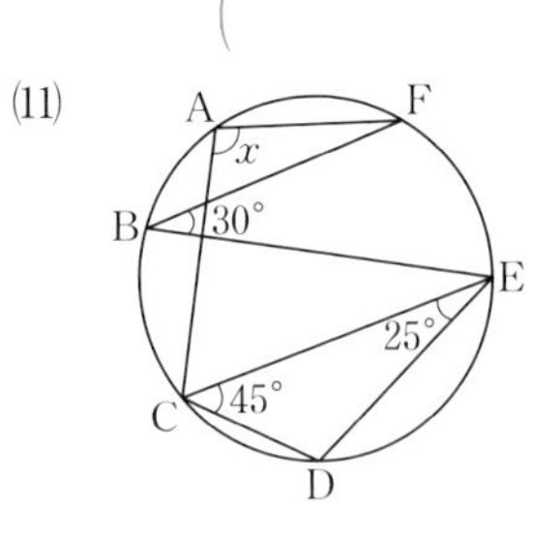

(　　　)

(12)
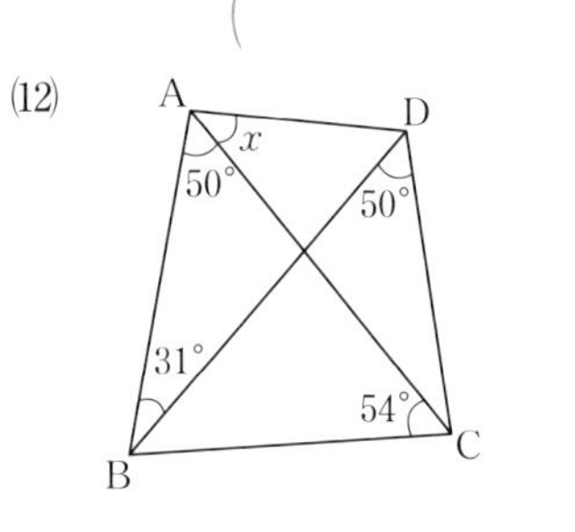

(　　　)

(13)
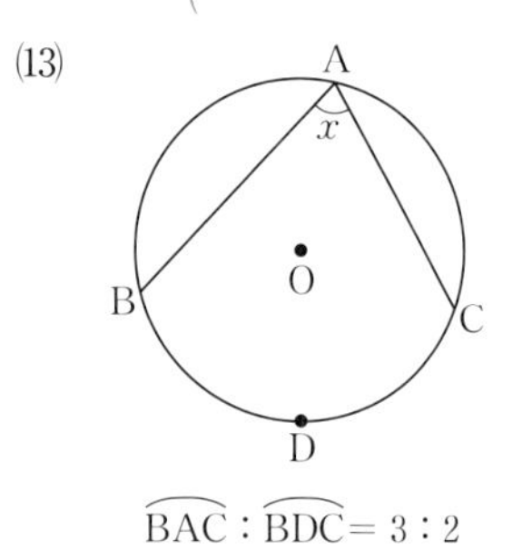

$\overparen{BAC} : \overparen{BDC} = 3 : 2$

(　　　)

(14)
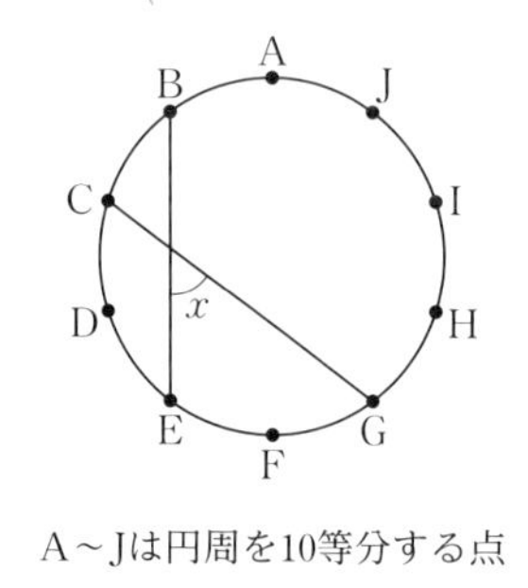

A～Jは円周を10等分する点

(　　　)

(15)
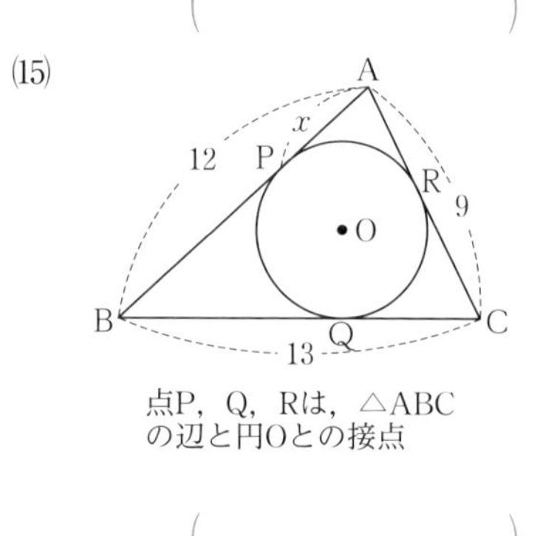

点P，Q，Rは，△ABCの辺と円Oとの接点

(　　　)

目標 円周角の定理やそれに関連する定理を理解し，角の大きさを求めたり，相似の問題を解くときに利用できるようになろう。

自分の得点まで色をぬろう!

がんばろう! もう一歩 合格!

0 60 80 100点

発展 **2** 右の図のように，円Oの周上に3点A，B，Cがあり，点Aにおける円Oの接線と点Bにおける円Oの接線との交点をDとします。$\angle ADB = 40°$，$\angle BAC = 75°$ のとき，$\dfrac{\overset{\frown}{AC}}{\overset{\frown}{BC}}$ の値を求めなさい。ただし，$\overset{\frown}{AC}$，$\overset{\frown}{BC}$ はそれぞれ小さい方の弧の長さとします。 （6点）

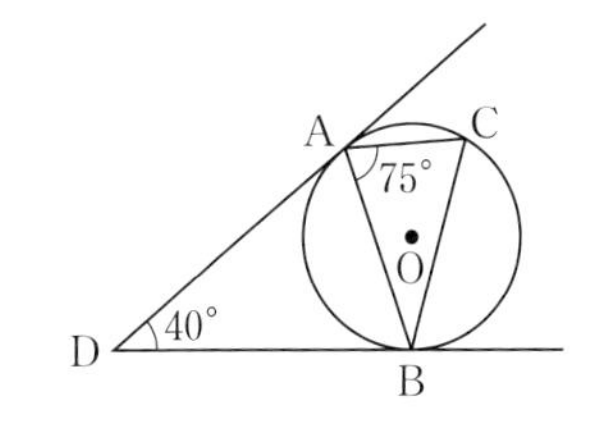

（　　　　　）

よく出る **3** 線分ADを直径とする円Oがあり，右の図のように，円周上に2点B，Cをとります。点Aから辺BCに垂線AHをひくとき，$\triangle ABH \backsim \triangle ADC$ であることを証明しなさい。 （10点）

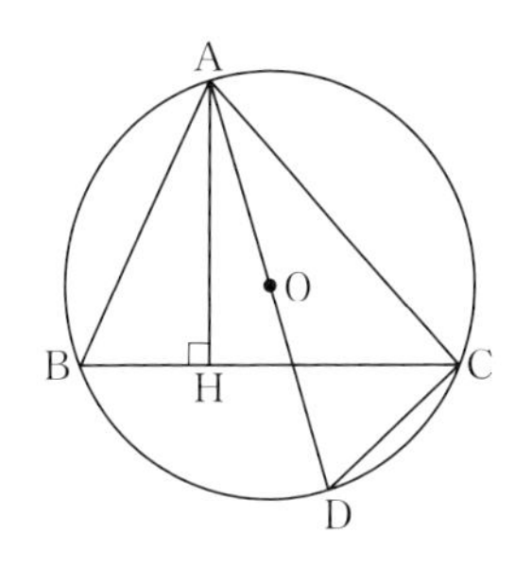

発展 **4** 右の図で，直線PA，PCはともに円Oの接線で，点A，Cは，接点とします。$\angle ADC = a°$ のとき，次の角の大きさを，a を使って表しなさい。 5点×2（10点）

(1) $\angle ABC$　　　(2) $\angle APC$

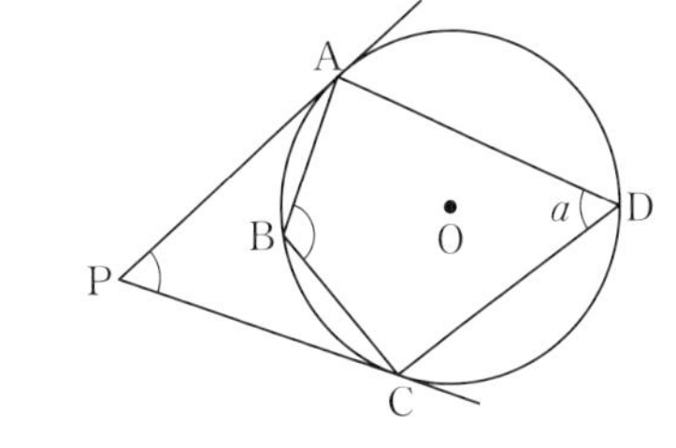

（　　　　　）（　　　　　）

5 右の図のように，円Oの周上に3点A，B，Cがあり，$\angle ACB$ の二等分線と辺AB，円Oとの交点を，それぞれ，D，Eとします。 7点×2（14点）

(1) $\triangle AEC \backsim \triangle DEA$ であることを証明しなさい。

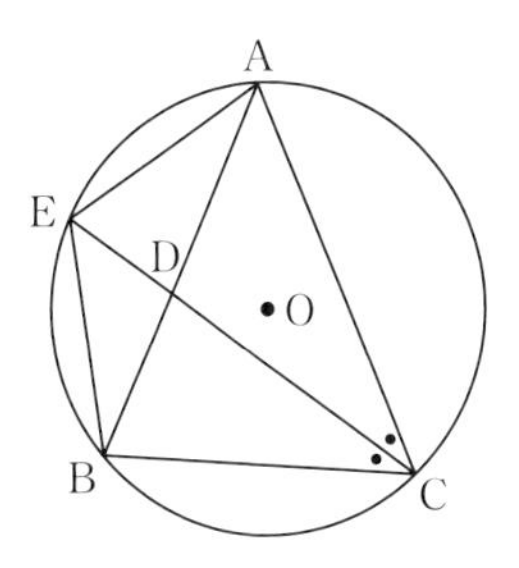

(2) $AC = 5$，$AE = 3$，$EC = 7$ のとき，ADの長さを求めなさい。

（　　　　　）

アプリ【どこでもワーク計算編・図形編】をやって，さらに力をつけよう！

1 三平方の定理
1 三平方の定理　2 三平方の定理の逆

例1 三平方の定理

教 p.196 → 基本問題 2

次の図において，x の値を求めなさい。

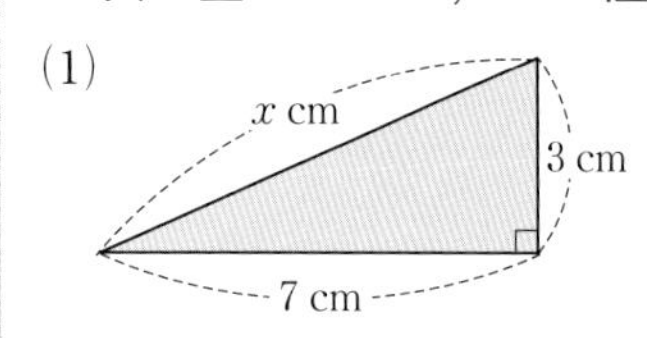

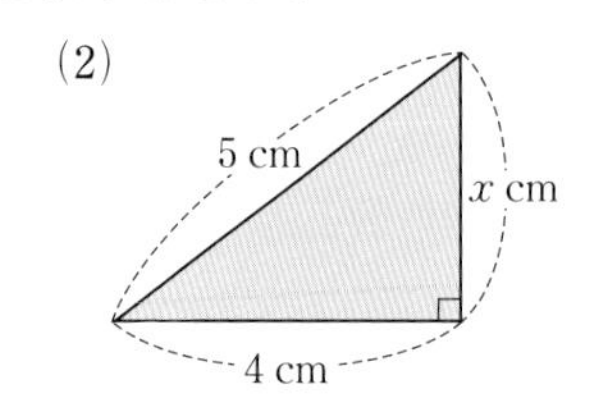

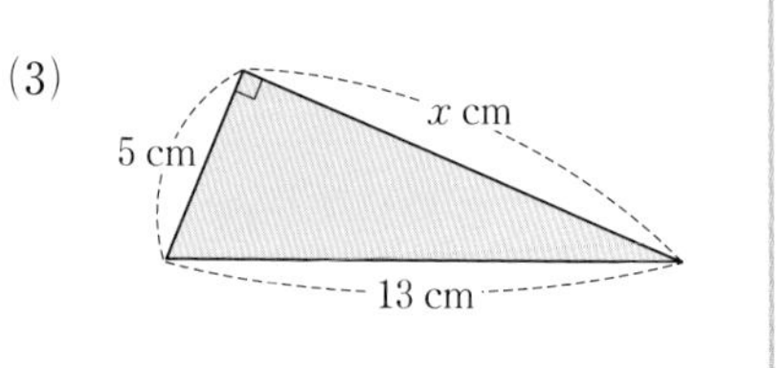

考え方 直角三角形の 2 辺の長さがわかっているとき，残りの辺の長さは**三平方の定理**を使えば，求められる。

解き方 (1) 斜辺は長さ x cm の辺だから，$x^2=3^2+7^2=58$

$x>0$ より $x=$ ①

(2) $4^2+x^2=5^2$　　$x^2=5^2-4^2=$ ②

$x>0$ より $x=$ ③

(3) $5^2+x^2=13^2$　　$x^2=13^2-5^2=$ ④

$x>0$ より $x=$ ⑤

三平方の定理

直角三角形の直角をはさむ 2 辺の長さを a，b，斜辺の長さを c とすると，次の等式が成り立つ。

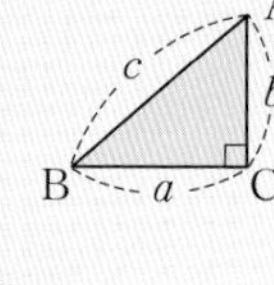

$a^2+b^2=c^2$

知ってると得

① 3 辺の長さの比が 3：4：5 なら直角三角形。
逆に，直角三角形で，直角をはさむ 2 辺の長さの比が 3：4 ならば，3 辺の長さの比は 3：4：5

② 3 辺の長さの比が 5：12：13 の場合も，①と同様。

例2 三平方の定理の逆

教 p.197〜198 → 基本問題 3

3 辺の長さが，次のような三角形があります。この中から，直角三角形をすべて選びなさい。

㋐ 4 cm，5 cm，7 cm　　㋑ 8 cm，10 cm，6 cm

㋒ 10 cm，26 cm，24 cm　　㋓ $2\sqrt{5}$ cm，$3\sqrt{3}$ cm，$4\sqrt{5}$ cm

考え方 三平方の定理の逆を使う。

解き方 ㋐ $7>5>4$ より 7^2 と 5^2+4^2 の大きさを比べる。

$7^2=49$，$5^2+4^2=41$ だから，直角三角形ではない。

㋑ $10>8>6$ で，$10^2=100$，$8^2+6^2=100$

$10^2=8^2+6^2$ だから，直角三角形で ⑥ 。

㋒ $26>24>10$ で，$26^2=676$，$10^2+24^2=676$

$26^2=10^2+24^2$ だから，直角三角形で ⑦ 。

㋓ $(2\sqrt{5})^2=20$，$(3\sqrt{3})^2=27$，$(4\sqrt{5})^2=80$ で，

$(2\sqrt{5})^2+(3\sqrt{3})^2=47$ だから，直角三角形ではない。

三平方の定理の逆

3 辺の長さが a，b，c である三角形において，

$a^2+b^2=c^2$

が成り立つならば，その三角形は，長さ c の辺を斜辺とする**直角三角形**である。

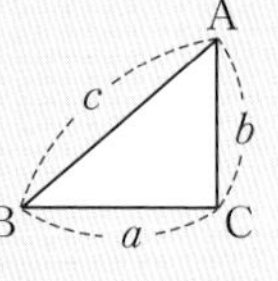

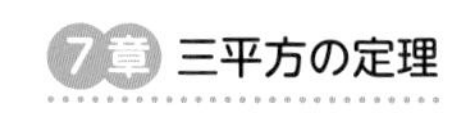

基本問題

解答 p.34

1 三平方の定理の証明　右の図のように，直角三角形 ABC とそれに合同な直角三角形を 4 つ並べて，2 つの正方形 ABDE，CFGH をつくります。この図を利用して，$a^2+b^2=c^2$ を証明しなさい。

教 p.195 問1

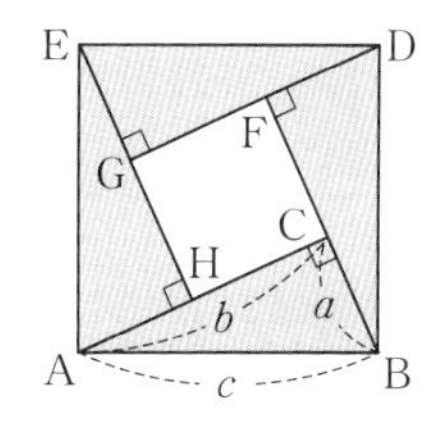

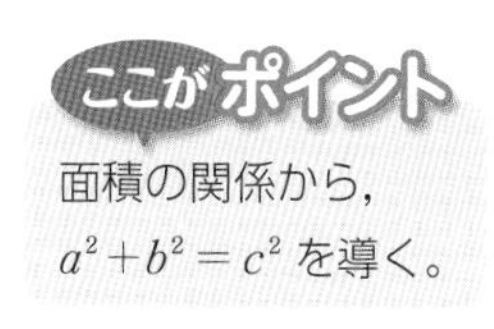

2 三平方の定理　次の図において，x の値を求めなさい。

教 p.196 問2

(1)

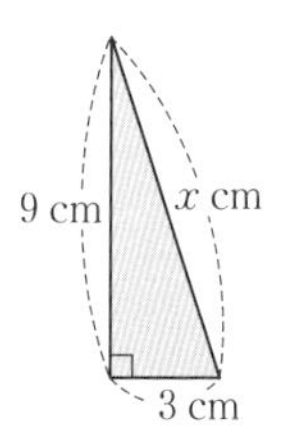

(2)

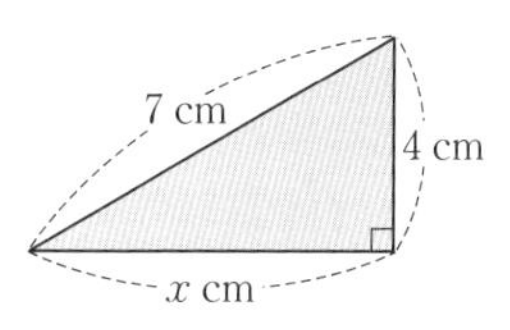

(3)

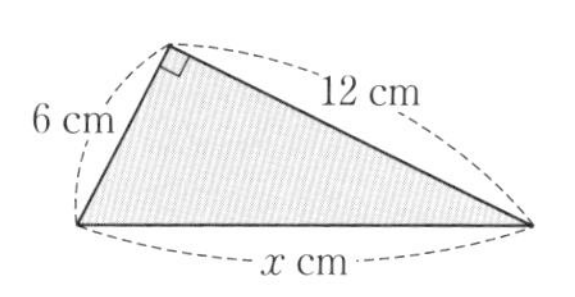

(4)

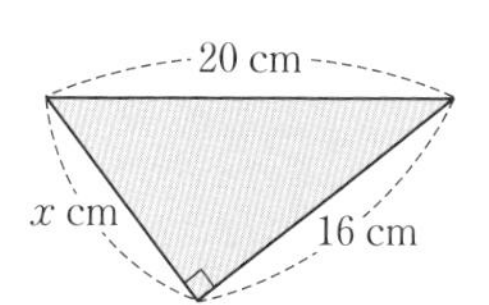

(5)

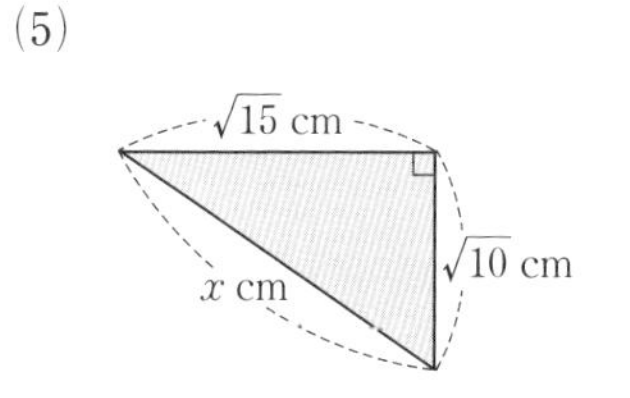

(6)

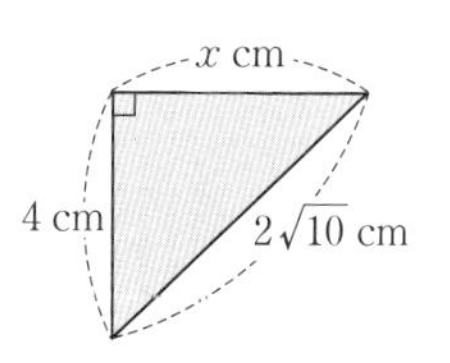

覚えておこう

三角形の 3 辺の長さを a，b，c とすると，2 辺の長さの和は他の 1 辺より大きいから，

$$\begin{cases} a+b>c \\ b+c>a \\ c+a>b \end{cases}$$

でなければならない。

3 三平方の定理の逆　3 辺の長さが，次のような三角形があります。この中から，直角三角形をすべて選び，記号で答えなさい。

㋐　9 cm，12 cm，15 cm　　　㋑　8 cm，12 cm，16 cm

㋒　6.5 cm，2.5 cm，6 cm　　　㋓　$\sqrt{3}$ m，$\sqrt{4}$ m，$\sqrt{5}$ m

㋔　2 cm，3 cm，$\sqrt{5}$ cm　　　㋕　7 cm，$4\sqrt{2}$ cm，$\sqrt{17}$ cm

もっとも長い辺の 2 乗が，他の 2 辺の 2 乗の和に等しいかを調べればいいね。

7 章

左ページの 例 の答え　① $\sqrt{58}$　② 9　③ 3　④ 144　⑤ 12　⑥ ある　⑦ ある

解答 p.34

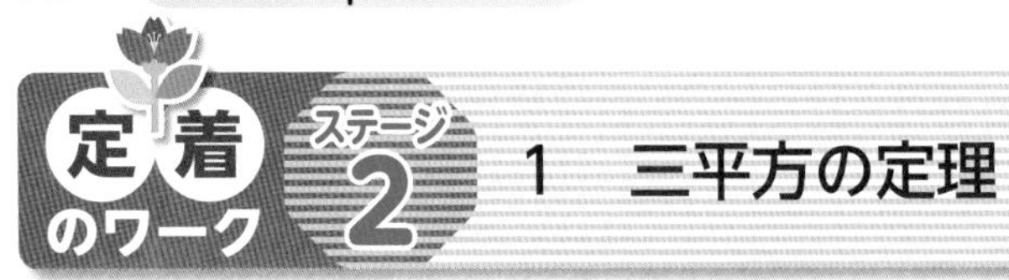

1 三平方の定理

よく出る 1 次の図において，x の値を求めなさい。

(1)

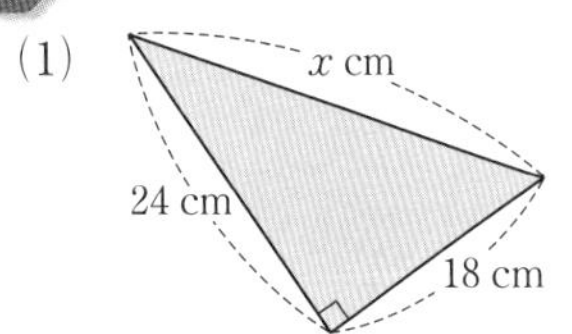

(2)

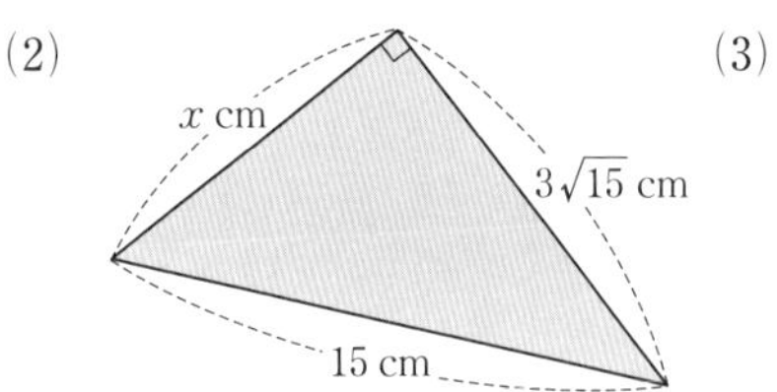

(3)

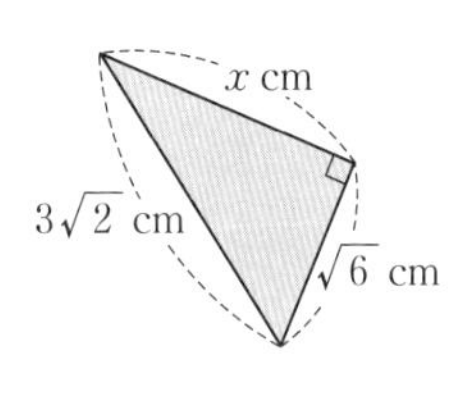

2 次の図において，x，y の値を求めなさい。

(1)

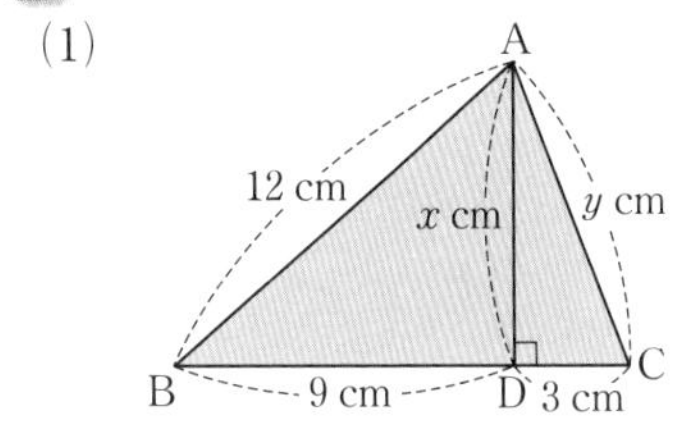

(2)

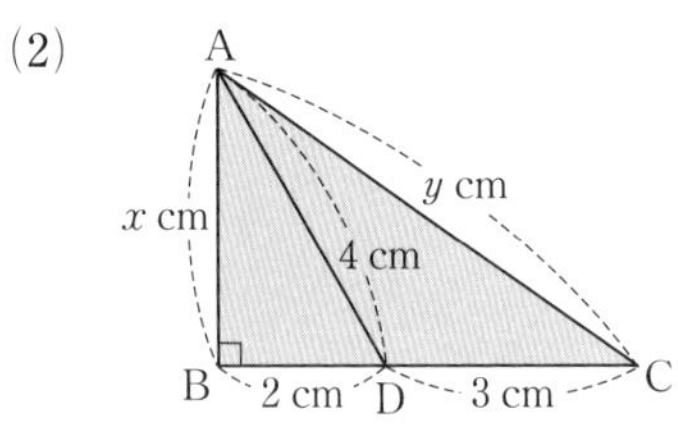

(3)

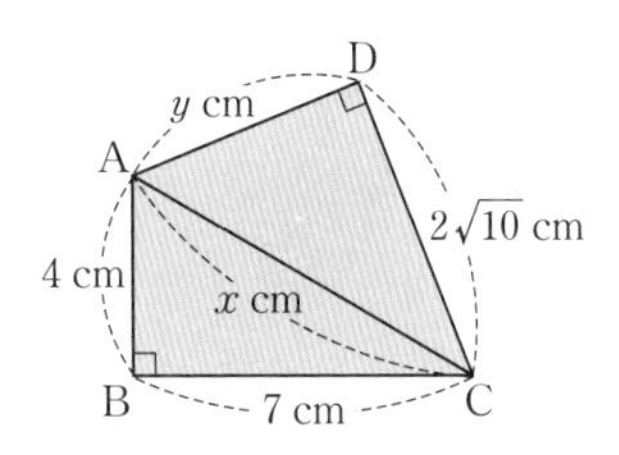

3 次の図において，x の値を求めなさい。

(1)

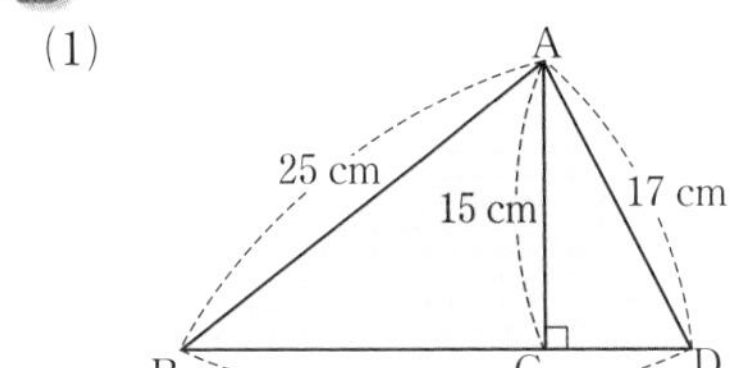

(2)

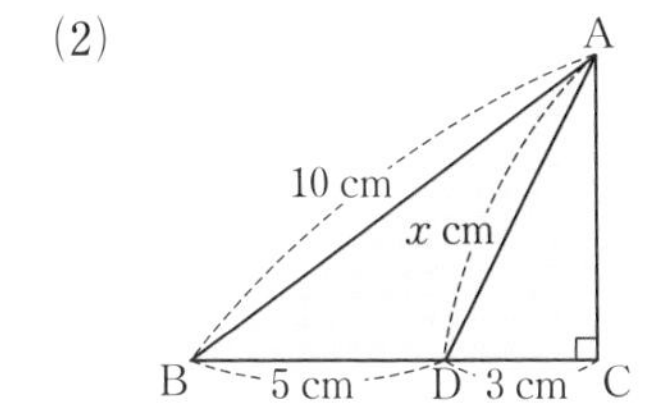

4 次の図において，x，y の値を求めなさい。

(1)

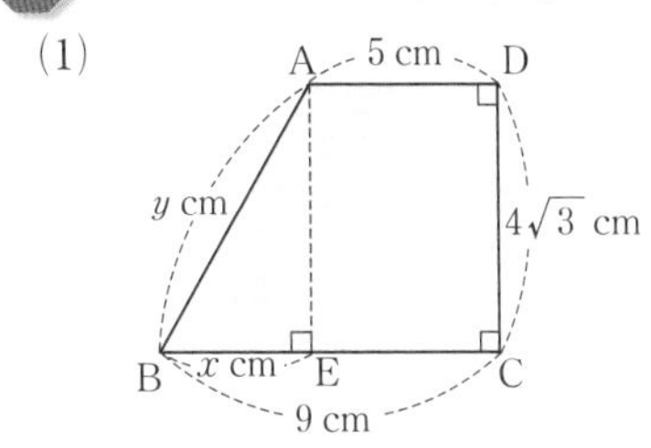

(2)

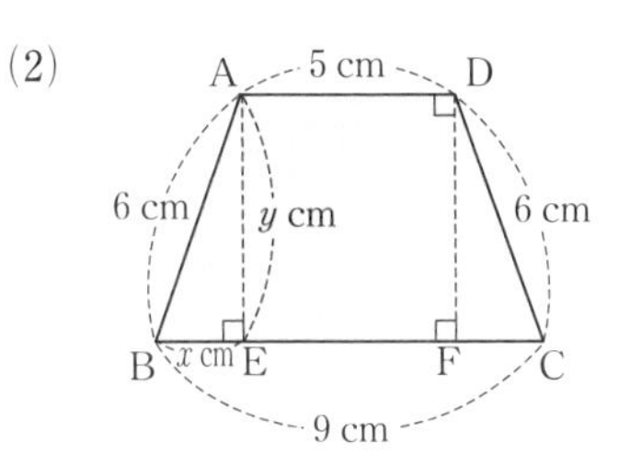

1 三平方の定理を使うときは，どこが斜辺かを確認する。

2 (1)まず直角三角形 ABD に注目する。

4 (1)の四角形 AECD，(2)の四角形 AEFD はともに長方形である。

よく出る **5** 3辺の長さが，次のような三角形があります。この中から，直角三角形をすべて選び，記号で答えなさい。

㋐ 15 cm，18 cm，24 cm　　㋑ 21 cm，29 cm，20 cm

㋒ $\sqrt{6}$ cm，4 cm，3 cm　　㋓ $2\sqrt{3}$ cm，$\sqrt{15}$ cm，$3\sqrt{3}$ cm

㋔ 1.5 cm，0.9 cm，0.8 cm　　㋕ 1 m，$\frac{4}{3}$ m，$\frac{5}{3}$ m

6 次の問いに答えなさい。

(1) 3辺の長さが x cm，$(x+1)$ cm，$(x+2)$ cm である三角形が直角三角形になるとき，x の値の求め方を説明しなさい。

(2) 直角三角形 ABC で，AB は BC より 2 cm 長く，BC は CA より 7 cm 長くなっています。斜辺の長さを求めなさい。

レベルUP **7** 右の図のような△ABC で，頂点 A から辺 BC に垂線 AH をひきます。BH = x cm として，次の問いに答えなさい。

(1) 直角三角形 ABH に注目して，AH^2 を x の式で表しなさい。

(2) 直角三角形 ACH に注目して，AH^2 を x の式で表しなさい。

(3) (1)，(2)より x の方程式をつくり，x の値を求めなさい。

(4) AH の長さを求めなさい。また，△ABC の面積を求めなさい。

入試問題をやってみよう！

1 右の図のように，AC = 4 cm，BC = 5 cm，∠ACB = 90° の直角三角形 ABC があります。辺 AB の長さを求めなさい。　〔北海道〕

2 右の図は，三角柱の投影図です。この三角柱の体積を求めなさい。　〔千葉〕

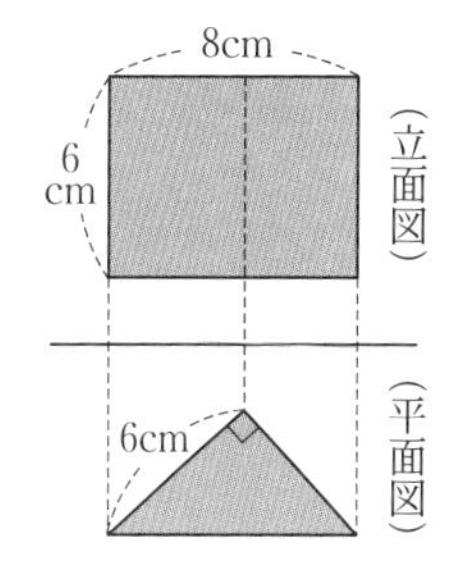

6 (1) もっとも長い辺 $(x+2)$ cm が直角三角形の斜辺になる。

(2) CA = x cm $(x > 0)$ とすると，BC = $(x+7)$ cm，AB = $(x+9)$ cm になる。

2　三平方の定理の利用
1 平面図形への利用

例1 対角線の長さ
教 p.201 → 基本問題 1 2

1辺が5cmの正方形の対角線の長さを求めなさい。

考え方　正方形のとなり合う2辺と対角線でできる直角三角形で三平方の定理を使う。

解き方　対角線の長さを x cm とすると，

$AC^2 = AB^2 + BC^2$ ←三平方の定理

より $x^2 = 5^2 + 5^2 = 50$

$x > 0$ より $x =$ ①　　答 ① cm

別解　$AB : BC : AC = 1 : 1 : \sqrt{2}$ で，

$AB = BC = 5$ cm だから，$AC =$ ① cm

例2 二等辺三角形の高さ
教 p.201 → 基本問題 1 2

1辺が8cmの正三角形の高さを求めなさい。

考え方　二等辺三角形の頂角の二等分線は，底辺を垂直に2等分する。

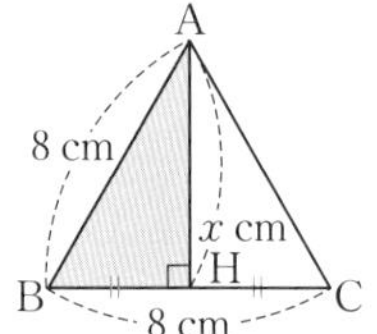
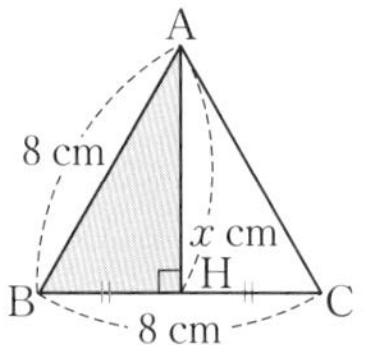

解き方　右の図で，$BH = 4$ cm，$\angle AHB = 90°$

だから，$AB^2 = BH^2 + AH^2$ ←三平方の定理

$x^2 = 8^2 - 4^2 =$ ②

$x > 0$ より $x =$ ③　　答 ③ cm

別解　$\triangle ABH$ は $\angle ABH = 60°$，$\angle BAH = 30°$，$\angle AHB = 90°$ で，$BH : AB : AH = 1 : 2 : \sqrt{3}$

$BH = 4$ cm だから，$AH =$ ③ cm

例3 座標平面上の2点間の距離
教 p.206 → 基本問題 5

2点 A(3, 4), B(−2, −3) 間の距離を求めなさい。

考え方　線分ABを斜辺とし，他の2辺が座標軸に平行な直角三角形ABCをつくる。

解き方　C(3, −3) とすれば直角三角形ができる。

右の図で，$BC = 3 - (-2) = 5$，$AC = 4 - (-(-3)) $ ではなく $AC = 4 - (-3) = 7$ だから，

$5^2 + 7^2 = AB^2$　　$AB > 0$ より $AB =$ ④

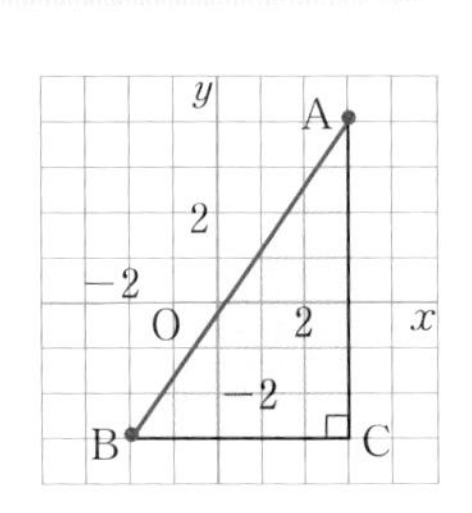

覚えておこう

特別な直角三角形の3辺の比

- 直角二等辺三角形の3辺の比
  1 : 1 : $\sqrt{2}$

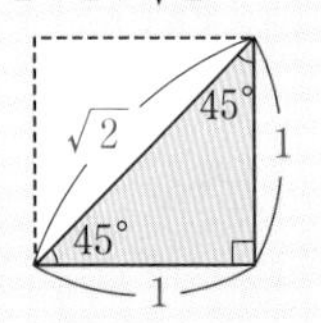

- 30°, 60°, 90° である直角三角形の3辺の比
  1 : 2 : $\sqrt{3}$

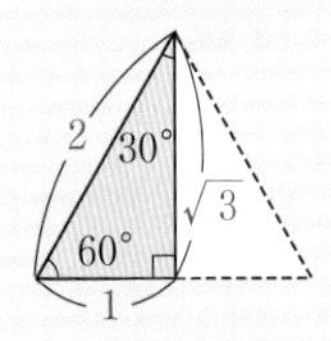

知ってると得

上のことの逆も成り立つ。

- 3辺の比が **1 : 1 : $\sqrt{2}$** なら，その三角形は3つの角が45°, 45°, 90°の直角二等辺三角形である。
- 3辺の比が **1 : 2 : $\sqrt{3}$** なら，その三角形は3つの角が30°, 60°, 90°の直角三角形である。

知ってると得

2点間の距離は

$\sqrt{(x\text{座標の差})^2 + (y\text{座標の差})^2}$

で求められる。

基本問題

解答 p.36

1 対角線の長さ，二等辺三角形の高さ　次の図において，x の値を求めなさい。

(1)　長方形 ABCD

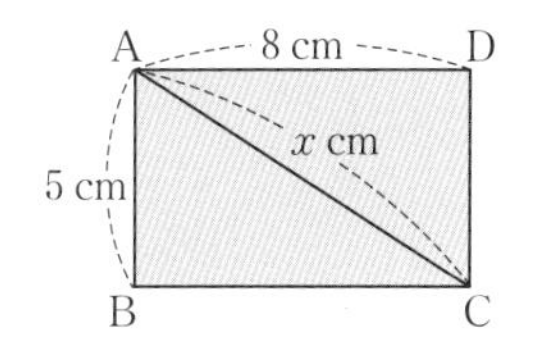

(2)　二等辺三角形 ABC

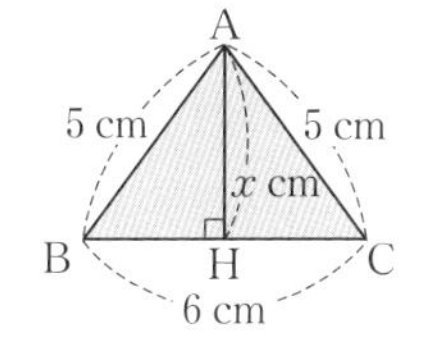

ここがポイント

三平方の定理が使えるか考える。

(1) △ABC は直角三角形だから，
$AC^2 = AB^2 + BC^2$

(2) △ABH は直角三角形だから，
$AB^2 = AH^2 + BH^2$

2 特別な直角三角形の辺の比　次の図において，x，y の値を求めなさい。

教 p.202 問3

(1)

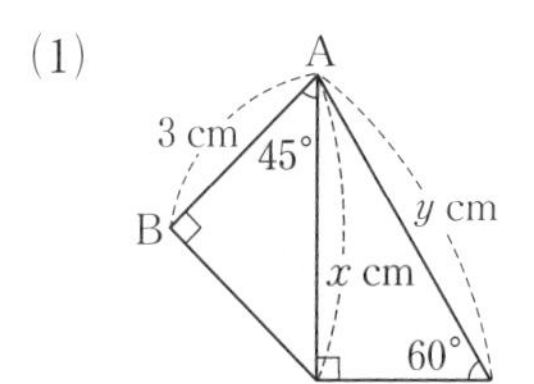

(2)

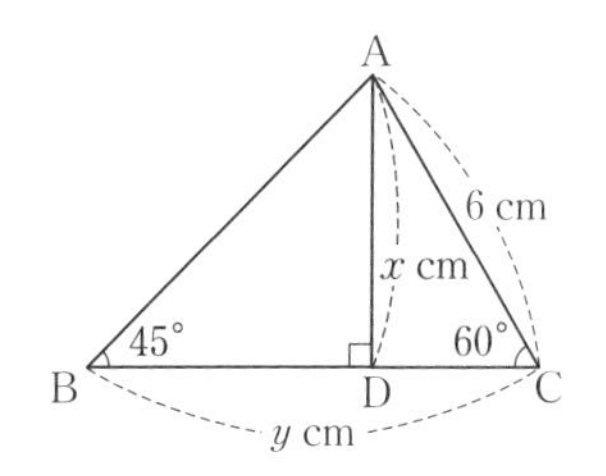

45°, 45°, 90° ならば
$1:1:\sqrt{2}$
30°, 60°, 90° ならば
$1:2:\sqrt{3}$
だね。

3 正三角形の面積　1 辺が 6 cm の正三角形の面積を求めなさい。

教 p.203 問4, 問5

知ってると得

1 辺が a の正三角形の面積は，$\frac{\sqrt{3}}{4}a^2$ で表される。

4 三平方の定理と円　次の図において，x の値を求めなさい。

教 p.205 問7, 問8

(1)

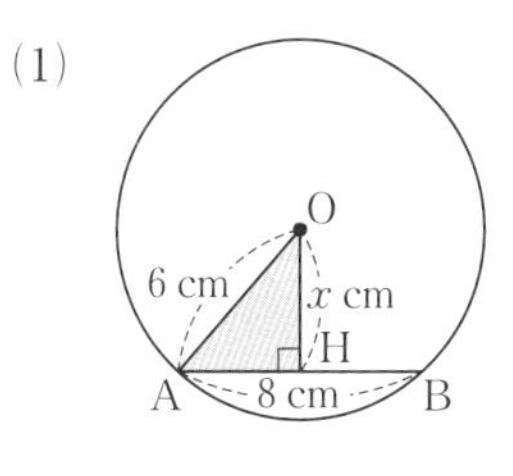

(2)

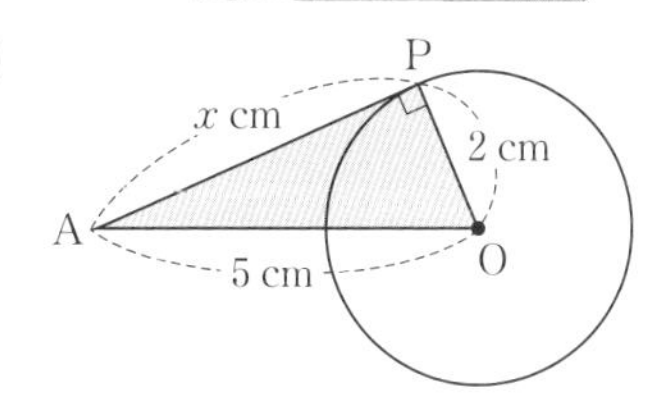

(1)では，△OAB が二等辺三角形だから，
AH = BH = 4 cm
だね！

5 座標平面上の 2 点間の距離　次の 2 点間の距離を求めなさい。

教 p.206 問9, 問10

(1)　右の図の 2 点 A，B 間の距離

(2)　2 点 A(5，−2)，B(1，3) 間の距離

(3)　2 点 A(−6，−4)，B(3，−1) 間の距離

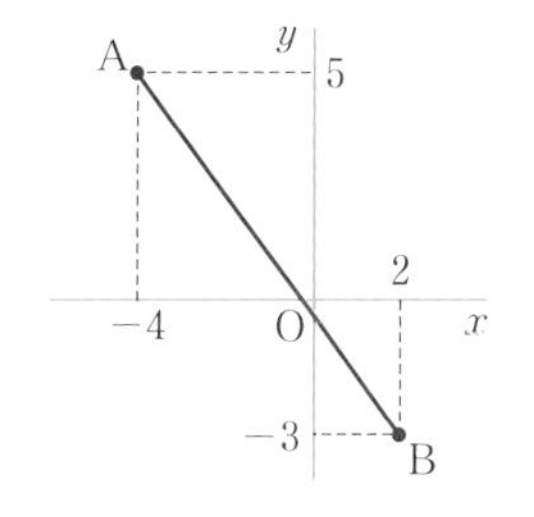

ここがポイント

$AB^2 = (x\text{ 座標の差})^2 + (y\text{ 座標の差})^2$
である。

左ページの例の答え　① $5\sqrt{2}$　② 48　③ $4\sqrt{3}$　④ $\sqrt{74}$

ステージ1

2 三平方の定理の利用
2 空間図形への利用

例1 直方体の対角線
教 p.207〜208 →基本問題 1 2

右の図のような直方体において，対角線 BH の長さを求めなさい。

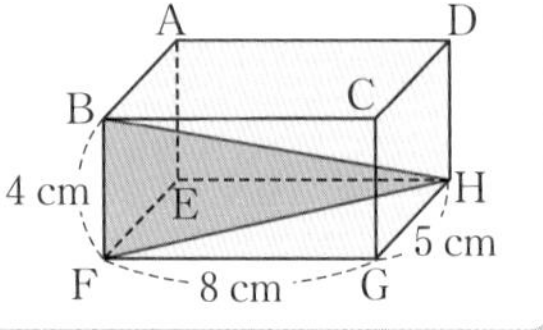

解き方 $FH^2=FG^2+GH^2=8^2+5^2=$ ① ←直角三角形 FGH

$BH^2=BF^2+FH^2=4^2+$ ① $=$ ② ←直角三角形 BFH

$BH>0$ であるから，$BH=$ ③ cm

覚えておこう 

縦，横，高さがそれぞれ a，b，c である直方体の対角線の長さは $\sqrt{a^2+b^2+c^2}$ で求められる。

ここがポイント

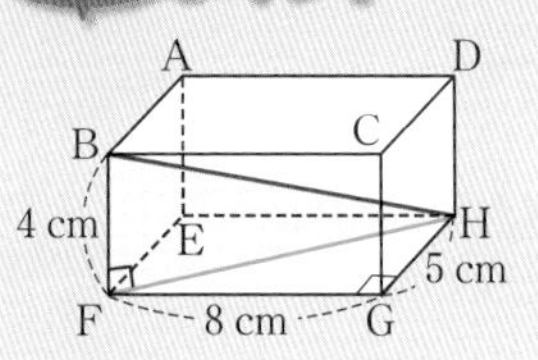

例2 正四角錐の体積
教 p.209 →基本問題 3

底面が1辺10 cmの正方形 ABCD で，他の辺が8 cm である正四角錐の体積を求めなさい。

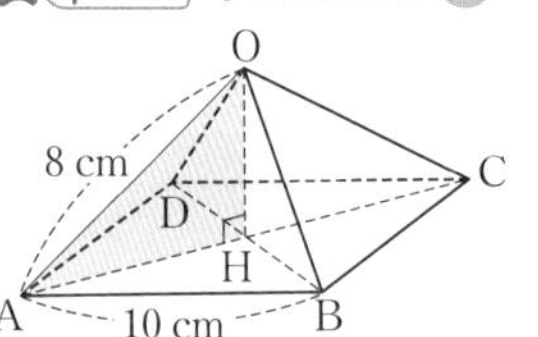

考え方 正四角錐の高さをふくむような直角三角形を見つける。

解き方 底面の正方形の対角線の交点を H とすると，△OAH は直角三角形だから，$AH^2+OH^2=8^2$

線分 AC は正方形 ABCD の対角線で，点 H は AC の中点だから，

AH＝ ④ cm

よって，(④)$^2+OH^2=8^2$ より，$OH^2=$ ⑤

$OH>0$ より $OH=$ ⑥

求める体積は $\frac{1}{3}\times10^2\times$ ⑥ ＝ ⑦ (cm³)

ここがポイント

角錐や円錐の高さは底面に垂直だから，高さを1辺としてふくむ直角三角形に注目して，三平方の定理を使う。

思い出そう

例2 の正方形 ABCD の対角線 AC の長さは，△ABC が直角二等辺三角形であることから，

$AB:AC=1:\sqrt{2}$ より

$AC=AB\times\sqrt{2}=10\sqrt{2}$

と求められる。

例3 立体の表面上の最短距離
教 p.210 →基本問題 4 5

右の図のような1辺が2 cmの立方体において，ひもを点 D から点 F まで，辺 CG 上の点 P で交わるようにかけます。このひもがもっとも短くなるときのひもの長さを求めなさい。

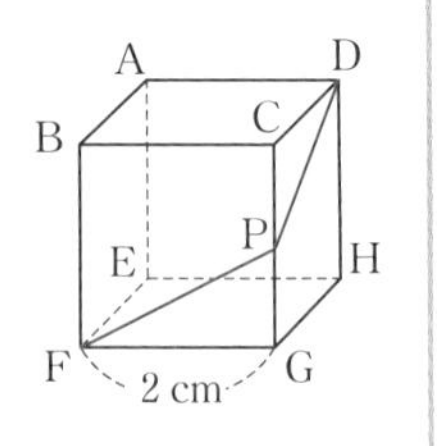

解き方 DP＋PF が最小になるのは，右の図のような展開図の一部において，3点 D，P，F が一直線上にあるときである。直角三角形 DFH において，$DF^2=DH^2+FH^2=$ ⑧

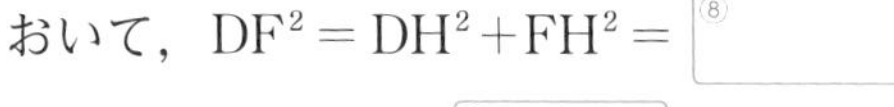

$DF>0$ より $DF=$ ⑨ cm

ここがポイント

立体の表面上の最短距離を求めるときは，展開図で考える。

例3 では，3点 D，P，F が一直線上にあるとき，DP＋PF は線分 DF の長さと等しくなり，最短となる。

基本問題

解答 p.36

1 直方体の対角線　右の図のような直方体において，線分 CE の長さを求めなさい。

教 p.208 問2

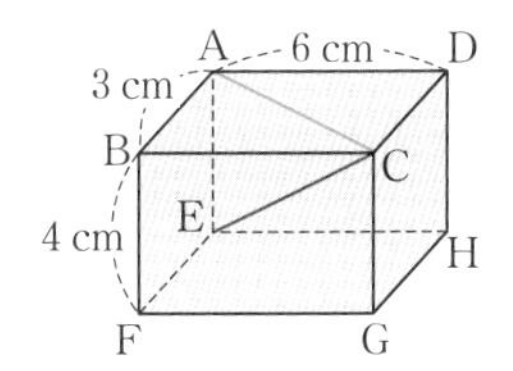

まず，直角三角形 ABC で，三平方の定理を使って線分 AC の長さを求めてから，直角三角形 ACE を考えればいいね。

2 立方体の対角線　右の図のような 1 辺が 6 cm の立方体において，線分 BH の長さを求めなさい。

教 p.208 問2

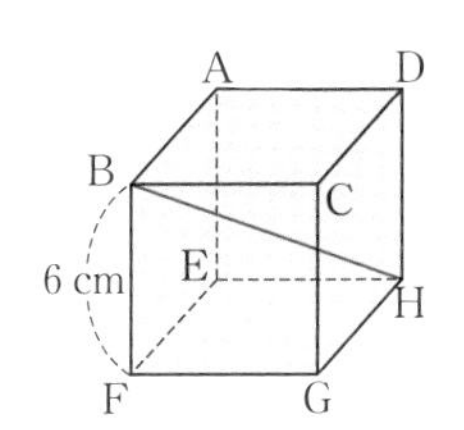

覚えておこう

1 辺の長さが a である立方体の対角線の長さは $a\sqrt{3}$ である。

3 正四角錐や円錐の体積　次の立体の体積を求めなさい。

教 p.209 問3

(1)　底面が 1 辺 4 cm の正方形 ABCD で，他の辺が 8 cm である正四角錐 OABCD

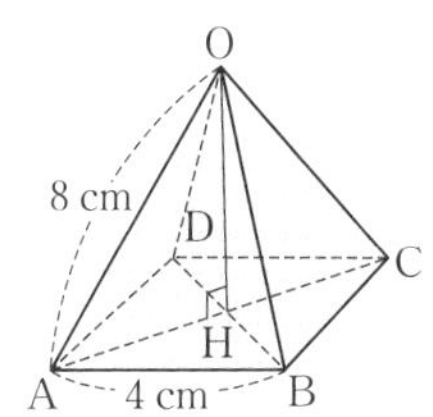

(2)　底面の半径が 3 cm で，母線の長さが 5 cm である円錐

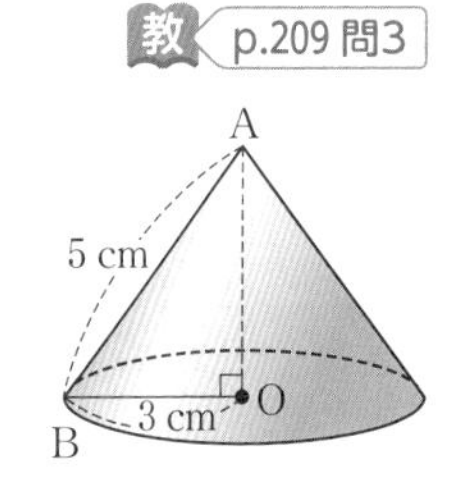

4 三角柱の表面上の最短距離　右の図のような三角柱において，ひもを点 A から点 F まで，辺 BE 上の点 P で交わるようにかけます。このひもがもっとも短くなるときのひもの長さを求めなさい。

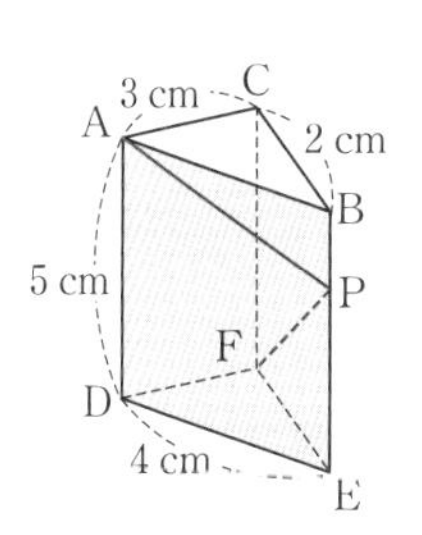

5 正四面体の表面上の最短距離　右の図のような 1 辺が 8 cm の正四面体があります。辺 BC の中点を M，辺 CD の中点を N とし，辺 AC 上に点 P をとり，線分 MP と PN の長さの和が最小となるようにします。このとき，線分 MP と PN の長さの和を求めなさい。

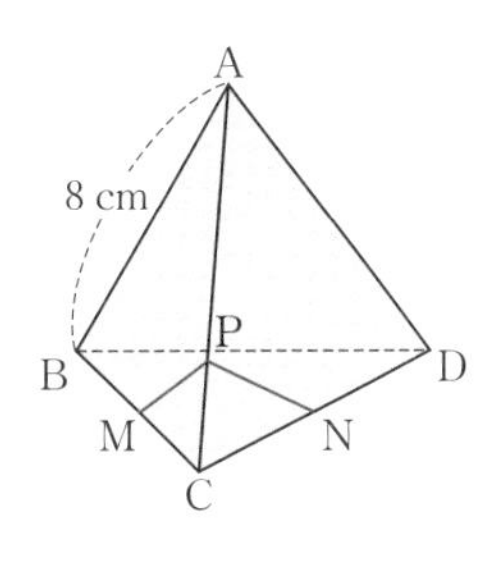

ここがポイント

展開図の一部で考える。

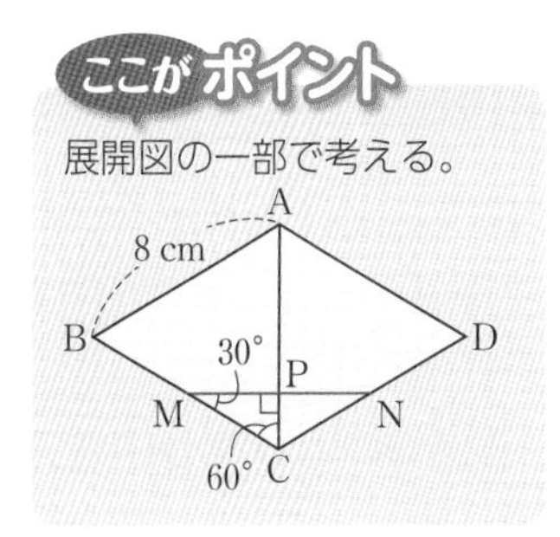

左ページの例の答え　① 89　② 105　③ $\sqrt{105}$　④ $5\sqrt{2}$　⑤ 14　⑥ $\sqrt{14}$　⑦ $\frac{100\sqrt{14}}{3}$　⑧ 20　⑨ $2\sqrt{5}$

7章

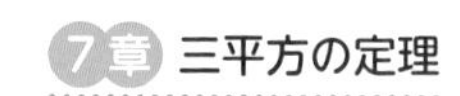

2 三平方の定理の利用

よく出る **1** 右の図のように1組の三角定規を重ねておくとき，重なった部分の面積を求めなさい。

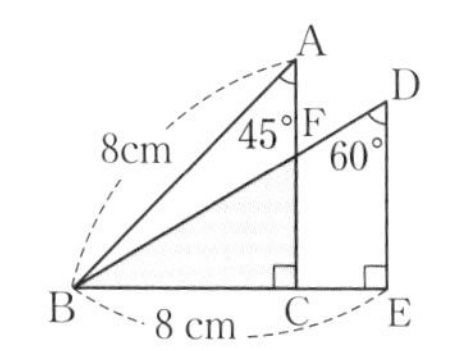

2 右の図のような△ABCで，頂点Aから辺BCの延長に垂線AHをひきます。

(1) AHの長さを求めなさい。

(2) 辺ABの長さを求めなさい。

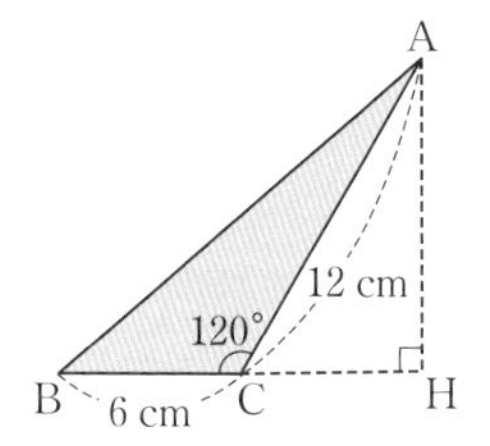

レベルUP **3** 右の図のように，関数 $y=x^2$ のグラフ上に2点A，Bがあり，x 座標はそれぞれ -1 と3です。

(1) 線分ABの長さを求めなさい。

(2) x 軸上の点Pについて，PA＝PBが成り立つとき，点Pの x 座標 p の値の求め方を説明しなさい。

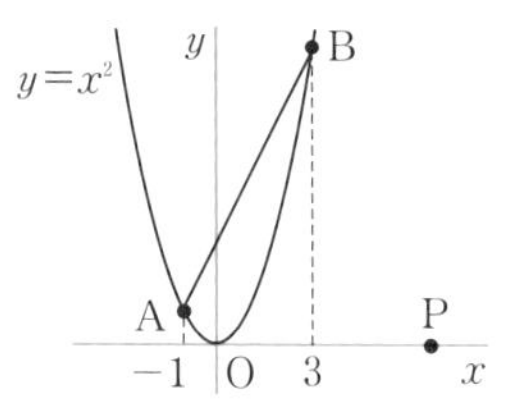

4 次の問いに答えなさい。

(1) 半径8 cmの円において，中心からの距離が4 cmである弦の長さを求めなさい。

(2) 中心からの距離が3 cmである弦の長さが12 cmのとき，この円の半径を求めなさい。

5 右の図のような底面が1辺4 cmの正方形，高さが6 cmの正四角柱で，辺BF，DHの中点をそれぞれM，Nとします。

(1) 線分MN，対角線AGの長さをそれぞれ求めなさい。

(2) 4点A，M，G，Nを結ぶとひし形ができます。このひし形の周の長さと面積を求めなさい。

(3) 線分BNの長さを求めなさい。

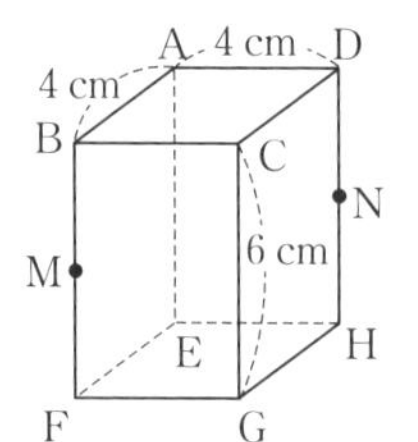

3 (2) $P(p,\ 0)$ で，PA^2 と PB^2 を p の式で表し，$PA^2=PB^2$ から p の方程式をつくる。

5 (2) ひし形の面積は，2つの対角線の長さの積の $\frac{1}{2}$ になる。

6 円錐の展開図において，側面になる半円の半径が 12 cm であるとき，この円錐の体積を求めなさい。

7 右の図のような直方体において，ひもを点 B から点 E まで，辺 CG 上の点 P と辺 DH 上の点 Q で交わるようにかけます。このひもがもっとも短くなるときのひもの長さを求めなさい。

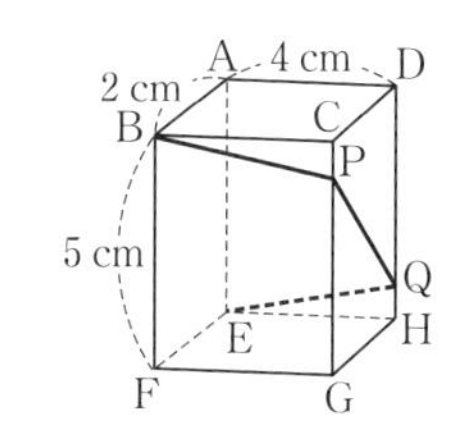

8 AB = 8 cm，BC = 10 cm である長方形 ABCD の紙があります。この紙を，右の図のように，BQ を折り目として，頂点 C が辺 AD 上の点 P に重なるように折りました。

(1) 線分 AP の長さを求めなさい。

(2) 線分 DQ の長さを求めなさい。

入試問題をやってみよう！

1 右の図のように，長さが 6 cm の線分 AB を直径とする円を底面とし，母線の長さが 6 cm の円錐（すい） P があります。この円錐 P の側面に，点 A から点 B まで，ひもをゆるまないようにかけます。〔三重〕

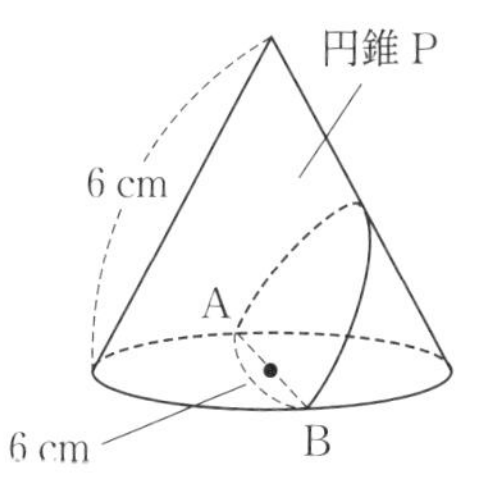

(1) 円錐 P の体積を求めなさい。

(2) 円錐 P の側面積を求めなさい。

(3) かけたひもの長さがもっとも短くなるときのひもの長さを求めなさい。

6 円錐の底面の半径は，底面の円周が側面になる半円の弧の長さに等しいことから求める。

1 (3) かけたひもの長さは展開図で考える。円錐の展開図では，側面はおうぎ形になる。

解答 p.39

三平方の定理

40分　　/100

1 次の図において，x の値を求めなさい。　5点×2（10点）

(1)

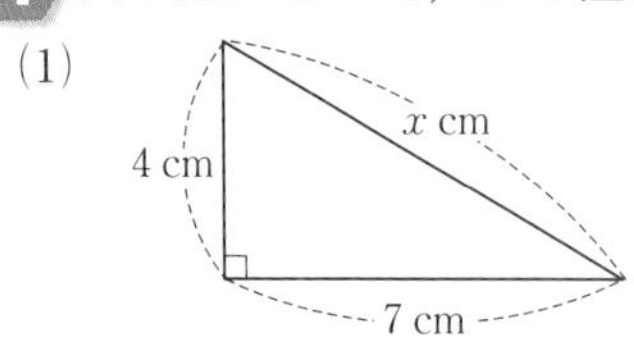

(2)

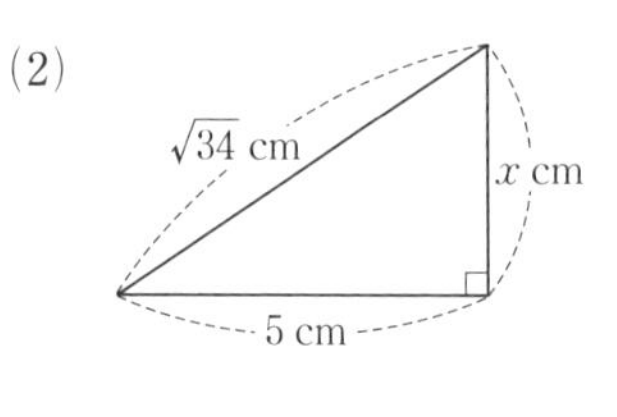

よく出る **2** 次の図において，x の値を求めなさい。　5点×2（10点）

(1)

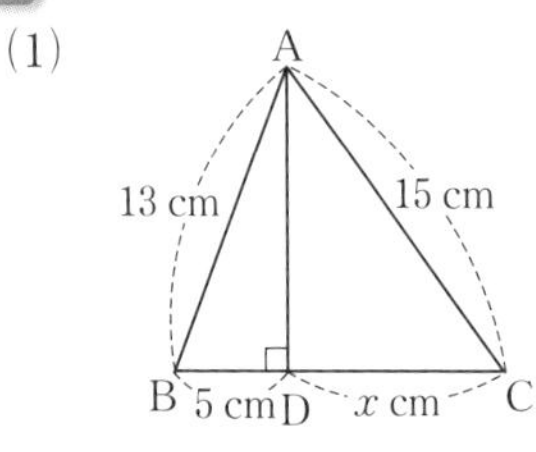

(2)

3 3辺の長さが，次のような三角形があります。この中から，直角三角形をすべて選び，記号で答えなさい。　（5点）

㋐ 6 cm，7 cm，9 cm　㋑ 24 cm，25 cm，7 cm　㋒ 2.4 cm，1.8 cm，3 cm

㋓ $\frac{1}{3}$ cm，$\frac{1}{4}$ cm，$\frac{1}{5}$ cm　㋔ $\sqrt{15}$ cm，2 cm，$\sqrt{11}$ cm

4 次の図において，x の値を求めなさい。　5点×3（15点）

(1)

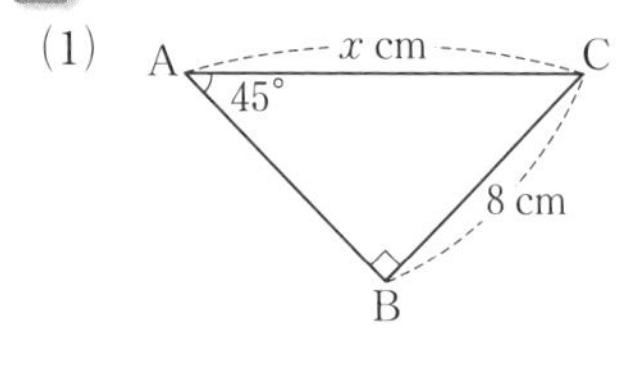

(2)

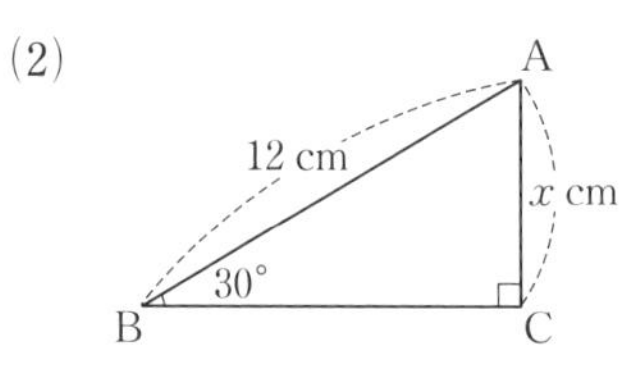

(3)

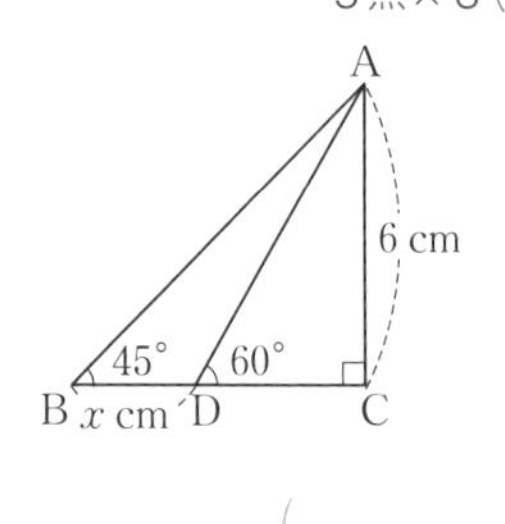

5 次の問いに答えなさい。　5点×3（15点）

(1) 対角線の長さが 8 cm の正方形の1辺の長さを求めなさい。

(2) 1辺が 10 cm の正三角形の面積を求めなさい。

(3) 右の図のような二等辺三角形 ABC の面積を求めなさい。

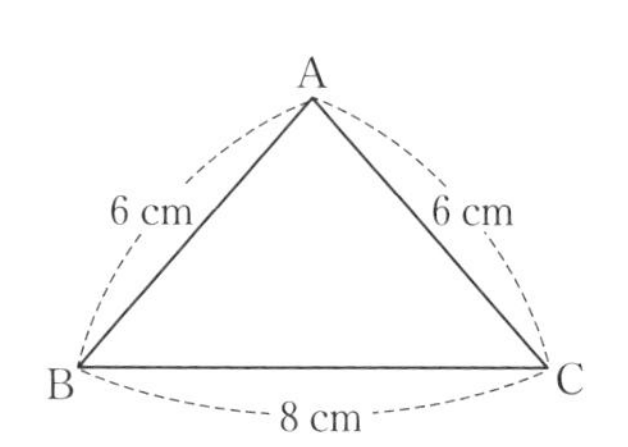

目標　三平方の定理を理解し，いろいろな場面で，必要な直角三角形を見つけ出し，定理が使えるようになろう。

自分の得点まで色をぬろう!

がんばろう!　もう一歩　合格!

0　60　80　100点

6 3点 A(−2，4)，B(−1，−3)，C(2，1) があります。　5点×2(10点)

(1)　線分 AB の長さを求めなさい。

(　　　　　)

(2)　3点を頂点とする △ABC はどのような形の三角形であるか答えなさい。

(　　　　　)

7 次の問いに答えなさい。　5点×2(10点)

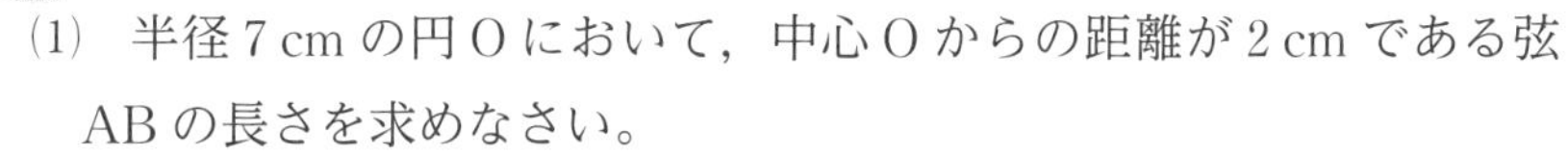

(1)　半径 7 cm の円 O において，中心 O からの距離が 2 cm である弦 AB の長さを求めなさい。

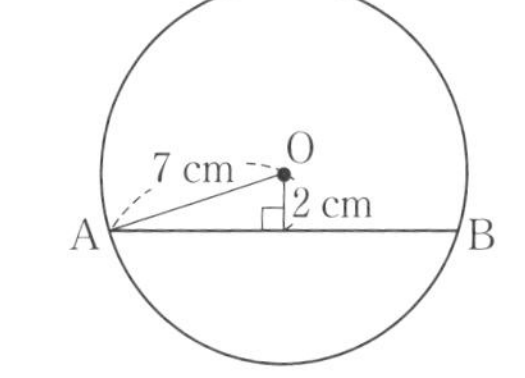

(　　　　　)

(2)　縦 8 cm，横 10 cm，高さ 4 cm である直方体の対角線の長さを求めなさい。

(　　　　　)

8 底面の半径が 3 cm で，母線の長さが 9 cm である円錐があります。　5点×2(10点)

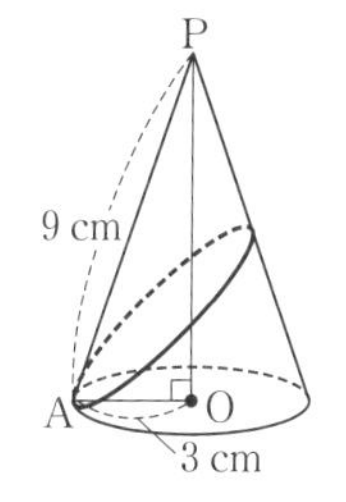

(1)　この円錐の体積を求めなさい。

(　　　　　)

(2)　この円錐において，糸を点 A から A まで側面を1周してもどるようにかけます。この糸がもっとも短くなるときの糸の長さを求めなさい。

(　　　　　)

9 右の図のように，縦 12 cm，横 18 cm の長方形 ABCD の紙を，対角線 BD を折り目として折ります。このとき，重なった部分 △FBD の面積を求めなさい。　(7点)

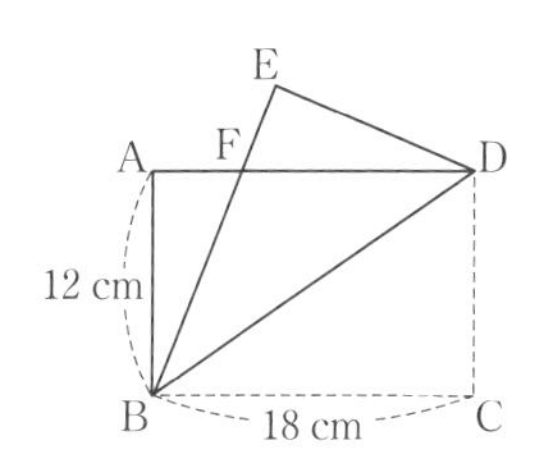

(　　　　　)

10 直角三角形のそれぞれの辺を直径とする半円を，右の図のようにかきます。このとき，半円の面積 P，Q，R について，成り立つ関係式を答えなさい。　(8点)

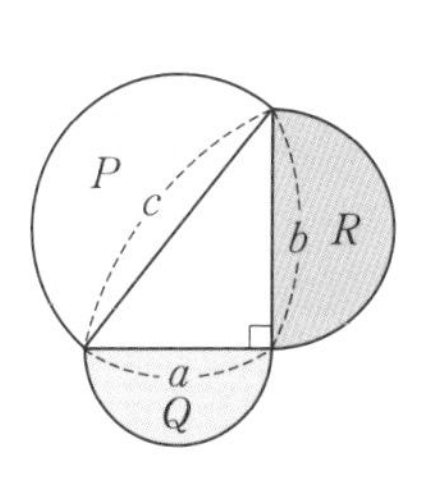

(　　　　　)

7章

1 母集団と標本
1 母集団と標本　2 標本調査の利用

例1 全数調査と標本調査

教 p.218〜220 →基本問題 1

次の調査は，全数調査と標本調査のどちらが適当であるか答えなさい。

(1) 学校で行う視力検査　　(2) 缶詰の品質検査

考え方 すべてのものについて行う調査が全数調査で，集団の一部を調べ，その結果から集団の状況を推定する調査が標本調査である。

解き方 (1) 視力検査は全員に対して行うから，［①　　］。

(2) 品質検査は，対象とする一部を調べるから，［②　　］。

例2 標本調査の利用

教 p.227〜229 →基本問題 2 3 4

袋の中に，大きさが等しい白い碁石と黒い碁石が合わせて400個入っています。そこから無作為に24個の碁石を取り出したところ，白い碁石が9個，黒い碁石が15個でした。

(1) この調査の母集団，標本はそれぞれ何ですか。

(2) この袋の中にある白い碁石の総数を推定しなさい。

考え方 (2) 無作為に抽出したから，取り出した碁石の中の白い碁石の割合と，全体の碁石の中の白い碁石の割合は，およそ等しいと考えることができる。

解き方 (1) 母集団は調査対象全体だから，袋の中の［③　　］個の碁石である。また，標本は実際に調査したものの集まりだから，［④　　］個の碁石である。

(2) 無作為に抽出した［⑤　　］個の碁石の中にふくまれる白い碁石は［⑥　　］個だから，取り出した碁石の個数に対する白い碁石の個数の割合は

$\frac{⑥}{⑤}$ ＝［⑦　　］ →母集団においても同様と推定する。

よって，袋の中の白い碁石の総数は

400×［⑦　　］＝［⑧　　］より，およそ［⑧　　］個と考えられる。

たいせつ

全数調査…対象とする集団にふくまれるすべてのものについて行う調査

標本調査…対象とする集団の一部を調べ，その結果から集団の状況を推定する調査

母集団…標本調査における調査対象全体

標本…調査のために母集団から取り出されたものの集まり

抽出…母集団から標本を取り出すこと

母集団の大きさ…母集団にふくまれるものの個数

標本の大きさ…標本にふくまれるものの個数

無作為に抽出する…かたよりなく標本を抽出すること

標本平均と母集団の平均値

標本調査では，標本の大きさが大きいほど，その状況が母集団に近くなる傾向があるので，標本の大きさをできるだけ大きくすると，よりよい精度で母集団の状況を推定できる。

抽出した24個の碁石における白と黒の比率は，母集団(400個)での比率と同じと考えていいよ。

基本問題

解答 p.40

1 全数調査と標本調査 次の調査は，全数調査と標本調査のどちらが適当であるか答えなさい。 教 p.219 問1

(1) 電池の寿命(じゅみょう)の検査　(2) 入学希望者に行う学力検査

(3) マスコミが行う支持政党の調査

2 標本調査の利用 ある工場で作った製品の中から800個の製品を無作為に抽出して調べたら，その中の2個が不良品でした。 教 p.227 問1

(1) この調査の母集団，標本はそれぞれ何ですか。また，標本の大きさをいいなさい。

(2) この工場で作った10万個の製品の中には，およそ何個の不良品がふくまれているか推定しなさい。

3 標本調査の利用 袋の中に，大きさが等しい白い碁石と黒い碁石が合わせて360個入っています。そこから無作為にひとつかみの碁石を取り出して数えたところ，白い碁石が14個，黒い碁石が7個でした。このとき，袋の中にある黒い碁石の個数を推定しなさい。 教 p.227 問1

4 標本調査の利用 鯉(こい)がたくさんいる池があります。この池にいる鯉の数を調べるために，次のような方法をとりました。

[1] 池から150ぴきの鯉をとらえ，印をつけてから池にもどす。

[2] 1週間後，再び池から200ぴきの鯉をとらえると，その中に印のついた鯉が16ぴきいました。 教 p.229 問2，問3

(1) [2]で，再び池から鯉をとらえるのに1週間の間をあけたわけを説明しなさい。

(2) 池にいる鯉の総数を推定し，十の位の数を四捨五入して答えなさい。

全数調査と標本調査

全数調査を行うと多くの手間や時間・費用などがかかる場合や，工場の製品の良否を調べるのに製品をこわすおそれがある場合などには，標本調査が行われる。

ここがポイント

(2) 標本800個の中の不良品の割合は

$\frac{2}{800}=\frac{1}{400}$

これを母集団における製品の中の不良品の割合と考える。

知ってると得

割合を分数で表すだけではなく，比例式を使って，問題を解くこともできる。たとえば，3では，袋の中の黒石の個数をx個とすると，

$x:360=7:(14+7)$

ここがポイント

標本…200ぴき

200ぴきのうち16ぴきに印がついていた。

母集団…xひき

印がついている鯉は150ぴき

標本と母集団での，全体の鯉に対する印のついた鯉の数の割合は等しいと考えて，

$150:x=16:200$

8章

左ページの例の答え　①全数調査　②標本調査　③400　④24　⑤24　⑥9　⑦$\frac{3}{8}$　⑧150

解答 p.41

1 母集団と標本

1 次の □ にあてはまることばを答えなさい。

ある集団の傾向を知りたいとき，① □ に抽出した集団の一部分を調べ，その結果から集団の傾向を推測する調査を ② □ といい，調査対象全体を ③ □，その集団の一部分として取り出されたものの集まりを ④ □ という。また，標本にふくまれるものの個数を ⑤ □ という。

2 次の文章で，正しいものには○，そうでないものには×を答えなさい。

(1) 標本調査では，標本が母集団の傾向をよく表すように，標本をかたよりがないように選び出す必要がある。

(2) 母集団から標本を選ぶとき，どのように標本を選んでも，正しい推測が得られる。

(3) 200 人を選んで世論調査をするのに，調査員が適当に自分の気に入った 200 人を選んで調査した。

(4) 標本を無作為に選べば，母集団の割合と標本の割合にちがいは全くない。

3 ある市の選挙の世論調査で，男性の有権者の中から無作為に 1000 人を選んで調査を行いました。この調査で，有権者全体のおおよその傾向を推測することができますか。理由をつけて答えなさい。

4 ある中学校の生徒 256 人の中から無作為に 30 人を選んで，メガネをかけている生徒の人数を調べました。メガネをかけているのが 11 人であったとき，この中学校の生徒全体でメガネをかけている生徒の人数を推定し，一の位の数を四捨五入して答えなさい。

よく出る **5** 箱の中に，大きさが等しい白玉と赤玉が合わせて 600 個入っています。そこから無作為にひとすくいの玉を取り出したところ，白玉が 10 個，赤玉が 14 個ありました。このとき，箱の中にある白玉の個数を推定しなさい。

4 標本の中でメガネをかけている生徒の割合は $\frac{11}{30}$

5 標本の大きさは (10＋14＝)24 個だから，標本の中の白玉の割合は $\frac{10}{24}$

6 大豆(だいず)と，大豆と同じ大きさの黒豆が入っている袋があります。そこから，無作為にひとつかみの豆を取り出して数えたところ，大豆が 18 粒(つぶ)，黒豆が 12 粒ありました。

(1) 袋の中に入っていた豆の数が合わせて 800 粒であるとき，袋の中の黒豆の数を推定しなさい。

(2) 袋の中に入っている黒豆の数が 200 粒とわかっているとき，袋の中の大豆の数を推定しなさい。

7 袋の中に入っている小豆(あずき)の数を推定するために，まず 100 粒の小豆を取り出して印をつけ，それを袋の中にもどすということを行いました。次に，そこから無作為にひとつかみの小豆を取り出したところ，162 粒の中に印のついた小豆が 8 粒ありました。このとき，袋の中の小豆の総数を推定し，十の位の数を四捨五入して答えなさい。

8 大きな水そうに赤い金魚がたくさん入っています。この金魚の数を推定するために，黒い金魚を 50 ぴき入れて 1 日おきました。その後，あみですくってその中に入っている金魚の数を調べたところ，赤い金魚が 34 ひき，黒い金魚が 3 びきいました。このとき，水そうの中の赤い金魚の総数を推定し，十の位の数を四捨五入して答えなさい。

9 1400 ページの辞書があります。この辞書の中にのっている見出し語の総数を調べるために，無作為に 10 ページを選び，選んだページにのっている見出し語の数を調べると，次のようになりました。　27，16，29，18，21，42，23，15，30，22

(1) この辞書の 1 ページあたりの見出し語の数の平均値を求めなさい。

(2) この辞書 1 冊の見出し語の総数を推定し，百の位の数を四捨五入して答えなさい。

入試問題をやってみよう！

1 空き缶を 4800 個回収したところ，アルミ缶とスチール缶が混在していました。この中から 120 個の空き缶を無作為に抽出したところ，アルミ缶が 75 個ふくまれていました。回収した空き缶のうち，アルミ缶はおよそ何個ふくまれていると考えられますか。　〔長崎〕

9 (2) 選んだ 10 ページ(標本)の見出し語の数の平均値が，辞書の全ページ(母集団)の平均値にほぼ等しいと考える。

解答 p.41

標本調査

20分 /100

1 次の調査の中で，標本調査が適当なものをすべて選び，記号で答えなさい。 （16点）

㋐ テレビの視聴率調査　　㋑ 海水浴場の水質調査

㋒ 学校で行う体力測定　　㋓ 米の作柄調査

（　　　　　）

2 ある工場で作った6万個の製品の中から，無作為に300個の製品を抽出して調べたところ，その中の5個が不良品でした。この工場で作った6万個の製品の中にふくまれる不良品の個数を推定しなさい。 （16点）

（　　　　　）

3 袋の中に，大きさが等しい白い碁石と黒い碁石が合わせて200個入っています。そこから無作為にひとつかみの石を取り出したところ，白い碁石が6個，黒い碁石が18個ありました。このとき，袋の中にある白い碁石の個数を推定しなさい。 （16点）

（　　　　　）

4 袋の中に大豆がたくさん入っています。この袋の中の大豆の数を推定するために，袋の中から80粒の大豆を取り出して印をつけ袋にもどすということを行いました。次に，そこから無作為にひとつかみの大豆を取り出したところ，印のついた大豆が6粒，印のついていない大豆が19粒ありました。このとき，袋の中の大豆の総数を推定し，十の位の数を四捨五入して答えなさい。 （16点）

（　　　　　）

5 袋の中に赤玉だけがたくさん入っています。その数を推定するために，赤玉と大きさが等しい白玉100個を赤玉の入っている袋の中に入れ，そこから無作為に40個の玉を取り出したところ，白玉が5個ふくまれていました。このとき，袋の中の赤玉の個数を推定しなさい。 （16点）

（　　　　　）

6 1200ページの辞典があります。この辞典の中にのっている見出し語の総数を調べるために，無作為に8ページを選び，選んだページにのっている見出し語の数を調べると，次のようになりました。　26，18，35，27，19，23，31，29 　10点×2（20点）

(1) この辞典の1ページあたりの見出し語の数の平均値を求めなさい。

（　　　　　）

(2) この辞典1冊の見出し語の総数を推定し，百の位の数を四捨五入して答えなさい。

（　　　　　）

定期テスト対策

得点アップ！予想問題

1 この「**予想問題**」で実力を確かめよう！

2 「**解答と解説**」で答え合わせをしよう！

3 わからなかった問題は戻って復習しよう！

この本での学習ページ

スキマ時間でポイントを確認！
別冊「**スピードチェック**」も使おう

●予想問題の構成

解答 p.42

第1回 予想問題　1章　式の計算

/100

1 次の計算をしなさい。
3点×4（12点）

(1) $3x(x-5y)$

(2) $(4a^2b+6ab^2-2a)\div 2a$

(3) $(6xy-3y^2)\div\left(-\dfrac{3}{5}y\right)$

(4) $4a(a+2)-a(5a-1)$

(1)		(2)		(3)		(4)	

2 次の式を展開しなさい。
3点×10（30点）

(1) $(2x+3)(x-1)$

(2) $(a-4)(a+2b-3)$

(3) $(x-2)(x-7)$

(4) $(x+4)(x-3)$

(5) $\left(y+\dfrac{1}{2}\right)^2$

(6) $(3x-2y)^2$

(7) $(5x+9)(5x-9)$

(8) $(4x-3)(4x+5)$

(9) $(a+2b-5)^2$

(10) $(x+y-4)(x-y+4)$

(1)		(2)			
(3)		(4)		(5)	
(6)		(7)		(8)	
(9)		(10)			

3 次の計算をしなさい。
3点×2（6点）

(1) $2x(x-3)-(x+2)(x-8)$

(2) $(a-2)^2-(a+4)(a-4)$

(1)		(2)	

4 次の式を因数分解しなさい。
3点×2（6点）

(1) $4xy-2y$

(2) $5a^2-10ab+15a$

(1)		(2)	

5 次の式を因数分解しなさい。 3点×4（12点）

(1) $x^2-7x+10$　　(2) x^2-x-12

(3) $m^2+8m+16$　　(4) y^2-36

(1)		(2)	
(3)		(4)	

6 次の式を因数分解しなさい。 3点×6（18点）

(1) $6x^2-12x-48$　　(2) $8a^2b-2b$

(3) $4x^2+20xy+25y^2$　　(4) $(a+b)^2-16(a+b)+64$

(5) $(x-3)^2-7(x-3)+6$　　(6) x^2-y^2-2y-1

(1)		(2)		(3)	
(4)		(5)		(6)	

7 くふうして，次の計算をしなさい。 3点×2（6点）

(1) 49^2　　(2) $7\times29^2-7\times21^2$

(1)		(2)	

8 連続する3つの整数について，もっとも大きい数の2乗からもっとも小さい数の2乗をひいたときの差は，中央の数の4倍になります。このことを証明しなさい。 （4点）

9 連続する2つの奇数の2乗の和を8でわったときの余りを求めなさい。 （3点）

10 右の図のように，同じ点を中心とする2つの円があり，半径の差は10 cmとします。小さい方の円の半径をa cmとするとき，2つの円にはさまれた部分の面積を求めなさい。 （3点）

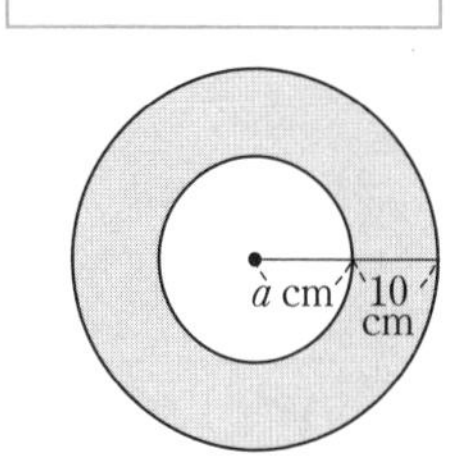

解答 p.42

第2回 予想問題 2章 平方根

40分 /100

1 次の数を根号を使わずに表しなさい。 2点×4（8点）

(1) 49 の平方根　(2) $\sqrt{169}$

(3) $\sqrt{(-9)^2}$　(4) $(-\sqrt{19})^2$

(1)	(2)	(3)	(4)

2 次の各組の数の大小を，不等号を使って表しなさい。 2点×3（6点）

(1) 6，$\sqrt{30}$　(2) -3，-4，$-\sqrt{10}$　(3) $3\sqrt{2}$，$\sqrt{15}$，4

(1)	(2)	(3)

3 $\sqrt{1}$，$\sqrt{4}$，$\sqrt{9}$，$\sqrt{15}$，$\sqrt{25}$，$\sqrt{50}$ の中から，無理数をすべて選びなさい。 （2点）

4 次の数を，(1)は $a\sqrt{b}$ の形に，(2)は $\dfrac{\sqrt{b}}{a}$ の形に変形しなさい。 2点×2（4点）

(1) $\sqrt{175}$　(2) $\sqrt{\dfrac{7}{64}}$

(1)	(2)

5 次の数の分母を有理化しなさい。 2点×2（4点）

(1) $\dfrac{2}{\sqrt{6}}$　(2) $\dfrac{5\sqrt{3}}{\sqrt{15}}$

(1)	(2)

6 $\sqrt{6}=2.449$ とするとき，次の値を求めなさい。 2点×2（4点）

(1) $\sqrt{60000}$　(2) $\sqrt{0.06}$

(1)	(2)

7 次の計算をしなさい。 3点×4（12点）

(1) $\sqrt{8}\times\sqrt{10}$　(2) $\sqrt{75}\times2\sqrt{3}$

(3) $8\div\sqrt{12}$　(4) $3\sqrt{6}\div(-\sqrt{10})\times\sqrt{5}$

(1)	(2)	(3)	(4)

8 次の計算をしなさい。 3点×6(18点)

(1) $2\sqrt{6}-3\sqrt{6}$

(2) $4\sqrt{5}+\sqrt{3}-3\sqrt{5}+6\sqrt{3}$

(3) $\sqrt{98}-\sqrt{50}+\sqrt{2}$

(4) $\sqrt{63}+3\sqrt{28}$

(5) $\sqrt{48}-\dfrac{3}{\sqrt{3}}$

(6) $\dfrac{18}{\sqrt{6}}-\dfrac{\sqrt{24}}{4}$

(1)		(2)		(3)	
(4)		(5)		(6)	

9 次の計算をしなさい。 3点×6(18点)

(1) $\sqrt{3}(3\sqrt{3}+\sqrt{6})$

(2) $(\sqrt{7}+3)(\sqrt{7}-2)$

(3) $(\sqrt{6}-\sqrt{15})^2$

(4) $\dfrac{10}{\sqrt{2}}-2\sqrt{7}\times\sqrt{14}$

(5) $(2\sqrt{3}+1)^2-\sqrt{48}$

(6) $\sqrt{5}(\sqrt{45}-\sqrt{15})-(\sqrt{5}-\sqrt{3})(\sqrt{5}+\sqrt{3})$

(1)		(2)		(3)	
(4)		(5)		(6)	

10 次の式の値を求めなさい。 4点×2(8点)

(1) $x=1-\sqrt{3}$ のとき，x^2-2x+5 の値

(2) $a=\sqrt{5}+\sqrt{2}$，$b=\sqrt{5}-\sqrt{2}$ のとき，a^2-b^2 の値

(1)	
(2)	

11 次の問いに答えなさい。 4点×2(8点)

(1) $4<\sqrt{n}<5$ を満たす自然数 n はいくつあるか答えなさい。

(2) $\sqrt{5}$ の小数部分を a とするとき，$a(a+2)$ の値を求めなさい。

(1)	
(2)	

12 2地点間の距離(きょり)の測定値 5780 m が，10 m 未満を四捨五入した近似値であるとします。

(1) 真の値を a m とするとき，a の値の範囲を，不等号を使って表しなさい。 4点×2(8点)

(2) この近似値を，整数の部分が1けたの数と，10の累乗との積の形で表しなさい。

(1)		(2)	

解答 p.43

第3回 予想問題　3章　2次方程式

40分　/100

1 次の問いに答えなさい。

3点×2（6点）

(1) 次の方程式のうち，2次方程式を選び，記号で答えなさい。

㋐ $3(x+2)=4x-5$　　㋑ $(x+2)(x-5)=x^2-3$　　㋒ $x(x-4)=2x^2-x$

(2) 右の□にあてはまる数を答えなさい。　$x^2-12x+\boxed{①}=\left(x-\boxed{②}\right)^2$

(1)		(2)	①	②

2 次の方程式を解きなさい。

3点×10（30点）

(1) $x^2-81=0$　　(2) $25x^2=6$

(3) $(x-4)^2=36$　　(4) $3x^2+5x-4=0$

(5) $x^2-8x+3=0$　　(6) $2x^2-3x+1=0$

(7) $(x+4)(x-5)=0$　　(8) $x^2-15x+14=0$

(9) $x^2+10x+25=0$　　(10) $x^2-12x=0$

(1)		(2)		(3)	
(4)		(5)		(6)	
(7)		(8)		(9)	
(10)					

3 次の方程式を解きなさい。

4点×6（24点）

(1) $x^2+6x=16$　　(2) $4x^2+6x-8=0$

(3) $\dfrac{1}{2}x^2=4x-8$　　(4) $x^2-4(x+2)=0$

(5) $(x-2)(x+4)=7$　　(6) $(x+3)^2=5(x+3)$

(1)		(2)		(3)	
(4)		(5)		(6)	

4 次の問いに答えなさい。　5点×2（10点）

(1) x の2次方程式 $x^2+ax+b=0$ の解が3と5のとき，a と b の値をそれぞれ求めなさい。

(2) x の2次方程式 $x^2+x-12=0$ の小さい方の解が2次方程式 $x^2+ax-24=0$ の解の1つになっています。このとき，a の値を求めなさい。

(1)	a　　　　　　b	(2)	

5 連続する2つの整数があります。それぞれの整数を2乗して，それらの和を計算したら85になりました。小さい方の整数を x として方程式をつくり，連続する2つの整数を求めなさい。　3点×2（6点）

方程式	
答え	

6 横の長さが縦の長さの2倍の長方形の紙があります。この紙の四すみから1辺が2cmの正方形を切り取って折り曲げ，ふたのない箱を作りました。箱の容積が192cm³であるとき，もとの長方形の紙の縦の長さを求めなさい。　（6点）

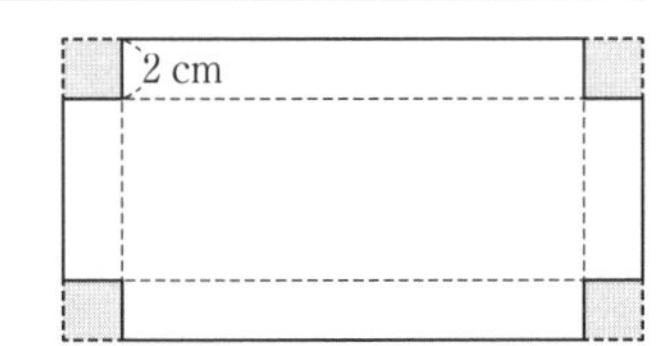

7 縦30m，横40mの長方形の土地があります。右の図のように，この土地の中央を畑にしてまわりに同じ幅の道をつくり，畑の面積が土地の面積の半分になるようにします。道の幅は何mにすればよいか求めなさい。　（6点）

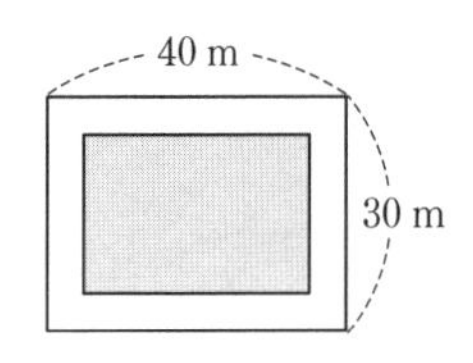

8 右の図のような1辺が8cmの正方形ABCDがあります。点Pは点Bを出発して辺BA上を点Aまで動きます。また，点Qは点Pと同時に点Cを出発して辺BC上を点Pと同じ速さで点Bまで動きます。点Pが点Bから何cm動いたとき，△PBQの面積は3cm²になるか求めなさい。　（6点）

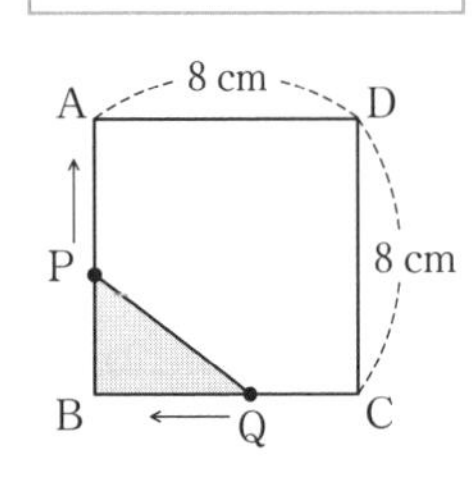

9 右の図で，点Pは $y=x+3$ のグラフ上の点で，その x 座標は正です。また，点Aは x 軸上の点で，Aの x 座標はPの x 座標の2倍になっています。△OPAの面積が28cm²になるとき，点Pの座標を求めなさい。ただし，座標の1めもりは1cmとします。　（6点）

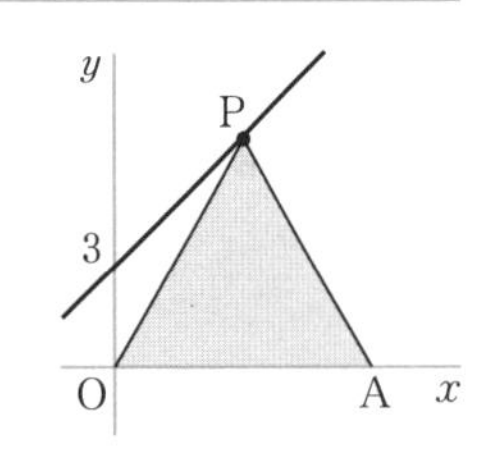

解答 p.44

第4回 予想問題　4章　関数 $y=ax^2$

40分　/100

1 y は x の2乗に比例し，$x=2$ のとき $y=-8$ です。　4点×3（12点）

(1) y を x の式で表しなさい。

(2) $x=-3$ のときの y の値を求めなさい。

(3) $y=-50$ となる x の値を求めなさい。

(1)		(2)		(3)	

2 次の関数のグラフを右の図にかきなさい。　4点×2（8点）

(1) $y=-\dfrac{1}{2}x^2$　　(2) $y=\dfrac{1}{4}x^2$

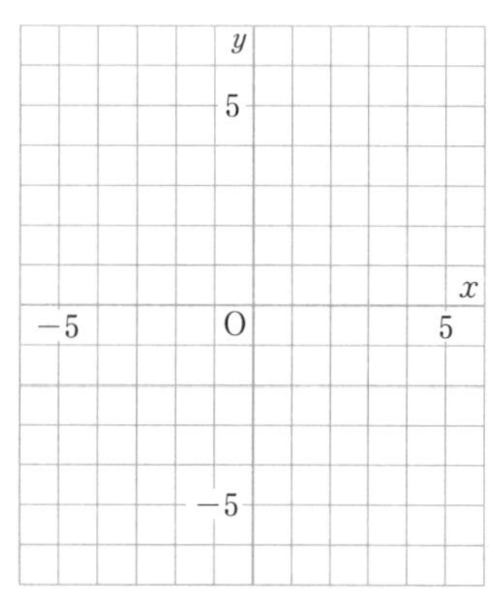

3 次の㋐～㋕の関数の中から，下の(1)～(4)にあてはまるものを選び，記号で答えなさい。　2点×4（8点）

㋐ $y=x^2$　　㋑ $y=-2x^2$　　㋒ $y=5x^2$

㋓ $y=\dfrac{1}{2}x^2$　　㋔ $y=-\dfrac{1}{2}x^2$　　㋕ $y=-3x^2$

(1) グラフが下に開いているもの

(2) グラフの開き方がいちばん小さいもの

(3) $x>0$ の範囲で，x の値が増加すると，y の値も増加するもの

(4) グラフが $y=2x^2$ のグラフと x 軸について対称であるもの

(1)		(2)		(3)		(4)	

4 次の関数について，x の変域が $-3 \leqq x \leqq 1$ のときの y の変域を求めなさい。　4点×3（12点）

(1) $y=2x+4$　　(2) $y=3x^2$　　(3) $y=-2x^2$

(1)		(2)		(3)	

5 次の関数について，x の値が -4 から -2 まで増加するときの変化の割合を求めなさい。　4点×3（12点）

(1) $y=-2x+3$　　(2) $y=2x^2$　　(3) $y=-x^2$

(1)		(2)		(3)	

6 次の問いに答えなさい。　　4点×6（24点）

(1) 関数 $y=ax^2$ について，x の変域が $-1\leqq x\leqq 2$ であるときの y の変域は $-4\leqq y\leqq 0$ です。このとき，a の値を求めなさい。

(2) 関数 $y=2x^2$ について，x の変域が $-2\leqq x\leqq a$ であるときの y の変域は $b\leqq y\leqq 18$ です。このとき，a，b の値を求めなさい。

(3) 関数 $y=ax^2$ について，x の値が 1 から 3 まで増加するときの変化の割合が 12 です。a の値を求めなさい。

(4) 関数 $y=ax^2$ と $y=-4x+2$ は，x の値が 2 から 6 まで増加するときの変化の割合が等しくなります。a の値を求めなさい。

(5) 関数 $y=ax^2$ のグラフと $y=-2x+3$ のグラフの交点を A とします。A の x 座標が 3 のとき，a の値を求めなさい。

(1)		(2)	a	b	(3)	
(4)		(5)				

7 右の図のような縦 10 cm，横 20 cm の長方形 ABCD があります。点 P は点 B を出発して，辺 BA 上を点 A まで動きます。また，点 Q は点 P と同時に点 B を出発して，辺 BC 上を点 P の 2 倍の速さで点 C まで動きます。BP の長さが x cm のときの △PBQ の面積を y cm^2 として，次の問いに答えなさい。　　3点×4（12点）

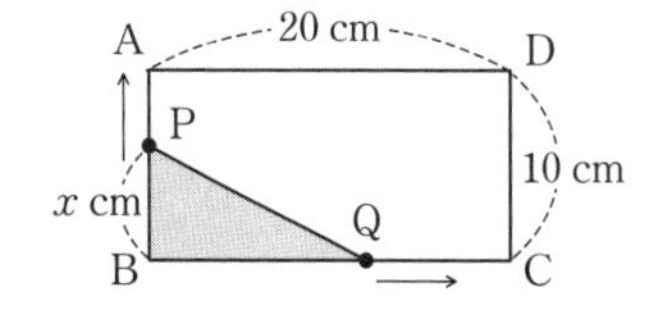

(1) y を x の式で表しなさい。

(2) $x=6$ のときの y の値を求めなさい。

(3) y の変域を求めなさい。

(4) △PBQ の面積が 25 cm^2 になるのは，BP の長さが何 cm のときか求めなさい。

(1)		(2)		(3)		(4)	

8 右の図で，①は関数 $y=\dfrac{1}{4}x^2$ のグラフで，②は①のグラフ上の 2 点 A(8, a)，B(-4, 4) を通る直線です。直線②と y 軸との交点を C とします。　　4点×3（12点）

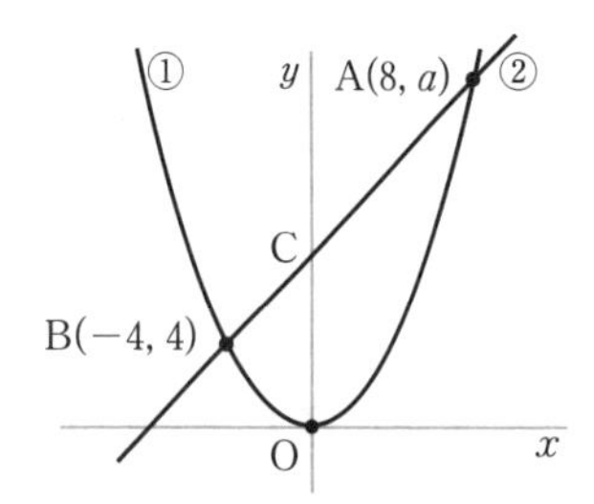

(1) a の値を求めなさい。

(2) 直線②の式を求めなさい。

(3) ①のグラフ上の A から B までの部分に点 P をとります。

△OCP の面積が △OAB の面積の $\dfrac{1}{2}$ になるときの点 P の座標を求めなさい。

(1)		(2)		(3)	

解答 p.45

第5回 予想問題 5章 相似

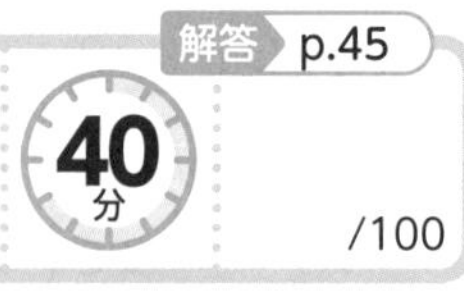

1 右の図で，四角形 ABCD ∽ 四角形 PQRS であるとき，次の問いに答えなさい。 4点×3（12点）

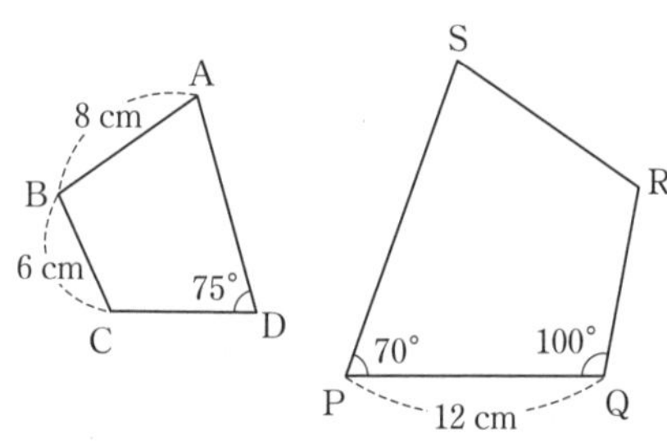

(1) 四角形 ABCD と四角形 PQRS の相似比を求めなさい。

(2) 辺 QR の長さを求めなさい。

(3) ∠C の大きさを求めなさい。

(1)		(2)		(3)	

2 次のそれぞれの図において，△ABC と相似な三角形を記号 ∽ を使って表し，そのときに使った相似条件を答えなさい。また，x の値を求めなさい。 2点×6（12点）

(1)

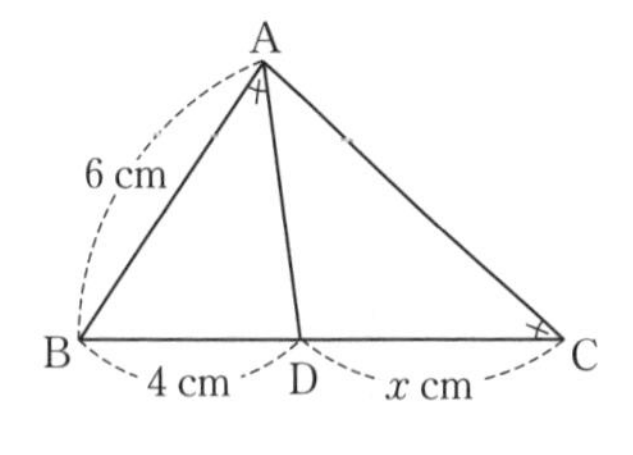

∠BAD = ∠BCA

(2)

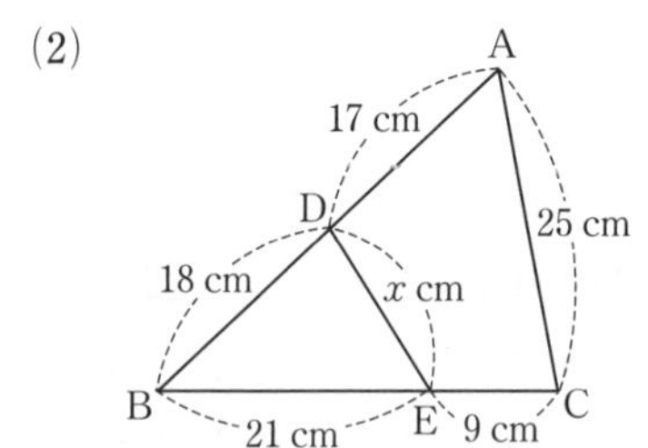

(1)	△ABC ∽	相似条件	x
(2)	△ABC ∽	相似条件	x

3 右の図のように，∠C = 90° の直角三角形 ABC で，点 C から辺 AB に垂線 CH をひきます。このとき，△ABC ∽ △CBH となることを証明しなさい。 （6点）

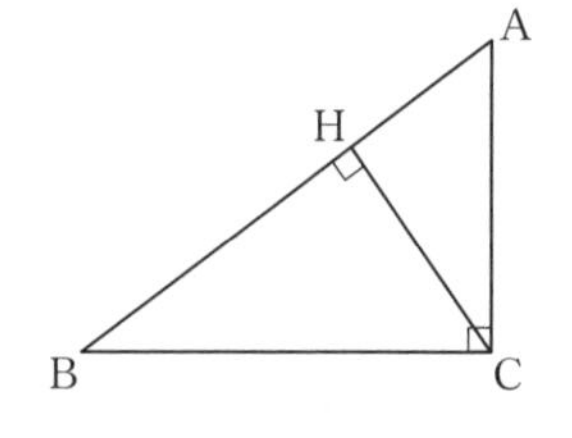

4 右の図のように，1辺の長さが 12 cm の正三角形 ABC で，辺 BC, CA 上にそれぞれ点 P，Q を ∠APQ = 60° となるようにとるとき，次の問いに答えなさい。 4点×2（8点）

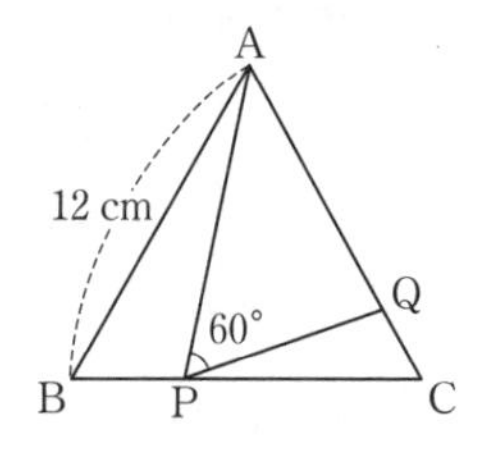

(1) △ABP ∽ □ です。□ にあてはまる三角形を答えなさい。

(2) BP = 4 cm のとき，CQ の長さを求めなさい。

(1)		(2)	

5 次の図において，DE // BC のとき，x の値を求めなさい。　5点×3（15点）

(1)

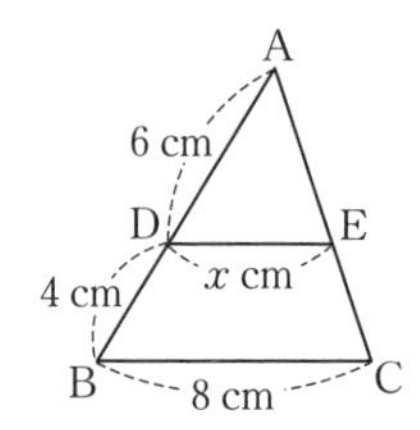

(2)

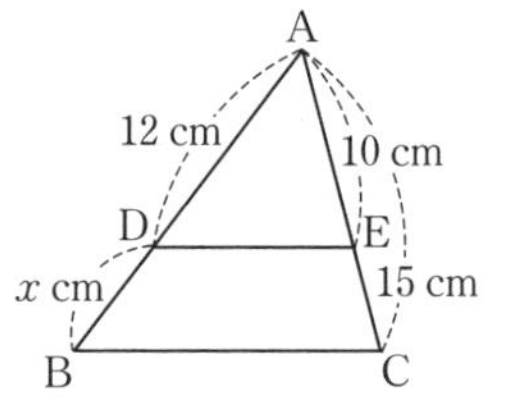

(3)

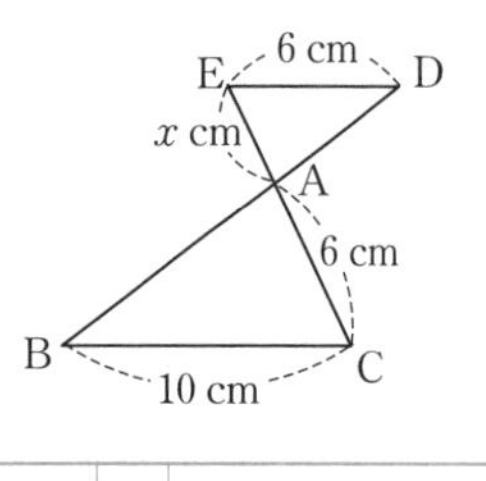

(1)		(2)		(3)	

6 右の図のように，△ABC の辺 BC の中点を D とし，線分 AD の中点を E とします。直線 BE と辺 AC の交点を F，線分 CF の中点を G とします。　5点×2（10点）

(1) AF：FG を求めなさい。

(2) 線分 BE の長さは線分 EF の長さの何倍か答えなさい。

(1)		(2)	

7 次の図において，3 直線 ℓ，m，n が平行であるとき，x の値を求めなさい。　5点×3（15点）

(1)

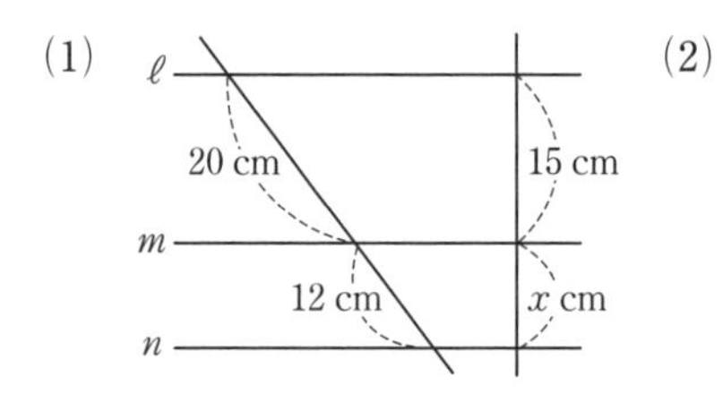

(2)

ℓ　3 cm　x cm　m　9 cm　4 cm　n

(3)

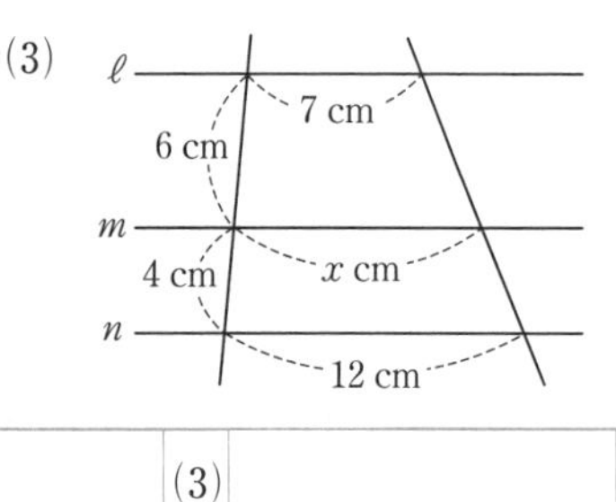

(1)		(2)		(3)	

8 次の図において，x の値を求めなさい。　5点×2（10点）

(1)

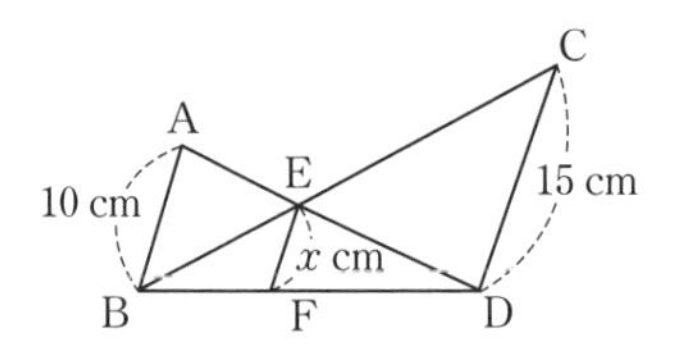

AB，CD，EF は平行

(2)

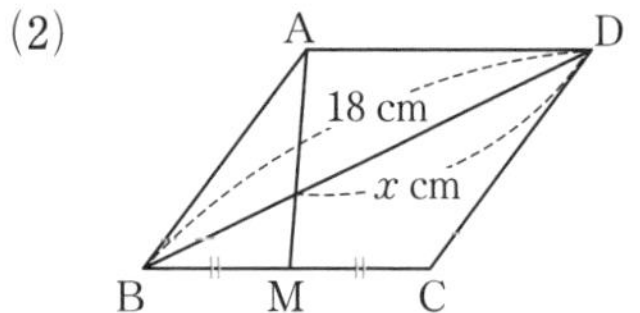

▱ABCD で，M は辺 BC の中点。

(1)		(2)	

9 次の問いに答えなさい。　4点×3（12点）

(1) 相似な 2 つの図形 A，B があり，その相似比は 5：2 です。A の面積が $125\,\text{cm}^2$ のとき，B の面積を求めなさい。

(2) 相似な 2 つの立体 P，Q があり，その表面積の比は 9：16 です。P と Q の相似比を求めなさい。また，P と Q の体積の比を求めなさい。

(1)		(2)	相似比	体積の比

6章　円

1 次の図において，$\angle x$ の大きさを求めなさい。　5点×6（30点）

(1)
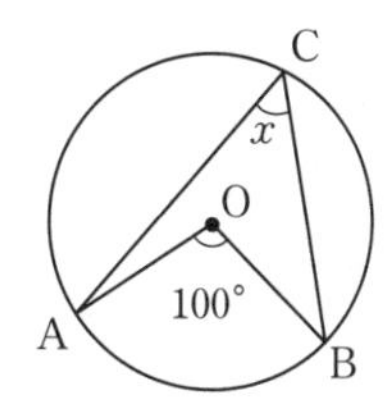

(2)
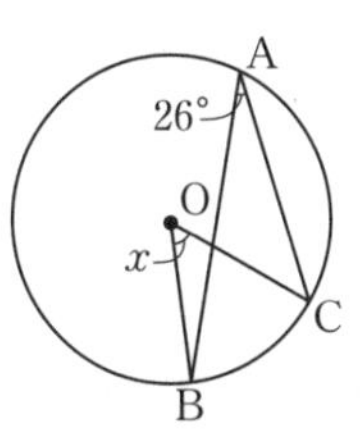

(3)
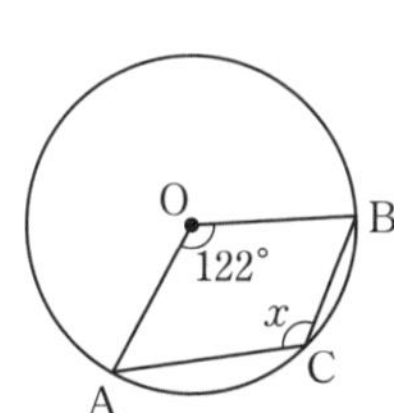

(4)
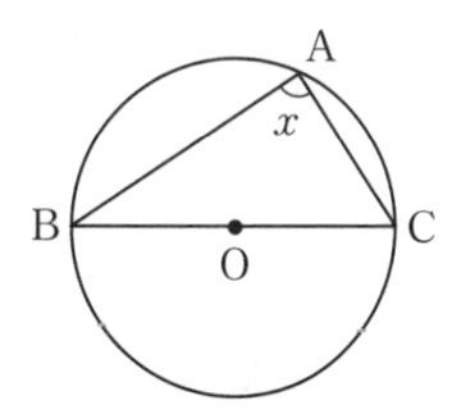

(5)
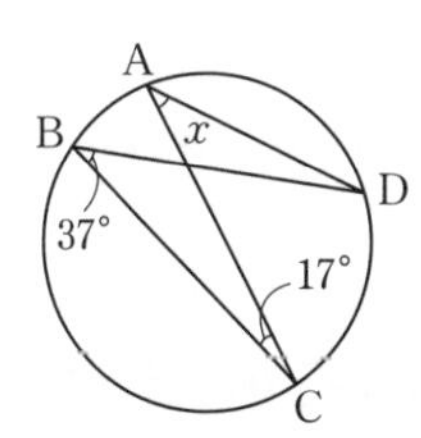

(6)
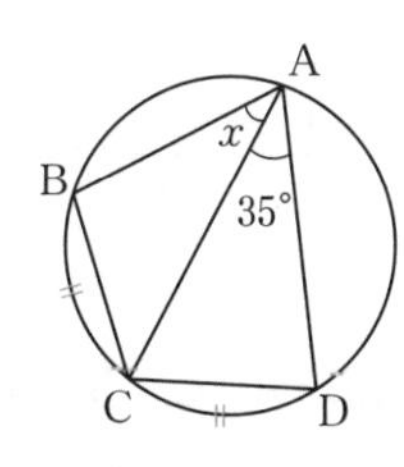

$\overset{\frown}{BC} = \overset{\frown}{CD}$

(1)		(2)		(3)	
(4)		(5)		(6)	

2 次の図において，$\angle x$ の大きさを求めなさい。　5点×6（30点）

(1)
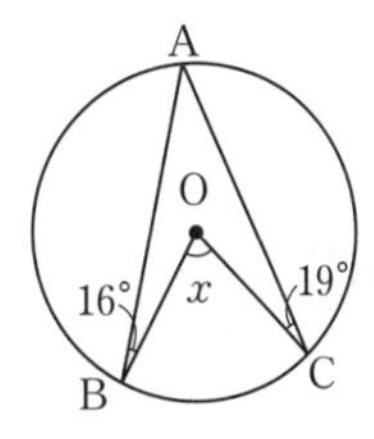

(2)
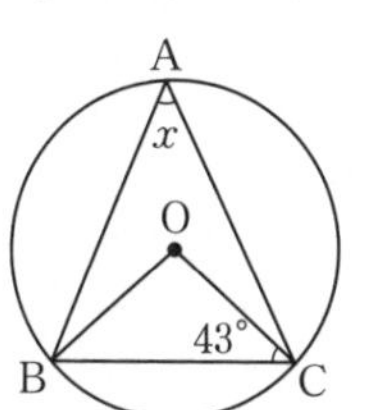

(3)
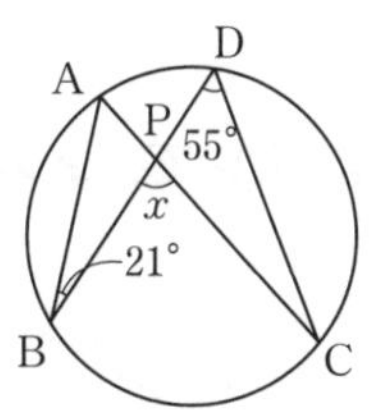

(4)
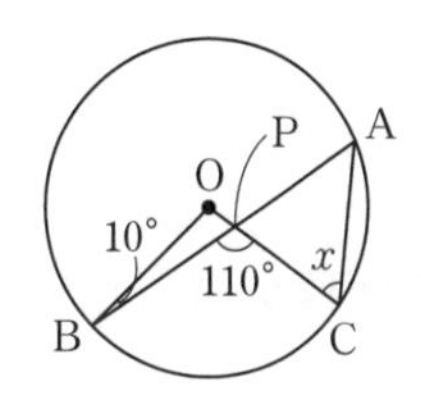

(5)
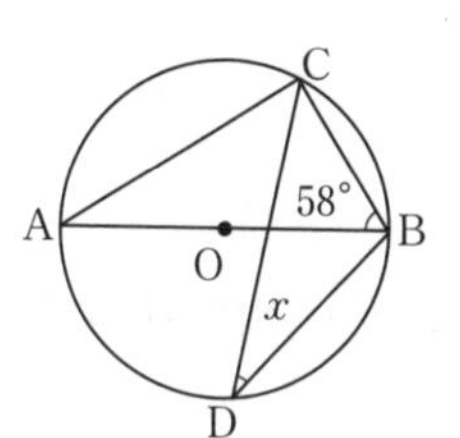

(6)
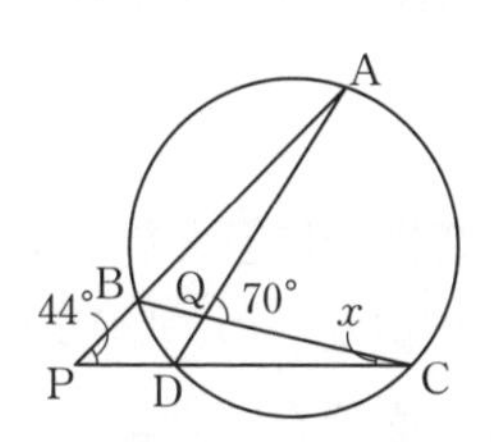

(1)		(2)		(3)	
(4)		(5)		(6)	

3 右の図で，4点A，B，C，Dが1つの円周上にあることを証明しなさい。（5点）

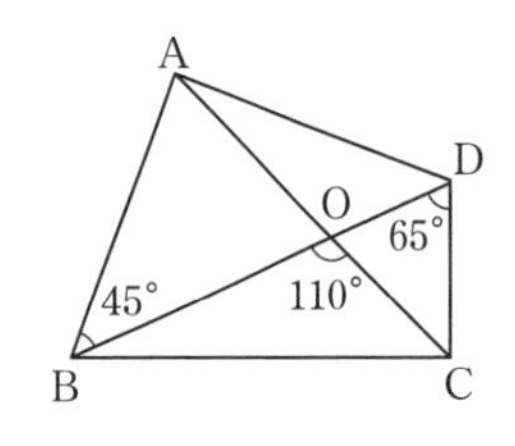

4 右の図で，半円Oの直径ABに接し，点Cで半円の弧ABに内接する円の中心Pを作図しなさい。（10点）

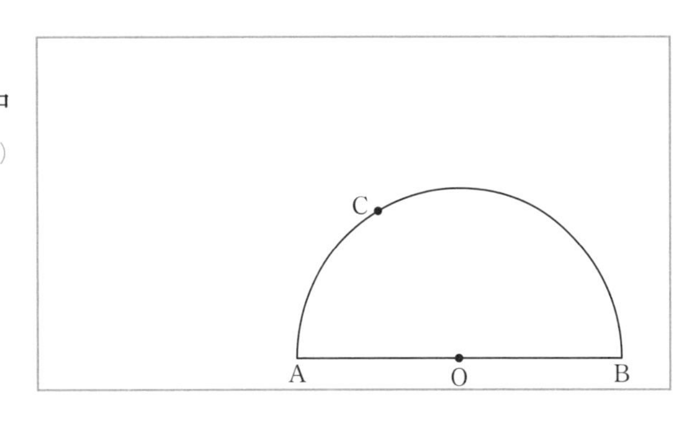

上の図にかき入れなさい。

5 右の図で，A，B，C，Dは円Oの周上の点で，$\overset{\frown}{AB}=\overset{\frown}{BC}$ です。弦ACとBDの交点をPとするとき，△BPC∽△BCDとなることを証明しなさい。（10点）

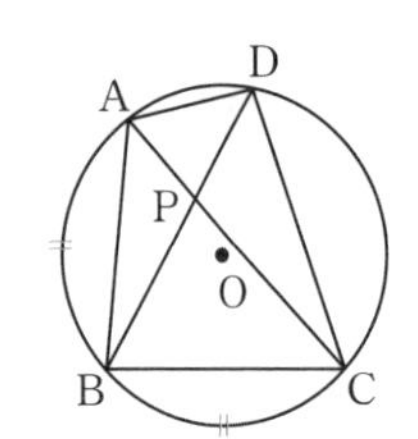

6 次の図において，xの値を求めなさい。

(1)　Pは接点

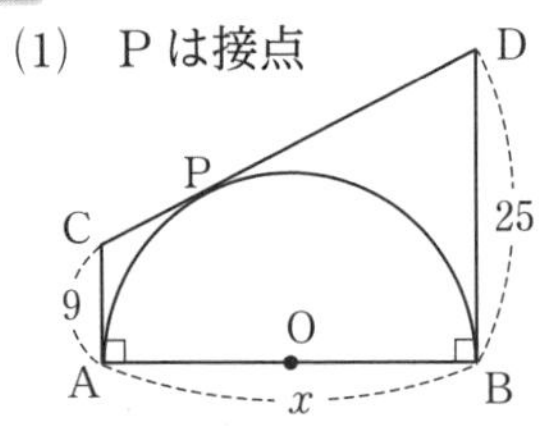

(2)

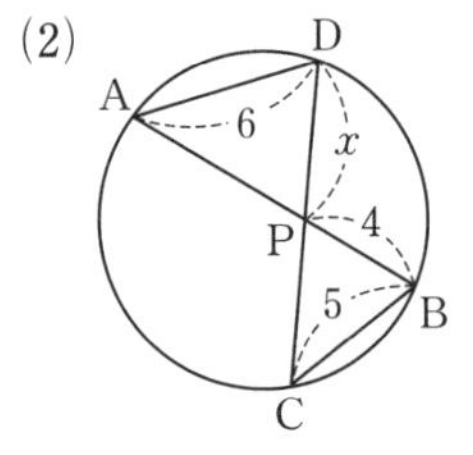

(3)

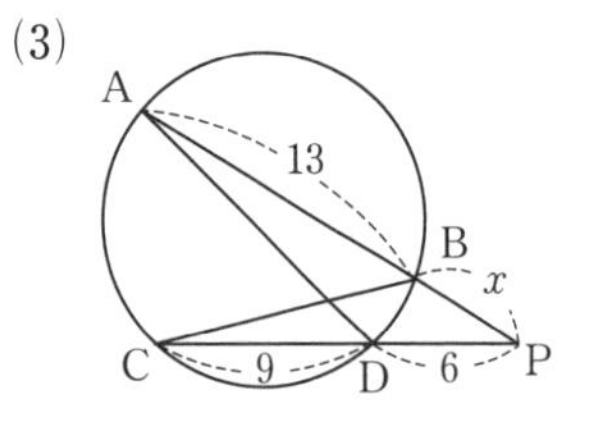

(1)		(2)		(3)	

第7回 予想問題

7章 三平方の定理

解答 p.47

40分

/100

1 次の図において，x の値を求めなさい。

4点×4（16点）

(1)

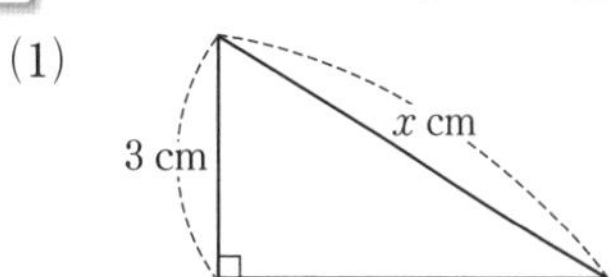

(2)

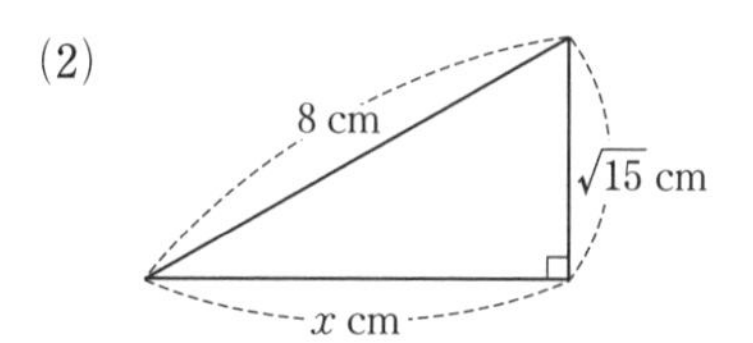

(3)

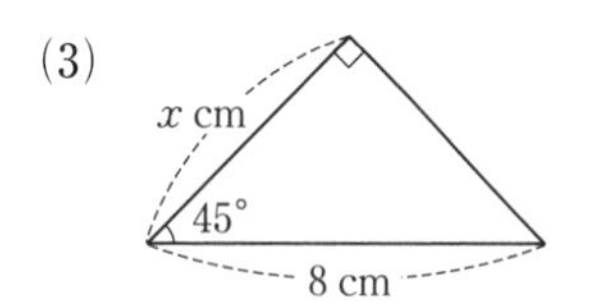

(4)

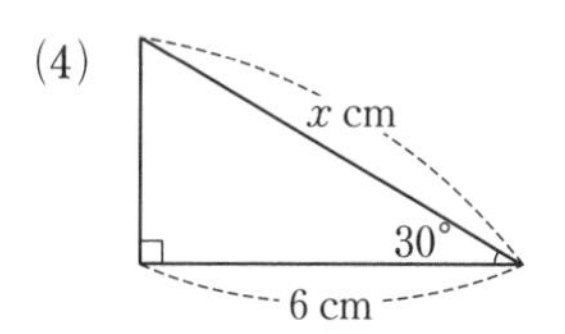

(1)		(2)		(3)		(4)	

2 次の図において，x の値を求めなさい。

4点×3（12点）

(1)

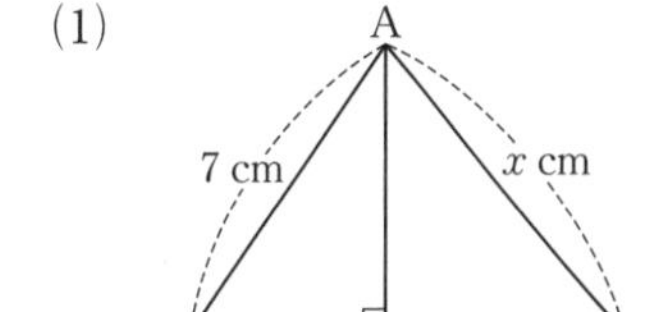

(2)

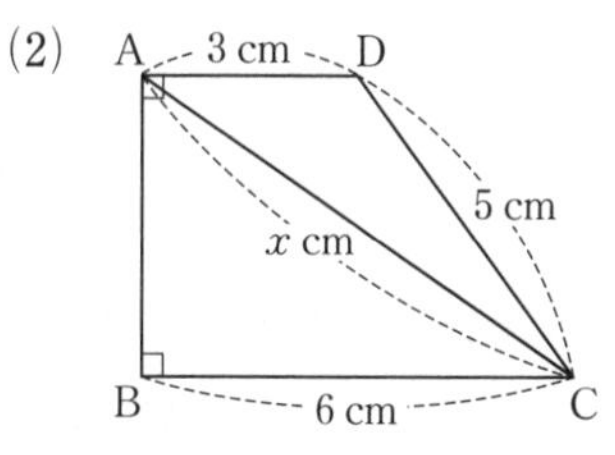

(3)

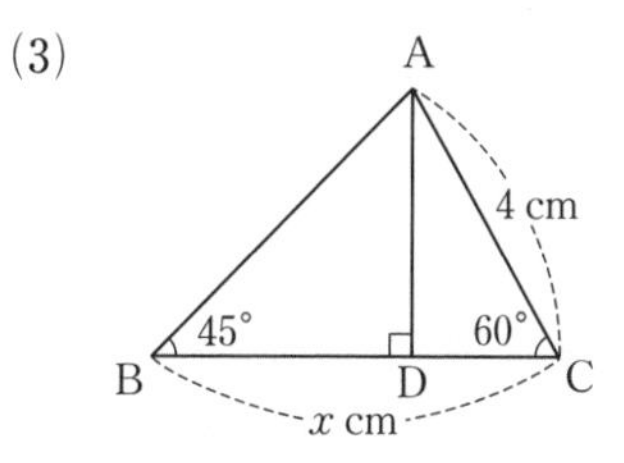

(1)		(2)		(3)	

3 次の長さを3辺とする三角形について，直角三角形には○，そうでないものには×を答えなさい。

3点×4（12点）

(1) 17 cm，15 cm，8 cm

(2) 1.5 cm，2 cm，3 cm

(3) $\sqrt{10}$ cm，8 cm，$3\sqrt{6}$ cm

(4) $\frac{2}{3}$ cm，$\frac{1}{2}$ cm，$\frac{5}{6}$ cm

(1)		(2)		(3)		(4)	

4 次の問いに答えなさい。

4点×3（12点）

(1) 1辺が5 cmの正方形の対角線の長さを求めなさい。

(2) 1辺が6 cmの正三角形の面積を求めなさい。

(3) 右の図の二等辺三角形ABCで，h の値を求めなさい。

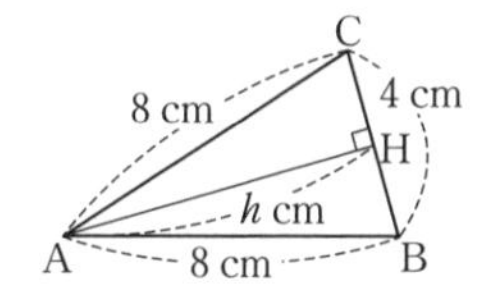

(1)		(2)		(3)	

5 次の問いに答えなさい。 4点×3(12点)

(1) 2点A$(-2,\ 4)$，B$(-5,\ -3)$の間の距離(きょり)を求めなさい。

(2) 半径9 cmの円Oで，中心Oからの距離が6 cmである弦ABの長さを求めなさい。

(3) 底面の半径が3 cm，母線の長さが7 cmの円錐(えんすい)の体積を求めなさい。

(1)		(2)		(3)	

6 右の図の△ABCで，Aから辺BCに垂線AHをひくとき，次の問いに答えなさい。 4点×3(12点)

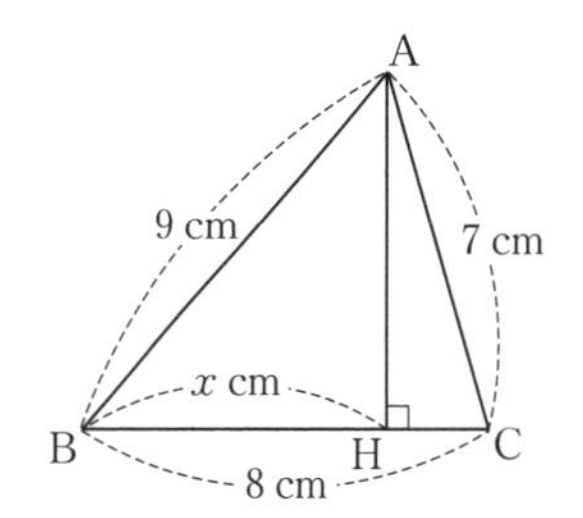

(1) BH＝x cmとして，xの方程式をつくりなさい。

(2) BHの長さを求めなさい。

(3) AHの長さを求めなさい。

(1)		(2)		(3)	

7 長方形ABCDを，右の図のように，線分EGを折り目として折り，頂点Aが辺BC上の点Fに重なるようにします。AB＝8 cm，BF＝4 cmのとき，線分BEの長さを求めなさい。 (4点)

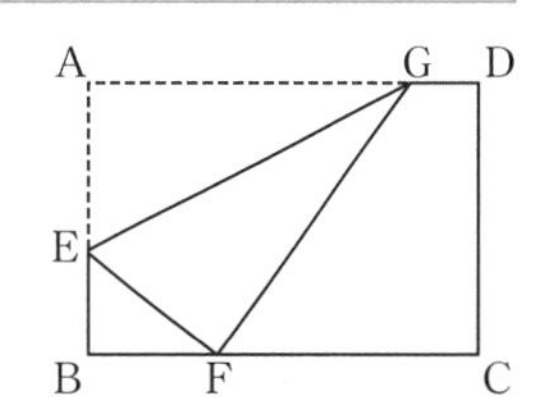

8 右の図のような，底面が1辺4 cmの正方形で他の辺が6 cmの正四角錐ABCDEがあります。この正四角錐の表面積と体積を求めなさい。 4点×2(8点)

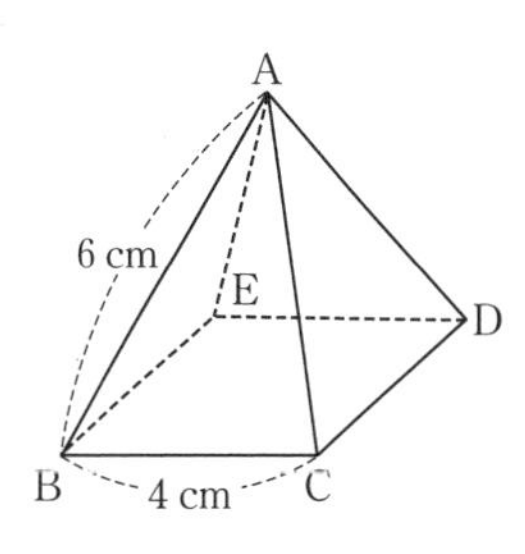

表面積	体積

9 右の図の立体は，1辺が4 cmの立方体で，点M，Nはそれぞれ辺AB，ADの中点です。 4点×3(12点)

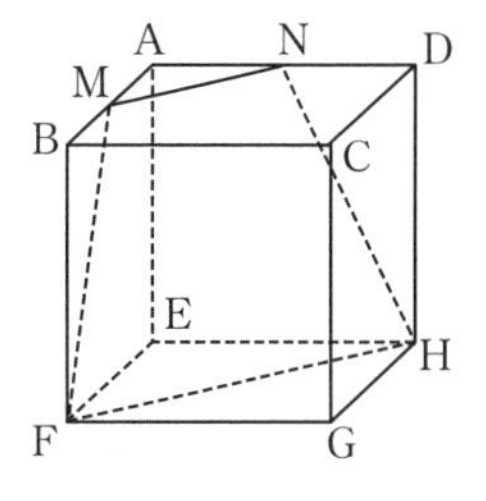

(1) 線分MGの長さを求めなさい。

(2) 糸を点Mから点Gまで，辺BF上の点で交わるようにかけます。この糸がもっとも短くなるときの糸の長さを求めなさい。

(3) 4点M，F，H，Nを頂点とする四角形の面積を求めなさい。

(1)		(2)		(3)	

第8回 予想問題　8章　標本調査

解答 p.48

20分　/100

1 次の調査について，全数調査が適当であるものには○，標本調査が適当であるものには×を答えなさい。　4点×4（16点）

(1) ある農家で生産したみかんの糖度の調査　(2) ある工場で作った製品の強度の調査
(3) 今年度入学した生徒の家族構成の調査　(4) 選挙の時にマスコミが行う出口調査

(1)		(2)		(3)		(4)	

2 ある工場で昨日作った5万個の製品の中から，300個の製品を無作為(むさくい)に抽出(ちゅうしゅつ)して調べたら，その中の3個が不良品でした。　8点×3（24点）

(1) この調査の母集団は何か答えなさい。
(2) この調査の標本の大きさをいいなさい。
(3) 昨日作った5万個の製品の中にある不良品の数を推定しなさい。

(1)		(2)		(3)	およそ

3 袋の中に大きさが等しい玉がたくさん入っています。この袋の中の玉の数を調べるために，袋の中から100個の玉を取り出して印をつけて袋にもどします。次に，その袋の中から無作為にひとつかみの玉を取り出して数えると，印のついた玉が4個，印のついていない玉が23個でした。袋の中の玉の数を推定し，十の位の数を四捨五入して答えなさい。　（20点）

およそ

4 袋の中に白い碁石(ごいし)がたくさん入っています。その数を調べるために，大きさが等しい黒い碁石60個を白い碁石の入っている袋の中に入れ，その袋の中から50個の碁石を無作為に抽出して調べたら，黒い碁石が6個ふくまれていました。袋の中の白い碁石の数を推定しなさい。　（20点）

およそ

5 900ページの辞典があります。この辞典にのっている見出し語の総数を調べるために，無作為に10ページを選び，選んだページにのっている見出し語の数を調べると，次のようになりました。　18，21，15，16，9，17，20，11，14，16　10点×2（20点）

(1) この辞典の1ページにのっている見出し語の数の平均値を求めなさい。
(2) この辞典1冊の見出し語の総数を推定し，百の位の数を四捨五入して答えなさい。

(1)	およそ	(2)	およそ

教科書ワーク数学

どこでもワーク

こちらにアクセスして，ご利用ください。
https://portal.bunri.jp/app.html

1 計算編　テンキー入力形式で学習できる！ 重要公式つき！

解き方を穴埋め形式で確認！

テンキー入力で，計算しながら解ける！

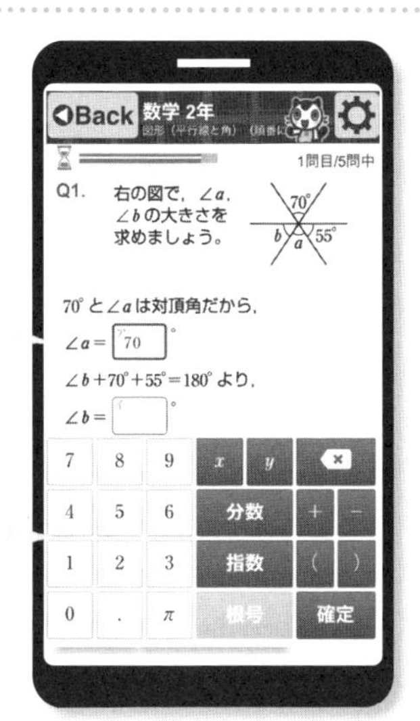

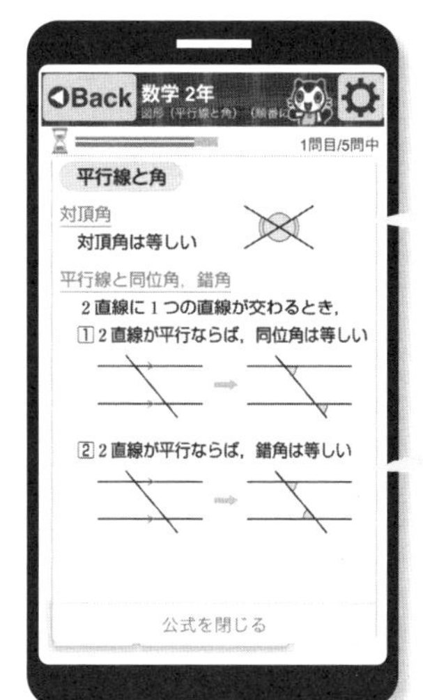

重要公式をその場で確認できる！

カラーだから見やすく，わかりやすい！

2 図形編　グラフや図形を自分で動かして，学習理解をサポート！

自分で数値を決められるから，いろいろなグラフの確認ができる！

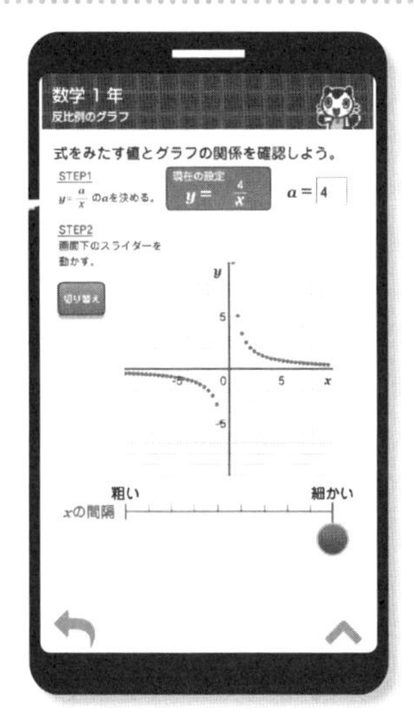

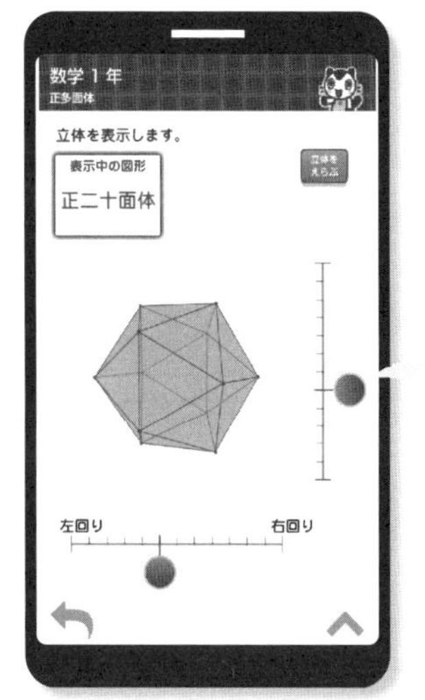

上下左右に回転させて，様々な角度から立体をみることができる！

注意　●アプリは無料ですが，別途各通信会社からの通信料がかかります。
- iPhone の方は Apple ID，Android の方は Google アカウントが必要です。対応 OS や対応機種については，各ストアでご確認ください。
- お客様のネット環境および携帯端末により，アプリをご利用いただけない場合，当社は責任を負いかねます。ご理解，ご了承いただきますよう，お願いいたします。
- 正誤判定は，計算編のみの機能となります。
- テンキーの使い方は，アプリでご確認ください。

中学教科書ワーク

解答と解説

数研出版版

数学3年

この「解答と解説」は，取りはずして使えます。

※ステージ1の例の答えは本冊右ページ下にあります。

1章 式の計算

p.2〜3 ステージ1

❶ (1) $-20x^2+4xy$ (2) $6a^2+30ab$
(3) $6x^2-10xy+8x$
(4) $2a^3-4a^2-a$

❷ (1) $4x^2-9x$ (2) $13a^2-3a$

❸ (1) $3x-2y$ (2) $-3ab+4a-1$
(3) $-18a+12b$ (4) $20x+30y$

❹ (1) $ab-2a+4b-8$
(2) $xy-x-3y+3$

❺ (1) $x^2+8x+15$ (2) $6a^2-16a+8$
(3) $-a^2+3a+18$ (4) $20x^2-9xy+y^2$
(5) $a^2+ab+2a+3b-3$
(6) $3x^2-7xy+2y^2-12x+4y$

解説

❶ (4) $(-4a^2+8a+2)\times\left(-\frac{1}{2}a\right)$
$=-4a^2\times\left(-\frac{1}{2}a\right)+8a\times\left(-\frac{1}{2}a\right)+2\times\left(-\frac{1}{2}a\right)$
$=2a^3-4a^2-a$

❷ (1) $3x(x-4)+x(x+3)$
$=3x^2-12x+x^2+3x=4x^2-9x$

❺ (3) $(a+3)(6-a)$
$=6a-a^2+18-3a=-a^2+3a+18$

ポイント
かっこをはずしたあと，同類項があればまとめておく。

p.4〜5 ステージ1

❶ (1) x^2+4x+3 (2) $x^2-9x+20$
(3) $x^2-\frac{1}{5}x-\frac{6}{25}$ (4) $x^2+\frac{1}{3}x-\frac{2}{9}$
(5) $x^2+14x+49$ (6) $x^2+x+\frac{1}{4}$
(7) $x^2-18x+81$ (8) $x^2-\frac{4}{5}x+\frac{4}{25}$
(9) x^2-25 (10) $\frac{1}{9}-a^2$

❷ (1) $25x^2+5x-12$ (2) $9a^2+6ab-8b^2$
(3) $x^2-10xy+21y^2$ (4) $4a^2+12a+9$
(5) $9x^2-2xy+\frac{1}{9}y^2$
(6) $9x^2-25y^2$

❸ (1) $x^2-2xy+y^2-25$
(2) $a^2+2ab+b^2-4a-4b+4$
(3) $-x^2+14x+36$
(4) $-13y^2-8xy$

解説

❶ (3) $\left(x-\frac{3}{5}\right)\left(x+\frac{2}{5}\right)$
$=x^2+\left(-\frac{3}{5}+\frac{2}{5}\right)x+\left(-\frac{3}{5}\right)\times\frac{2}{5}$
$=x^2-\frac{1}{5}x-\frac{6}{25}$

❷ (2) $(3a+4b)(3a-2b)$
$=(3a)^2+(4b-2b)\times3a+4b\times(-2b)$
$=9a^2+6ab-8b^2$
(6) $(3x-5y)(3x+5y)$
$=(3x)^2-(5y)^2=9x^2-25y^2$

❸ (1) $x-y$ を M とおくと，
$(M+5)(M-5)=M^2-5^2$
$=(x-y)^2-5^2=x^2-2xy+y^2-25$
(2) $a+b$ を M とおくと，
$(a+b-2)^2=(M-2)^2$
$=M^2-4M+4$
$=(a+b)^2-4(a+b)+4$
↑ かっこを忘れない。
$=a^2+2ab+b^2-4a-4b+4$

(3) $(x+4)^2-2(x-5)(x+2)$
$=x^2+8x+16-2(x^2-3x-10)$
$=x^2+8x+16-2x^2+6x+20$
$=-x^2+14x+36$

(4) $(2x+3y)(2x-3y)-4(x+y)^2$
$=4x^2-9y^2-4(x^2+2xy+y^2)$
$=4x^2-9y^2-4x^2-8xy-4y^2$
$=-13y^2-8xy$

ポイント

〈式の展開〉
①分配法則を利用して，展開する。
②展開の公式を使えるか考える。
③複雑な式では，おきかえができるか考える。
④ 3 (3)のような式の計算では，
$-2(x-5)(x+2)=-2(x^2-3x-10)$ のようにかっこをつけるのを忘れないようにする。

p.6〜7 ステージ2

1 (1) $8x^2-10x$
(2) $-40ab+20b^2-5b$
(3) $-15a^2b+24ab^2-3abc$
(4) $x-3$
(5) $-3y+6x$
(6) x^2-16x

2 (1) $ab-3a+2b-6$
(2) $6x^2-11xy+3y^2$
(3) $2a^2-3ab-3a-2b^2+6b$
(4) $6x^2+5xy-4y^2-2x+y$

3 (1) x^2+x-30　(2) $a^2+2a-99$
(3) $x^2+24x+144$　(4) $1-2a+a^2$
(5) $81-x^2$　(6) $x^2-9x+20$
(7) $a^2+\frac{1}{6}a-\frac{1}{6}$　(8) $x^2+\frac{6}{7}x+\frac{9}{49}$
(9) $x^2-\frac{4}{9}$

4 (1) $9x^2+9x-10$
(2) $4x^2-2xy-42y^2$
(3) $25a^2-20ab+4b^2$
(4) $\frac{1}{4}x^2-2x-12$
(5) $9x^2+3xy+\frac{1}{4}y^2$
(6) $25b^2-16a^2$

5 (解答例)

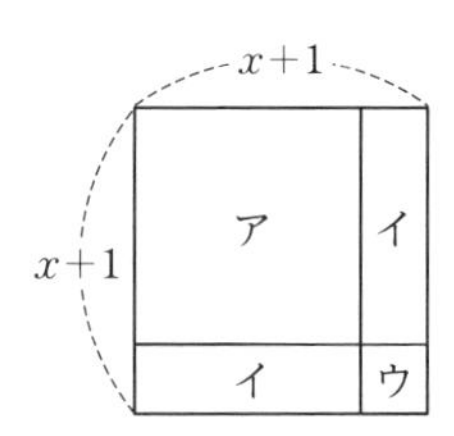

アの面積は $(x\times x=)x^2$,
イの面積は $(x\times 1=)x$,
ウの面積は $(1\times 1=)1$ だから,
(解答例)のように図形を並べると,
$x^2+x\times 2+1=x^2+2x+1$ になる。また,
(解答例)の正方形の 1 辺は $x+1$ だから，面積は $(x+1)^2$　よって，$(x+1)^2=x^2+2x+1$ が成り立つ。

6 (1) $x^2+4xy+4y^2-6x-12y+5$
(2) $a^2-6ab+9b^2+4a-12b+4$
(3) $x^2+2xy+y^2-4x-4y-5$
(4) $a^2-b^2+10b-25$

7 (1) $-6ab+25b^2$　(2) $-15xy+20y^2$

● ● ● ● ●

① (1) $x^2+8x+16$　(2) $12x^2+5x-3$

② (1) $-8x+5$　(2) $2x^2-7$
(3) $3x^2+1$　(4) $17x-4$

解説

6 (1) $x+2y=M$ とおく。
(2) $a-3b=M$ とおく。
(3) $x+y=M$ とおく。
(4) $(a-b+5)(a+b-5)$
$=\{a-(b-5)\}\{a+(b-5)\}$ と変形して,
$b-5=M$ とおく。

② (4) $(x+4)^2-(x-5)(x-4)$
$=x^2+8x+16-(x^2-9x+20)$
$=x^2+8x+16-x^2+9x-20$ ← かっこをつける。
$=17x-4$

ポイント

6 (4)のように，共通な式がないように見える式でも，マイナスでくくるなどの変形によって，共通な式が現れることがある。

p.8〜9 ステージ1

1 (1) $y(x-6)$　(2) $3a(x-3y)$
(3) $x(a+b-c)$　(4) $x^2y^2(x-y)$
(5) $\frac{1}{2}a(x-y)$　(6) $(x-y)(m-n)$

❷ (1) $(x+2)(x+5)$　(2) $(x+3)(x+6)$
(3) $(x-1)(x-8)$　(4) $(x-2)(x-14)$
(5) $(x-1)(x+4)$　(6) $(a-2)(a+7)$
(7) $(y+1)(y-3)$　(8) $(m+2)(m-6)$
(9) $(a-2)(a+3)$　(10) $(x+4)(x-5)$

❸ (1) $(x+1)^2$　(2) $(x-7)^2$
(3) $(x+4)^2$　(4) $(x-10)^2$
(5) $\left(x-\frac{1}{2}\right)^2$　(6) $\left(x-\frac{1}{3}\right)^2$

解説

❶ 共通な因数はすべてかっこの外にくくり出す。

❷ (1) $x^2+(2+5)x+2\times5$
(3) $x^2+\{(-1)+(-8)\}x+(-1)\times(-8)$
(5) $x^2+\{(-1)+4\}x+(-1)\times4$
(7) $y^2+\{1+(-3)\}y+1\times(-3)$
(9) $a^2+\{(-2)+3\}a+(-2)\times3$

ポイント

$x^2+(a+b)x+ab$ で,
$ab>0$, $a+b>0$ ならば, a, b はともに正の数
$ab>0$, $a+b<0$ ならば, a, b はともに負の数
$ab<0$ ならば, a と b は異符号の数

❸ (5) $x^2-x+\frac{1}{4}=x^2-2\times\frac{1}{2}\times x+\left(\frac{1}{2}\right)^2$
(6) $x^2-\frac{2}{3}x+\frac{1}{9}=x^2-2\times\frac{1}{3}\times x+\left(\frac{1}{3}\right)^2$

p.10～11 ステージ1

❶ (1) $(y+9)(y-9)$　(2) $(5+x)(5-x)$
(3) $\left(x+\frac{1}{4}\right)\left(x-\frac{1}{4}\right)$　(4) $\left(x+\frac{1}{6}\right)\left(x-\frac{1}{6}\right)$

❷ (1) $a(x-1)(x+3)$
(2) $-2x(y+2)(y-3)$
(3) $2(x+3)(x-3)$
(4) $3b(a+2c)(a-2c)$

❸ (1) $(2x-3)^2$　(2) $(x+7y)^2$
(3) $(3x-y)^2$
(4) $(2a+1)(2a-1)$
(5) $(6+5a)(6-5a)$
(6) $16(x+2y)(x-2y)$

❹ (1) $(x-y+3)(x-y+5)$
(2) $(a+b+5)(a+b-6)$
(3) $(x-7)(x+3)$　(4) $(x-1)^2$
(5) $(a-b)(x-y)$
(6) $(m-n)(x+y)$

解説

❷ (1) $ax^2+2ax-3a$
$=a(x^2+2x-3)$
$=a(x-1)(x+3)$
(4) $3a^2b-12bc^2=3b(a^2-4c^2)$
$=3b(a+2c)(a-2c)$

❸ (1) $4x^2-12x+9$
$=(2x)^2-2\times3\times2x+3^2$
$=(2x-3)^2$
(6) $16x^2-64y^2=16(x^2-4y^2)$
$=16(x+2y)(x-2y)$

❹ (1) $x-y=M$ とおく。
(3) $x-3=M$ とおく。
$(x-3)^2+2(x-3)-24$
$=M^2+2M-24$
$=(M-4)(M+6)$
$=(x-3-4)(x-3+6)$
$=(x-7)(x+3)$
(5) $a(x-y)-b(x-y)$
$=(a-b)(x-y)$
(6) $mx-ny-nx+my$
$=m(x+y)-n(x+y)$
$=(m-n)(x+y)$

p.12～13 ステージ1

❶ (1) 4896　(2) 400　(3) 9801

❷ (1) 41　(2) 42

❸ (1) (証明)　連続する2つの整数は，整数 n を使って n, $n+1$ と表される。このとき，大きい方の2乗から小さい方の2乗をひいたものは，
$(n+1)^2-n^2$
$=n^2+2n+1-n^2$
$=2n+1$
$=n+(n+1)$
よって，連続する2つの整数の和になる。

(2) (証明)　中央の整数を n とすると，連続する3つの整数は，$n-1$, n, $n+1$ と表される。もっとも大きい数 $n+1$ ともっとも小さい数 $n-1$ の積に1を加えた数は，
$(n+1)(n-1)+1=n^2-1+1$
$=n^2$

よって，中央の数の 2 乗になる。

❹ (1) $2\pi ab\ \mathrm{cm}^2$

(2) (証明) AB を直径とする円の円周は，
$\pi\times(2a+2b)=2\pi(a+b)(\mathrm{cm})$
AC, CB をそれぞれ直径とする円の円周は，
$\pi\times 2a=2\pi a(\mathrm{cm})$
$\pi\times 2b=2\pi b(\mathrm{cm})$
$2\pi(a+b)=2\pi a+2\pi b$ だから，AB を直径とする円の円周は，AC を直径とする円の円周と CB を直径とする円の円周の和に等しい。

解 説

❶ (1) $68\times 72=(70-2)(70+2)$
$=70^2-2^2$
$=4900-4=4896$

(2) $101^2-99^2=(101+99)(101-99)$
$=200\times 2$
$=400$

(3) $99^2=(100-1)^2$
$=100^2-2\times 1\times 100+1^2$
$=10000-200+1=9801$

❷ (2) $a^2-2ab+b^2-a+b$
$=(a-b)^2-(a-b)$
$=(a-b)(a-b-1)$
これに，$a=4$，$b=-3$ を代入する。

ポイント
式の値を求めるときは，式を簡単にしてから与えられた数を代入する。

❹ (1) $\frac{1}{2}\mathrm{AB}=a+b$，$\frac{1}{2}\mathrm{AC}=a$，$\frac{1}{2}\mathrm{CB}=b$
だから，色のついた部分の面積は，
$\pi(a+b)^2-\pi a^2-\pi b^2$
$=\pi(a^2+2ab+b^2-a^2-b^2)$
$=2\pi ab(\mathrm{cm}^2)$

p.14〜15 ステージ2

❶ (1) $3x(2ax-b)$　(2) $a(a-9)$
(3) $(x+2)(x-7)$　(4) $(x-5)(x+6)$
(5) $(x-9)^2$　(6) $(x+4)(x+8)$
(7) $(x+12)(x-12)$　(8) $(y+11)^2$
(9) $(x+3)(x-12)$

❷ (1) $2b(a-3)^2$
(2) $(5x+2y)(5x-2y)$
(3) $3xy(x+2-3y)$
(4) $-4(x-2)(x-4)$
(5) $\left(2a-\frac{b}{2}\right)^2$　(6) $\left(x+\frac{y}{4}\right)\left(x-\frac{y}{4}\right)$
(7) $9(2a+3)(2a-3)$
(8) $(7x+3y)^2$
(9) $5y(3x+2z)(3x-2z)$

❸ (1) $(x+2y-5)^2$　(2) $(x+15)(x-1)$
(3) $(a-4)(a+4)$　(4) $(3x-7)(x+1)$
(5) $(a-1)(b-1)$
(6) $(x+2+y)(x+2-y)$

❹ (1) 24.9996　(2) 1256　(3) 10000

❺ (1) 7　(2) 4

❻ (1) $b=a+1$，$c=a+7$，$d=a+8$
(2) (証明) $bc-ad=(a+1)(a+7)-a(a+8)$
$=a^2+8a+7-a^2-8a$
$=7$

❼ (証明) $\mathrm{AC}=2b\ \mathrm{cm}$ とすると．
$\frac{1}{2}\mathrm{AB}=\frac{1}{2}(2b+2a)=a+b(\mathrm{cm})$
$\frac{1}{2}\mathrm{AC}=b\ \mathrm{cm}$，$\mathrm{AM}=(a+2b)\mathrm{cm}$
色のついた部分の面積 $S\ \mathrm{cm}^2$ は，
$S=\pi(a+b)^2-\pi b^2$
$=\pi a^2+2\pi ab$
$=a\times\pi(a+2b)$　…①
また，ℓ は AM を直径とする円の周の長さだから，$\ell=\pi(a+2b)$　…②
①，②より，$S=a\ell$

● ● ● ● ●

① (1) $(x+6)(x-6)$　(2) $3(a-4)^2$
(3) $2(x+3)(x-3)$　(4) $(a+2)(x+y)$
(5) $(x+7)(x-7)$
(6) $(a+2b-1)(a+2b+2)$

② $x^2-6xy+9y^2=(x-3y)^2$ に $x=\frac{9}{2}$，$y=\frac{1}{2}$ を代入すると，
$\left(\frac{9}{2}-3\times\frac{1}{2}\right)^2=3^2=9$

解 説

❸ (3) $a-4=M$ とおく。

(5) $ab-a-b+1$
$=a(b-1)-(b-1)$
共通な因数をくくり出すために，組み合わせを考える。

$=(a-1)(b-1)$

(6)　$x^2+4x+4-y^2=(x+2)^2-y^2$

4 (1)　$(5+0.02)(5-0.02)$

(2)　$3.14\times(29^2-21^2)$

$=3.14\times(29+21)(29-21)$

(3)　51 を x，49 を a として因数分解の公式にあてはめると，$(51+49)^2$ になる。

5 (1)　$x^2-y^2=(x+y)(x-y)$ と因数分解してから，代入する。

(2)　$a^2+9b^2-6ab=(a-3b)^2$ と因数分解してから，代入する。

6 (1)　b は a のすぐ右の数だから，$b=a+1$，c は a の真下の数だから，$c=a+7$，d は c のすぐ右の数だから，

$d=c+1=(a+7)+1=a+8$

p.16〜17　ステージ3

1 (1)　$2a^2-9ab$

(2)　$-9x+12y-15$

2 (1)　$2x^2+7x-15$

(2)　$x^2-4x-12$

(3)　$25x^2-80x+64$

(4)　$49-9x^2$

(5)　$x^2-2xy+y^2-11x+11y+24$

(6)　$x^2-4y^2-12y-9$

3 (1)　$12x-10$　(2)　$4xy-2y^2$

4 (1)　$2mn(3m-1)$　(2)　$(x-2)(x-9)$

(3)　$(a-1)(a+7)$　(4)　$(5+y)(5-y)$

5 (1)　$2b(a+2)(a-2)$

(2)　$(3x-4y)^2$　(3)　$\left(2x+\frac{y}{3}\right)\left(2x-\frac{y}{3}\right)$

(4)　$x(x+6)$

6 (1) ①　1591　②　2700

(2) ①　10000　②　3600

7 連続する 2 つの奇数は，整数 n を使って，

$2n-1$，$2n+1$

と表せる。

このとき，これらの積に 1 を加えたものは，

$(2n-1)(2n+1)+1=4n^2-1+1$

$=4n^2$

n^2 は整数だから，$4n^2$ は 4 の倍数になる。

8 $S=\pi(a+r)^2\times\frac{120}{360}-\pi r^2\times\frac{120}{360}$

$=\frac{1}{3}\pi a^2+\frac{2}{3}\pi ar+\frac{1}{3}\pi r^2-\frac{1}{3}\pi r^2$

$=\frac{1}{3}\pi a^2+\frac{2}{3}\pi ar$

$=a\left(\frac{1}{3}\pi a+\frac{2}{3}\pi r\right)$　…①

また，ℓ は半径 $\frac{1}{2}a+r$，中心角 120° のおうぎ形の弧の長さだから，

$\ell=2\pi\left(\frac{1}{2}a+r\right)\times\frac{120}{360}$

$=\frac{1}{3}\pi a+\frac{2}{3}\pi r$　…②

①，②より，$S=a\ell$

解説

2 (5)　$x-y=M$ とおくと，

$(x-y-3)(x-y-8)$

$=(M-3)(M-8)$

$=M^2-11M+24$

$=(x-y)^2-11(x-y)+24$

$=x^2-2xy+y^2-11x+11y+24$

(6)　$(x+2y+3)(x-2y-3)$

$=\{x+(2y+3)\}\{x-(2y+3)\}$

ここで，$2y+3=M$ とおくと

$=(x+M)(x-M)$

$=x^2-M^2$

$=x^2-(2y+3)^2$

$=x^2-(4y^2+12y+9)$

$=x^2-4y^2-12y-9$

5 (4)　$x+1=M$ とおく。

6 (1) ①　$43\times37=(40+3)(40-3)$

②　$9\times(28^2-22^2)$

$=9\times(28+22)(28-22)$

(2) ①　$x^2+6x+9=(x+3)^2$ と因数分解してから，代入する。

②　$a^2-2ab+b^2=(a-b)^2$ と因数分解してから，代入する。

ポイント

〈因数分解〉

$ab+ac=a(b+c)$　（分配法則）

$x^2+(a+b)x+ab=(x+a)(x+b)$

$x^2+2ax+a^2=(x+a)^2$

$x^2-2ax+a^2=(x-a)^2$

$x^2-a^2=(x+a)(x-a)$

2章 平方根

p.18〜19 ステージ1

❶ (1) ± 12　(2) ± 0.3　(3) $\pm\dfrac{5}{8}$
(4) $\pm\sqrt{17}$

❷ (1) 2.828　(2) 3.5 cm

❸ (1) 11　(2) -7　(3) 5
(4) -2

❹ (1) 7　(2) $\dfrac{3}{5}$　(3) -0.6
(4) -12

❺ (1) 7　(2) ± 14

❻ (1) $0<\sqrt{3}$　(2) $\sqrt{7}<3$
(3) $-4>-\sqrt{18}$　(4) $-\sqrt{27}<-5$

解説

❺ (1) $\sqrt{49}$ は，49の平方根の正の方だから，$\sqrt{49}=7$ である。
(2) 196の平方根は正と負の2つあり，± 14

❻ (2) $(\sqrt{7})^2=7$，$3^2=9$ で，$7<9$ だから，
$\sqrt{7}<\sqrt{9}$ より，$\sqrt{7}<3$
(3) $4^2=16$，$(\sqrt{18})^2=18$ で，$16<18$ だから，
$\sqrt{16}<\sqrt{18}$ より，$4<\sqrt{18}$
よって，$-4>-\sqrt{18}$

ポイント

平方根　①正の数の平方根は2つある。
　　　　②0の平方根は0だけである。
平方根の大小　a，b が正の数のとき，
　$a<b$　ならば　$\sqrt{a}<\sqrt{b}$

p.20〜21 ステージ1

❶ (1) $\dfrac{6}{5}$　(2) $\dfrac{13}{4}$　(3) $\dfrac{5}{8}$

❷ 有理数…$\sqrt{64}$，$\sqrt{0.16}$，$\sqrt{\dfrac{1}{9}}$
無理数…$\sqrt{\dfrac{3}{5}}$，$-\sqrt{7}$，$\sqrt{\dfrac{2}{3}}$，π

❸ (1) ①　(2) ③　(3) ④
(4) ②

❹ (1) ① 有理数　② 無理数
(2) ① $0.8\dot{3}$　② $1.\dot{5}\dot{4}$
③ $\dfrac{7}{9}$　④ $\dfrac{161}{99}$

解説

❷ $\sqrt{64}=\sqrt{8^2}=8$，$\sqrt{0.16}=\sqrt{0.4^2}=0.4$，
$\sqrt{\dfrac{1}{9}}=\sqrt{\left(\dfrac{1}{3}\right)^2}=\dfrac{1}{3}$ のように，$\sqrt{}$ を使わずに表せるので，有理数である。また，π は無理数であり，他の数は $\sqrt{}$ の中が $●^2$ の形ではないので，$\sqrt{}$ を使わずに表すことはできないから，無理数である。

❹ (1) ① たとえば，0.333…は循環(じゅんかん)する無限(むげん)小数だが，$\dfrac{1}{3}$ のように分数で表されるので，有理数である。
(2) ① $\dfrac{5}{6}=0.833\cdots=0.8\dot{3}$
② $\dfrac{17}{11}=1.5454\cdots=1.\dot{5}\dot{4}$
③ $x=0.\dot{7}$ とおくと，$10x=7.\dot{7}$
右のように計算すると，
$9x=7$ より $x=\dfrac{7}{9}$

$$\begin{array}{rr} 10x= & 7.77\cdots \\ -)\quad x= & 0.77\cdots \\ \hline 9x= & 7 \end{array}$$

④ $x=1.\dot{6}\dot{2}$ とおくと，$100x=162.\dot{6}\dot{2}$
右のように計算すると，
$99x=161$
$x=\dfrac{161}{99}$

$$\begin{array}{rr} 100x= & 162.62\cdots \\ -)\quad x= & 1.62\cdots \\ \hline 99x= & 161 \end{array}$$

ポイント

有理数…整数 m と0でない整数 n を用いて，分数 $\dfrac{m}{n}$ の形に表される数
無理数…π や $\sqrt{2}$ などのように，分数 $\dfrac{m}{n}$ の形に表せない数（循環しない無限小数）

p.22〜23 ステージ2

❶ (1) ± 30　(2) ± 0.1　(3) $\pm\sqrt{0.4}$
(4) $\pm\dfrac{8}{9}$

❷ (1) $-\dfrac{4}{3}$　(2) -9　(3) $\dfrac{3}{4}$
(4) 0.2

❸ (1) ± 6　(2) 10　(3) ○
(4) $\sqrt{0.09}$

❹ (1) $12>\sqrt{140}$　(2) $-\sqrt{29}<-5<-\sqrt{23}$
(3) $0.3<\sqrt{0.3}$　(4) $-\sqrt{\dfrac{1}{2}}<-\sqrt{\dfrac{1}{3}}<-\dfrac{1}{3}$

❺ (1) $1^2=1$, $(\sqrt{3})^2=3$, $2^2=4$ で,
$1<3<4$ だから, $\sqrt{1}<\sqrt{3}<\sqrt{4}$
よって, $1<\sqrt{3}<2$ より, $\sqrt{3}$ をはさむ連続する 2 つの整数は 1 と 2 である。
(2) 3

❻ (1) A…$-\sqrt{4}$, B…-0.5, C…$\sqrt{3}$, D…$\sqrt{6}$
(2) 2, 3, 5, 6, 7, 8

❼ 整数部分…4, 小数第 1 位…1

❽ (1) 21, 22, 23, 24　(2) 4 個

● ● ● ● ●

① 10 個
② 9
③ $n=67$, 68, 69

解　説

❺ (2) $1.73^2=2.9929$, $1.74^2=3.0276$ だから,
$x=\sqrt{3}$ とおくと, $x^2=3$ を満たす正の数 x は 1.73 より大きく 1.74 より小さいとわかるので, $\sqrt{3}$ の小数第 2 位の数は 3 になる。

❻ (1) A … $-2=-\sqrt{4}$
B … 0 と -1 の間の数だから, -0.5
C … 1 と 2 の間の数で,
$1<3<4$ より $1<\sqrt{3}<2$ だから, $\sqrt{3}$
D … 2 と 3 の間の数で,
$4<6<9$ より $2<\sqrt{6}<3$ だから, $\sqrt{6}$
(2) $\sqrt{n}$ が有理数になるとき, n は $●^2$ の形の数である。

❼ $16<17<25$ より $4<\sqrt{17}<5$ だから, $\sqrt{17}$ の整数部分は 4　また, $4.1^2=16.81$, $4.2^2=17.64$ より $16.81<17<17.64$ だから, $4.1<\sqrt{17}<4.2$
よって, $\sqrt{17}$ の小数第 1 位の数は 1

❽ (1) $4.5<\sqrt{n}<5$ より $20.25<n<25$
(2) 求める正の整数を n とすると,
$\sqrt{11}<n<\sqrt{51}$ になるから, $11<n^2<51$
これを満たす正の整数は, 4, 5, 6, 7 の 4 個

② $\sqrt{67-2n}$ の値が整数になるとき, $67-2n$ は $●^2$ の形の数で, $67-2n \geqq 0$ より $(8^2=)\,64$ 以下の数である。$67-2n=64$ のとき n は自然数ではないので, 問題に合わない。$(7^2=)\,49$ のとき $67-2n=49$ より $n=9$。同様に, $(6^2=)\,36$, $(5^2=)\,25$, …と調べると, もっとも小さい自然数 n は 9 とわかる。

③ $8.2^2=67.24$, $8.4^2=70.56$ より
$68 \leqq n+1 \leqq 70$ を満たす自然数 n を求める。

p.24〜25　ステージ 1

❶ (1) $\sqrt{38}$　(2) $-\sqrt{39}$　(3) $\sqrt{3}$
(4) $-\sqrt{6}$

❷ (1) $\sqrt{27}$　(2) $\sqrt{175}$　(3) $\sqrt{98}$
(4) $\sqrt{\dfrac{3}{2}}$　(5) $\sqrt{3}$　(6) $\sqrt{2}$

❸ (1) $2\sqrt{5}$　(2) $2\sqrt{7}$　(3) $4\sqrt{2}$
(4) $2\sqrt{21}$　(5) $4\sqrt{7}$　(6) $15\sqrt{2}$

❹ (1) $\dfrac{\sqrt{5}}{6}$　(2) $\dfrac{\sqrt{11}}{7}$　(3) $\dfrac{\sqrt{6}}{10}$
(4) $\dfrac{\sqrt{3}}{5}$

解　説

❷ (1) $3\sqrt{3}=\sqrt{3^2\times3}=\sqrt{27}$
(6) $\dfrac{\sqrt{72}}{6}=\sqrt{\dfrac{72}{6^2}}=\sqrt{\dfrac{72}{36}}=\sqrt{2}$

❸ (1) $\sqrt{20}=\sqrt{2^2\times5}=2\sqrt{5}$
(5) $112=4^2\times7$ であるから,
$\sqrt{112}=\sqrt{4^2\times7}=4\sqrt{7}$

ポイント
$\sqrt{a^2b}=a\sqrt{b}$　$(a>0,\ b>0)$
根号の中が大きい数のときは, 根号の中の数を素因数分解して, $a\sqrt{b}$ の形にできるかを考える。

❹ (1) $\sqrt{\dfrac{5}{36}}=\sqrt{\dfrac{5}{6^2}}=\dfrac{\sqrt{5}}{6}$
(4) $\sqrt{0.12}=\sqrt{\dfrac{12}{100}}=\sqrt{\dfrac{2^2\times3}{10^2}}=\dfrac{2\sqrt{3}}{10}=\dfrac{\sqrt{3}}{5}$

p.26〜27　ステージ 1

❶ (1) $-14\sqrt{6}$　(2) $6\sqrt{2}$　(3) $6\sqrt{15}$
(4) 15　(5) 12　(6) $12\sqrt{15}$
(7) $-18\sqrt{2}$　(8) $48\sqrt{5}$

❷ (1) $\dfrac{5\sqrt{3}}{3}$　(2) $\dfrac{\sqrt{42}}{7}$　(3) $\dfrac{7\sqrt{5}}{20}$
(4) $\dfrac{2\sqrt{5}}{3}$　(5) $\dfrac{5\sqrt{2}}{2}$　(6) $\dfrac{2\sqrt{3}}{3}$
(7) $\sqrt{3}$　(8) $\dfrac{\sqrt{5}}{5}$

❸ (1) $\dfrac{\sqrt{14}}{7}$　(2) $-\dfrac{\sqrt{15}}{2}$　(3) $-\sqrt{15}$
(4) $\dfrac{3\sqrt{2}}{2}$

解説

1 (1) $7\sqrt{3}\times(-2\sqrt{2})=-7\times\sqrt{3}\times2\times\sqrt{2}=-14\sqrt{6}$

(2) $\sqrt{6}\times\sqrt{12}=\sqrt{6}\times\sqrt{6}\times\sqrt{2}=6\sqrt{2}$

(3) $\sqrt{27}\times\sqrt{20}=3\sqrt{3}\times2\sqrt{5}=6\sqrt{15}$

(4) $\sqrt{5}\times\sqrt{45}=\sqrt{5}\times3\sqrt{5}=3\times5=15$

2 (1) $\dfrac{5}{\sqrt{3}}=\dfrac{5\times\sqrt{3}}{\sqrt{3}\times\sqrt{3}}=\dfrac{5\sqrt{3}}{3}$

(4) $\dfrac{10}{3\sqrt{5}}=\dfrac{10\times\sqrt{5}}{3\sqrt{5}\times\sqrt{5}}=\dfrac{10\sqrt{5}}{3\times5}=\dfrac{2\sqrt{5}}{3}$

(5) $\dfrac{15}{\sqrt{18}}=\dfrac{15}{3\sqrt{2}}=\dfrac{5}{\sqrt{2}}=\dfrac{5\times\sqrt{2}}{\sqrt{2}\times\sqrt{2}}=\dfrac{5\sqrt{2}}{2}$

3 (1) $\sqrt{2}\div\sqrt{7}=\dfrac{\sqrt{2}}{\sqrt{7}}=\dfrac{\sqrt{2}\times\sqrt{7}}{\sqrt{7}\times\sqrt{7}}=\dfrac{\sqrt{14}}{7}$

(2) $5\sqrt{3}\div(-\sqrt{20})$

$=-\dfrac{5\sqrt{3}}{\sqrt{20}}=-\dfrac{5\sqrt{3}}{2\sqrt{5}}=-\dfrac{5\sqrt{3}\times\sqrt{5}}{2\sqrt{5}\times\sqrt{5}}$

$=-\dfrac{5\sqrt{15}}{10}=-\dfrac{\sqrt{15}}{2}$

(3) $-\sqrt{165}\div\sqrt{11}=-\sqrt{\dfrac{165}{11}}=-\sqrt{15}$

(4) $\sqrt{63}\div\sqrt{14}=\sqrt{\dfrac{63}{14}}=\sqrt{\dfrac{9}{2}}=\dfrac{3}{\sqrt{2}}=\dfrac{3\sqrt{2}}{2}$

ポイント

計算結果に根号をふくむ場合，根号の中は，できるだけ小さい自然数にしておくこと。

p.28～29 ステージ1

1 (1) $10\sqrt{5}$　(2) $\sqrt{7}$　(3) $2\sqrt{2}$
(4) 0　(5) $3\sqrt{5}$　(6) $\sqrt{3}$
(7) $3\sqrt{5}$　(8) $-2\sqrt{2}+6\sqrt{3}$

2 (1) $8\sqrt{6}$　(2) $-\sqrt{7}$
(3) $\dfrac{7\sqrt{3}}{6}$　(4) $\dfrac{9\sqrt{10}}{5}$

3 (1) $6\sqrt{5}-12$　(2) $2-\sqrt{2}$
(3) $10-3\sqrt{5}$　(4) $-13-2\sqrt{2}$
(5) -2　(6) $9-2\sqrt{14}$

4 (1) $2\sqrt{3}$　(2) 2
(3) 2　(4) $4\sqrt{3}$

解説

1 (1) $3\sqrt{5}+7\sqrt{5}=(3+7)\sqrt{5}=10\sqrt{5}$

(5) $\sqrt{80}-\sqrt{5}=4\sqrt{5}-\sqrt{5}=3\sqrt{5}$

(6) $3\sqrt{12}-\sqrt{75}=6\sqrt{3}-5\sqrt{3}=\sqrt{3}$

(8) $\sqrt{8}+4\sqrt{3}-\sqrt{32}+\sqrt{12}$

$=2\sqrt{2}+4\sqrt{3}-4\sqrt{2}+2\sqrt{3}$

$=(2-4)\sqrt{2}+(4+2)\sqrt{3}$

$=-2\sqrt{2}+6\sqrt{3}$

ポイント

根号の中が同じ数のとき，$2a+4a=(2+4)a=6a$ の計算と同じように，計算できる。

2 (3) $\dfrac{2}{\sqrt{3}}+\dfrac{\sqrt{3}}{2}=\dfrac{2\sqrt{3}}{3}+\dfrac{\sqrt{3}}{2}=\dfrac{4\sqrt{3}}{6}+\dfrac{3\sqrt{3}}{6}$

$=\dfrac{7\sqrt{3}}{6}$

(4) $\sqrt{40}-\sqrt{\dfrac{2}{5}}=2\sqrt{10}-\dfrac{\sqrt{2}}{\sqrt{5}}=2\sqrt{10}-\dfrac{\sqrt{10}}{5}$

$=\dfrac{9\sqrt{10}}{5}$

3 (1)～(3)は分配法則，(4)～(6)は展開の公式を利用して，かっこをはずす。

(4) $(x+a)(x+b)=x^2+(a+b)x+ab$ を利用する。

(5) $(x+a)(x-a)=x^2-a^2$ を利用する。

(6) $(x-a)^2=x^2-2ax+a^2$ を利用する。

4 (4) $x^2-y^2=(x+y)(x-y)=2\sqrt{3}\times2$

p.30～31 ステージ1

1 (1) **7.07**　(2) **2.121**　(3) **3.464**
(4) **69.28**　(5) **0.2828**　(6) **0.46**

2 (1) $2.85\leqq a<2.95$

(2) **0.05 m 以下**

3 (1) **有効数字 … 3，7，8**
a の値の範囲 … $3775\leqq a<3785$

(2) **0.1 m の位**

(3) **2.40×10^3 g**　(4) **5.38×10^3 m**

解説

1 (1) $\sqrt{50}=5\sqrt{2}=5\times1.414=7.07$

(2) $\dfrac{3}{\sqrt{2}}=\dfrac{3\sqrt{2}}{2}=\dfrac{3\times1.414}{2}=2.121$

(3) $\sqrt{12}=2\sqrt{3}=2\times1.732=3.464$

(4) $\sqrt{4800}=\sqrt{16\times100\times3}=4\times10\times\sqrt{3}$

$=40\times1.732=69.28$

(5) $\sqrt{0.08}=\sqrt{\dfrac{8}{100}}=\dfrac{\sqrt{8}}{\sqrt{100}}=\dfrac{2\sqrt{2}}{10}=\dfrac{\sqrt{2}}{5}$

$=0.2828$

(6) $\sqrt{32}-\sqrt{27}=4\sqrt{2}-3\sqrt{3}$

$=4\times1.414-3\times1.732=0.46$

❷ (1) 小数第2位を四捨五入しているので，a は $2.85 \leqq a < 2.95$ の範囲にある数になる。

ミス注意! 範囲は2.94以下ではなく，2.948なども小数第2位を四捨五入すると2.9になるので，2.95未満の数であることに注意する。

(2) a がもっとも小さいときの誤差は $2.9-2.85=0.05$ より，誤差の絶対値は0.05m以下。

❸ (1) 一の位を四捨五入しているので，十の位までが信頼できる数字だから，3780の千，百，十の位の3，7，8が有効数字である。また，真の値 a の値の範囲は3775m以上3785m未満の長さになる。

(2) 高さが12.0mと表されていることから，小数第1位の0が有効数字になっているので，0.1mの位まで測定しているとわかる。

(3) 最小のめもりが10gのはかりで重さを量っているので，有効数字は2，4，0だから，
$2400=2.40\times1000=2.40\times10^3$(g)と表される。

(4) 有効数字が5，3，8だから，
$5380=5.38\times1000=5.38\times10^3$(m)と表される。

p.32～33 ステージ2

❶ (1) $\sqrt{3}$ (2) $\frac{2\sqrt{21}}{3}$ (3) $-\sqrt{10}$

❷ (1) $\frac{\sqrt{30}}{6}$ (2) $\sqrt{3}$ (3) $\frac{\sqrt{10}}{2}$
(4) $\sqrt{7}-\frac{\sqrt{6}}{2}$

❸ (1) 0.05477 (2) 5.196 (3) 3.464

❹ (1) $\sqrt{2}$ (2) 0 (3) $\frac{4\sqrt{3}}{3}$
(4) $3\sqrt{3}$ (5) $-\sqrt{5}$ (6) $\frac{\sqrt{3}}{3}$

❺ (1) 15 (2) $12-8\sqrt{3}$
(3) $-3-2\sqrt{5}$ (4) $9+6\sqrt{2}$
(5) 5 (6) $3-\sqrt{2}$

❻ (1) 0.172 (2) 1.830×10^4 L

❼ (1) $9<10<16$ より $3<\sqrt{10}<4$ だから，
$\sqrt{10}$ の整数部分は3
よって，$\sqrt{10}$ の小数部分は $a=\sqrt{10}-3$
(2) 1

● ● ● ● ●

① (1) $2\sqrt{2}$ (2) $-\sqrt{2}$
(3) $11-\sqrt{2}$ (4) -13
(5) 8 (6) $\sqrt{15}$

② (1) 2 (2) -11

解説

❸ (1) $\sqrt{0.003}=\sqrt{\frac{30}{10000}}=\frac{\sqrt{30}}{100}=5.477\div100$
(2) $\sqrt{27}=3\sqrt{3}=3\times1.732$
(3) $\frac{6}{\sqrt{3}}=\frac{6\sqrt{3}}{3}=2\sqrt{3}=2\times1.732$

❻ (1) $(\sqrt{2}-1)^2=2-2\sqrt{2}+1=3-2\sqrt{2}$
$=3-2\times1.414=0.172$

❼ (2) $a(a+6)=(\sqrt{10}-3)(\sqrt{10}-3+6)$
$=(\sqrt{10}-3)(\sqrt{10}+3)$
$=(\sqrt{10})^2-3^2=10-9=1$

② (1) $a(a+2)-2(a+2)=(a+2)(a-2)$
$=a^2-4=(\sqrt{6})^2-4=6-4=2$
(2) $x^2-10x+2$
$=(5-2\sqrt{3})^2-10(5-2\sqrt{3})+2$
$=25-20\sqrt{3}+12-50+20\sqrt{3}+2$
$=-11$

p.34～35 ステージ3

❶ (1) $\pm\frac{11}{8}$
(2) ① -13 ② 16 ③ 0.9
(3) $-\sqrt{10}<-3<-\sqrt{8}$
(4) 4個 (5) $\frac{5}{11}$

❷ (1) $\sqrt{3}$，$\frac{2}{\sqrt{3}}$，$\sqrt{0.9}$ (2) 15
(3) 22.4 cm (4) 5.60×10^7 km

❸ (1) $\frac{\sqrt{3}}{3}$ (2) $\frac{\sqrt{6}}{2}$ (3) $2\sqrt{2}$

❹ (1) 31.62 (2) 0.3162

❺ (1) $6\sqrt{2}$ (2) $\frac{\sqrt{6}}{3}$
(3) $-3\sqrt{6}$ (4) $2\sqrt{3}$

❻ (1) $-\sqrt{5}+3\sqrt{3}$ (2) $-\sqrt{2}$
(3) $-\sqrt{5}$ (4) $\sqrt{7}$

❼ (1) $18-6\sqrt{5}$ (2) $10-7\sqrt{7}$
(3) $-2+3\sqrt{2}$ (4) $16+4\sqrt{15}$
(5) 5 (6) $10+4\sqrt{5}$

❽ (1) $12\sqrt{2}$ (2) 24

解説

1 (4) $2<\sqrt{n}<3$ より $2^2<(\sqrt{n})^2<3^2$ だから，
$4<n<9$　これを満たす整数 n は5，6，7，8の4個である。

(5) $x=0.\dot{4}\dot{5}$ とおくと，$100x=45.\dot{4}\dot{5}$

これより，
$$\begin{array}{rr} 100x= & 45.45\cdots \\ -)\quad x= & 0.45\cdots \\ \hline 99x= & 45 \end{array}$$

よって，$x=\dfrac{45}{99}=\dfrac{5}{11}$

2 (1) $\sqrt{\dfrac{16}{9}}=\dfrac{4}{3}$，$\sqrt{0.49}=0.7$ より，

$\sqrt{\dfrac{16}{9}}$，$\sqrt{0.49}$ は有理数である。

(2) $135=3\times3\times15$ より $n=15$ であればよい。

(3) 2つの正方形の面積の和は，
$10\times10+20\times20=100+400=500(\text{cm}^2)$
よって，求める正方形の1辺の長さを x cm とすると，$x^2=500$ より，
$x=\sqrt{500}=10\sqrt{5}=10\times2.236=22.36(\text{cm})$
ここで，3はmmの位の数字だから，6を四捨五入して，22.36 cm → 22.4 cm

3 (1) $\dfrac{3\sqrt{2}}{\sqrt{54}}=\dfrac{3\sqrt{2}}{3\sqrt{6}}=\dfrac{1}{\sqrt{3}}=\dfrac{1\times\sqrt{3}}{\sqrt{3}\times\sqrt{3}}$

(2) $\dfrac{\sqrt{21}}{\sqrt{2}\times\sqrt{7}}=\dfrac{\sqrt{3}\times\sqrt{7}}{\sqrt{2}\times\sqrt{7}}=\dfrac{\sqrt{3}}{\sqrt{2}}=\dfrac{\sqrt{3}\times\sqrt{2}}{\sqrt{2}\times\sqrt{2}}$

(3) $\dfrac{4\sqrt{15}}{\sqrt{30}}=\dfrac{4\sqrt{15}}{\sqrt{2}\times\sqrt{15}}=\dfrac{4}{\sqrt{2}}=\dfrac{4\times\sqrt{2}}{\sqrt{2}\times\sqrt{2}}$

ポイント
分母を有理化するときも，根号の中を簡単にしてから考えるとよい。

4 (1) $\sqrt{1000}=\sqrt{100\times10}=10\sqrt{10}=10\times3.162$

(2) $\sqrt{0.1}=\sqrt{\dfrac{10}{100}}=\dfrac{\sqrt{10}}{10}=3.162\div10$

7 (1) $2\sqrt{3}(\sqrt{27}-\sqrt{15})$
$=2\sqrt{3}(3\sqrt{3}-\sqrt{3}\times\sqrt{5})$
$=2\sqrt{3}\times3\sqrt{3}-2\sqrt{3}\times\sqrt{3}\times\sqrt{5}=18-6\sqrt{5}$

(2) $(2\sqrt{7}+1)(\sqrt{7}-4)$
$=2\sqrt{7}\times\sqrt{7}-2\sqrt{7}\times4+1\times\sqrt{7}-1\times4$
$=14-8\sqrt{7}+\sqrt{7}-4$
$=10-7\sqrt{7}$

8 $x+y$，$x-y$ の値を求めて，代入する。

3章 2次方程式

p.36〜37 ステージ1

1 ㋐，㋒

2 -3，2

3 (1) $x=-5,\ 2$　(2) $x=0,\ 4$
(3) $x=1,\ 3$　(4) $x=1,\ 6$
(5) $x=-5,\ 5$　(6) $x=-10,\ 10$

4 (1) $x=2,\ -4$　(2) $x=2,\ 5$
(3) $x=1,\ -3$　(4) $x=0,\ -5$

5 (1) $x=-4$　(2) $x=-1$
(3) $x=3$　(4) $x=6$

解説

3 次のように，左辺を因数分解する。
(3) $(x-1)(x-3)=0$
(4) $(x-1)(x-6)=0$
(5) $(x+5)(x-5)=0$
(6) $(x+10)(x-10)=0$

4 移項して，(2次式)$=0$ の形にしてから，左辺を因数分解する。
(1) $x^2+2x-8=0$ より，$(x-2)(x+4)=0$
(2) $x^2-7x+10=0$ より，$(x-2)(x-5)=0$
(3) まず，両辺を3でわると，$x^2+2x=3$
3を移項すると，
$x^2+2x-3=0$ より，$(x-1)(x+3)=0$
(4) まず，両辺を4でわると，$x^2=-5x$
$-5x$ を移項すると，
$x^2+5x=0$ より，$x(x+5)=0$

ミス注意! (4)では，両辺を $4x$ でわると，$x=-5$ という解が求められるが，$x=0$ を $4x^2=-20x$ に代入すると式が成り立つので，$x=0$ も方程式 $4x^2=-20x$ の解であるとわかる。$x=0$ という解を求めるために，両辺を x をふくむ式でわることはできないことに注意しよう。

5 次のように，左辺を因数分解する。
(1) $(x+4)^2=0$　(2) $(x+1)^2=0$
(3) $(x-3)^2=0$　(4) $(x-6)^2=0$

2次方程式はふつう解を2つもつが，**5**のように，解を1つしかもたないものもある。
たとえば，(1)では $(x+4)(x+4)=0$ と因数分解したと考えれば，解が重なって1つになったといえる。

p.38〜39　ステージ1

1 (1) $x=\pm\sqrt{7}$　(2) $x=\pm 2\sqrt{2}$
(3) $x=-3\pm\sqrt{5}$　(4) $x=11,\ -3$

2 (1) ㋐ 3^2（または9）　㋑ 3　㋒ 2
㋓ $\sqrt{2}$　㋔ $-3\pm\sqrt{2}$
(2) ㋕ $\left(\frac{3}{2}\right)^2$ $\left(\text{または}\frac{9}{4}\right)$　㋖ $\frac{3}{2}$　㋗ $\frac{17}{4}$
㋘ $\frac{\sqrt{17}}{2}$　㋙ $\frac{3}{2}\pm\frac{\sqrt{17}}{2}$ $\left(\text{または}\frac{3\pm\sqrt{17}}{2}\right)$

3 (1) $x=\frac{7\pm\sqrt{29}}{2}$　(2) $x=\frac{5\pm\sqrt{13}}{6}$
(3) $x=-2\pm\sqrt{3}$　(4) $x=3,\ -\frac{1}{2}$

4 (1) $x=-3,\ 5$　(2) $x=0,\ -4$
(3) $x=1,\ 3$　(4) $x=5,\ -6$

5 $a=-1$　もう1つの解…$x=5$

解説

1 (2) $5x^2-40=0$
両辺を5でわって移項すると,
$x^2=8$
$x=\pm\sqrt{8}$　$x=\pm 2\sqrt{2}$
(3) $(x+3)^2=5$
$x+3=\pm\sqrt{5}$
$x=-3\pm\sqrt{5}$
(4) $(x-4)^2-49=0$
$(x-4)^2=49$
$x-4=\pm 7$
$x=4\pm 7$
$x=4+7$ から $x=11$, $x=4-7$ から $x=-3$
よって, $x=11,\ -3$

3 (1) 解の公式に, $a=1$, $b=-7$, $c=5$ を代入すると,
$$x=\frac{-(-7)\pm\sqrt{(-7)^2-4\times1\times5}}{2\times1}=\frac{7\pm\sqrt{29}}{2}$$
(3) 解の公式に, $a=1$, $b=4$, $c=1$ を代入すると,
$$x=\frac{-4\pm\sqrt{4^2-4\times1\times1}}{2\times1}=\frac{-4\pm\sqrt{12}}{2}$$
$$=\frac{-4\pm2\sqrt{3}}{2}=-2\pm\sqrt{3}$$
約分する。
(4) 解の公式に, $a=2$, $b=-5$, $c=-3$ を代入すると,
$$x=\frac{-(-5)\pm\sqrt{(-5)^2-4\times2\times(-3)}}{2\times2}$$
$$=\frac{5\pm\sqrt{25+24}}{4}=\frac{5\pm\sqrt{49}}{4}=\frac{5\pm7}{4}$$
$x=\frac{5+7}{4}$ より $x=3$, $x=\frac{5-7}{4}$ より $x=-\frac{1}{2}$
よって, $x=3,\ -\frac{1}{2}$

4 複雑な2次方程式は, $ax^2+bx+c=0$ の形にしてから解く。
(1) $x^2-2x-8=7$ ←左辺を展開する。
$x^2-2x-15=0$ ←$ax^2+bx+c=0$の形
$(x+3)(x-5)=0$　よって, $x=-3,\ 5$
(2) $x^2+5x=x$ ←左辺を展開する。
$x^2+4x=0$ ←$ax^2+bx+c=0$の形
$x(x+4)=0$　よって, $x=0,\ -4$
(3) $x^2-2x+1=2x-2$ ←両辺を展開する。
$x^2-4x+3=0$ ←$ax^2+bx+c=0$の形
$(x-1)(x-3)=0$　よって, $x=1,\ 3$
(4) $x^2+5x-24=4x+6$ ←左辺を展開する。
$x^2+x-30=0$ ←$ax^2+bx+c=0$の形
$(x-5)(x+6)=0$　よって, $x=5,\ -6$

5 $x^2+ax-20=0$ の解の1つが -4 だから,
$x^2+ax-20=0$ に $x=-4$ を代入すると, 方程式が成り立つから, $(-4)^2+a\times(-4)-20=0$
これを解くと, $a=-1$
もとの式に代入すると, $x^2-x-20=0$
$(x+4)(x-5)=0$　よって, $x=-4,\ 5$
-4 以外の解は $x=5$ である。

p.40〜41　ステージ2

1 (1) $x=-2,\ \frac{4}{3}$　(2) $x=-\frac{5}{2}$
(3) $x=0,\ \frac{3}{2}$　(4) $x=-3,\ -12$
(5) $x=10,\ -12$　(6) $x=11$
(7) $x=-7,\ 8$　(8) $x=1$
(9) $x=2,\ 4$

2 (1) $x=\pm\frac{1}{2}$　(2) $x=\pm\frac{3\sqrt{2}}{5}$
(3) $x=\pm\frac{\sqrt{30}}{6}$　(4) $x=6,\ -10$
(5) $x=4\pm2\sqrt{2}$　(6) $x=\frac{1\pm2\sqrt{7}}{2}$

3章

❸ (1) $(x-4)^2=25$, $x=9$, -1

(2) $\left(x+\frac{5}{2}\right)^2=\frac{37}{4}$, $x=\frac{-5\pm\sqrt{37}}{2}$

❹ (1) $x=\frac{1\pm\sqrt{33}}{8}$ (2) $x=2$, $\frac{1}{3}$

(3) $x=\frac{-2\pm\sqrt{14}}{2}$ (4) $x=\frac{1}{3}$

(5) $x=1\pm\sqrt{6}$ (6) $x=\frac{1\pm\sqrt{33}}{2}$

❺ (1) $x=3\pm\sqrt{3}$ (2) $x=0$, -4

❻ (1) $x^2-2x+a=0$ の解の1つが3だから，
$x^2-2x+a=0$ に $x=3$ を代入すると，
$3^2-2\times3+a=0$ より，
$9-6+a=0$ $3+a=0$ $a=-3$

(2) $x=-1$

❼ $a=-4$ もう1つの解…$x=2+\sqrt{3}$

• • • • •

① (1) $x=-1\pm\sqrt{3}$ (2) $x=\frac{-1\pm\sqrt{33}}{4}$

(3) $x=\frac{3\pm\sqrt{17}}{4}$ (4) $x=\frac{4\pm\sqrt{10}}{3}$

(5) $x=\frac{1\pm\sqrt{17}}{2}$ (6) $x=\frac{5\pm\sqrt{17}}{2}$

② $a=6$

解説

❶ (7) $2x^2-2x-112=0$
$x^2-x-56=0$ ← 両辺を2でわる。
$(x+7)(x-8)=0$
$x=-7$, 8

❷ (4) $(x+2)^2-64=0$
$(x+2)^2=64$
$x+2=\pm8$
よって，$x=6$, -10

❸ (1) $x^2-8x+5=14$
$x^2-8x=14-5$ ← 5を移項する。
$x^2-8x+4^2=9+4^2$ ←両辺に x の係数の絶対値の半分の2乗を加える。
$(x-4)^2=25$
$x-4=\pm5$
よって，$x=9$, -1

❻ (2) $a=-3$ だから，$x^2-2x-3=0$
$(x+1)(x-3)=0$ より $x=-1$, 3

❼ $x=2-\sqrt{3}$ とおくと，$2-x=\sqrt{3}$ だから，
両辺をそれぞれ2乗して，
$4-4x+x^2=3$ より $x^2-4x+1=0$
よって，$a=-4$

p.42～43 ステージ1

❶ (1) 6と7，−7と−6 (2) 9

❷ (1) $(4-\sqrt{6})$ cm，$(4+\sqrt{6})$ cm

(2) 2秒後と16秒後

❸ (1) 2 m (2) 9 cm

解説

❶ (1) 小さい方の整数を x とおくと，大きい方の整数は $x+1$ と表されるから，
$x^2+(x+1)^2=85$
この方程式を解くと，$x=6$, -7
$x=6$ のとき，大きい方の整数は7
$x=-7$ のとき，大きい方の整数は -6
これらは，ともに問題に適している。

(2) 中央の数を x とおくと，もっとも小さい数は $x-1$，もっとも大きい数は $x+1$ と表されるから，$(x-1)(x+1)=5x+49$
この方程式を解くと，$x=-5$, 10
x は自然数だから，$x=10$
よって，もっとも小さい自然数は9

❷ (1) 点P，Qがそれぞれ x cm $(0<x<8)$ 動いたとすると，
$\triangle PQC=\frac{1}{2}\times QC\times BP=\frac{1}{2}\times(8-x)\times x$
$\frac{1}{2}x(8-x)=5$ を解いて，x の値を求める。

(2) 出発してから x 秒後 $(0<x<18)$ のAPの長さは x cm，PBの長さは $(18-x)$ cm だから，
長方形の面積は $PB\times AP=(18-x)\times x$
$x(18-x)=32$ を解いて，x の値を求める。

❸ (1) 右の図のように，道をはしによせて考える。

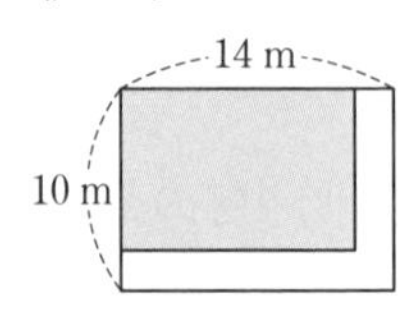

道幅を x m $(0<x<10)$ とすると，
残りの土地の面積は $(10-x)(14-x)$ だから，
$(10-x)(14-x)=96$ を解いて，x の値を求めると，$x=2$, 22
$0<x<10$ だから，$x=2$

(2) もとの正方形の1辺の長さを x cm $(x>2)$ とすると，求める長方形の面積は $(x-2)(x+3)$ だから，$(x-2)(x+3)=84$ を解いて，x の値を求

めると，
$x=-10$，9
$x>2$ だから，$x=9$

ポイント
文章題を解いたあとは，解が実際の問題に適しているかの確かめを忘れずにする。

p.44～45 ステージ2

❶ (1) 5　(2) 5，6，7と -7，-6，-5
(3) 12日
❷ 3 cm
❸ $(6-\sqrt{6})$ cm
❹ 9 cm
❺ (1) △DPQの面積は，正方形の面積からまわりにある3つの三角形の面積をひいて求めるから，AP $=x$ cm とすると，
$$\triangle DPQ=10\times10-\frac{1}{2}\times x\times10-\frac{1}{2}\times x\times(10-x)-\frac{1}{2}\times(10-x)\times10=\frac{1}{2}x^2-5x+50$$
(2) 2 cm，8 cm
❻ (4，12)

● ● ● ● ●

① 13
② 10

解説

❶ (1) 正の数を x とすると，$x^2=3x+10$
この方程式を解くと，$x=-2$，5
$x>0$ だから，$x=5$
(2) 中央の整数を x とすると，3つの連続する整数は $x-1$，x，$x+1$ と表されるから，
$(x-1)^2+x^2+(x+1)^2=110$
この方程式を解くと，$x=\pm6$
3つの連続する整数は，$x=6$ のとき，5，6，7
$x=-6$ のとき，-7，-6，-5
(3) カレンダーで x のすぐ真上の数は $x-7$
x の右どなりの数は $x+1$ と表されるから，
$x^2+(x-7)^2=(x+1)^2$
この方程式を解くと，$x=4$，12
$x=4$ のとき，カレンダーですぐ真上の数は存在しないから，問題に適していない。
$x=12$ のとき，すぐ真上の数は5，右どなりの数は13で問題に適している。

❷ 長方形の縦の長さを x cm とすると，周の長さが22 cm より，横の長さは $(22\div2-x)$ cm と表される。
よって，$x(11-x)=24$
この方程式を解くと，$x=3$，8
$x=8$ のとき，横の長さは $(11-8=)3$ cm となり，縦が横より長くなるので，問題に適していない。
よって，$x=3$

❸ AP $=x$ cm とすると，PC $=$ QC $=(6-x)$ cm だから，$\frac{1}{2}\times6\times6-\frac{1}{2}(6-x)\times(6-x)=15$
この方程式を解くと，$x=6\pm\sqrt{6}$
$0<x<6$ だから，$x=6-\sqrt{6}$

❹ 紙の縦の長さを x cm とすると，ふたのない箱の底の縦の長さは $(x-2\times2)$ cm，
横の長さは $(x+3-2\times2)$ cm と表される。
よって，$(x-4)\times(x-1)\times2=80$
この方程式を解くと，$x=-4$，9
$x-4>0$ だから，$x=9$

❺ (2) (1)より，$\frac{1}{2}x^2-5x+50=42$
この方程式を解くと，$x=2$，8
$0<x<10$ だから，どちらも問題に適している。

❻ 点Pの x 座標を p とすると，P$(p,\ 2p+4)$ で，
OQ $=p$，PQ $=2p+4$ と表されるから，
$\frac{1}{2}\times p\times(2p+4)=24$
この方程式を解くと，$p=-6$，4
$p>0$ だから，$p=4$

① 問題より，$x^2+52=17x$　x は素数であることに注意して，方程式を解く。
② 問題より，$(x+4)(x+5)=210$　$x>0$ であることに注意して，方程式を解く。

p.46～47 ステージ3

❶ (1) $x=\pm\frac{\sqrt{7}}{2}$　(2) $x=6$，-12
(3) $x=\frac{1\pm\sqrt{33}}{4}$　(4) $x=3\pm\sqrt{19}$
(5) $x=\frac{2}{3}$，$\frac{1}{2}$　(6) $x=-6$，7
(7) $x=-8$　(8) $x=0$，16
❷ (1) $x=2$，8　(2) $x=-3$，6

(3) $x=\dfrac{-3\pm\sqrt{17}}{2}$ (4) $x=\dfrac{1}{3}$

3 (1) $x=6$ (2) $a=7$, $b=10$

4 6, 7

5 $(12-x)(21-x)=190$, 2 m

6 十角形

7 12 cm

8 $(5+\sqrt{5})$ 秒後, $(5-\sqrt{5})$ 秒後

解説

3 (2) 解が -2 より, $4-2a+b=0$ …①
解が -5 より, $25-5a+b=0$ …②
①, ②を連立方程式として解いて, a, b の値を求める。
別解 解が -2, -5 である2次方程式は,
$\{x-(-2)\}\{x-(-5)\}=0$ より,
$(x+2)(x+5)=0$
すなわち, $x^2+7x+10=0$ となる。

4 小さい方の整数を x とすると, 大きい方の整数は $x+1$ と表されるから, $x^2=4(x+1)+8$
この方程式を解くと, $x=-2$, 6
$x>0$ だから, $x=6$ 2つの整数は6, 7

5 右の図のように, 道をはしによせて考える。
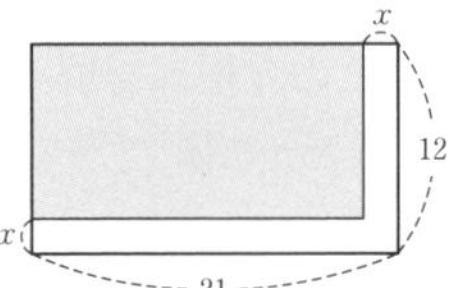

道幅を x m $(0<x<12)$ とすると,
$(12-x)(21-x)=190$
この方程式を解くと, $x=2$, 31
$0<x<12$ だから, $x=2$

6 方程式 $\dfrac{n(n-3)}{2}=35$ を解くと, $n=-7$, 10
$n>0$ だから, $n=10$ よって, 十角形

7 もとの正方形の1辺の長さを x cm とすると,
長方形の縦の長さは $(x+4)$ cm,
横の長さは $(x+6)$ cm だから,
長方形の面積は $(x+4)(x+6)$ と表される。
$(x+4)(x+6)=2x^2$ を解くと, $x=-2$, 12
$x>0$ より $x=12$

8 AP $=x$ cm とすると, PB $=(10-x)$ cm,
BQ $=2x$ cm だから, $\triangle$PBQ $=\dfrac{1}{2}\times2x\times(10-x)$
$\dfrac{1}{2}\times2x\times(10-x)=20$ を解くと, $x=5\pm\sqrt{5}$
$0<x<10$ だから, どちらも問題に適している。

4章 関数 $y=ax^2$

p.48〜49 ステージ1

1 (1) $y=\dfrac{1}{2}x^2$ (2) $\dfrac{1}{2}$ (3) 9倍

2 ㋐ $y=10x^2$ ㋑ $y=\pi x$ ㋒ $y=\dfrac{40}{x}$
㋓ $y=40-\dfrac{1}{12}x$ 2乗に比例する関数…㋐

3 (1) $y=-x^2$
(2) ① $y=-3x^2$ ② $y=-48$
③ $x=\pm3$

解説

1 (1)(2) 直角をはさむ2辺の長さが x cm の直角三角形の面積は $y=\dfrac{1}{2}x^2$ $\left(比例定数は \dfrac{1}{2}\right)$
(3) 2乗に比例する関数では, x の値が3倍になると, y の値は 3^2 倍となる。

2 ㋑は比例, ㋒は反比例, ㋓は1次関数である。

3 (1) $y=ax^2$ に $x=3$, $y=-9$ を代入すると,
$-9=a\times3^2$ より $a=-1$
(2) ① $y=ax^2$ に $x=-2$, $y=-12$ を代入すると,
$-12=a\times(-2)^2$ より $a=-3$
② $y=-3x^2$ に $x=4$ を代入すると,
$y=-3\times4^2=-48$
③ $y=-3x^2$ に $y=-27$ を代入すると,
$-27=-3x^2$ これを解くと, $x=\pm3$

ポイント
y が x の2乗に比例する関数は, $y=ax^2$ と表される。ここで, a は比例定数である。

p.50〜51 ステージ1

1 (1)

x	…	-2	-1	0	1	2	…
y	…	4	1	0	1	4	…

(2)
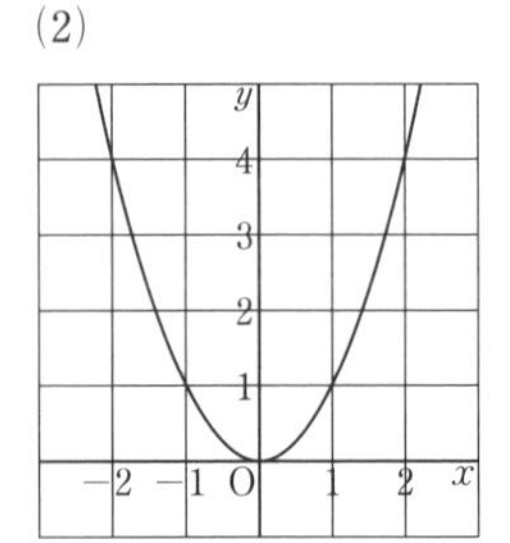

2 (1)

x	…	-2	-1	0	1	2	…
y	…	8	2	0	2	8	…

(2)

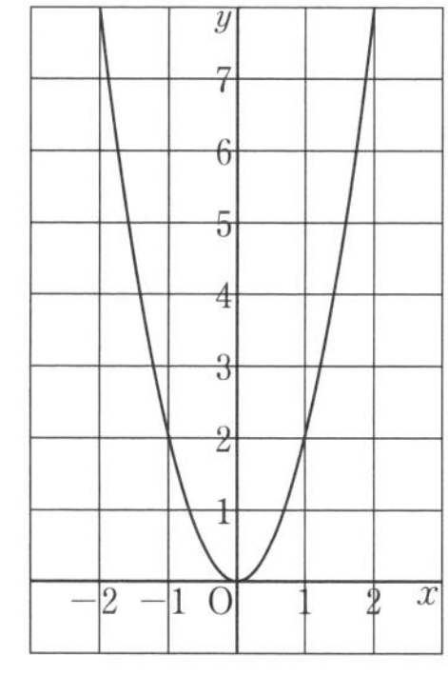

(3) 2　　(4) $y=2x^2$ のグラフ

❸ (1) 右の図

(2) 対称といえる。

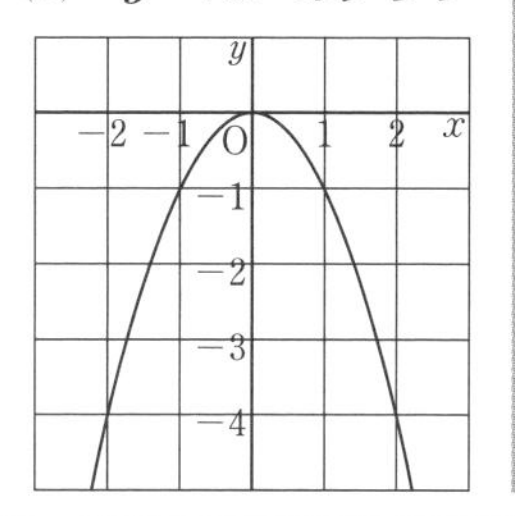

解 説

❶ (1) $y=x^2$ に x の値をそれぞれ代入して，y の値を求める。

❷ (3) ある x の値に対応する $2x^2$ の値は，同じ x の値に対応する x^2 の値の 2 倍である。

❸ (2) $y=ax^2$ のグラフと $y=-ax^2$ のグラフは，x 軸について対称である。

p.52〜53 ステージ1

❶ (1) 変域 $0 \leqq y \leqq 48$　最大値 48　最小値 0

(2) 変域 $3 \leqq y \leqq 27$　最大値 27　最小値 3

(3) 変域 $0 \leqq y \leqq 27$　最大値 27　最小値 0

(4) 変域 $12 \leqq y \leqq 48$　最大値 48　最小値 12

❷ (1) 変域 $-3 \leqq y \leqq 0$

最大値 0　最小値 -3

(2) 変域 $-12 \leqq y \leqq -\frac{1}{3}$

最大値 $-\frac{1}{3}$　最小値 -12

(3) 変域 $-3 \leqq y \leqq 0$

最大値 0　最小値 -3

(4) 変域 $-27 \leqq y \leqq -12$

最大値 -12　最小値 -27

❸ (1) ① 8　② -6

(2) ① -12　② 3

❹ 秒速 16 m

❺ ㋑，㋒

解 説

❶ (1) $x=0$ のとき最小値 $y=0$ をとる。

$x=4$ のとき最大値 $y=48$ をとる。

(2) $x=1$ のとき最小値 $y=3$ をとる。

$x=3$ のとき最大値 $y=27$ をとる。

❷ (1) $x=-3$ のとき最小値 $y=-3$ をとる。

$x=0$ のとき最大値 $y=0$ をとる。

(2) $x=6$ のとき最小値 $y=-12$ をとる。

$x=1$ のとき最大値 $y=-\frac{1}{3}$ をとる。

ポイント

$y=ax^2$ で，x の値が増加するときの y の値の変化

$a>0$ のとき

$x<0$	$x=0$	$x>0$
減少	最小値 $y=0$	増加

$a<0$ のとき

$x<0$	$x=0$	$x>0$
増加	最大値 $y=0$	減少

y の変域は，x の変域に注意して簡単なグラフをかいて求めるとよい。

❸ (2) ② $x=-3$ のとき $y=-27$

$x=2$ のとき $y=-12$

$$変化の割合=\frac{-12-(-27)}{2-(-3)}=\frac{15}{5}=3$$

ポイント

$$(変化の割合)=\frac{(y\,の増加量)}{(x\,の増加量)}$$

❹ $x=1$ のとき $y=4$　つまり，4 m 進む。

$x=3$ のとき $y=36$　つまり，36 m 進む。

平均の速さは (進んだ距離)÷(進んだ時間) で求めるから，$\frac{36-4}{3-1}=16$ ➡ 秒速 16 m

❺ ㋑ $y=ax^2\,(a<0)$ は，$x<0$ の範囲で x の値が増加するとき，y の値も増加する。

㋒ 1 次関数 $y=ax+b$ は，傾き a が正のとき，x の値が増加すると，y の値も増加する。

p.54〜55 ステージ2

❶ (1) $y=\frac{1}{4}x^2$

(2) 右の図

❷ (1) $y=24$

(2) $a=-2$

❸ (1) ㋐，㋑，㋓，㋕　(2) ㋑，㋓，㋕

(3) ㋒, ㋓, ㋔　　(4) ㋑, ㋓, ㋔, ㋕

4 (1) ① 変域 $-18 \leqq y \leqq 0$
最大値 0　最小値 -18
② 変域 $-50 \leqq y \leqq -8$
最大値 -8　最小値 -50
(2) ① $-5 \leqq y \leqq 9$　② $0 \leqq y \leqq 12$

5 (1) $a=-8$, $b=0$
(2) $0 \leqq y \leqq 12$ より，グラフは x 軸より上にある。
$x=-4$ のとき最大値 $y=12$ をとるから，
$y=ax^2$ に $x=-4$, $y=12$ を代入すると，
$12=a\times(-4)^2$
よって，$a=\dfrac{3}{4}$

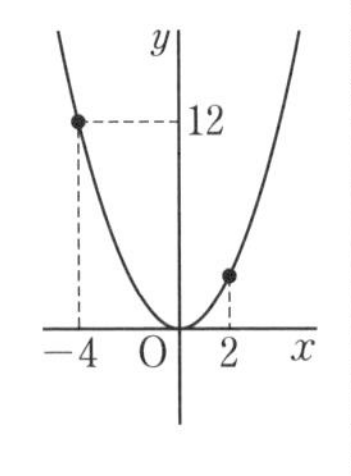

6 (1) -30　(2) -3　(3) $a=-3$
(4) $a=-\dfrac{1}{2}$

● ● ● ● ●

1 (1) 14　(2) -3

2 $a=-\dfrac{1}{4}$

解説

3 (1) 比例 $y=ax$ のグラフと，2 乗に比例する関数 $y=ax^2$ のグラフは原点を通る。

4 (1) ① $y=-2x^2$ のグラフより，$x=3$ のとき最小値 $y=-18$ をとる。また，$x=0$ のとき最大値 $y=0$ をとる。

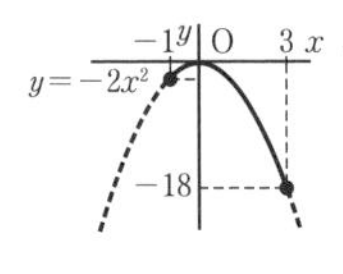

(2) ① グラフの傾きが負だから，x の値が増加すると，y の値は減少する。
よって，$x=3$ のとき最小値 $y=-5$ をとり，$x=-4$ のとき最大値 $y=9$ をとる。

5 (1) x の変域に 0 をふくむので，$x=0$ のとき最大値 $y=0$ をとるから，$b=0$
また，$x=-3$ と $x=4$ では，$x=4$ の方が絶対値が大きいので，$x=4$ のとき最小値 $y=-8$ をとるから，$a=-8$
(2) ミス注意！ y の変域が $0 \leqq y \leqq 12$ で，x の変域に 0 をふくむので，$x=0$ のとき最小値 0 をとり，$a>0$ である。

ポイント

- $y=ax^2$ $(a>0)$ で，x の変域に 0 をふくむ場合，$x=0$ で最小値 $y=0$ をとる。
- $y=ax^2$ $(a<0)$ で，x の変域に 0 をふくむ場合，$x=0$ で最大値 $y=0$ をとる。

6 (3) $\dfrac{a\times3^2-a\times1^2}{3-1}=-12$ より $\dfrac{8a}{2}=-12$
(4) $y=-3x+6$ の変化の割合はつねに -3 だから，$\dfrac{a\times4^2-a\times2^2}{4-2}=-3$ より $\dfrac{12a}{2}=-3$

参考
関数 $y=ax^2$ について，x の値が p から q まで増加するときの変化の割合は，
$x=p$ のとき $y=ap^2$, $x=q$ のとき $y=aq^2$ だから，

$$\frac{aq^2-ap^2}{q-p}=\frac{a(q^2-p^2)}{q-p}=\frac{a(q+p)(q-p)}{q-p}=a(p+q)$$

より，$a(p+q)$ となるので，たとえば，**6** (1) は，変化の割合を $-3\times(4+6)=-30$ のようにして求めることができる。

p.56～57 ステージ1

1 (1) $y=2x^2$
(2) $y=10x$
グラフは右の図
(3) 5 秒後

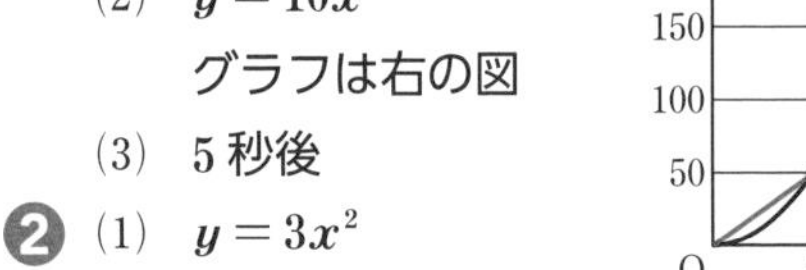

2 (1) $y=3x^2$
(2) $0 \leqq x \leqq 6$
$0 \leqq y \leqq 108$

3 (1) A$(-2,\ 4)$, B$(1,\ 1)$
(2) $y=-x+2$
(3) 直線 ℓ と y 軸との交点を C とする。
底辺を OC とみると，OC $=2$ で，
△OAC の高さは $0-(-2)=2$
△OBC の高さは $1-0=1$
よって，△OAB $=$ △OAC $+$ △OBC
$=\dfrac{1}{2}\times2\times2+\dfrac{1}{2}\times2\times1$
$=3$

解説

1 (1) グラフが点 $(5,\ 50)$ を通るから，$y=ax^2$

に $x=5$，$y=50$ を代入すると，$50=a\times5^2$ より $a=2$

(2) 自動車と自転車が同時にP地点を出発したと考える。自転車の速さは秒速 10 m だから，$y=10x$ と表され，比例のグラフになる。

(3) 自動車のグラフ(放物線)と自転車のグラフ(直線)との交点(5, 50)を，グラフから読みとる。これより，自動車が自転車に追いつくのは5秒後とわかる。

2 (1) $AP=2x$ cm，$AQ=3x$ cm だから，

$\triangle APQ=\frac{1}{2}\times2x\times3x=3x^2$

(2) 点PがBに着くのは，出発してから6秒後。点QがDに着くのも，出発してから6秒後。

よって，x の変域は $0\leqq x\leqq6$

$x=0$ のとき $y=0$，$x=6$ のとき $y=108$

よって，y の変域は $0\leqq y\leqq108$

3 (3) △OAC と △OBC はともに底辺を OC と考えると，高さはそれぞれ点A，Bの x 座標の値から 2，1 とわかる。

p.58〜59 ステージ1

1 (1) (左から順に) 1000円，1200円，1400円，1600円

(2)

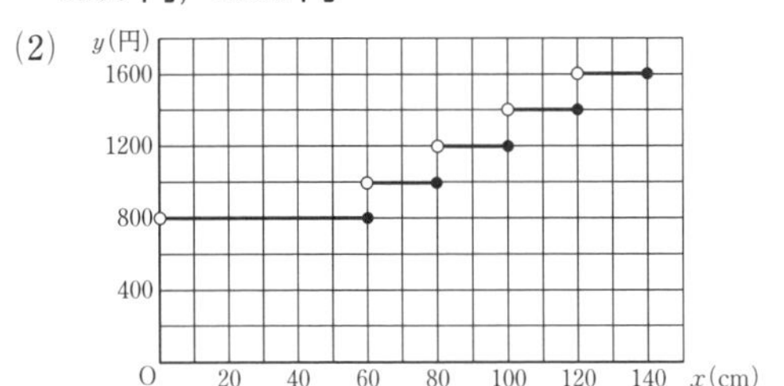

2 (1) $x=2$，-4

(2) $A(-4,\ 16)$，$B(2,\ 4)$　(3) 24

3 (1) $A(-3,\ -9)$

(2) $a=-1$　(3) $B(1,\ -1)$

解説

2 (1) $x^2+2x-8=0$　$(x-2)(x+4)=0$

$x=2$，-4

(2) $y=x^2$ に $x=2$，-4 をそれぞれ代入して y 座標の値を求める。

(3) 直線 $y=-2x+8$ と y 軸との交点をCとする。底辺を OC とみると，$OC=8$ で，

△OAC の高さは $0-(-4)=4$

△OBC の高さは $2-0=2$

3 (1) グラフより，点Aの y 座標は -9 だから，$y=2x-3$ に $y=-9$ を代入すると，

$-9=2x-3$ より $x=-3$　よって，$A(-3,\ -9)$

(2) 点Aは，関数 $y=ax^2$ のグラフ上の点でもあるから，$y=ax^2$ に $x=-3$，$y=-9$ を代入すると，$-9=a\times(-3)^2$ より $a=-1$

(3) $y=-x^2$ と $y=2x-3$ を連立方程式として解く。

$-x^2=2x-3$　$x^2+2x-3=0$

$(x-1)(x+3)=0$　$x=1$，-3

$x=-3$ は点Aの x 座標だから，点Bの x 座標は 1

点Bの y 座標は $y=-x^2$ に $x=1$ を代入して，$y=-1$

ポイント

関数 $y=ax^2$ のグラフと直線 $y=bx+c$ の交点の x 座標の値は，2つの関数の式 $y=ax^2$ と $y=bx+c$ を連立させた2次方程式 $ax^2=bx+c$ の解である。

p.60〜61 ステージ2

1 32 m

2 (1) およそ 5 m　(2) およそ 90 m

3 (1) $y=\frac{1}{2}x^2$　(2) $y=6x-18$

4 1070円

5 (1) $y=-4x+16$　(2) 48　(3) $8t$

(4) (3, 18)

6 (1) $A(-2,\ 4)$，$B(3,\ 9)$

(2) $y=x$　(3) (1, 1)　(4) 15

● ● ● ● ●

① $\left(3,\ \frac{9}{4}\right)$，$\left(-3,\ \frac{9}{4}\right)$

解説

1 $y=ax^2$ に $x=40$，$y=8$ を代入すると，

$8=a\times40^2$ より $a=\frac{1}{200}$

よって，時速 80 km で走っている自動車Aは

$y=\frac{1}{200}\times80^2=32$ より，32 m 走って停止する。

2 (1) $y=\frac{1}{20}\times10^2=5$ より，およそ 5 m

(2) $15=\frac{1}{20}x^2$ より，$x=10\sqrt{3}$

同じ速さで，月面でボールを投げ上げると，

$y=\frac{3}{10}\times(10\sqrt{3})^2=90$ より，およそ 90 m

3 (1) x の変域が $0\leqq x\leqq 6$ のとき，封筒の外に出ている部分の厚紙の形は直角二等辺三角形だから，その面積は

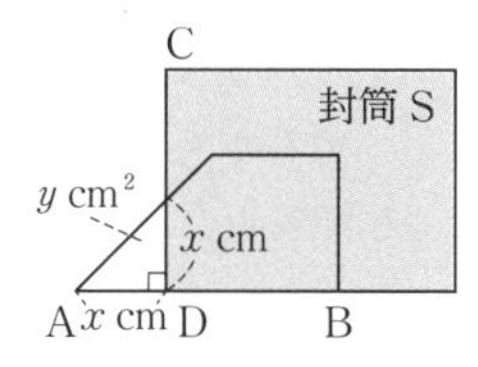

$y=\frac{1}{2}\times x\times x=\frac{1}{2}x^2$

(2) x の変域が $6\leqq x\leqq 12$ のとき，封筒の外に出ている部分の厚紙の形は右のようになるから，その面積は

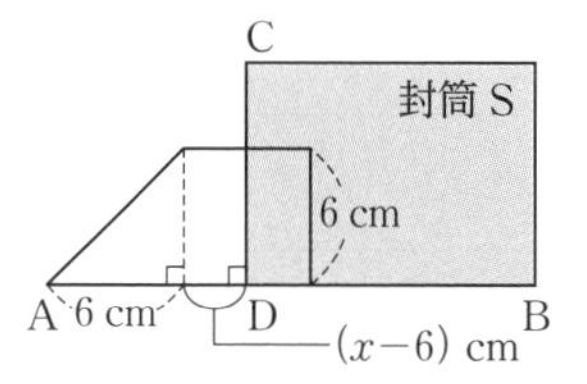

$y=\frac{1}{2}\times 6\times 6+6(x-6)=6x-18$

4 料金を整理すると，右の表のようになる。3000 m の料金は 3200 m までの料金だから，3000 m 乗ったときの料金は 1070 円である。

距　離	料　金
2000 m まで	710 円
2300 m まで	800 円
2600 m まで	890 円
2900 m まで	980 円
3200 m まで	1070 円

5 (1) A(−4, 32)，B(2, 8) だから，

直線 AB の傾きは，$\frac{8-32}{2-(-4)}=\frac{-24}{6}=-4$

直線 AB の式を $y=-4x+b$ とおき，$x=2$，$y=8$ を代入すると，

$8=-4\times 2+b$　　$b=16$

(2) 底辺を OC とすると，OC = 16 で，

△OAC の高さは $0-(-4)=4$

△OBC の高さは $2-0=2$

よって，△OAB = △OAC + △OBC

$=\frac{1}{2}\times 16\times 4+\frac{1}{2}\times 16\times 2=48$

(3) OC を底辺とすると，△OPC の高さは

$t-0=t$　　よって，△OPC $=\frac{1}{2}\times 16\times t=8t$

(4) △OPC $=8t$ だから，$8t=\frac{1}{2}\times 48$　　よって，$t=3$

このとき，P の y 座標は $y=2\times 3^2=18$

よって，P(3, 18)

6 (1) $y=x^2$…①と $y=x+6$…②を連立させた連立方程式の解を求める。①，②より，

$x^2-x-6=0$　　$(x+2)(x-3)=0$

よって，$x=-2, 3$

$x=-2$ を $y=x^2$ に代入して，$y=4$

$x=3$ を $y=x^2$ に代入して，$y=9$

よって，A(−2, 4)，B(3, 9)

(2) 求める直線の傾きは，平行な直線②の傾きと等しく 1 で，切片が 0 だから，$y=x$

(3) (1)と同様にして，点 P の x 座標を求める。

$x^2=x$　　$x^2-x=0$　　$x(x-1)=0$

よって，$x=0, 1$

P は原点と異なるから，x 座標は 1 である。

(4) AB // OP だから，平行線と面積の関係より，

△PAB = △OAB

直線 AB と y 軸の交点を C とすると，OC = 6

△OAB = △OAC + △OBC

$=\frac{1}{2}\times 6\times 2+\frac{1}{2}\times 6\times 3=15$

したがって，△PAB = 15

ポイント

底辺が等しい三角形の面積

辺 BC を共有する △ABC と △DBC において，

AD // BC

ならば

△ABC = △DBC

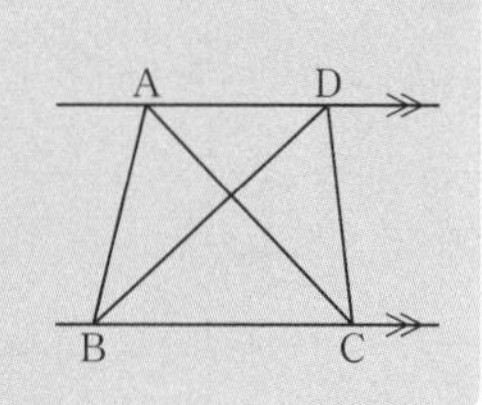

① △OPB の面積が △OAB の面積の $\frac{1}{4}$ 倍になるとき，△OPB と △OAB は底辺 OB が共通だから，高さが $\frac{1}{4}$ になればよい。

点 A の y 座標は，$y=\frac{1}{4}x^2$ に $x=-6$ を代入すると，

$y=\frac{1}{4}\times(-6)^2=9$

△OAB の高さは 9 だから，△OPB の高さは $\frac{9}{4}$

$y=\frac{9}{4}$ を $y=\frac{1}{4}x^2$ に代入すると，$\frac{9}{4}=\frac{1}{4}x^2$

$x=\pm 3$　　よって，$\left(3, \frac{9}{4}\right)$，$\left(-3, \frac{9}{4}\right)$

p.62〜63 ステージ3

1 (1) 25倍　(2) $y=-36$　(3) $a=-\frac{2}{3}$

2 (1) 右の図

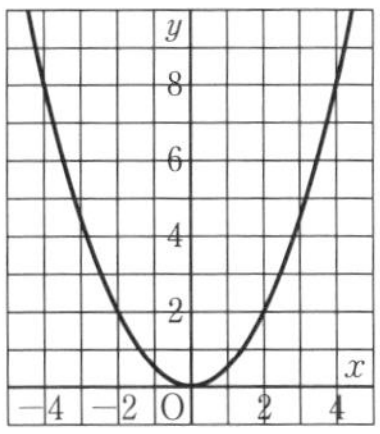

(2) $y=-\frac{1}{2}x^2$

(3) $y=\frac{2}{5}x^2$ のグラフ

3 (1) $-16 \leqq y \leqq 0$

(2) $a=\frac{1}{2}$

4 (1) -18　(2) $a=-\frac{1}{5}$

5 (1) $y=\frac{1}{2}x^2$　(2) $y=8$

(3) $0 \leqq y \leqq 32$　(4) 6 cm

6 (1) $a=\frac{3}{4}$　(2) $y=-\frac{3}{2}x+6$

(3) 24　(4) $\frac{8}{3}$

7 (1) 600円　(2) 800円

解説

1 (1) $y=6x^2$ と表せるから，x の値が5倍になると，y の値は 5^2 倍になる。

(2) $y=ax^2$ に $x=2$，$y=-16$ を代入すると，

$a=-4$

$y=-4x^2$ に $x=-3$ を代入すると，

$y=-4\times(-3)^2=-36$

(3) $y=ax^2$ に $x=3$，$y=-6$ を代入すると，

$-6=a\times3^2$

2 (2) 2つの関数 $y=ax^2$ と $y=-ax^2$ のグラフは，x 軸について対称である。

(3) $\frac{1}{2}$ と $\frac{2}{5}$ では，$\frac{2}{5}$ の方が絶対値が小さいので，$y=\frac{2}{5}x^2$ のグラフの方が開き方が大きい。

3 (1) $x=-2$ のとき最小値 $y=-16$

$x=0$ のとき最大値 $y=0$

をとる。

(2) $0 \leqq y \leqq 8$ より，グラフは x 軸より上にあるから，$a>0$ である。

$x=0$ のとき最小値 $y=0$

$x=4$ のとき最大値 $y=16a$ をとる。

よって，$16a=8$

4 (2) $y=-2x+3$ の変化の割合は -2 だから，

$\frac{a\times6^2-a\times4^2}{6-4}=-2$　$10a=-2$ より $a=-\frac{1}{5}$

別解 関数 $y=ax^2$ について，x の値が p から q まで増加するときの変化の割合は $a(p+q)$ で求められる(p.16参照)から，

$a(4+6)=-2$ より $a=-\frac{1}{5}$

5 (1) $BP=QC=x$ cm であるから，

$y=\frac{1}{2}\times x\times x=\frac{1}{2}x^2$

(2) (1)の式に $x=4$ を代入すると，$y=8$

(3) x の変域は $0 \leqq x \leqq 8$

このとき，y の変域は，(1)より $0 \leqq y \leqq 32$

6 (1) 点 $B(-4,\ 12)$ は関数 $y=ax^2$ のグラフ上にあるから，$y=ax^2$ に $x=-4$，$y=12$ を代入すると，

$12=a\times(-4)^2$　よって，$a=\frac{3}{4}$

(2) 点Aの x 座標2を $y=\frac{3}{4}x^2$ に代入すると，

$y=3$　よって，点Aの座標は $(2,\ 3)$

直線ABの傾きは，$\frac{3-12}{2-(-4)}=-\frac{3}{2}$

直線ABの式を $y=-\frac{3}{2}x+b$ とおき，

$x=2$，$y=3$ を代入すると，$3=-3+b$

より $b=6$

(3) $y=-\frac{3}{2}x+6$ に $y=0$ を代入すると，$x=4$

だから，$C(4,\ 0)$　$OC=4$ を $\triangle BOC$ の底辺とすると，高さは $12-0=12$

よって，$\triangle BOC=\frac{1}{2}\times4\times12=24$

(4) $P\left(t,\ \frac{3}{4}t^2\right)$ $(t>0)$ とすると，$PQ=2t$，

$PR=\frac{3}{4}t^2$ だから，$2t=\frac{3}{4}t^2$

これを解くと，$t=0,\ \frac{8}{3}$

$t>0$ より $t=\frac{8}{3}$

7 (1) 50 cm の料金は，60 cm までの料金になるので，グラフから $y=600$

(2) 端の点をふくむ場合が•なので，グラフから $y=800$

5章 相似

p.64〜65 ステージ1

1 (1) 四角形ABCD∽四角形EFGH

(2) ① EF　② CD　③ A　④ G

2 (1) $x=15$　(2) $x=11.2$

3 (1) 3：4　(2) 8 cm

4

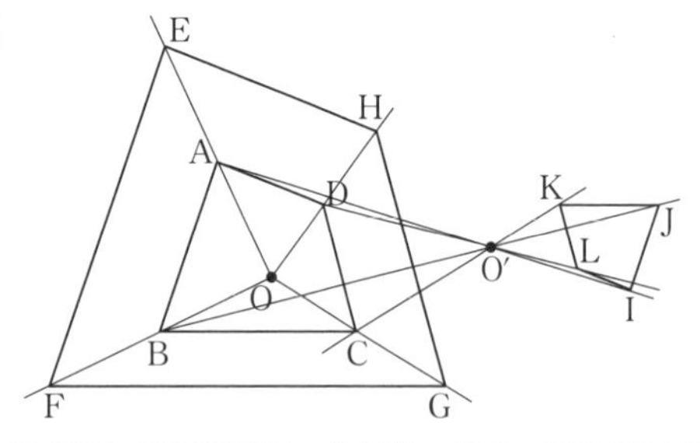

解説

1 (2) $a:b=c:d$ ならば $a:c=b:d$ なので，「① CD，② EF」と答えてもよい。

2 (1) $10:x=8:12$ より $x=15$

(2) $8:5.6=16:x$ より $x=11.2$

3 (1) AD：EH＝12：16＝3：4

(2) GH＝x cm とする。

CD：GH＝AD：EH より $6:x=3:4$

よって，$x=8$

4 別解 右のような方法で，縮図をかいてもよい。

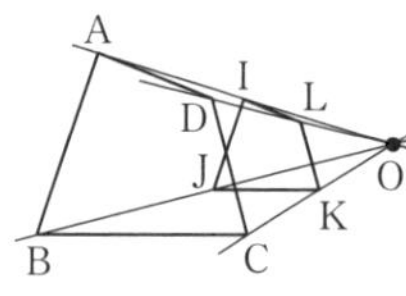

ポイント

相似な図形では，対応する線分の長さの比は等しいから，**比の性質　$a:b=c:d$ のとき $ad=bc$** を使って，長さのわからない辺の長さを求めることができる。

p.66〜67 ステージ1

1 ㋐と㋒…3組の辺の比がすべて等しい。

㋓と㋕…2組の辺の比とその間の角がそれぞれ等しい。

㋔と㋖…2組の角がそれぞれ等しい。

2 (1) △ABE∽△CDE

(証明)　△ABE と △CDE において，

∠BAE＝∠DCE＝72°　…①

対頂角は等しいから，

∠AEB＝∠CED　…②

①，②より，2組の角がそれぞれ等しいから，△ABE∽△CDE

(2) △ABC∽△AED

(証明)　△ABC と △AED において，

AB：AE＝20：12＝5：3

AC：AD＝15：9＝5：3

だから，AB：AE＝AC：AD　…①

共通な角だから，∠BAC＝∠EAD　…②

①，②より，2組の辺の比とその間の角がそれぞれ等しいから，△ABC∽△AED

(3) △ABC∽△ACD

(証明)　△ABC と △ACD において，

∠ABC＝∠ACD＝40°　…①

共通な角だから，∠BAC＝∠CAD　…②

①，②より，2組の角がそれぞれ等しいから，△ABC∽△ACD

3 (証明)　△ABC と △ADB において，

AB：AD＝4：2＝2：1

AC：AB＝8：4＝2：1

だから，AB：AD＝AC：AB　…①

共通な角だから，∠BAC＝∠DAB　…②

①，②より，2組の辺の比とその間の角がそれぞれ等しいから，△ABC∽△ADB

4 (1) (証明)　△ABD と △CFD において，

∠BDA＝∠FDC＝90°　…①

△ABD において，

∠BAD＝180°－90°－∠B＝90°－∠B

△BCE において，

∠ECB＝180°－90°－∠B＝90°－∠B

よって，∠BAD＝∠ECB＝∠FCD　…②

①，②より，2組の角がそれぞれ等しいから，△ABD∽△CFD

(2) 20 cm

解説

3 △ABC と △ADB の向きをそろえてかくと，考えやすくなる。

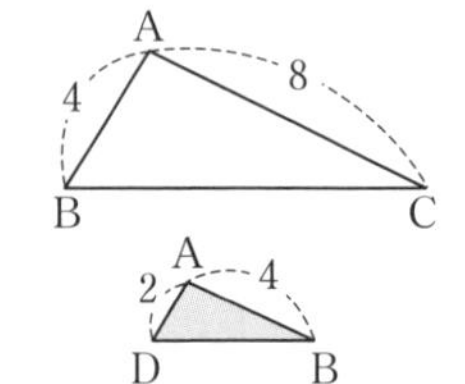

2組の辺の比が求められ，共通な角(∠A)がある。

4 (2) (1)より，△ABD∽△CFD だから，

AB：CF＝BD：FD より 28：7＝BD：5

よって，BD＝20(cm)

p.68〜69 ステージ1

❶ (1) 7：2　(2) ① $14\ cm^2$　② $4\ cm^2$
❷ (1) 9：4　(2) $35\ cm^2$
❸ (1) 9：4　(2) 27：8　(3) $38\ cm^3$

解説

❶ (1) △ABF∽△EDF で,
AF：EF＝AB：ED＝5：2
よって, △DAE：△DEF＝(5＋2)：2＝7：2
(2) ① △ACD の面積は, $70 \div 2 = 35\,(cm^2)$
点 E は, 辺 DC を 2：3 に分ける点だから,
$\triangle DAE = \triangle ACD \times \frac{2}{2+3} = 35 \times \frac{2}{5} = 14\,(cm^2)$
② △DAE：△DEF＝7：2 より
$\triangle DEF = \triangle DAE \times \frac{2}{7} = 14 \times \frac{2}{7} = 4\,(cm^2)$

ポイント
高さが等しい 2 つの三角形の面積の比は, 底辺の長さの比に等しい。

❷ (1) DE // BC より, △ABC∽△ADE で, 相似比は AD：DB＝2：1 より (2＋1)：2＝3：2
よって, △ABC と △ADE の面積の比は
$3^2 : 2^2 = 9 : 4$
(2) △ABC：四角形DBCE＝9：(9−4)＝9：5
よって, 四角形 DBCE ＝ $\triangle ABC \times \frac{5}{9}$
$= 63 \times \frac{5}{9} = 35\,(cm^2)$

ポイント
相似比が $m : n$ である相似な図形の面積の比は
$m^2 : n^2$

❸ (1) 三角錐 OABC と三角錐 OPQR は相似な立体で, 相似比は OP：PA＝2：1 より
(2＋1)：2＝3：2
よって, 三角錐 OABC と三角錐 OPQR の表面積の比は $3^2 : 2^2 = 9 : 4$
(2) 体積の比は $3^3 : 2^3 = 27 : 8$
(3) 三角錐 OABC と立体 PQR−ABC の体積の比は 27：(27−8)＝27：19
よって, 立体 PQR−ABC の体積は
$54 \times \frac{19}{27} = 38\,(cm^3)$

ポイント
相似比が $m : n$ である相似な立体では
表面積の比は $m^2 : n^2$　体積の比は $m^3 : n^3$

p.70〜71 ステージ2

❶ (1) ① 相似の中心　② 位置
(2) ③ 1：2　④ 16
❷ (1) △ABC∽△ADB
2 組の辺の比とその間の角がそれぞれ等しい。
(2) △AEB∽△DEC
2 組の角がそれぞれ等しい。
❸ (1) (証明)　△ABC と △AED において,
AB：AE＝21：14＝3：2
AC：AD＝18：12＝3：2
だから, AB：AE＝AC：AD　…①
∠A は共通　…②
①, ②より, 2 組の辺の比とその間の角がそれぞれ等しいから, △ABC∽△AED
(2) 16 cm
❹ (1) 4：9　(2) 2：3　(3) $\frac{4}{25}S$
❺ (1) 1：9　(2) 12 倍
❻ (1) $500\pi\ cm^3$　(2) $108\pi\ cm^3$
❼ $504\ cm^3$

● ● ● ● ●

① (1) 9 cm　(2) $\frac{32}{5}$ 倍

解説

❶ (2) △ABC と △DEF は相似の位置にあるから, 相似の中心 O から対応する 2 つの頂点までの距離の比(たとえば OA：OD)が相似比で, 1：2 である。
AC：DF＝1：2 より 8：DF＝1：2
❷ (1) AB：AD＝6：4＝3：2
AC：AB＝(4＋5)：6＝3：2
よって, AB：AD＝AC：AB
また, ∠A は共通
(2) AB // CD より錯角は等しいから,
∠A＝∠D (または, ∠B＝∠C)
対頂角は等しいから, ∠AEB＝∠DEC
❸ (2) △ABC∽△AED で, 相似比は 3：2 だか

ら，CB：DE＝3：2 より 24：DE＝3：2

4 (1) △AOD∽△COB で，
相似比は 10：15＝2：3 だから，
△AOD と △COB の面積の比は $2^2：3^2$＝4：9

(2) △AOD と △AOB は，底辺をそれぞれ DO，BO とすると，高さが等しいので，面積の比は底辺の比に等しい。
DO：BO＝2：3 だから，面積の比は 2：3

(3) (2)と同様に，△ABD と △DBC の面積の比も 2：3

(2)より，$\triangle AOD=\dfrac{2}{2+3}\triangle ABD$

$=\dfrac{2}{5}\times\dfrac{2}{2+3}S$

$=\dfrac{4}{25}S$

5 (1) △FEC∽△FAB で，
相似比は EC：AB＝EC：DC
＝1：(1＋2)＝1：3 だから，
面積の比は $1^2：3^2$＝1：9

(2) △FEC∽△AED で，相似比は 1：2 だから，
面積の比は $1^2：2^2$＝1：4
また，△FEC と台形 ABCE の面積の比は
1：(9−1)＝1：8
△FEC の面積を S とすると，△AED の面積は $4S$，台形 ABCE の面積は $8S$ になるから，
平行四辺形 ABCD
＝△AED＋台形ABCE＝$12S$

6 (2) 円錐の形をした容器と水が入っている部分の形は相似で，相似比は 15：9＝5：3 より
水の体積は

$500\pi\times\dfrac{3^3}{5^3}=500\pi\times\dfrac{27}{125}=108\pi\,(\text{cm}^3)$

7 右の図のように，線分 AI，BF，CJ の延長の交点を K とする。三角錐 KABC と三角錐 KIFJ は相似な立体で，I は辺 EF の中点だから，相似比は 2：1 より，体積の比は $2^3：1^3$＝8：1 になる。
求める立体 IFJ−ABC の

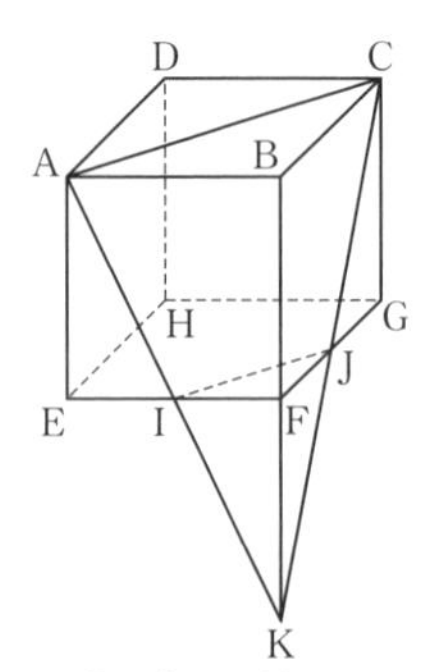

体積は，三角錐 KABC の体積の $\dfrac{8-1}{8}=\dfrac{7}{8}$(倍)
△AIE≡△KIF より，KF＝AE＝12 cm だから，
立体 IFJ−ABC
$=\dfrac{1}{3}\times\dfrac{1}{2}\times12\times12\times(12+12)\times\dfrac{7}{8}=504\,(\text{cm}^3)$

1 (1) DE∥BC より，AD：AB＝DE：BC だから，AD：12＝2：8　よって，AD＝3(cm)
線分 BG は ∠ABC の二等分線だから，
∠ABG＝∠CBG　また，DE∥BC より，
錯角は等しいから，∠CBG＝∠DGB
よって，∠DBG＝∠ABG＝∠DGB
△DBG は二等辺三角形だから，
DG＝DB＝12−3＝9(cm)

(2) △ADE の面積を①で表すと，
△ABC の面積は，△ADE と △ABC の相似比が 2：8＝1：4 より面積の比は $1^2：4^2$＝1：16 になるので，⑯と表せる。
線分 BE をひくと，AD：DB＝3：9＝1：3 より △BDE＝③ で，△BCE＝⑯−①−③＝⑫
DE∥BC より △FBC∽△FGE で，
CF：FE＝BC：GE＝8：(9−2)＝8：7 だから，
△FBC＝⑫$\times\dfrac{8}{8+7}=\dfrac{32}{5}$（答）

p.72〜73 ステージ1

1 (1) **（証明）　△ADE と △ABC において，**
DE∥BC より，同位角は等しいから，
∠ADE＝∠ABC　…①
∠AED＝∠ACB　…②
①，②より，2 組の角がそれぞれ等しいから，△ADE∽△ABC
相似な三角形では，対応する辺の長さの比はすべて等しいから，
AD：AB＝DE：BC

(2) **（証明）　点 E を通り辺 AB に平行な直線と辺 BC との交点を F とすると，四角形 DBFE は平行四辺形だから，**

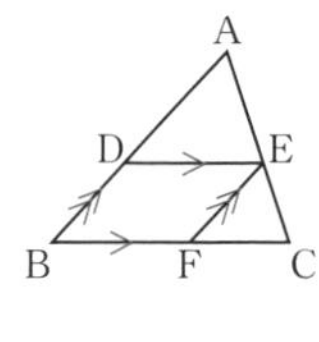

DB＝EF　…③
△ADE と △EFC において，
AD∥EF より，同位角は等しいから，
∠DAE＝∠FEC　…④
②，④より，2 組の角がそれぞれ等しいから，△ADE∽△EFC

相似な三角形では，対応する辺の長さの比はすべて等しいから，
AD：EF＝AE：EC
③より，EF＝DB だから，
AD：DB＝AE：EC

2 (1) $x=12$，$y=15$　(2) $x=12$，$y=\frac{32}{3}$

3 (1) $x=8$，$y=15$　(2) $x=18$，$y=\frac{9}{2}$

4 線分 FD
(理由)　BF：FA＝14：6＝7：3
BD：DC＝21：9＝7：3　より
BF：FA＝BD：DC だから，FD // AC

解説

2 (1) $x:18=8:(8+4)=2:3$ より $x=12$
$10:y=2:3$ より $y=15$
(2) $x:18=8:12=2:3$ より $x=12$
$y:16=2:3$ より $y=\frac{32}{3}$

3 (1) $12:x=18:12=3:2$ より $x=8$
$y:25=18:(18+12)=3:5$ より $y=15$
(2) $6:x=3:9=1:3$ より $x=18$
$y:9=6:(18-6)=1:2$ より $y=\frac{9}{2}$

p.74～75 ステージ1

1 (1) 4 cm　(2) 15 cm　(3) 平行四辺形
2 (1) $x=9.6$　(2) $x=12$
(3) $x=21$　(4) $x=6$
3 (1) $x=6$　(2) $x=4$

解説

1 (1) 点 D，E は，それぞれ辺 CB，CA の中点だから，中点連結定理より，$DE=\frac{1}{2}BA=4$ cm
(2) (1)と同様に，
$FE=\frac{1}{2}BC=6$ cm，$FD=\frac{1}{2}AC=5$ cm だから，
△DEF の周の長さは $4+6+5=15$(cm)
(3) 中点連結定理より，FE // BC，FD // AC がいえるので，2 組の対辺がそれぞれ平行だから，四角形 FDCE は平行四辺形である。

2 (1) $8:6=x:7.2$ より $x=9.6$
(2) $x:6=8:4$ より $x=12$
(3) $x:14=(25-10):10$ より $x=21$
(4) $5:10=x:(18-x)$ より
$5(18-x)=10x$ だから，$x=6$

3 (1) AB：AC＝BD：DC より
$16:12=8:x$　よって，$x=6$
(2) AB：AC＝BD：DC より
$15:12=(9-x):x$
$15x=12(9-x)$ だから，$x=4$

ポイント
角の二等分線と線分の比の定理
3 の図で，AB：AC＝BD：DC

p.76～77 ステージ2

1 (1) $x=12$　(2) $x=\frac{45}{8}$

2 (証明)　△DAB において，M，L はそれぞれ DA，DB の中点だから，中点連結定理より，
$ML=\frac{1}{2}AB$　…①
△BCD において，同様に，
$LN=\frac{1}{2}DC$　…②
仮定より，AB＝DC　…③
①，②，③より，ML＝LN
よって，△LMN は二等辺三角形である。

3 (1) 3 cm　(2) 2：1　(3) 11 cm

4 (1) EC＝10 cm，FG＝15 cm
(2) $\frac{8}{3}$ cm

5 ① ∠BAD　② 二等辺三角形
③ AE　④ BD

6 (1) 2 cm　(2) 2：1

① 3 cm
② $\frac{27}{7}$ cm

解説

1 (1) AB // DC より
BE：DE＝AB：CD＝28：21＝4：3
また，△BCD で EF // DC より
EF：DC＝BE：BD だから，
$x:21=4:(4+3)$　よって，$x=12$
(2) 四角形 ABCD は平行四辺形だから，
DC＝AB＝6＋4＝10(cm)

また，AB∥DC より AF：CF＝AE：CD だから，$x:(15-x)=6:10$　　よって，$x=\frac{45}{8}$

❸ (1) AD，EF，BC は平行より
DF：FC＝AE：EB＝2：1 だから，
6：FC＝2：1　　よって，FC＝3 cm

(2) 右の図の
△ABG で EF∥BG より
AF：FG＝AE：EB
＝2：1

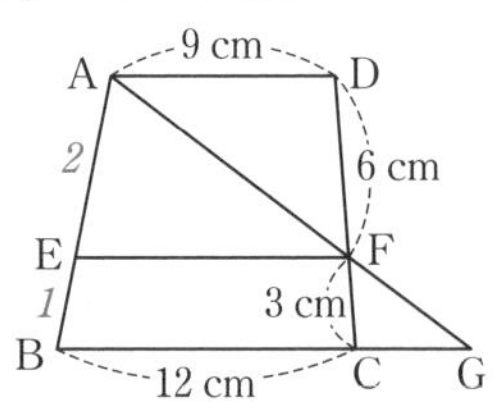

(3) AD∥BG より AD：GC＝DF：CF だから，

9：GC＝6：3　　よって，$GC=\frac{9}{2}$ cm

△ABG で EF∥BG より
EF：BG＝AE：AB

$EF:\left(12+\frac{9}{2}\right)=2:(2+1)$

よって，EF＝11 cm

❹ (1) △AEC において，点 D，F はそれぞれ辺 AE，AC の中点だから，中点連結定理より
EC＝2DF＝2×5＝10 (cm)
次に，△BDG において，点 E，C はそれぞれ辺 BD，BG の中点だから，中点連結定理より，
DG＝2EC＝2×10＝20 (cm)
よって，FG＝DG－DF＝20－5＝15 (cm)

(2) DF：EC：FG＝1：2：(4－1)＝1：2：3 より
DF：FG＝1：3　　よって，DF：8＝1：3

❻ (1) △ABC において，AD は ∠BAC の二等分線だから，AB：AC＝BD：DC
ここで AB：AC＝6：4＝3：2 より

$CD=\frac{2}{3+2}BC=\frac{2}{5}\times5=2\,(\text{cm})$

(2) △CAD において，CF は ∠ACD の二等分線だから，AF：FD＝CA：CD＝4：2＝2：1

① 中点連結定理より，

$PQ=\frac{1}{2}AC=\frac{1}{2}\times6=3\,(\text{cm})$

② 6：8＝3：4 で，角の二等分線と線分の比より

$BD=\frac{3}{3+4}BC=\frac{3}{7}\times9=\frac{27}{7}\,(\text{cm})$

ポイント

相似を利用した線分の長さの求め方
次のことを利用，または組み合わせて考える。
①相似な三角形の辺の比
②三角形と線分の比，中点連結定理
③平行線と線分の比
④角の二等分線と線分の比

p.78～79 ステージ1

❶ **約 20 m**
❷ **約 16 m**
❸ **7 m**
❹ **144 g**

解説

❶ 1200÷3＝400 より，△A′B′C′ は，もとの △ABC の 400 分の 1 の縮図である。
A′B′ の長さを測ると，約 5 cm だから，
AB＝A′B′×400＝5×400＝2000 (cm)

❷ 2500÷5＝500 だから，500 分の 1 の縮図をかくと，次のようになる。

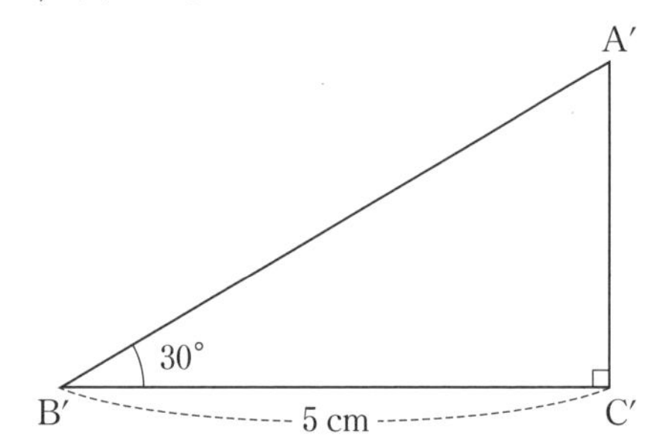

縮図の A′C′ の長さを測ると，約 2.9 cm だから，
AC＝A′C′×500＝2.9×500＝1450 (cm)
木の高さは，AC の長さに目の高さを加えて，
14.5＋1.5＝16 (m)

❸ 棒の長さと影の長さの比は 1.5：1＝3：2
木の影のうち，壁までに映っている部分 EF の長さは 3 m だから，その影をつくった木の部分 HE の長さは，
HE：3＝3：2 より
HE＝4.5

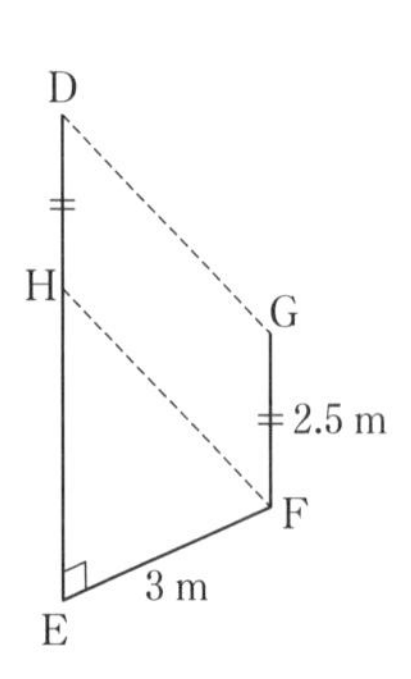

よって，木の高さ DE は，HE と壁に映っている影の長さ GF をたして，DE＝4.5＋2.5＝7 (m)

❹ M サイズのピザと L サイズのピザの相似比は

直径の比より 25：30＝5：6 だから，ピザの面積の比は 5^2：6^2＝25：36
L サイズのピザに使うチーズの量を x g とすると，100：x＝25：36 より，x＝144

p.80〜81 ステージ1

❶ $x=3$，$y=4$
❷ (1) 2：1　(2) 6 倍
❸ (1) 2：1　(2) 16 cm²
❹ 2：1
❺ （証明） I と B，I と C を直線で結ぶ。I は △ABC の内心だから，
∠DBI＝∠CBI　…①
また，DE // BC より，錯角は等しいから，
∠DIB＝∠CBI　…②
①，②より，∠DBI＝∠DIB
よって，△DBI は二等辺三角形だから，
BD＝ID　…③
△ECI においても同様にして，
CE＝IE　…④
③，④より，DE＝DI＋IE＝BD＋CE

解説

❶ 重心 G は中線を 2：1 に分けるから，
AG：GL＝2：1　6：x＝2：1　x＝3
BG：GM＝2：1　y：2＝2：1　y＝4

❷ (1) 線分 AD, BE は，ともに △ABC の中線で，交点の F は重心だから，AF：FD＝2：1
(2) △ABF と △BDF は，底辺をそれぞれ AF，FD とすると，高さが共通だから，
AF：FD＝2：1 より AF：AD＝2：3
よって，△ABD＝3△BDF
また，△ABD と △ADC は，底辺をそれぞれ BD，DC とすると，底辺が等しく高さも共通だから，△ABD＝△ADC　よって，
△ABC＝2△ABD＝6△BDF

❸ D は △ABC の重心である。
(1) AD：DN＝2：1
(2) $\triangle ABN=\dfrac{1}{2}\times(12\div2)\times8=24(\text{cm}^2)$
AD：DN＝2：1，また，点 M は辺 AB の中点だから，
$\triangle AMD=\dfrac{1}{2}\triangle ABD$
$=\dfrac{1}{2}\times\dfrac{2}{2+1}\triangle ABN=\dfrac{1}{3}\times24=8(\text{cm}^2)$
よって，四角形 BMDN＝△ABN－△AMD
＝24－8＝16(cm²)

ポイント
三角形の 3 つの中線は 1 点で交わるから，2 つの中線の交点も重心になる。
重心は中線を 2：1 に分ける点である。

❹ 点 I は △ABC の内心で，AD は ∠BAC の二等分線だから，角の二等分線と線分の比より
BD：DC＝AB：AC＝6：4＝3：2
よって，$BD=\dfrac{3}{3+2}\times BC=\dfrac{3}{3+2}\times5=3(\text{cm})$
BI は ∠ABD の二等分線だから，角の二等分線と線分の比より AI：ID＝BA：BD＝6：3＝2：1

ポイント
三角形の 3 つの内角の二等分線は 1 点で交わり，この点を内心という。よって，三角形の 2 つの内角の二等分線の交点も内心である。
逆に，内心と三角形の各頂点を結ぶ直線は，それぞれの内角を 2 等分する。

p.82〜83 ステージ2

❶ (1)

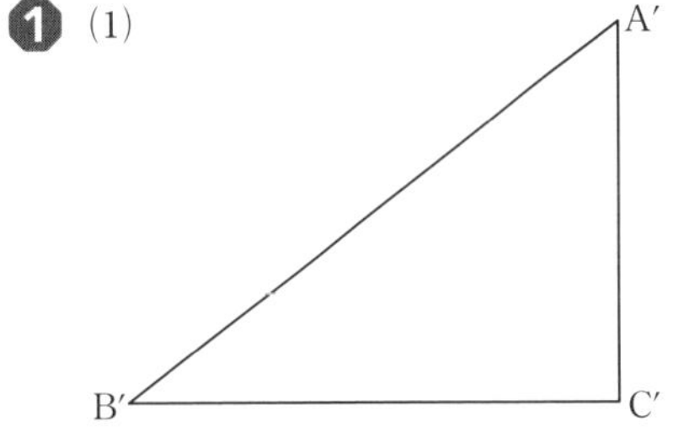

(2) 約 7.6 m

❷ 内側の円と外側の円は相似で，相似比は半径の比に等しいから，r：3
内側の円の面積が S よりアの部分の面積は $2S$，外側の円の面積は $S+2S=3S$ と表せる。
また，面積の比は相似比の 2 乗に等しいから，
$r^2:3^2=S:3S$ が成り立つので，$r^2=3$
$r>0$ より $r=\sqrt{3}$　よって，$\sqrt{3}$ cm

❸ (1) 1：2　(2) 1400 cm³
❹ (1) 6 cm　(2) $7S$

❺ 84°

❻ (1)　$x=2$,　$y=2$　　(2)　5：3

● ● ● ● ●

① (1)　3 cm　　(2)　8 倍

解説

❶ (1)　200 分の 1 の縮図だから，
$B'C'=800\div200=4$(cm)で，
$\angle A'B'C'=37°$ の直角三角形 A′B′C′ をかく。

(2)　縮図の辺 A′C′ の長さを測ると，約 3 cm だから，
$AC=A'C'\times200=3\times200=600$(cm)
校舎の高さは AC に目の高さを加えて，
$6+1.6=7.6$(m)

❸ (1)　相似比は，深さの比で考える。

(2)　容器の容積を x cm^3 とすると，
$200:x=1^3:2^3=1:8$ より $x=1600$
よって，$1600-200=1400$(cm^3)

❹ (1)　D と E を結ぶ。D，E はそれぞれ辺 AB，AC の中点だから，中点連結定理より

$DE=\dfrac{1}{2}BC$

よって，$DE:FC=\dfrac{1}{2}BC:\dfrac{2}{3}BC=3:4$

すなわち，$DG:CG=DE:FC=3:4$ だから，
$DG:8=3:4$　　よって，$GD=6$(cm)

(2)　$DG:CG=3:4$ より $\triangle GDE=\dfrac{3}{4}S$

$AE:EC=1:1$ だから，

$\triangle ADE=\triangle CDE=S+\dfrac{3}{4}S=\dfrac{7}{4}S$

よって，$\triangle ADC=\dfrac{7}{4}S\times2=\dfrac{7}{2}S$

また，$AD:DB=1:1$ だから，

$\triangle ABC=2\triangle ADC=2\times\dfrac{7}{2}S=7S$

❺ I は △ABC の内心だから，IB，IC はそれぞれ ∠B，∠C を 2 等分する。右の図の △IBC において，$●+\triangle=180°-132°=48°$
△ABC において，
$\angle BAC=180°-(●+\triangle)\times2=84°$

❻ (1)　点 G は △ABC の重心だから，
$4:x=2:1$ より $x=2$
$y:3=2:(2+1)$ より，$y=2$

(2)　右の図の △ABD で，BK は ∠ABD の二等分線より

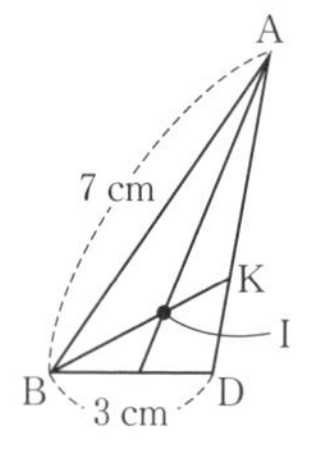

$AK:KD=BA:BD=7:3$，
$AD=AG+GD=4+2=6$(cm)
だから，

$AK=6\times\dfrac{7}{7+3}=\dfrac{21}{5}$(cm)

AI は ∠BAD の二等分線だから，

$BI:IK=AB:AK=7:\dfrac{21}{5}=5:3$

① (1)　水面のふちでつくる円の半径を r cm とする。水面のふちでつくる円を底面とする円錐と，底面の直径が 12 cm で高さが 12 cm の円錐の容器は相似だから，対応する線分の長さの比はすべて等しいので，
$2r:12=6:12$ より $r=3$

(2)　この 2 つの円錐の相似比は $6:12=1:2$ だから，体積の比は $1^3:2^3=1:8$
よって，体積は 8 倍になる。

p.84～85　ステージ3

❶ (1)　相似の中心　　(2)　OC　　(3)　8 cm

❷ (1)　△ABC ∽ △ACD（△CBD も可）
2 組の角がそれぞれ等しい。　$x=\dfrac{24}{5}$

(2)　△ABC ∽ △ADB
2 組の辺の比とその間の角がそれぞれ等しい。　$x=14$

❸ (1)　△DBA　　(2)　7 cm　　(3)　$\dfrac{28}{3}$ cm

❹ (1)　$x=5$　　(2)　$x=\dfrac{48}{7}$

❺ (1)　$x=\dfrac{15}{2}$　　(2)　$x=\dfrac{10}{3}$

❻ (1)　(証明)　△AOD と △COB において，
AD // BC より，錯角は等しいから，
∠ADO = ∠CBO　…①
対頂角は等しいから，
∠AOD = ∠COB　…②
①，②より，2 組の角がそれぞれ等しいから，△AOD ∽ △COB

(2)　EO = 6 cm，EF = 12 cm

❼ (1)　125 cm^2　　(2)　8：19

8 （証明） AとCを直線で結び，線分ACとBDの交点をOとすると，平行四辺形の対角線はそれぞれの中点で交わるから，
AO＝CO，BO＝DO
点Eは，△ABCの2つの中線AMとBOの交点だから重心で，BE：EO＝2：1 …①
同様に，点Fは△ACDの重心で，
DF：FO＝2：1 …②
①，②とBO＝DOより，
BE：EF：FD＝2：(1＋1)：2
＝2：2：2
＝1：1：1
よって，E，FはBDを3等分する。

解説

1 (3) △ABC∽△DEFで相似比は3：2だから，
AB：DE＝3：2
12：DE＝3：2よりDE＝8 cm

2 (1) △ABC∽△ACDだから，
AB：AC＝BC：CD
10：8＝6：xより$x=\frac{24}{5}$

(2) △ABC∽△ADBだから，
AB：AD＝BC：DB
18：12＝21：xより$x=14$

3 (1) △ABCと△DBAにおいて，
AD＝DCより，△DACは二等辺三角形だから，∠DCA＝∠DAC
また，ADは∠Aの二等分線だから，
∠DAB＝∠DAC
よって，∠ACB＝∠DCA＝∠DAB …①
共通な角だから，∠ABC＝∠DBA …②
①，②より，2組の角がそれぞれ等しいから，
△ABC∽△DBA

(2) (1)より，対応する辺の比はすべて等しいから，
AB：DB＝BC：BA
DC＝x cmとすると，
12：(16－x)＝16：12だから，$x=7$

(3) (2)と同様にして，AC：DA＝BC：BA
DA＝DC＝7 cmだから，
AC：7＝16：12だから，AC＝$\frac{28}{3}$ cm

別解 角の二等分線と線分の比の定理を利用すると，AB：AC＝BD：DCだから，
12：AC＝(16－7)：7

4 三角形と線分の比の定理を利用する。

(1) x：(x＋10)＝4：12だから，$x=5$

ミス注意!
x：10＝4：12としてはいけない。
△ADE∽△ABCだから，ADに対応する辺はABになる。

(2) x：(12－x)＝8：6だから，$x=\frac{48}{7}$

5 平行線と線分の比の定理を利用する。

(1) 6：4＝x：5より$x=\frac{15}{2}$

(2) 6：3＝(10－x)：xより$x=\frac{10}{3}$

6 (1) **別解** 「対頂角は等しいから，∠AOD＝∠COB」の代わりに，
「錯角は等しいから，∠DAO＝∠BCO」を使って証明してもよい。

(2) (1)より，AO：CO＝AD：CB＝10：15
＝2：3
△ABCでEO∥BCより
EO：BC＝AO：AC＝2：(2＋3)＝2：5
よって，EO：15＝2：5よりEO＝6 cm
同様にして，FO＝6 cm
よって，EF＝6＋6＝12 (cm)

7 (1) 相似比が4：5だから，
▱ABCDと▱EFGHの面積の比は，
$4^2：5^2$＝16：25
よって，▱EFGHの面積は$\frac{25}{16}\times80=125$ (cm^2)

(2) 円錐形の容器と容器の中に残っている水の部分の形は相似で，相似比は深さの比から，
12：8＝3：2だから，
体積の比は$3^3：2^3$＝27：8
よって，求める容器に残っている水の体積とこぼした水の体積の比は，
8：(27－8)＝8：19

6章 円

p.86〜87 ステージ1

❶ (1) $\angle x=30°$

(2) $\angle x=30°$，$\angle y=30°$

(3) $\angle x=40°$，$\angle y=95°$

(4) $\angle x=75°$　(5) $\angle x=56°$

(6) $\angle x=112°$

(7) $\angle x=80°$，$\angle y=100°$

(8) $\angle x=50°$　(9) $\angle x=52°$

(10) $\angle x=58°$

❷ (1) $\angle x=32°$　(2) $\angle x=60°$

(3) $\angle x=75°$

❸ $\angle x=90°$，$\angle y=30°$

解説

❶ (1) $\angle BOC=2\angle BAC=2\times 60°=120°$

$\triangle OBC$ は $OB=OC$ の二等辺三角形だから，

$\angle x=(180°-120°)\div 2=30°$

(2) $\angle x=60°\div 2=30°$，$\angle y=15°\times 2=30°$

(3) $\angle x=\angle BDC=40°$

$\angle y=180°-(40°+45°)=95°$

(4) $\angle ADB=\angle ACB=35°$

$\angle x=40°+35°=75°$

(5) $\angle AOB=2\angle ACB=2\times 32°=64°$

$64°+24°=32°+\angle x$ より $\angle x=56°$

(6) $\angle APB$ に対する中心角は

$\angle AOB=360°-136°=224°$

よって，$\angle x=224°\div 2=112°$

(7) $\angle x=160°\div 2=80°$

$\angle y=(360°-160°)\div 2=100°$

(8) AC は円 O の直径だから，$\angle ABC=90°$

$\angle ACB=\angle ADB=40°$

よって，$\angle x=180°-(90°+40°)=50°$

(9) AC は円 O の直径だから，$\angle ABC=90°$

$\angle ABD=\angle ACD=\angle x$

よって，$\angle x+38°=90°$ より $\angle x=52°$

(10) AC は円 O の直径だから，$\angle ABC=90°$

$\triangle OAB$ は $OA=OB$ の二等辺三角形だから，

$\angle OBA=\angle OAB=32°$

よって，$32°+\angle x=90°$ より $\angle x=58°$

ポイント

・円周角の定理を使う。

・半円の弧に対する円周角の大きさは 90° である。

❷ (1) $\overset{\frown}{AB}=\overset{\frown}{CD}$ だから，$\angle COD=\angle AOB=64°$

よって，$\angle x=64°\div 2=32°$

(2) 1つの円で，弧の長さと円周角の大きさは比例するから，

$\angle APB:\angle AQC=\overset{\frown}{AB}:\overset{\frown}{AC}=2:5$

よって，$24°:\angle x=2:5$ より $\angle x=60°$

(3) $\overset{\frown}{AB}=2\overset{\frown}{BC}$ より，

$\angle ACB=2\angle BAC=2\times 35°=70°$

$\triangle ABC$ において，$\angle x=180°-(35°+70°)$

$=75°$

❸ $\angle x$ に対する弧の長さは，円周の $\frac{6}{12}=\frac{1}{2}$ だから，

$\angle x$ は半円の弧に対する円周角で，大きさは 90°

$\angle y$ に対する弧の長さは，円周の $\frac{2}{12}=\frac{1}{6}$ だから，

中心角の大きさは $360°\times\frac{1}{6}=60°$

よって，$\angle y=60°\div 2=30°$

p.88〜89 ステージ1

❶ ㋐，㋒

❷ (1) $x=9$　(2) $x=2$

❸

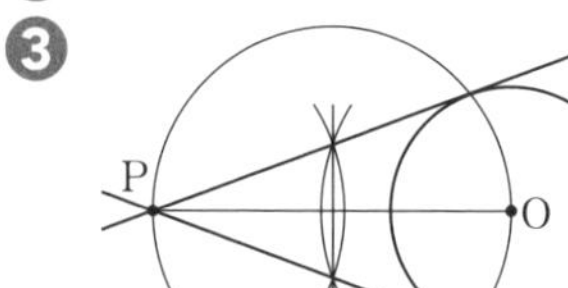

❹ **(証明)　△ABC と △HAC において，**

BC は円 O の直径だから，$\angle BAC=90°$

仮定より，$\angle AHC=90°$

よって，$\angle BAC=\angle AHC(=90°)$　…①

共通な角だから，$\angle ACB=\angle HCA$　…②

①，②より，2組の角がそれぞれ等しいから，

$\triangle ABC\backsim\triangle HAC$

解説

❶ ㋐ $\angle BDC=110°-40°=70°$

よって，$\angle BAC=\angle BDC=70°$

$\angle BAC$ と $\angle BDC$ は BC について同じ側にあって，大きさが等しいので，4点 A，B，C，D

は1つの円周上にある。

㋑ $\angle BDC = 180° - (30° + 67°) = 83°$

よって，$\angle BAC \neq \angle BDC$

㋒ $AB /\!/ DC$ より，錯角は等しいから，

$\angle BAC = \angle ACD = 52°$

また，$\angle BDC = 180° - (76° + 52°) = 52°$

よって，$\angle BAC = \angle BDC = 52°$

$\angle BAC$ と $\angle BDC$ は BC について同じ側にあって，大きさが等しいので，4点A，B，C，D は1つの円周上にある。

ポイント

円周角の定理の逆

2点C，P が直線 AB について同じ側にあるとき，

$\angle APB = \angle ACB$

ならば，4点A，B，C，P は1つの円周上にある。

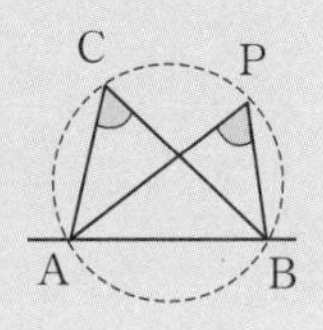

❷ (1) $BP = BQ = 6$ cm

$CR = CQ = 10 - 6 = 4$ (cm)

$AP = AR = 7 - 4 = 3$ (cm)

よって，$AB = BP + AP = 6 + 3 = 9$ (cm)

(2) $BQ = BP = 5$ cm

$CR = CQ = 12 - 5 = 7$ (cm)

よって，$AP = AR = 9 - 7 = 2$ (cm)

ポイント

円の接線の長さ

円の外部の点からその円にひいた2つの接線の長さは等しい。

❸ 円の接線は2つあり，その接点を A，B とすると，$\angle PAO = \angle PBO = 90°$ になるから，

$OA \perp PA$，$OB \perp PB$ となるように作図する。

半円の弧に対する円周角は 90° だから，PO を直径とする円をかけばよい。

① 線分 PO の垂直二等分線をひき，線分 PO との交点を M とする。

② 点 M を中心として，線分 PM を半径とする円をかく。

③ この円と円 O との交点をそれぞれ A，B とする。

④ 直線 PA，PB をひく。

p.90～91 ステージ1

❶ (1) $\angle x = 78°$

(2) $\angle x = 50°$，$\angle y = 40°$

(3) $\angle x = 99°$，$\angle y = 105°$

(4) $\angle x = 100°$，$\angle y = 115°$

(5) $\angle x = 98°$

(6) $\angle x = 30°$

❷ (1) $\angle x = 110°$，$\angle y = 70°$

(2) $\angle x = 45°$，$\angle y = 80°$

(3) $\angle x = 30°$

❸ 68°

❹ (1) $x = 8$　(2) $x = \frac{12}{5}$　(3) $x = 18$

解説

❶ (1) △ABD で，

$\angle A = 180° - (38° + 40°) = 102°$

<u>四角形 ABCD は円に内接するから，</u>

↑対角の和は180°

$\angle x = 180° - 102° = 78°$

(2) <u>四角形 ABCD は円に内接するから，</u>

↑対角の和は180°

$\angle x = 180° - 130° = 50°$

<u>半円の弧に対する円周角だから，$\angle BAC = 90°$</u>

よって，$\angle y = 180° - (90° + 50°) = 40°$

(3) <u>四角形 ABCD は円に内接するから，</u>

↑外角はそれととなり合う内角の対角に等しい。

$\angle x = 99°$，$\angle y = 105°$

(4) <u>四角形 ABCD は円に内接するから，</u>

↑対角の和は180°　↑外角はそれととなり合う内角の対角に等しい。

$\angle x = 180° - 80° = 100°$

$\angle y = 115°$

(5) 問題の図では，$AB = AD$ のとき $\overset{\frown}{AB} = \overset{\frown}{AD}$ だから，$\angle BCA = \angle ACD = 32°$

<u>四角形 ABCD は円に内接するから，</u>

↑対角の和は 180°

$32° + 32° + 18° + \angle x = 180°$

よって，$\angle x = 98°$

(6) <u>四角形 ABCD は円に内接するから，</u>

↑対角の和は 180°

$\angle ABC = 180° - 120° = 60°$

6章

半円の弧に対する円周角だから，$\angle \mathrm{BAC}=90^\circ$
よって，$\angle x=180^\circ-(90^\circ+60^\circ)=30^\circ$

❷ 「円の接線とその接点を通る弦のつくる角は，その角の内部にある弧に対する円周角に等しい。」ことを利用する。

(1) $\angle \mathrm{CAT}=\angle \mathrm{ADC}$ より $\angle x=110^\circ$
四角形 ABCD は円に内接するから，
$\angle y=180^\circ-110^\circ=70^\circ$ ←$\angle x+\angle y=180^\circ$

(2) $\angle \mathrm{DAT}=\angle \mathrm{ABD}$ より $\angle x=45^\circ$
△ABD で
$\angle \mathrm{DAB}=180^\circ-(35^\circ+45^\circ)=100^\circ$
四角形 ABCD は円に内接するから，
$\angle y=180^\circ-100^\circ=80^\circ$
↑$\angle \mathrm{DAB}+\angle y=180^\circ$

(3) A，C を結ぶと，$\angle \mathrm{DAT}=\angle \mathrm{ACD}$ より
$\angle \mathrm{ACD}=60^\circ$
半円の弧に対する円周角だから，$\angle \mathrm{DAC}=90^\circ$
よって，$\angle \mathrm{ADC}=180^\circ-(90^\circ+60^\circ)=30^\circ$
△ABD で，内角と外角の性質から，
$\angle x+\angle \mathrm{ADC}=\angle \mathrm{DAT}$ だから，
$\angle x=60^\circ-30^\circ=30^\circ$

ポイント

円の接線と弦のつくる角
$\angle \mathrm{BAT}=\angle \mathrm{ACB}$

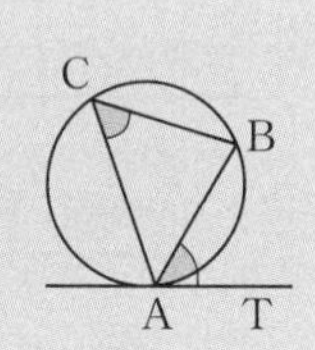

❸ 1つの円で，弧の長さと円周角の大きさは比例するから，$\overset{\frown}{\mathrm{AC}}:\overset{\frown}{\mathrm{CD}}=3:2$ のとき，$\overset{\frown}{\mathrm{AC}}$，$\overset{\frown}{\mathrm{CD}}$ に対する円周角 $\angle \mathrm{ADC}$，$\angle \mathrm{CAD}$ の大きさの比も $3:2$ になるので，$\angle \mathrm{ADC}=3a$，$\angle \mathrm{CAD}=2a$ とおく。接線と弦のつくる角の定理より，
$\angle \mathrm{CAB}=\angle \mathrm{ADC}=3a$ だから，
$\angle \mathrm{DAB}=\angle \mathrm{CAD}+\angle \mathrm{CAB}=2a+3a=5a=70^\circ$
よって，$a=14^\circ$
$\angle \mathrm{ABD}=180^\circ-(70^\circ+14^\circ\times 3)=68^\circ$

❹ (1) 方べきの定理
$\mathrm{PA}\times\mathrm{PB}=\mathrm{PC}\times\mathrm{PD}$ を利用する。
$x\times 3=4\times 6$ より $x=8$

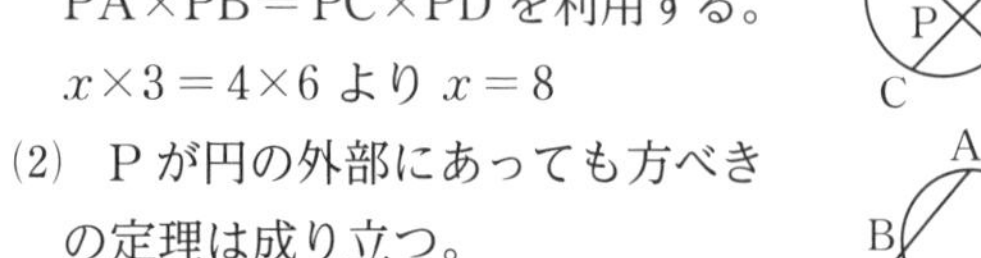

(2) P が円の外部にあっても方べきの定理は成り立つ。
$(3+5)\times 3=10\times x$ より

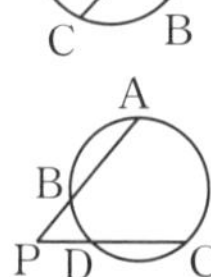

$x=\dfrac{12}{5}$

(3) 右の図のように，直線 PC が点 C を接点とする円 O の接線となる場合は，
$\mathrm{PA}\times\mathrm{PB}=\mathrm{PC}^2$ が成り立つ。
$x\times 8=12^2$ より $x=18$

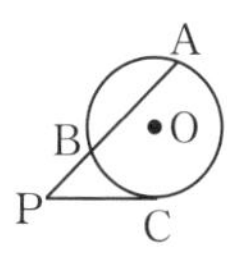

p.92～93 ステージ2

❶ (1) $\angle x=21^\circ$
(2) $\angle x=50^\circ$
(3) $\angle x=20^\circ$
(4) $\angle x=60^\circ$，$\angle y=110^\circ$
(5) $\angle x=100^\circ$，$\angle y=60^\circ$
(6) $\angle x=58^\circ$

❷ (1) $\angle x=120^\circ$
(2) $\angle x=60^\circ$，$\angle y=120^\circ$
(3) $\angle x=18^\circ$

❸ (1) 4点 P，B，C，Q
(理由) 2点 P，Q が直線 BC について同じ側にあり，$\angle \mathrm{BPC}=\angle \mathrm{BQC}=90^\circ$ が成り立つから，4点 P，B，C，Q は1つの円周上にある。
(2) △CPB

❹ 5

❺ (1) $\angle \mathrm{ACD}$，$\angle \mathrm{CAD}$，$\angle \mathrm{CBD}$
(2) (証明) △ABDと△PBCにおいて，
仮定より，BD＝BC …①
$\overset{\frown}{\mathrm{AB}}$に対する円周角は等しいから，
$\angle \mathrm{ADB}=\angle \mathrm{PCB}$ …②
$\overset{\frown}{\mathrm{CD}}$に対する円周角は等しいから，
$\angle \mathrm{CAD}=\angle \mathrm{PBC}$
仮定DA＝DCより，△DACは二等辺三角形だから，$\angle \mathrm{CAD}=\angle \mathrm{ACD}$
$\overset{\frown}{\mathrm{AD}}$に対する円周角は等しいから，
$\angle \mathrm{ACD}=\angle \mathrm{ABD}$
よって，$\angle \mathrm{ABD}=\angle \mathrm{PBC}$ …③
①，②，③より，1組の辺とその両端の角がそれぞれ等しいから，
△ABD≡△PBC
(3) $\dfrac{48}{25}$

① 54°
② 36°
③ 26°

解説

1 (1) $\angle BOC = 180° - 130° = 50°$
$\angle BOC$ は $\overset{\frown}{BC}$ に対する中心角だから，円周角 $\angle BAC$ の大きさは $50° \div 2 = 25°$
$\triangle OPC$ と $\triangle APB$ において，
$50° + \angle x = 25° + 46°$ だから，$\angle x = 21°$

(2) B と E を直線で結ぶ。
$\angle AEC = \angle AEB + \angle CEB$
$= \angle AFB + \angle CDB$
$= 20° + 30° = 50°$

(3) O と B，O と C をそれぞれ直線で結ぶ。
$\angle COD = 2\angle CED = 2 \times 15° = 30°$
$\angle BOC = 2\angle BFC = 2 \times 30° = 60°$
より $\angle AOB = 130° - (30° + 60°) = 40°$
$\angle x = 40° \div 2 = 20°$

別解 A と F，D と F をそれぞれ直線で結ぶ。
$\angle AFB = \angle AGB = \angle x$
$\angle CFD = \angle CED = 15°$
より $\angle AFD = \angle x + 30° + 15°$
$= \angle x + 45°$
$\angle AFD$ は，$\overset{\frown}{AD}$ に対する円周角だから，
$\angle x + 45° = 130° \div 2 = 65°$
よって，$\angle x = 20°$

(4) D と C を直線で結ぶ。
半円の弧に対する円周角だから，$\angle ADC = 90°$
$\angle x = 90° - 30° = 60°$
$\triangle ADP$ において，三角形の内角と外角の性質から，$\angle y = \angle x + 50° = 60° + 50° = 110°$

(5) $\overset{\frown}{DE}$ に対して，
$\angle DOE = 2\angle DAE = 2 \times 30° = 60°$
三角形の内角の和より，
$\angle x = 180° - (60° + 20°) = 100°$
$\triangle OBC$ は $OB = OC$，$\angle BOC = \angle DOE = 60°$ の二等辺三角形だから，
$\angle y = (180° - 60°) \div 2 = 60°$

(6) A と B を直線で結ぶ。
$\triangle OAB$ は $OA = OB$，$\angle AOB = 66°$ の二等辺三角形だから，$\angle OAB = (180° - 66°) \div 2 = 57°$
四角形 ABCD は円に内接するから，
$\angle x + 57° + 65° = 180°$ ←対角の和は180°
よって，$\angle x = 58°$

2 (1) 線分 AD と CF はともに直径だから，交点を O とすると，O はこの円の中心になる。
よって，$\angle x = \angle AOC = 360° \times \dfrac{2}{6} = 120°$

(2) 線分 BE と CF はともに直径だから，交点を O とすると，O はこの円の中心になる。
よって，$\angle x = \angle BOC = 360° \times \dfrac{1}{6} = 60°$
また，$\angle AEB$，$\angle EBF$ はそれぞれ円周を 6 等分した弧に対する円周角だから，
$\angle AEB = \angle EBF = 360° \times \dfrac{1}{6} \times \dfrac{1}{2} = 30°$
$\angle y = 180° - 30° \times 2 = 120°$

(3) A と O を直線で結ぶ。
A，B，C，D，E は円周を 5 等分しているので，
$\angle AOC = 360° \times \dfrac{2}{5} = 144°$
$\triangle OAC$ は $OA = OC$ の二等辺三角形だから，
$\angle x = (180° - 144°) \div 2 = 18°$

3 (1) **別解** 4 点 A，P，Q，R
(理由) $\angle APR = 90°$ より，点 P は AR を直径とする円周上にある。また，$\angle AQR = 90°$ より，点 Q は AR を直径とする円周上にある。
よって，4 点 A，P，Q，R は AR を直径とする円周上にある。

(2) (1)より，4 点 A，P，Q，R は AR を直径とする円周上にあるから，$\overset{\frown}{PR}$ に対する円周角は等しいので，$\angle PAR = \angle PQR$ …①
同様に，4 点 P，B，C，Q は 1 つの円周上にあるから，$\overset{\frown}{PB}$ に対する円周角は等しいので，
$\angle PQR = \angle PCB$ …②
①，②より，$\angle PAR = \angle PCB$ …③
また，$\angle APR = \angle CPB (= 90°)$ …④
③，④より，2 組の角がそれぞれ等しいから，
$\triangle APR \backsim \triangle CPB$

4 <u>円の外部からその円にひいた接線の長さは等しいから</u>，$DR = DS = 4$ より
$CQ = CR = 12 - 4 = 8$　　$BQ = 13 - 8 = 5$
O と P，O と Q をそれぞれ結ぶ。
$\angle B = \angle OPB = \angle OQB = 90°$

BP＝BQ より四角形 PBQO は正方形だから，
円 O の半径は OP＝OQ＝BQ＝5

5 (1) $\overset{\frown}{AD}$ に対する円周角は等しいから，
∠ABD＝∠ACD …①
$\overset{\frown}{CD}$ に対する円周角は等しいから，
∠CAD＝∠CBD …②
DA＝DC より，$\overset{\frown}{AD}=\overset{\frown}{CD}$ だから，
∠ABD＝∠CBD …③
①，②，③より，
∠ABD＝∠ACD＝∠CAD＝∠CBD

(3) $\overset{\frown}{CD}$ に対する円周角は等しいから，
∠PAD＝∠PBC
$\overset{\frown}{AB}$ に対する円周角は等しいから，
∠PDA＝∠PCB
2 組の角がそれぞれ等しいから，
△PAD∽△PBC
よって，PD：PC＝AD：BC
(2)の証明と仮定より，AD＝PC＝CD＝3 だから，PD：3＝3：5 より $PD=\frac{9}{5}$
$BP=BD-PD=BC-PD=5-\frac{9}{5}=\frac{16}{5}$
よって，AP：BP＝AD：BC＝3：5 だから，
$AP:\frac{16}{5}=3:5$ より，$AP=\frac{48}{25}$

1 C と B，O と C，O と D をそれぞれ直線で結ぶ。
円 O の半径は 5 cm だから，
円周は $2\pi\times5=10\pi$ (cm) より，
$\angle COD=360^\circ\times\frac{2\pi}{10\pi}=72^\circ$
∠COD は $\overset{\frown}{CD}$ に対する中心角だから，円周角
∠CBD の大きさは 72°÷2＝36°
また，∠ACB は半円の弧に対する円周角だから，
∠ACB＝90° より ∠ECB＝90°
よって，△ECB において，
∠CEB＝180°−(36°＋90°)＝54°

2 円の中心を O とし，O と C，O と D をそれぞれ直線で結ぶ。正五角形 ABCDE は円 O に内接していて，各頂点 A，B，C，D，E は円周を 5 等分するから，∠COD＝360°÷5＝72°
∠COD は $\overset{\frown}{CD}$ に対する中心角だから，円周角
∠CAD の大きさは $\angle x=72^\circ\div2=36^\circ$

3 $\overset{\frown}{AD}$ に対して，∠AOD は中心角，∠ACD は円周角だから，
∠AOD＝2∠ACD＝2×58°＝116°
CD と AB の交点を E とすると，仮定より
∠OED＝90°
△OED で内角と外角の性質から，
$\angle x=116^\circ-90^\circ=26^\circ$

p.94～95 ステージ3

1
(1) $\angle x=57^\circ$　(2) $\angle x=140^\circ$
(3) $\angle x=53^\circ$　(4) $\angle x=90^\circ$
(5) $\angle x=20^\circ$　(6) $\angle x=35^\circ$
(7) $\angle x=47^\circ$　(8) $\angle x=100^\circ$
(9) $\angle x=24^\circ$　(10) $\angle x=26^\circ$
(11) $\angle x=100^\circ$　(12) $\angle x=45^\circ$
(13) $\angle x=72^\circ$　(14) $\angle x=54^\circ$
(15) $x=4$

2 $\frac{7}{15}$

3 (証明)　△ABH と △ADC において，
$\overset{\frown}{AC}$ に対する円周角は等しいから，
∠ABH＝∠ADC ……①
仮定より，∠AHB＝90°
AD は円の直径だから，∠ACD＝90°
よって，∠AHB＝∠ACD ……②
①，②より，2 組の角がそれぞれ等しいから，
△ABH∽△ADC

4 (1) $180^\circ-a^\circ$　(2) $180^\circ-2a^\circ$

5 (1) (証明)　△AEC と △DEA において，
共通な角だから，∠AEC＝∠DEA …①
CE は ∠ACB の二等分線だから，
∠ACE＝∠BCE
$\overset{\frown}{BE}$ に対する円周角は等しいから，
∠BCE＝∠DAE
よって，∠ACE＝∠DAE …②
①，②より，2 組の角がそれぞれ等しいから，
△AEC∽△DEA

(2) $\frac{15}{7}$

解説

1 (7) ∠ADC は半円の弧に対する円周角だから，
∠ADC＝90°

$\overset{\frown}{BC}$ に対する円周角は等しいから，
$\angle BDC = \angle BAC = 43°$
よって，$\angle x = 90° - 43° = 47°$

(8) A から O を通る半直線をひく。
$\triangle OAB$ は二等辺三角形だから，
$\angle OAB = \angle OBA = 30°$
$\triangle OAC$ は二等辺三角形だから，
$\angle OAC = \angle OCA = 20°$
$\angle BAC = \angle OAB + \angle OAC = 30° + 20° = 50°$
$\angle BOC = 2\angle BAC$ だから，
$\angle x = 2 \times 50° = 100°$

(9) F と C を直線で結ぶ。
$\overset{\frown}{BC}$ に対する円周角は等しいから，
$\angle BFC = \angle BAC = 26°$
$\overset{\frown}{CD}$ に対する円周角は等しいから，
$\angle CFD = \angle CED = \angle x$
$\angle BFD = \angle BFC + \angle CFD$ より，
$50° = 26° + \angle x$　　よって，$\angle x = 24°$

(10) $\overset{\frown}{AB}$ に対する円周角は等しいから，
$\angle ADB = \angle ACB = \angle x$
$\triangle PBD$ で内角と外角の性質から，
$\angle x = 62° - 36° = 26°$

(11) A と D，A と E をそれぞれ直線で結ぶ。
同じ弧に対する円周角の大きさは等しいから，
$\angle CAD = \angle CED = 25°$，$\angle DAE = \angle DCE = 45°$
$\angle EAF = \angle EBF = 30°$
よって，$\angle x = \angle CAD + \angle DAE + \angle EAF$
$= 25° + 45° + 30° = 100°$

(12) $\triangle ABC$ において，
$\angle CBD = 180° - (50° + 31° + 54°) = 45°$
また，2 点 A，D は直線 BC について同じ側にあり，$\angle BAC = \angle BDC = 50°$ だから，4 点 A，B，C，D は 1 つの円周上にある。$\overset{\frown}{CD}$ に対する円周角は等しいので，$\angle x = \angle CBD = 45°$

(13) O と B，O と C をそれぞれ直線で結ぶ。
$$\angle BOC = 360° \times \frac{2}{3+2} = 144°$$
$\angle BAC$ は $\overset{\frown}{BC}$ に対する円周角だから，
$\angle x = 144° \div 2 = 72°$

(14) B と G を直線で結ぶ。A～J は円周を 10 等分する点だから，
$$\angle EBG = 360° \times \frac{2}{10} \times \frac{1}{2} = 36°$$
$$\angle BGC = 360° \times \frac{1}{10} \times \frac{1}{2} = 18°$$
よって，三角形の内角と外角の性質から，
$\angle x = 36° + 18° = 54°$

(15) 円の外部の点からその円にひいた接線の長さは等しいから，$AR = AP = x$ より
$CQ = CR = 9 - x$
同様に，$BQ = BP = 12 - x$ だから，
$BC = BQ + CQ = 13$ より
$9 - x + 12 - x = 13$　　$x = 4$

2 円の外部の点からその円にひいた接線の長さは等しいから，$DA = DB$ より $\triangle DAB$ は二等辺三角形だから，$\angle ABD = (180° - 40°) \div 2 = 70°$
円の接線と弦のつくる角の定理より，
$\angle ACB = \angle ABD = 70°$
よって，$\triangle ABC$ において，
$\angle ABC = 180° - (75° + 70°) = 35°$
1 つの円で，弧の長さと円周角の大きさは比例し，$\overset{\frown}{AC}$ に対する円周角は $\angle ABC$，$\overset{\frown}{BC}$ に対する円周角は $\angle BAC$ だから，
$$\frac{\overset{\frown}{AC}}{\overset{\frown}{BC}} = \frac{35}{75} = \frac{7}{15}$$
別解 $\angle ABC$ の大きさは，次のようにして求めることもできる。半直線 DB 上に点 E をとると，$\angle CBE = 75°$
よって，$\angle ABC = 180° - (75° + 70°) = 35°$

4 (1) 四角形 ABCD は円 O に内接するから，
$\angle ABC + \angle ADC = 180°$ より，
$\angle ABC = 180° - \angle ADC = 180° - a°$

(2) O と A，O と C をそれぞれ直線で結ぶ。
AP，CP はともに点 A，C を接点とする円 O の接線だから，$\angle OAP = \angle OCP = 90°$
また，$\angle AOC$ は $\overset{\frown}{AC}$ に対する中心角，$\angle ADC$ は $\overset{\frown}{AC}$ に対する円周角だから，
$\angle AOC = 2\angle ADC = 2 \times a° = 2a°$
よって，$\angle APC = 360° - (90° \times 2 + 2a°)$
$= 180° - 2a°$

5 (2) (1)より，$AC : DA = EC : EA$
$5 : DA = 7 : 3$ だから，$AD = \dfrac{15}{7}$

7章 三平方の定理

p.96〜97 ステージ1

1 （証明） 正方形 ABDE は 1 辺の長さが c だから，面積は c^2 と表される。 …①
正方形 CFGH の面積は $(b-a)^2$ だから，
正方形 ABDE の面積は
$(b-a)^2+\frac{1}{2}\times ab\times 4=b^2-2ab+a^2+2ab$
$=a^2+b^2$ から，a^2+b^2 とも表される。 …②
①，②より，$a^2+b^2=c^2$

2 (1) $x=3\sqrt{10}$ (2) $x=\sqrt{33}$
(3) $x=6\sqrt{5}$ (4) $x=12$
(5) $x=5$ (6) $x=2\sqrt{6}$

3 ㋐，㋒，㋔，㋕

解説

2 三平方の定理を使って，残りの辺の長さを求める。
(1) $9^2+3^2=x^2$ だから，$x^2=90$
$x>0$ より $x=3\sqrt{10}$
(2) $x^2+4^2=7^2$ だから，$x^2=33$
$x>0$ より $x=\sqrt{33}$
(3) $6^2+12^2=x^2$ だから，$x^2=180$
$x>0$ より $x=6\sqrt{5}$
(4) $x^2+16^2=20^2$ だから，$x^2=144$
$x>0$ より $x=12$
(5) $(\sqrt{15})^2+(\sqrt{10})^2=x^2$ だから，$x^2=25$
$x>0$ より $x=5$
(6) $x^2+4^2=(2\sqrt{10})^2$ だから，$x^2=24$
$x>0$ より $x=2\sqrt{6}$

ポイント
直角をはさむ 2 辺の長さを a，b，斜辺の長さを c とすると，$a^2+b^2=c^2$（三平方の定理）

3 ㋐ $9^2+12^2=15^2$ が成り立つので，長さ 15 cm の辺を斜辺とする直角三角形である。
㋑ 長さが 16 cm である辺がもっとも長い。
$8^2+12^2=208$，$16^2=256$ より
$8^2+12^2\neq 16^2$ だから，直角三角形ではない。
㋒〜㋕についても，同様に調べる。

p.98〜99 ステージ2

1 (1) $x=30$ (2) $x=3\sqrt{10}$
(3) $x=2\sqrt{3}$

2 (1) $x=3\sqrt{7}$，$y=6\sqrt{2}$
(2) $x=2\sqrt{3}$，$y=\sqrt{37}$
(3) $x=\sqrt{65}$，$y=5$

3 (1) $x=28$ (2) $x=3\sqrt{5}$

4 (1) $x=4$，$y=8$
(2) $x=2$，$y=4\sqrt{2}$

5 ㋑，㋓，㋕

6 (1) $x=3$
（理由） $x>0$ より長さが $(x+2)$ cm である辺がもっとも長いから，
$x^2+(x+1)^2=(x+2)^2$
が成り立つ。
両辺をそれぞれ展開して整理すると，
$x^2-2x-3=0$
$(x+1)(x-3)=0$
よって，$x=-1$，3
$x>0$ より $x=3$
(2) 17 cm

7 (1) $AH^2=8^2-x^2$ （$64-x^2$ でもよい）
(2) $AH^2=12^2-(10-x)^2$
（$144-(10-x)^2$ でもよい）
(3) $8^2-x^2=12^2-(10-x)^2$ $x=1$
(4) AH…$3\sqrt{7}$ cm
△ABC の面積…$15\sqrt{7}$ cm²

● ● ● ● ●

① $\sqrt{41}$ cm
② $36\sqrt{7}$ cm³

解説

1 (1) $24^2+18^2=x^2$ だから，$x^2=900$
$x>0$ より $x=30$
参考 3 辺の長さの比が 3：4：5 である三角形は直角三角形である。
また，直角をはさむ 2 辺の長さの比が 3：4 ならば，その三角形は 3 辺の長さの比が 3：4：5 の直角三角形になる。
(1)では，18：24＝(3×6)：(4×6)＝3：4
このことから，斜辺の長さを 5×6＝30(cm) のようにして，求めることもできる。
(2) $x^2+(3\sqrt{15})^2=15^2$ だから，$x^2=90$
$x>0$ より $x=3\sqrt{10}$

(3) $x^2+(\sqrt{6})^2=(3\sqrt{2})^2$ だから，$x^2=12$

$x>0$ より $x=2\sqrt{3}$

2 (1) 直角三角形 ABD において，

$x^2=12^2-9^2=63$　　$x>0$ より $x=3\sqrt{7}$

直角三角形 ACD において，

$y^2=x^2+3^2=72$

$y>0$ より $y=6\sqrt{2}$

(2) 直角三角形 ABD において，

$x^2=4^2-2^2=12$　　$x>0$ より $x=2\sqrt{3}$

直角三角形 ABC において，

$y^2=x^2+(2+3)^2=37$

$y>0$ より $y=\sqrt{37}$

(3) 直角三角形 ABC において，

$x^2=4^2+7^2=65$　　$x>0$ より $x=\sqrt{65}$

直角三角形 ACD において，

$y^2=x^2-(2\sqrt{10})^2=25$

$y>0$ より $y=5$

3 (1) 直角三角形 ABC において，

$BC^2=25^2-15^2=400$

$BC>0$ より $BC=20$

直角三角形 ADC において，

$CD^2=17^2-15^2=64$

$CD>0$ より $CD=8$

よって，$x=BC+CD=20+8=28$

(2) 直角三角形 ADC において，

$AC^2=x^2-3^2=x^2-9$　…①

直角三角形 ABC において，

$AC^2=10^2-(5+3)^2=36$　…②

①，②より，$x^2-9=36$　　$x^2=45$

$x>0$ より $x=3\sqrt{5}$

4 (1) 四角形 AECD は長方形だから，

$BE=BC-EC$ より $x=9-5=4$

直角三角形 ABE において，

$y^2=4^2+(4\sqrt{3})^2=64$　　$y>0$ より $y=8$

(2) 四角形 AEFD は長方形だから，

$BE=(BC-EF)\div2=(9-5)\div2=2$

よって，$x=2$

直角三角形 ABE において，

$y^2=6^2-2^2=32$　　$y>0$ より $y=4\sqrt{2}$

5 三平方の定理が成り立つか調べる。

㋐ 長さが 24 cm である辺がもっとも長い。

$15^2+18^2=549$，$24^2=576$ より

$15^2+18^2\neq24^2$ だから，直角三角形ではない。

㋑ 長さが 29 cm である辺がもっとも長い。

$21^2+20^2=841$，$29^2=841$ より

$21^2+20^2=29^2$ が成り立つので，長さ 29 cm の辺を斜辺とする直角三角形である。

㋒～㋕についても，同様に調べる。

6 (1) $x<x+1<x+2$ の順に大きくなるから，もっとも長い $(x+2)$ cm の辺を斜辺として，三平方の定理を使って，x の 2 次方程式をつくる。

(2) $CA=x$ cm$(x>0)$ とすると，$BC=x+7$(cm)，

$AB=BC+2=(x+7)+2=x+9$(cm)で，

AB がもっとも長い辺だから，

$x^2+(x+7)^2=(x+9)^2$

$x^2-4x-32=0$

$(x+4)(x-8)=0$

$x=-4,\ 8$

$x>0$ より $x=8$

したがって，もっとも長い斜辺の長さは

$8+9=17$(cm)

7 (1) 直角三角形 ABH において，三平方の定理より，$AH^2=AB^2-BH^2$

よって，$AH^2=8^2-x^2$

(2) 直角三角形 ACH において，三平方の定理より，$AH^2=AC^2-CH^2$

よって，$AH^2=12^2-(10-x)^2$

(3) (1)，(2)より，$8^2-x^2=12^2-(10-x)^2$

この方程式を解く。

展開して整理すると，$-20x=-20$ より $x=1$

(4) $AH^2=8^2-x^2$ に $x=1$ を代入すると，

$AH^2=8^2-1^2=64-1=63$

$AH>0$ より $AH=3\sqrt{7}$ (cm)

△ABC の面積は，$\frac{1}{2}\times10\times3\sqrt{7}=15\sqrt{7}$ (cm²)

① 三平方の定理より，

$AB^2=4^2+5^2=41$

$AB>0$ より $AB=\sqrt{41}$ (cm)

② 投影図の表す三角柱は，右の図のようになる。底面の直角三角形の残りの辺の長さは，三平方の定理より，

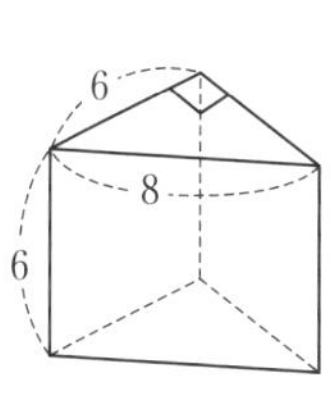

$\sqrt{8^2-6^2}=2\sqrt{7}$ (cm)

よって，求める体積は

$\frac{1}{2}\times6\times2\sqrt{7}\times6=36\sqrt{7}$ (cm³)

p.100〜101 ステージ1

❶ (1) $x=\sqrt{89}$　(2) $x=4$

❷ (1) $x=3\sqrt{2}$, $y=2\sqrt{6}$
(2) $x=3\sqrt{3}$, $y=3\sqrt{3}+3$

❸ $9\sqrt{3}\ \text{cm}^2$

❹ (1) $x=2\sqrt{5}$　(2) $x=\sqrt{21}$

❺ (1) 10　(2) $\sqrt{41}$　(3) $3\sqrt{10}$

解説

❶ (1) 直角三角形 ABC において，三平方の定理より，$AC^2=AB^2+BC^2$ だから，
$x^2=5^2+8^2=89$　$x>0$ より $x=\sqrt{89}$

(2) △ABC は二等辺三角形だから，
$BH=CH=6\div2=3$(cm)
直角三角形 ABH において，AB：BH＝5：3 だから，BH：AH：AB＝3：4：5 になるから，
AH＝4 cm
別解 三平方の定理を使って，AH＝4 cm を求めてもよい。

❷ (1) 直角二等辺三角形 ABC において，
AB：BC：AC＝1：1：$\sqrt{2}$ が成り立つ。
AB：AC＝1：$\sqrt{2}$ より 3：x＝1：$\sqrt{2}$ だから，
$x=3\sqrt{2}$
直角三角形 ACD において，
CD：AD：AC＝1：2：$\sqrt{3}$ が成り立つ。
AD：AC＝2：$\sqrt{3}$ より y：$3\sqrt{2}$＝2：$\sqrt{3}$ だから，$y=2\sqrt{6}$

(2) 直角三角形 ACD において，
CD：AC：AD＝1：2：$\sqrt{3}$ が成り立つ。
AC：AD＝2：$\sqrt{3}$ より 6：x＝2：$\sqrt{3}$ だから，
$x=3\sqrt{3}$
また，CD：AC＝1：2 より CD：6＝1：2 だから，CD＝3
△ABD は直角二等辺三角形だから，
$BD=AD=3\sqrt{3}$
よって，$y=BD+CD=3\sqrt{3}+3$

ポイント
特別な直角三角形の辺の比

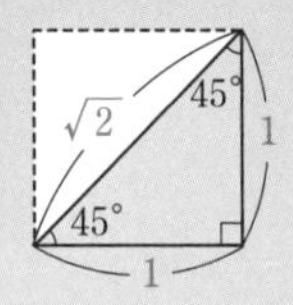

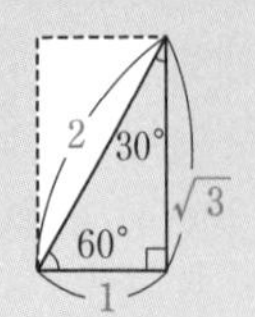

❸ 正三角形 ABC の頂点 A から辺 BC に垂線 AH をひくと，
AB：AH＝2：$\sqrt{3}$ より
6：AH＝2：$\sqrt{3}$ だから，
$AH=3\sqrt{3}$(cm)
△ABC の面積は
$\frac{1}{2}\times6\times3\sqrt{3}=9\sqrt{3}$ (cm²)

❹ (1) △OAB は二等辺三角形だから，
$AH=BH=8\div2=4$(cm)
三平方の定理より，$OH^2=OA^2-AH^2$ だから，
$x^2=6^2-4^2=20$　$x>0$ より $x=2\sqrt{5}$

(2) 直角三角形 AOP において，三平方の定理より，$AP^2=OA^2-OP^2$ だから，
$x^2=5^2-2^2=21$　$x>0$ より $x=\sqrt{21}$

❺ (1) A(−4, 5), B(2, −3) だから，
$AB^2=\{2-(-4)\}^2+\{5-(-3)\}^2=100$
$AB>0$ より $AB=10$

(2) $AB^2=(5-1)^2+\{3-(-2)\}^2=41$
$AB>0$ より $AB=\sqrt{41}$

(3) $AB^2=\{3-(-6)\}^2+\{-1-(-4)\}^2=90$
$AB>0$ より $AB=3\sqrt{10}$

ポイント
座標平面上の 2 点間の距離
2 点 A，B 間の距離は
$\sqrt{(x\text{座標の差})^2+(y\text{座標の差})^2}$ で表される。

p.102〜103 ステージ1

❶ $\sqrt{61}$ cm

❷ $6\sqrt{3}$ cm

❸ (1) $\frac{32\sqrt{14}}{3}\ \text{cm}^3$　(2) $12\pi\ \text{cm}^3$

❹ $\sqrt{61}$ cm

❺ $4\sqrt{3}$ cm

解説

❶ 縦，横，高さがそれぞれ 3 cm，6 cm，4 cm だから，$\sqrt{3^2+6^2+4^2}=\sqrt{61}$ (cm)

ポイント
3 辺の長さが a，b，c の直方体の対角線の長さは
$\sqrt{a^2+b^2+c^2}$ で求めることができる。

❷ 直角二等辺三角形 ABD において，
$BD=6\sqrt{2}$ cm ←1:1:$\sqrt{2}$ の比を利用する。

直角三角形BDHにおいて，
$BH^2=BD^2+DH^2=(6\sqrt{2})^2+6^2=108$
$BH>0$ より $BH=6\sqrt{3}$ (cm)

ポイント
1辺の長さが a の立方体の対角線の長さは $a\sqrt{3}$ で求めることができる。

❸ (1) 底面の正方形の対角線ACの長さは，
$4\sqrt{2}$ cm だから，$AH=4\sqrt{2}\div 2=2\sqrt{2}$ (cm)
直角三角形OAHにおいて，
$OH^2=OA^2-AH^2=8^2-(2\sqrt{2})^2=56$
$OH>0$ より $OH=2\sqrt{14}$ cm
よって，$\frac{1}{3}\times 4\times 4\times 2\sqrt{14}=\frac{32\sqrt{14}}{3}$ (cm³)

(2) 直角三角形ABOにおいて，
$AO^2=AB^2-BO^2=5^2-3^2=16$
$AO>0$ より $AO=4$ cm
よって，$\frac{1}{3}\times\pi\times 3^2\times 4=12\pi$ (cm³)

別解 直角三角形ABOの辺の比 3：4：5 より AO＝4 cm を求めてもよい。

❹ 線分APとPFの長さの和が最小となるのは，右の図のような展開図の一部において，3点A，P，Fが一直線上にあるときで，そのとき，AP+PFの長さは線分AFの長さに等しくなる。直角三角形ADFにおいて，

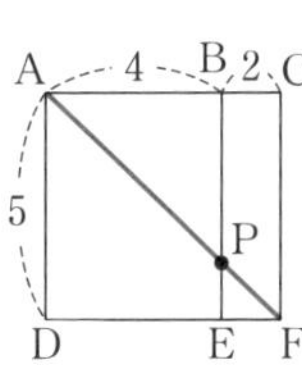

$AF^2=AD^2+DF^2=5^2+(4+2)^2=61$
$AF>0$ より $AF=\sqrt{61}$ cm

❺ 線分MPとPNの長さの和が最小となるのは，右の図のような展開図の一部において，3点M，P，Nが一直線上にあるときで，そのとき，MP+PNの長さは線分MNの長さに等しくなる。図の△MPC，△NPCはともに30°，60°，90°の直角三角形で，CM＝CN＝4 cm だから，

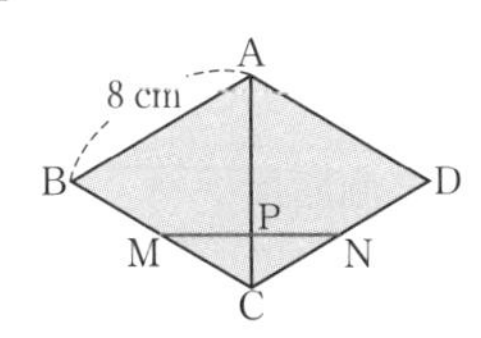

CM：MP＝2：$\sqrt{3}$ より 4：MP＝2：$\sqrt{3}$
よって，$MP=2\sqrt{3}$ cm
同様に，$NP=2\sqrt{3}$ cm だから，
$MP+PN=MN=2\sqrt{3}+2\sqrt{3}=4\sqrt{3}$ (cm)

p.104～105 ステージ2

❶ $\frac{16\sqrt{3}}{3}$ cm²

❷ (1) $6\sqrt{3}$ cm　(2) $6\sqrt{7}$ cm

❸ (1) $4\sqrt{5}$
(2) x 軸上の点Pの座標を $(p, 0)$ とする。
$PA^2=\{p-(-1)\}^2+(1-0)^2=p^2+2p+2$
$PB^2=(p-3)^2+(9-0)^2=p^2-6p+90$
PA＝PB だから，$PA^2=PB^2$
$p^2+2p+2=p^2-6p+90$
この方程式を解くと，$p=11$

❹ (1) $8\sqrt{3}$ cm　(2) $3\sqrt{5}$ cm

❺ (1) MN…$4\sqrt{2}$ cm，AG…$2\sqrt{17}$ cm
(2) 周の長さ…20 cm，面積…$4\sqrt{34}$ cm²
(3) $\sqrt{41}$ cm

❻ $72\sqrt{3}\pi$ cm³

❼ $5\sqrt{5}$ cm

❽ (1) 6 cm　(2) 3 cm

● ● ● ● ●

① (1) $9\sqrt{3}\pi$ cm³　(2) 18π cm²
(3) $6\sqrt{2}$ cm

解説

❶ 直角二等辺三角形ABCにおいて，
BC：AB＝1：$\sqrt{2}$ より，BC：8＝1：$\sqrt{2}$ だから，
$BC=4\sqrt{2}$ cm
△FBCも30°，60°，90°の直角三角形だから，
CF：BC＝1：$\sqrt{3}$ より CF：$4\sqrt{2}$＝1：$\sqrt{3}$
よって，$CF=\frac{4\sqrt{6}}{3}$ cm
求める重なった部分の面積は
$\frac{1}{2}\times 4\sqrt{2}\times\frac{4\sqrt{6}}{3}=\frac{16\sqrt{3}}{3}$ (cm²)

❷ (1) ∠ACH＝180°－120°＝60° だから，
△ACHは30°，60°，90°の直角三角形とわかる。AC：AH＝2：$\sqrt{3}$ だから，
12：AH＝2：$\sqrt{3}$ より $AH=6\sqrt{3}$ cm
(2) CH：AC＝1：2 だから，CH：12＝1：2 より CH＝6 cm
直角三角形ABHにおいて，三平方の定理より，
$AB^2=BH^2+AH^2$ だから，
$AB^2=(6+6)^2+(6\sqrt{3})^2=252$
$AB>0$ より $AB=6\sqrt{7}$ cm

❸ (1) 2点A，Bの座標を求めると，

A$(-1,\ 1)$，B$(3,\ 9)$ だから，
$AB^2=\{3-(-1)\}^2+(9-1)^2=80$
$AB>0$ より $AB=4\sqrt{5}$

4 (1) 右の図のように，円の中心をO，Oからの距離が4 cmである弦をABとする。Oから AB に垂線 OH をひくと，△OAH は直角三角形だから，三平方の定理より，$AH^2=OA^2-OH^2=8^2-4^2=48$

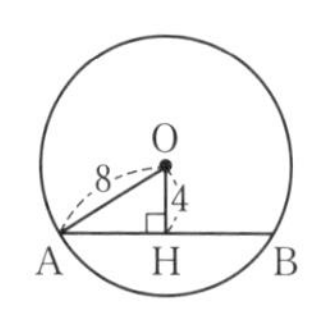

$AH>0$ より $AH=4\sqrt{3}$ cm
よって，$AB=8\sqrt{3}$ cm

(2) 円の中心をO，Oからの距離が3 cmである弦を AB とする。Oから AB に垂線 OH をひくと，△OAH は直角三角形で $OH=3$ cm，
$AH=\frac{1}{2}AB=\frac{1}{2}\times12=6$(cm)だから，三平方の定理より，$OA^2=AH^2+OH^2=6^2+3^2=45$
$OA>0$ より $OA=3\sqrt{5}$ cm

5 (1) 底面の四角形 EFGH は1辺が4 cmの正方形だから，$MN=FH=4\sqrt{2}$ cm
↑4:FH=1:√2
対角線 AG の長さは，$AG^2=4^2+4^2+6^2=68$ で，$AG>0$ より $AG=2\sqrt{17}$ cm

(2) $AB=4$ cm，$BM=3$ cm だから，直角三角形 ABM において，$AM=5$ cm ←3:4:5
よって，求めるひし形の周の長さは
$5\times4=20$(cm)
また，このひし形の面積は
$\frac{1}{2}\times MN\times AG=\frac{1}{2}\times4\sqrt{2}\times2\sqrt{17}=4\sqrt{34}$(cm²)

(3) $BN^2=4^2+4^2+3^2=41$ だから，
$BN>0$ より $BN=\sqrt{41}$ cm

6 底面の円の半径を r cm とすると，
(底面の円周)＝(側面になる半円の弧の長さ)より
$2\pi r=2\pi\times12\times\frac{1}{2}$ だから，$r=6$
円錐の高さを h cm とすると，
右の図の直角三角形で，
$6:12:h=1:2:\sqrt{3}$ だから，
$h=6\times\sqrt{3}=6\sqrt{3}$ (cm)

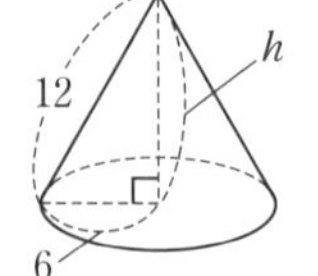

よって，求める円錐の体積は
$\frac{1}{3}\times\pi\times6^2\times6\sqrt{3}=72\sqrt{3}\pi$(cm³)

7 BP＋PQ＋QE の長さが最小になるのは，右の図のような展開図の一部において，4点B，P，Q，E が一直線上にあるときで，その長さは線分 BE の長さに等しくなる。直角三角形 BFE において，

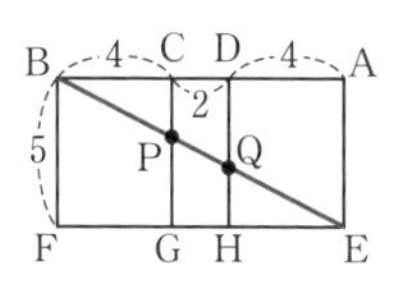

$BE^2=BF^2+FE^2=5^2+(4+2+4)^2=125$
$BE>0$ より $BE=5\sqrt{5}$ cm

8 (1) △BPQ は折り返した図形だから，
$BP=BC=10$ cm
直角三角形 ABP において，
$AB:BP=8:10=(2\times4):(2\times5)=4:5$ だから，AP は $2\times3=6$(cm)
別解 三平方の定理を使って，求めてもよい。

(2) $\angle ABP+\angle APB=90°$，
$\angle APB+\angle DPQ=90°$ より $\angle ABP=\angle DPQ$
また，$\angle A=\angle D=90°$ だから，2組の角がそれぞれ等しいので，△ABP∽△DPQ
よって，△DPQ も3辺の比が 3：4：5 の直角三角形である。$PD=AD-AP=10-6=4$(cm)だから，$PD:DQ=4:3$ より，$DQ=3$ cm

① (1) 頂点を通り底面に垂直な平面で円錐Pを切ると，切り口の形は1辺が6 cmの正三角形になるので，円錐Pの高さは $3\sqrt{3}$ cm である。
②
6 cm
3 cm
①
底面の円の半径は $6\div2=3$(cm)だから，
体積は $\frac{1}{3}\times\pi\times3^2\times3\sqrt{3}=9\sqrt{3}\pi$(cm³)

(2) Pの側面は半径が6 cm，弧の長さが 6π cm のおうぎ形だから，
側面積は $\frac{1}{2}\times6\pi\times6=18\pi$(cm²)

ポイント
半径が r，弧の長さが ℓ のおうぎ形の面積 S は
$S=\frac{1}{2}\ell r$

(3) 側面のおうぎ形の中心角の大きさは
$360°\times\frac{6\pi}{2\pi\times6}=180°$ で，

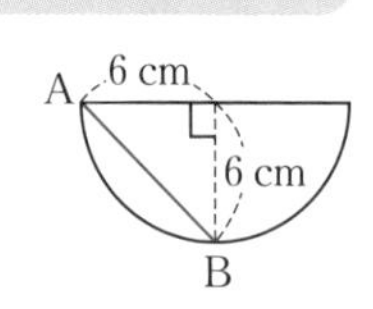

かけたひもの長さがもっとも短くなるとき，ひもは上の図の AB になるから，$AB=6\sqrt{2}$ cm

p.106～107 ステージ3

1 (1) $x=\sqrt{65}$ (2) $x=3$

2 (1) $x=9$ (2) $x=2\sqrt{14}$

3 ㋑，㋒，㋔

4 (1) $x=8\sqrt{2}$ (2) $x=6$
(3) $x=6-2\sqrt{3}$

5 (1) $4\sqrt{2}$ cm (2) $25\sqrt{3}$ cm^2
(3) $8\sqrt{5}$ cm^2

6 (1) $5\sqrt{2}$
(2) $\angle C=90°$ の直角二等辺三角形

7 (1) $6\sqrt{5}$ cm (2) $6\sqrt{5}$ cm

8 (1) $18\sqrt{2}\pi$ cm^3 (2) $9\sqrt{3}$ cm

9 78 cm^2

10 $P=Q+R$

解説

2 (1) 直角三角形 ABD において，
$AD^2=AB^2-BD^2=13^2-5^2=144$
$AD>0$ より $AD=12$ cm
直角三角形 ACD において，
$AD:AC=12:15=(3\times4):(3\times5)=4:5$ より
$CD=3\times3=9$ (cm)

(2) 右の図のように，A から辺 BC に垂線 AH をひくと，四角形 AHCD は長方形だから，$AH=DC=x$ cm，

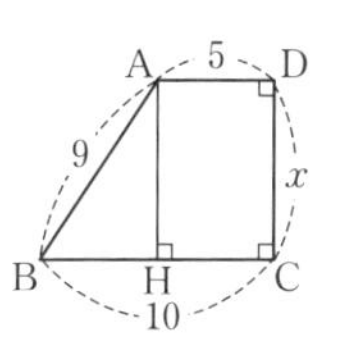

$HC=AD=5$ cm，$BH=10-5=5$ (cm)
よって，直角三角形 ABH において，
$AH^2=AB^2-BH^2=9^2-5^2=56$
$AH>0$ より $AH=2\sqrt{14}$ cm

3 ㋐ $6^2+7^2=85$，$9^2=81$ だから，
$6^2+7^2\neq9^2$ より直角三角形ではない。

㋑ $24^2+7^2=625$，$25^2=625$ だから，
$24^2+7^2=25^2$ が成り立つので，長さ 25 cm の辺を斜辺とする直角三角形である。

㋒ $1.8:2.4:3=3:4:5$ だから，長さ 3 cm の辺を斜辺とする直角三角形である。

㋓ $\left(\frac{1}{4}\right)^2+\left(\frac{1}{5}\right)^2=\frac{41}{400}$，$\left(\frac{1}{3}\right)^2=\frac{1}{9}=\frac{41}{369}$ だから，$\left(\frac{1}{4}\right)^2+\left(\frac{1}{5}\right)^2\neq\left(\frac{1}{3}\right)^2$ より直角三角形ではない。

㋔ $2^2+(\sqrt{11})^2=15$，$(\sqrt{15})^2=15$ だから，
$2^2+(\sqrt{11})^2=(\sqrt{15})^2$ が成り立つので，長さ $\sqrt{15}$ cm の辺を斜辺とする直角三角形である。

4 (1) $x=8\times\sqrt{2}=8\sqrt{2}$
(2) $x:12=1:2$ より $x=6$
(3) $DC:6=1:\sqrt{3}$ より $DC=2\sqrt{3}$ cm
△ABC は直角二等辺三角形だから，$BC=AC$
よって，$x+2\sqrt{3}=6$ より $x=6-2\sqrt{3}$

5 (1) 正方形の 1 辺の長さを x cm とすると，
$x:8=1:\sqrt{2}$ より $x=4\sqrt{2}$
(2) 正三角形の高さを h cm とすると，
$10:h=2:\sqrt{3}$ より $h=5\sqrt{3}$
求める正三角形の面積は
$\frac{1}{2}\times10\times5\sqrt{3}=25\sqrt{3}$ (cm^2)
(3) 頂点 A から辺 BC に垂線 AH をひくと，H は BC の中点だから，
$BH=4$ cm

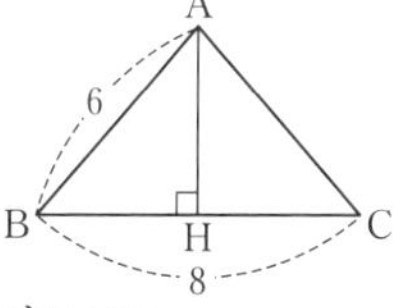

よって，直角三角形 ABH において，
$AH^2=AB^2-BH^2=6^2-4^2=20$
$AH>0$ より $AH=2\sqrt{5}$ cm
よって，$\triangle ABC=\frac{1}{2}\times8\times2\sqrt{5}=8\sqrt{5}$ (cm^2)

6 (1) $AB^2=\{-1-(-2)\}^2+\{4-(-3)\}^2=50$
$AB>0$ より $AB=5\sqrt{2}$

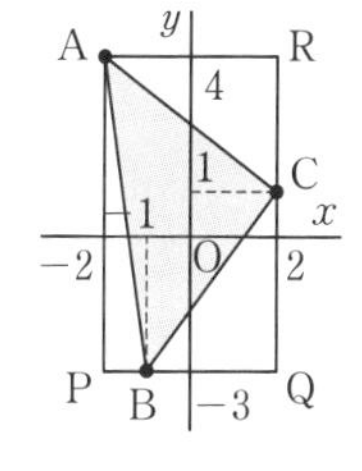

(2) BC^2
$=\{2-(-1)\}^2+\{1-(-3)\}^2$
$=25$
$BC>0$ より $BC=5$
$AC^2=\{2-(-2)\}^2+(4-1)^2=25$
$AC>0$ より，$AC=5$
$AC:BC:AB=1:1:\sqrt{2}$ より △ABC は $\angle C=90°$ の直角二等辺三角形である。

別解 「$AC=BC$，$AC^2+BC^2=AB^2$ より，△ABC は直角二等辺三角形である。」としてもよい。

7 (1) 中心 O から弦 AB に垂線 OH をひくと，H は弦 AB の中点で，直角三角形 OAH において，$AH^2=OA^2-OH^2=7^2-2^2=45$
$AH>0$ より $AH=3\sqrt{5}$ cm
よって，弦 AB の長さは $3\sqrt{5}\times2=6\sqrt{5}$ (cm)
(2) 直方体の対角線の長さは
$\sqrt{8^2+10^2+4^2}=\sqrt{180}=6\sqrt{5}$ (cm)

8 (1) 円錐の高さは

$PO^2 = PA^2 - AO^2 = 9^2 - 3^2 = 72$

$PO > 0$ より $PO = 6\sqrt{2}$ cm

よって，$\frac{1}{3} \times \pi \times 3^2 \times 6\sqrt{2} = 18\sqrt{2}\pi(\text{cm}^3)$

(2) 側面のおうぎ形の中心角の大きさは

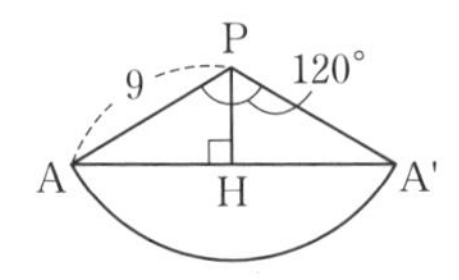

$360° \times \frac{2\pi \times 3}{2\pi \times 9} = 120°$

だから，かけた糸の長さがもっとも短くなるとき，糸は上の図の AA′ になる。

$9 : AH = 2 : \sqrt{3}$ より $AH = \frac{9\sqrt{3}}{2}$ cm

よって，$AA' = 2AH = 9\sqrt{3}$ (cm)

9 長方形の紙を折ったので，$AB = ED$，$\angle A = \angle E = 90°$，$\angle AFB = \angle EFD$（対頂角）より $\angle ABF = \angle EDF$ がいえるから，

$\triangle ABF \equiv \triangle EDF$

$BF = DF = x$ cm とすると，$EF = (18 - x)$ cm

直角三角形 DEF において，

$DF^2 = DE^2 + EF^2$ より $x^2 = 12^2 + (18 - x)^2$

両辺を展開して整理すると，$36x = 468$

よって，$x = 13$

求める △FBD の面積は

$\frac{1}{2} \times DF \times AB = \frac{1}{2} \times 13 \times 12 = 78(\text{cm}^2)$

10 $P = \frac{1}{2} \times \pi \times \left(\frac{c}{2}\right)^2 = \frac{\pi}{8}c^2$

$Q = \frac{1}{2} \times \pi \times \left(\frac{a}{2}\right)^2 = \frac{\pi}{8}a^2$

$R = \frac{1}{2} \times \pi \times \left(\frac{b}{2}\right)^2 = \frac{\pi}{8}b^2$

$R + Q = \frac{\pi}{8}(a^2 + b^2)$

直角三角形で，三平方の定理が成り立つから，

$a^2 + b^2 = c^2$ を代入すると，

$R + Q = \frac{\pi}{8}(a^2 + b^2) = \frac{\pi}{8}c^2 = P$

よって，$P = Q + R$

8章 標本調査

p.108〜109 ステージ1

1 (1) 標本調査　(2) 全数調査

(3) 標本調査

2 (1) 母集団…ある工場で作った製品

標本…抽出(ちゅうしゅつ)した製品

標本の大きさ…800

(2) およそ 250 個

3 およそ 120 個

4 (1) 印をつけた鯉(こい)が散らばった状態になるようにするため。

(2) およそ 1900 ぴき

解説

2 (2) 800 個の製品の中にふくまれる不良品の個数の割合は $\frac{2}{800} = \frac{1}{400}$

よって，全製品の中にふくまれる不良品の数は

$100000 \times \frac{1}{400} = 250$

より，およそ 250 個と考えられる。

3 取り出した碁石(ごいし)の数は $(14 + 7 =)21$ 個だから，その中にふくまれる黒い碁石の数の割合は，

$\frac{7}{21} = \frac{1}{3}$

よって，袋の中にふくまれる黒い碁石の数は，

$360 \times \frac{1}{3} = 120$

より，およそ 120 個と考えられる。

別解 取り出した碁石の個数とその中にふくまれる黒い碁石の個数の比は，母集団においても，ほぼ同じと考えてよい。

袋の中の黒い碁石の数を x 個とすると，

$x : 360 = 7 : (14 + 7)$

この比例式を解くと，$x = 120$

4 (2) 池からとらえた鯉の数とその中にふくまれる印のついた鯉の数の比は，母集団においても，ほぼ同じと考えてよい。

池にいる鯉の総数を x ひきとすると，

$150 : x = 16 : 200$

この比例式を解くと，$x = 1875$

十の位の数を四捨五入して答えるので，

およそ 1900 ぴき

p.110〜111 ステージ2

❶ ① 無作為（むさくい） ② 標本調査 ③ 母集団
④ 標本 ⑤ 標本の大きさ

❷ (1) ○ (2) × (3) × (4) ×

❸ (例) 標本に女性の有権者がふくまれておらず，選び方にかたよりがあるから，有権者全体のおおよその傾向を推測することはできない。

❹ およそ 90 人

❺ およそ 250 個

❻ (1) およそ 320 粒（つぶ） (2) およそ 300 粒

❼ およそ 2000 粒

❽ およそ 600 ぴき

❾ (1) 24.3 語 (2) およそ 34000 語

● ● ● ● ●

① およそ 3000 個

解説

❹ 標本の中のメガネをかけている生徒の人数の割合は $\frac{11}{30}$ だから，$256\times\frac{11}{30}=93.8\cdots$

一の位の数を四捨五入するから，およそ 90 人

別解 生徒全体でメガネをかけている生徒の人数を x 人とすると，$x:256=11:30$

❺ 標本の中の白玉の割合は $\frac{10}{10+14}$ だから，

$600\times\frac{10}{24}=250$ よりおよそ 250 個

別解 箱の中の白球の個数を x 個として，白球の個数と白球と赤球の個数の合計との比を考えると，$x:600=10:(10+14)$

❻ (1) 袋の中の黒豆の数を x 粒として，黒豆の数と袋の中の豆の数の合計との比を考えると，

$x:800=12:(18+12)$

(2) 袋の中の大豆（だいず）の数を x 粒として，大豆の数と黒豆の数との比を考えると，

$x:200=18:12$

❼ 袋の中の小豆（あずき）の総数を x 粒として，印のついた小豆の数と小豆の総数との比を考えると，

$100:x=8:162$ より，$x=2025$

十の位の数を四捨五入するから，

およそ 2000 粒

❽ 水そうの中の赤い金魚の数を x ひきとして，赤い金魚の数と黒い金魚の数との比を考えると，

$x:50=34:3$ より $x=566.6\cdots$

十の位の数を四捨五入するから，

およそ 600 ぴき

❾ (1) $27+16+29+18+21+42+23+15+30+22=243$ より，平均値は $243\div10=24.3$(語)

(2) $24.3\times1400=34020$

百の位の数を四捨五入するから，

およそ 34000 語

① 無作為に抽出した 120 個の空き缶の中にふくまれるアルミ缶の個数の割合は $\frac{75}{120}$ だから，

$4800\times\frac{75}{120}=3000$(個)

p.112 ステージ3

❶ ㋐，㋑，㋓

❷ およそ 1000 個

❸ およそ 50 個

❹ およそ 300 粒

❺ およそ 700 個

❻ (1) 26 語 (2) およそ 31000 語

解説

❷ 不良品の個数を x 個として，不良品の個数と作った製品の総数 6 万個との比を考えると，

$x:60000=5:300$ より，およそ 1000 個

❸ 袋の中の白い碁石の数を x 個として，白い碁石の個数と袋の中にある碁石の総数との比を考えると，$x:200=6:(6+18)$ よりおよそ 50 個

❹ 袋の中の大豆の総数を x 粒として，印のついた大豆の数と袋の中にある大豆の総数との比を考えると，$80:x=6:(6+19)$ より，$x=333.3\cdots$

十の位の数を四捨五入するから，

およそ 300 粒

❺ 袋の中の赤玉の個数を x 個として，白玉の個数と赤玉の個数の比を考えると，

$100:x=5:(40-5)$ より $x=700$

およそ 700 個

❻ (1) $26+18+35+27+19+23+31+29=208$ より，平均値は $208\div8=26$(語)

(2) $26\times1200=31200$

百の位の数を四捨五入するから，

およそ 31000 語

定期テスト対策 得点アップ! 予想問題

p.114〜115 第1回

1 (1) $3x^2-15xy$ (2) $2ab+3b^2-1$
(3) $-10x+5y$ (4) $-a^2+9a$

2 (1) $2x^2+x-3$
(2) $a^2+2ab-7a-8b+12$
(3) $x^2-9x+14$ (4) x^2+x-12
(5) $y^2+y+\frac{1}{4}$ (6) $9x^2-12xy+4y^2$
(7) $25x^2-81$ (8) $16x^2+8x-15$
(9) $a^2+4ab+4b^2-10a-20b+25$
(10) $x^2-y^2+8y-16$

3 (1) x^2+16 (2) $-4a+20$

4 (1) $2y(2x-1)$ (2) $5a(a-2b+3)$

5 (1) $(x-2)(x-5)$ (2) $(x+3)(x-4)$
(3) $(m+4)^2$ (4) $(y+6)(y-6)$

6 (1) $6(x+2)(x-4)$
(2) $2b(2a+1)(2a-1)$
(3) $(2x+5y)^2$ (4) $(a+b-8)^2$
(5) $(x-4)(x-9)$
(6) $(x+y+1)(x-y-1)$

7 (1) 2401 (2) 2800

8 中央の整数を n とすると，連続する 3 つの整数は $n-1$，n，$n+1$ と表される。
もっとも大きい数の 2 乗からもっとも小さい数の 2 乗をひいた差は
$(n+1)^2-(n-1)^2$
$=n^2+2n+1-(n^2-2n+1)$
$=n^2+2n+1-n^2+2n-1=4n$
であるから，中央の数の 4 倍になる。

9 2

10 $(20\pi a+100\pi)\text{cm}^2$

解説

1 (4) $4a(a+2)-a(5a-1)$
$=4a^2+8a-5a^2+a=-a^2+9a$

2 (2) $(a-4)(a+2b-3)$
$=a(a+2b-3)-4(a+2b-3)$
$=a^2+2ab-7a-8b+12$
(9) $(a+2b-5)^2=(a+2b)^2-10(a+2b)+25$
$=a^2+4ab+4b^2-10a-20b+25$
(10) $(x+y-4)(x-y+4)$
$=\{x+(y-4)\}\{x-(y-4)\}$
$=x^2-(y-4)^2=x^2-(y^2-8y+16)$
$=x^2-y^2+8y-16$

3 (1) $2x(x-3)-(x+2)(x-8)$
$=2x^2-6x-(x^2-6x-16)=x^2+16$

6 (1) $6x^2-12x-48=6(x^2-2x-8)$
$=6(x+2)(x-4)$
(2) $8a^2b-2b=2b(4a^2-1)$
$=2b(2a+1)(2a-1)$
(3) $4x^2+20xy+25y^2=(2x)^2+2\times5y\times2x+(5y)^2$
$=(2x+5y)^2$
(4) $a+b=A$ とおく。
$(a+b)^2-16(a+b)+64=A^2-16A+64$
$=(A-8)^2=(a+b-8)^2$
(5) $x-3=A$ とおく。
$(x-3)^2-7(x-3)+6=A^2-7A+6$
$=(A-1)(A-6)$
$=(x-3-1)(x-3-6)=(x-4)(x-9)$
(6) $x^2-y^2-2y-1=x^2-(y^2+2y+1)$
$=x^2-(y+1)^2=(x+y+1)\{x-(y+1)\}$
$=(x+y+1)(x-y-1)$

7 (1) $49^2=(50-1)^2=50^2-2\times1\times50+1^2$
$=2500-100+1=2401$
(2) $7\times29^2-7\times21^2=7(29^2-21^2)$
$=7(29+21)(29-21)=7\times50\times8=2800$

9 連続する 2 つの奇数は，整数 n を使って，$2n-1$，$2n+1$ と表されるから，
$(2n-1)^2+(2n+1)^2$
$=4n^2-4n+1+4n^2+4n+1=8n^2+2$ より
8 でわったときの商は n^2，余りは 2 である。

10 $\pi(a+10)^2-\pi a^2=\pi(a^2+20a+100)-\pi a^2$
$=\pi a^2+20\pi a+100\pi-\pi a^2=20\pi a+100\pi$

p.116〜117 第2回

1 (1) ±7 (2) 13 (3) 9 (4) 19

2 (1) $6>\sqrt{30}$ (2) $-4<-\sqrt{10}<-3$
(3) $\sqrt{15}<4<3\sqrt{2}$

3 $\sqrt{15}$，$\sqrt{50}$

4 (1) $5\sqrt{7}$ (2) $\frac{\sqrt{7}}{8}$

5 (1) $\dfrac{\sqrt{6}}{3}$ (2) $\sqrt{5}$

6 (1) 244.9 (2) 0.2449

7 (1) $4\sqrt{5}$ (2) 30 (3) $\dfrac{4\sqrt{3}}{3}$

(4) $-3\sqrt{3}$

8 (1) $-\sqrt{6}$ (2) $\sqrt{5}+7\sqrt{3}$ (3) $3\sqrt{2}$

(4) $9\sqrt{7}$ (5) $3\sqrt{3}$ (6) $\dfrac{5\sqrt{6}}{2}$

9 (1) $9+3\sqrt{2}$ (2) $1+\sqrt{7}$

(3) $21-6\sqrt{10}$ (4) $-9\sqrt{2}$

(5) 13 (6) $13-5\sqrt{3}$

10 (1) 7 (2) $4\sqrt{10}$

11 (1) 8個 (2) $5-2\sqrt{5}$

12 (1) $5775 \leqq a < 5785$ (2) 5.78×10^3 m

解説

2 (2) $3^2=9$，$4^2=16$ より，$3<\sqrt{10}<4$

負の数は絶対値が大きいほど小さい。

(3) $(3\sqrt{2})^2=18$，$4^2=16$

$\sqrt{15}<\sqrt{16}<\sqrt{18}$ より，$\sqrt{15}<4<3\sqrt{2}$

5 (2) $\dfrac{5\sqrt{3}}{\sqrt{15}}=\dfrac{5}{\sqrt{5}}=\dfrac{5\times\sqrt{5}}{\sqrt{5}\times\sqrt{5}}=\dfrac{5\sqrt{5}}{5}=\sqrt{5}$

6 (1) $\sqrt{60000}=100\sqrt{6}=100\times2.449=244.9$

(2) $\sqrt{0.06}=\sqrt{\dfrac{6}{100}}=\dfrac{\sqrt{6}}{10}=\dfrac{2.449}{10}=0.2449$

7 (3) $8\div\sqrt{12}=\dfrac{8}{\sqrt{12}}=\dfrac{8}{2\sqrt{3}}=\dfrac{4}{\sqrt{3}}=\dfrac{4\sqrt{3}}{3}$

(4) $3\sqrt{6}\div(-\sqrt{10})\times\sqrt{5}=-\dfrac{3\sqrt{6}\times\sqrt{5}}{\sqrt{10}}=-3\sqrt{3}$

8 (4) $\sqrt{63}+3\sqrt{28}=3\sqrt{7}+3\times2\sqrt{7}=9\sqrt{7}$

(5) $\sqrt{48}-\dfrac{3}{\sqrt{3}}=4\sqrt{3}-\sqrt{3}=3\sqrt{3}$

9 (1) $\sqrt{3}(3\sqrt{3}+\sqrt{6})=\sqrt{3}\times3\sqrt{3}+\sqrt{3}\times\sqrt{6}$

$=9+3\sqrt{2}$

(2) $(\sqrt{7}+3)(\sqrt{7}-2)=(\sqrt{7})^2+(3-2)\sqrt{7}+3\times(-2)$

$=7+\sqrt{7}-6=1+\sqrt{7}$

(4) $\dfrac{10}{\sqrt{2}}-2\sqrt{7}\times\sqrt{14}=5\sqrt{2}-14\sqrt{2}=-9\sqrt{2}$

(5) $(2\sqrt{3}+1)^2-\sqrt{48}=12+4\sqrt{3}+1-4\sqrt{3}=13$

(6) $\sqrt{5}(\sqrt{45}-\sqrt{15})-(\sqrt{5}-\sqrt{3})(\sqrt{5}+\sqrt{3})$

$=15-5\sqrt{3}-(5-3)=13-5\sqrt{3}$

10 (1) $x^2-2x+5=(1-\sqrt{3})^2-2(1-\sqrt{3})+5$

$=1-2\sqrt{3}+3-2+2\sqrt{3}+5=7$

別解 $x^2-2x+5=(x^2-2x+1)+4$

$=(x-1)^2+4$

$=(1-\sqrt{3}-1)^2+4=3+4=7$

(2) $a+b=2\sqrt{5}$，$a-b=2\sqrt{2}$

$a^2-b^2=(a+b)(a-b)=2\sqrt{5}\times2\sqrt{2}=4\sqrt{10}$

11 (1) $4^2=16$，$(\sqrt{n})^2=n$，$5^2=25$ だから，

$16<n<25$

n は 17，18，19，20，21，22，23，24 の 8 個。

(2) $4<5<9$ だから，$2<\sqrt{5}<3$ より

$\sqrt{5}$ の整数部分は 2 だから，$a=\sqrt{5}-2$

$a(a+2)=(\sqrt{5}-2)(\sqrt{5}-2+2)$

$=(\sqrt{5}-2)\times\sqrt{5}=5-2\sqrt{5}$

p.118〜119 第3回

1 (1) ㋒

(2) ①…36(6^2 でもよい) ②…6

2 (1) $x=\pm9$ (2) $x=\pm\dfrac{\sqrt{6}}{5}$

(3) $x=10,\ -2$ (4) $x=\dfrac{-5\pm\sqrt{73}}{6}$

(5) $x=4\pm\sqrt{13}$ (6) $x=1,\ \dfrac{1}{2}$

(7) $x=-4,\ 5$ (8) $x=1,\ 14$

(9) $x=-5$ (10) $x=0,\ 12$

3 (1) $x=2,\ -8$ (2) $x=\dfrac{-3\pm\sqrt{41}}{4}$

(3) $x=4$ (4) $x=2\pm2\sqrt{3}$

(5) $x=3,\ -5$ (6) $x=2,\ -3$

4 (1) a … -8，b … 15 (2) $a=-2$

5 方程式 … $x^2+(x+1)^2=85$

答え … 6 と 7，-7 と -6

6 10 cm

7 5 m

8 $(4+\sqrt{10})$ cm，$(4-\sqrt{10})$ cm

9 (4，7)

解説

2 (1)〜(3) 平方根の考えを使って解く。

(2) $x^2=\dfrac{6}{25}$ より，$x=\pm\sqrt{\dfrac{6}{25}}=\pm\dfrac{\sqrt{6}}{5}$

(4)〜(6) 解の公式に代入して解く。

(5) $(x-4)^2=13$ と変形して解いてもよい。

(7) $(x+4)(x-5)=0$

$x+4=0$ または $x-5=0$

(8)〜(10) 左辺を因数分解して解く。

3 (1) $x^2+6x=16$　$x^2+6x-16=0$
$(x-2)(x+8)=0$　$x=2,\ -8$
(2) $4x^2+6x-8=0$
両辺を2でわると，$2x^2+3x-4=0$
$$x=\frac{-3\pm\sqrt{3^2-4\times2\times(-4)}}{2\times2}=\frac{-3\pm\sqrt{41}}{4}$$
(3) $\frac{1}{2}x^2=4x-8$
両辺に2をかけると，$x^2=8x-16$
$x^2-8x+16=0$　$(x-4)^2=0$　$x=4$
(5) $(x-2)(x+4)=7$
$x^2+2x-8=7$　$x^2+2x-15=0$
$(x-3)(x+5)=0$　$x=3,\ -5$
(6) $(x+3)^2=5(x+3)$
$x^2+6x+9=5x+15$　$x^2+x-6=0$
$(x-2)(x+3)=0$　$x=2,\ -3$
別解 $x+3=A$とおいて解いてもよい。

4 (1) 3が解だから，　$9+3a+b=0$　…①
5が解だから，$25+5a+b=0$　…②
①，②の式を連立方程式として解くと，
$a=-8,\ b=15$
(2) $x^2+x-12=0$を解くと，$x=3,\ -4$
小さい方の解$x=-4$を$x^2+ax-24=0$に代入すると，$16-4a-24=0$より$a=-2$

5 $x^2+(x+1)^2=85$　$x^2+x-42=0$
$(x-6)(x+7)=0$　$x=6,\ -7$

6 もとの紙の縦の長さをx cmとすると，横の長さは$2x$ cmだから，$2(x-4)(2x-4)=192$
$x^2-6x-40=0$　よって，$x=-4,\ 10$
$x>4$より$x=10$

7 道の幅をx mとすると，
$(30-2x)(40-2x)=30\times40\times\frac{1}{2}$
$x^2-35x+150=0$　よって，$x=5,\ 30$
$0<x<15$より道の幅は5 mである。

8 $\mathrm{BP}=x$ cmのとき，△PBQの面積が3 cm^{2}になるとする。$\frac{1}{2}x(8-x)=3$　$x^2-8x+6=0$
よって，$x=4\pm\sqrt{10}$　$0\leqq x\leqq8$にどちらもあてはまる。

9 Pのx座標を$p(p>0)$とすると，y座標は$p+3$
$\mathrm{A}(2p,\ 0)$より$\mathrm{OA}=2p$
OAを底辺としたときの△POAの高さはPのy座標に等しいから，面積について，
$\frac{1}{2}\times2p\times(p+3)=28$が成り立つ。
$p^2+3p-28=0$　よって，$p=4,\ -7$
$p>0$より$p=4$
Pのy座標は$y=4+3=7$

p.120～121 第4回

1 (1) $\boldsymbol{y=-2x^2}$　(2) $\boldsymbol{y=-18}$
(3) $\boldsymbol{x=\pm5}$
2 右の図 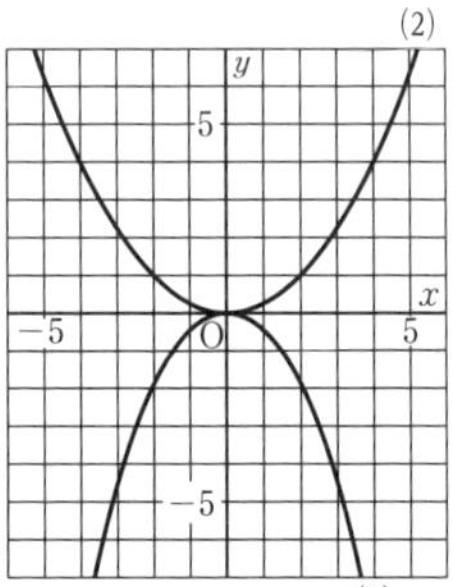
3 (1) ㋑，㋔，㋕
(2) ㋒
(3) ㋐，㋒，㋓
(4) ㋑
4 (1) $\boldsymbol{-2\leqq y\leqq6}$
(2) $\boldsymbol{0\leqq y\leqq27}$
(3) $\boldsymbol{-18\leqq y\leqq0}$
5 (1) **−2**　(2) **−12**　(3) **6**
6 (1) $\boldsymbol{a=-1}$　(2) $\boldsymbol{a}$ **…3,** $\boldsymbol{b}$ **…0**
(3) $\boldsymbol{a=3}$　(4) $\boldsymbol{a=-\frac{1}{2}}$　(5) $\boldsymbol{a=-\frac{1}{3}}$
7 (1) $\boldsymbol{y=x^2}$　(2) $\boldsymbol{y=36}$
(3) $\boldsymbol{0\leqq y\leqq100}$　(4) **5 cm**
8 (1) $\boldsymbol{a=16}$　(2) $\boldsymbol{y=x+8}$　(3) **(6, 9)**

解説

1 (1) $y=ax^2$に$x=2,\ y=-8$を代入して，
$-8=a\times2^2$より$a=-2$
(3) $-50=-2x^2$　$x^2=25$より$x=\pm5$

3 (1) $y=ax^2$で，$a<0$のもの。
(2) $y=ax^2$で，aの絶対値が最大なもの。
(3) $y=ax^2$で，$a>0$のもの。
(4) $y=ax^2$，$y=-ax^2$のグラフは，x軸について対称である。

4 (1) $x=-3$のとき$y=2\times(-3)+4=-2$
$x=1$のとき$y=2\times1+4=6$
(2) $x=-3$のとき$y=3\times(-3)^2=27$
$x=0$のとき$y=0$
(3) $x=-3$のとき$y=-2\times(-3)^2=-18$
$x=0$のとき$y=0$

5 (1) $y=ax+b$の変化の割合は一定でa
(2) $\frac{2\times(-2)^2-2\times(-4)^2}{(-2)-(-4)}=\frac{-24}{2}=-12$

(3) $\dfrac{-(-2)^2-\{-(-4)^2\}}{(-2)-(-4)}=\dfrac{12}{2}=6$

6 (1) x の変域に0をふくみ，-1 と2では2の方が絶対値が大きいから，$x=2$ のとき $y=-4$
これを $y=ax^2$ に代入すると，
$-4=a\times2^2$　　$4a=-4$　　$a=-1$

(2) $y=2x^2$ のグラフは上に開く放物線で，$x=0$ のとき $y=0$ だから，$b=0$
また，$a\geqq2$ で $x=a$ のとき $y=18$ だから，
$18=2a^2$　　よって，$a=3$

(3) $\dfrac{a\times3^2-a\times1^2}{3-1}=12$　　$4a=12$　　$a=3$

(4) $y=-4x+2$ の変化の割合は一定で -4
$\dfrac{a\times6^2-a\times2^2}{6-2}=-4$　　$8a=-4$　　$a=-\dfrac{1}{2}$

(5) Aの y 座標は $y=-2\times3+3=-3$
$y=ax^2$ に $x=3$，$y=-3$ を代入すると，
$-3=a\times3^2$　　$9a=-3$　　$a=-\dfrac{1}{3}$

7 (1) QはPの2倍の速さで動くから，
$BQ=2x$　　$y=\dfrac{1}{2}\times2x\times x=x^2$

(2) $y=6^2=36$

(3) x の変域は $0\leqq x\leqq10$ だから，
$x=0$ のとき $y=0$，$x=10$ のとき $y=100$

(4) $25=x^2$ で $x\geqq0$ より $x=5$

8 (2) 直線②の式を $y=mx+n$ とおく。
A(8，16) を通るから，$16=8m+n$
B(-4，4) を通るから，$4=-4m+n$
2つの式を連立方程式として解く。

(3) C(0，8) より，$OC=8$
$\triangle OAB=\triangle OAC+\triangle OBC$
$=\dfrac{1}{2}\times8\times8+\dfrac{1}{2}\times8\times4=48$
$\triangle OBC=16$ で，$\triangle OAB$ の面積の半分より小さいから，点Pは①のグラフのOからAまでの部分にある。点Pの x 座標を p とすると，
$\triangle OCP=\dfrac{1}{2}\triangle OAB$ より
$\dfrac{1}{2}\times8\times p=\dfrac{1}{2}\times48$　　よって，$p=6$

p.122〜123 第5回

1 (1) 2：3　(2) 9 cm　(3) 115°

2 (1) $\triangle ABC\backsim\triangle DBA$
2組の角がそれぞれ等しい。
$x=5$

(2) $\triangle ABC\backsim\triangle EBD$
2組の辺の比とその間の角がそれぞれ等しい。
$x=15$

3 $\triangle ABC$ と $\triangle CBH$ において，
仮定より，$\angle ACB=\angle CHB=90°$　…①
$\angle B$ は共通　…②
①，②より，2組の角がそれぞれ等しいから，
$\triangle ABC\backsim\triangle CBH$

4 (1) $\triangle PCQ$　(2) $\dfrac{8}{3}$ cm

5 (1) $x=\dfrac{24}{5}$　(2) $x=6$　(3) $x=\dfrac{18}{5}$

6 (1) 1：1　(2) 3倍

7 (1) $x=9$　(2) $x=2$　(3) $x=10$

8 (1) $x=6$　(2) $x=12$

9 (1) 20 cm^2
(2) 相似比…3：4，体積の比…27：64

解説

1 (1) 対応する辺はABとPQだから，相似比は
$AB:PQ=8:12=2:3$

(2) $BC:QR=2:3$ より $6:QR=2:3$
$QR=9$(cm)

(3) 相似な図形の対応する角は等しいから，
$\angle A=\angle P=70°$，$\angle B=\angle Q=100°$
四角形の内角の和は360°だから，
$\angle C=360°-(70°+100°+75°)=115°$

2 (1) $\angle BCA=\angle BAD$，$\angle B$ は共通
2組の角がそれぞれ等しいから，
$\triangle ABC\backsim\triangle DBA$
$AB:DB=BC:BA$ より，$6:4=(4+x):6$
$4(4+x)=36$　　よって，$x=5$

(2) $AB:EB=(18+17):21=5:3$
$BC:BD=(21+9):18=5:3$
よって，$BA:BE=BC:BD$
また，$\angle B$ は共通　　2組の辺の比とその間の角がそれぞれ等しいから，$\triangle ABC\backsim\triangle EBD$
$25:x=5:3$　　よって，$x=15$

4 (1) $\angle B=\angle C=60°$　…①
$\angle APC$ は $\triangle ABP$ の外角だから，
$\angle APC=\angle B+\angle BAP=60°+\angle BAP$

また，$\angle APC = \angle APQ + \angle CPQ$

$= 60° + \angle CPQ$

よって，$\angle BAP = \angle CPQ$ …②

①，②より，2 組の角がそれぞれ等しいから，

△ABP ∽ △PCQ

(2) $PC = BC - BP = 12 - 4 = 8$(cm)

(1)より，△ABP ∽ △PCQ だから，

$4 : CQ = 12 : 8 = 3 : 2$

よって，$CQ = \frac{8}{3}$ cm

5 (1) $x : 8 = 6 : (6+4)$ より $x = \frac{24}{5}$

(2) $12 : x = 10 : (15-10)$ より $x = 6$

別解 $12 : (12+x) = 10 : 15$

(3) $x : 6 = 6 : 10$ より $x = \frac{18}{5}$

6 (1) △CFB で，G は辺 CF の中点，D は辺 CB の中点　よって，中点連結定理より DG // BF

△ADG で，EF // DG より

$AF : FG = AE : ED = 1 : 1$

(2) △ADG で，中点連結定理より

$EF = \frac{1}{2}DG$ だから，$DG = 2EF$

△CFB で，中点連結定理より

$DG = \frac{1}{2}BF$ だから，$BF = 2DG$

よって，$BF = 2 \times 2EF = 4EF$

$BE = BF - EF = 4EF - EF = 3EF$

7 (1) $15 : x = 20 : 12 = 5 : 3$ より $x = 9$

(2) $x : 4 = 3 : (9-3) = 1 : 2$ より $x = 2$

(3) 右の図のように点 A～F を定め，A を通り DF に平行な直線をひいて，BE，CF との交点をそれぞれ P，Q とする。四角形 APED と四角形 AQFD は平行四辺形になるから，$PE = QF = AD = 7$ cm

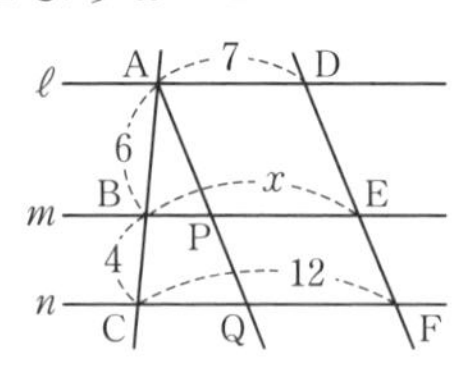

$BP = x - 7$(cm)，$CQ = 12 - 7 = 5$(cm)

△ACQ で，$(x-7) : 5 = 6 : (6+4)$

よって，$x = 10$

8 (1) △ABE ∽ △DCE だから，

$BE : CE = AB : DC = 10 : 15 = 2 : 3$

△BDC で，$x : 15 = 2 : (2+3)$

よって，$x = 6$

(2) AM と BD の交点を P とする。

△APD ∽ △MPB より

$DP : BP = AD : MB = 2 : 1$

$x : (18-x) = 2 : 1$　　よって，$x = 12$

9 (1) B の面積を x cm^2 とする。相似な図形の面積の比は相似比の 2 乗に等しいから，

$125 : x = 5^2 : 2^2$　　$125 : x = 25 : 4$

よって，$x = 20$

(2) 相似な立体の表面積の比は相似比の 2 乗に等しい。$9 : 16 = 3^2 : 4^2$ だから，相似比は 3 : 4 相似な立体の体積の比は相似比の 3 乗に等しいから，体積の比は $3^3 : 4^3 = 27 : 64$

p.124～125 第6回

1	(1) **50°**	(2) **52°**	(3) **119°**
	(4) **90°**	(5) **37°**	(6) **35°**
2	(1) **70°**	(2) **47°**	(3) **76°**
	(4) **60°**	(5) **32°**	(6) **13°**

3 **△ABO において，内角と外角の性質から，**

$\angle BAO = 110° - 45° = 65°$

よって，2 点 A，D は直線 BC に対して同じ側にあり，$\angle BAC = \angle BDC$ だから，4 点 A，B，C，D は 1 つの円周上にある。

4

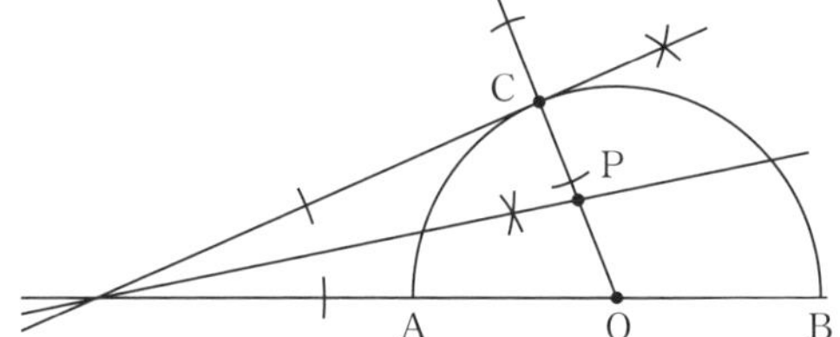

5 **△BPC と △BCD において，**

$\overset{\frown}{AB} = \overset{\frown}{BC}$ より $\angle PCB = \angle CDB$ …①

共通な角だから，$\angle PBC = \angle CBD$ …②

①，②より，2 組の角がそれぞれ等しいから，

△BPC ∽ △BCD

6 (1) **$x = 30$**　(2) **$x = \frac{24}{5}$**　(3) **$x = 5$**

解説

2 (3) $\overset{\frown}{BC}$ に対する円周角は等しいから，

$\angle BAC = \angle BDC = 55°$

△ABP において，内角と外角の性質から，

$\angle x = 21° + 55° = 76°$

(4) △OBP において，内角と外角の性質から，

$\angle BOC + 10° = 110°$ より $\angle BOC = 100°$

中学教科書ワーク

教科書の公式&解法マスター

数学 3年

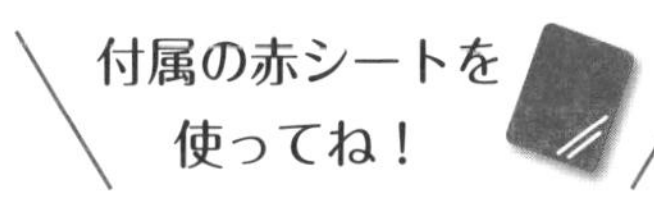

数研出版版

「スピードチェック」は取りはずして使用できます。

1章　式の計算

1　多項式の計算

1	(単項式)×(多項式)は，分配法則 $a(b+c)=ab+$〔 ac 〕を使って計算する。 例 $2a(x+3y)=$〔 $2ax+6ay$ 〕 (多項式)×(単項式)は，分配法則 $(a+b)c=ac+$〔 bc 〕を使って計算する。 例 $(a-4b)\times 3x=$〔 $3ax-12bx$ 〕
2	(多項式)÷(単項式)は，除法を乗法になおして計算する。 $(a+b)\div c=(a+b)\times\dfrac{1}{〔\ c\ 〕}$ 例 $(2ab+6bc)\div 2b=$〔 $a+3c$ 〕
3	単項式と多項式の積，あるいは，多項式と多項式の積を計算して，単項式の和の形に表すことを，もとの式を〔 展開 〕するという。 (多項式)×(多項式)は，$(a+b)(c+d)=ac+$〔 ad 〕$+bc+$〔 bd 〕のように計算する。 例 $(a+2)(b-3)=ab-$〔 $3a$ 〕$+$〔 $2b$ 〕-6
4	$(x+a)(x+b)$ の展開は， $(x+a)(x+b)=x^2+($〔 $a+b$ 〕$)x+$〔 ab 〕を使う。 例 $(x+2)(x+3)=x^2+(2+3)x+2\times 3=x^2+$〔 5 〕$x+$〔 6 〕 例 $(x+3)(x-5)=x^2+(3-5)x+3\times(-5)=x^2-$〔 2 〕$x-$〔 15 〕
5	$(x+a)^2$ の展開は，$(x+a)^2=x^2+$〔 $2a$ 〕$x+$〔 a 〕^{2} を使う。 例 $(x+4)^2=x^2+2\times 4\times x+4^2=x^2+$〔 8 〕$x+$〔 16 〕 $(x-a)^2$ の展開は，$(x-a)^2=x^2-$〔 $2a$ 〕$x+$〔 a 〕^{2} を使う。 例 $(x-7)^2=x^2-2\times 7\times x+7^2=x^2-$〔 14 〕$x+$〔 49 〕
6	$(x+a)(x-a)$ の展開は，$(x+a)(x-a)=$〔 x 〕$^2-$〔 a 〕^{2} を使う。 例 $(x+8)(x-8)=x^2-8^2=x^2-$〔 64 〕
7	$(a+b+c)(a+b+d)$ の展開は，$a+b=M$ とおきかえる。 例 $(a+b+6)(a+b-6)$ の展開は，$a+b=M$ とおくと， $(M+6)(M-6)=M^2-36=(a+b)^2-36=$〔 $a^2+2ab+b^2$ 〕-36

教科書 p.26～36

1章　式の計算
2　因数分解
3　式の計算の利用

☑ **1** 1つの式が単項式や多項式の積の形に表されるとき，積をつくっている1つ1つの式を，もとの式の〔 因数 〕といい，多項式をいくつかの因数の積の形に表すことを，もとの式を〔 因数分解 〕するという。
因数分解は，式の〔 展開 〕を逆にみたものである。

☑ **2** 多項式の各項に共通な因数があるときは，それをかっこの外にくくり出す。
$ma+mb+mc=$〔 m 〕$(a+b+c)$
例 $4ax+6bx+8cx=$〔 $2x$ 〕$(2a+3b+$〔 $4c$ 〕$)$

☑ **3** $x^2+(a+b)x+ab$ の因数分解は，
$x^2+(a+b)x+ab=(x+$〔 a 〕$)(x+$〔 b 〕$)$ を使う。
例 $x^2+4x-12=x^2+(6-2)x+6\times(-2)=(x+$〔 6 〕$)(x-$〔 2 〕$)$
例 $x^2-5x-24=x^2+(3-8)x+3\times(-8)=(x+$〔 3 〕$)(x-$〔 8 〕$)$

☑ **4** $x^2+2ax+a^2$ の因数分解は，$x^2+2ax+a^2=(x+$〔 a 〕$)^2$ を使う。
例 $x^2+12x+36=x^2+2\times6\times x+6^2=(x+$〔 6 〕$)^2$
$x^2-2ax+a^2$ の因数分解は，$x^2-2ax+a^2=(x-$〔 a 〕$)^2$ を使う。
例 $4x^2-12x+9=(2x)^2-2\times3\times2x+3^2=(2x-$〔 3 〕$)^2$

☑ **5** x^2-a^2 の因数分解は，$x^2-a^2=(x+$〔 a 〕$)(x-$〔 a 〕$)$ を使う。
例 $16x^2-81y^2=(4x)^2-(9y)^2=(4x+$〔 $9y$ 〕$)(4x-$〔 $9y$ 〕$)$

☑ **6** $ax^2+abx+ac$ の因数分解は，まず共通な因数 a をくくり出す。
例 $2x^2+4x-6=2(x^2+2x-3)=2(x+$〔 3 〕$)(x-$〔 1 〕$)$

☑ **7** 同じ式を1つの文字でおきかえて公式を使う因数分解。
例 $(x+y)^2-2(x+y)-8$
$=M^2-2M-8$　（$x+y$ を M とおく。）
$=(M+2)(M-4)$
$=(x+y+2)(x+y-4)$　（M を $x+y$ に戻す。）

2章　平方根

1　平方根

☑	1	ある数 x を2乗すると a になるとき，すなわち，x^2=〔 a 〕であるとき，x を a の〔 平方根 〕という。正の数 a には平方根が2つあって，〔 絶対値 〕が等しく，〔 符号 〕が異なる。0の平方根は〔 0 〕である。 例 64の平方根は，$8^2=64$，$(-8)^2=64$ より，〔 8 〕と〔 -8 〕 例 0.09の平方根は，$0.3^2=0.09$，$(-0.3)^2=0.09$ より，〔 0.3 〕と〔 -0.3 〕
☑	2	正の数 a の2つの平方根のうち，正の方を $\sqrt{a}$，負の方を $-\sqrt{a}$ と表し，まとめて〔 $\pm\sqrt{a}$ 〕と表すことがある。また，$\sqrt{0}=0$ とする。 例 15の平方根を根号を使って表すと，〔 $\pm\sqrt{15}$ 〕 例 0.8の平方根を根号を使って表すと，〔 $\pm\sqrt{0.8}$ 〕
☑	3	a が正の数のとき，$\sqrt{a^2}$=〔 a 〕，$-\sqrt{a^2}$=〔 $-a$ 〕 例 $\sqrt{49}$ を根号を使わずに表すと，$\sqrt{49}$ =〔 7 〕 例 $-\sqrt{0.81}$ を根号を使わずに表すと，$-\sqrt{0.81}$ =〔 -0.9 〕
☑	4	a が正の数のとき，$(\sqrt{a})^2$=〔 a 〕，$(-\sqrt{a})^2$=〔 a 〕 例 $(\sqrt{14})^2$=〔 14 〕　例 $(-\sqrt{0.6})^2$=〔 0.6 〕
☑	5	a，b が正の数のとき，$a<b$ ならば $\sqrt{a}$〔 < 〕$\sqrt{b}$ 例 4と $\sqrt{15}$ の大小を調べると，$4^2=16$，$(\sqrt{15})^2$=〔 15 〕で， 16 >〔 15 〕だから，$\sqrt{16}$〔 > 〕$\sqrt{15}$　すなわち　4〔 > 〕$\sqrt{15}$
☑	6	整数 m と0でない整数 n を用いて，分数 $\frac{m}{n}$ の形に表される数を〔 有理数 〕といい，分数の形には表せない数を〔 無理数 〕という。 例 $\sqrt{2}$ や $\sqrt{3}$，円周率 π は，〔 無理数 〕である。
☑	7	小数第何位かで終わる小数を〔 有限小数 〕といい，限りなく続く小数を〔 無限小数 〕という。無限小数のうち，ある位以下では同じ数字の並びがくり返される小数を〔 循環小数 〕という。 例 $\frac{17}{11}$ を循環小数で表すと，$\frac{17}{11}=1.545454\cdots\cdots$=〔 $1.\dot{5}\dot{4}$ 〕

教科書 p.53～68

2章　平方根

2　根号をふくむ式の計算

1

a，b が正の数のとき，$\sqrt{a}\times\sqrt{b}=\sqrt{a\times〔\ b\ 〕}$，$\dfrac{\sqrt{a}}{\sqrt{b}}=\sqrt{\dfrac{〔\ a\ 〕}{b}}$

例 $\sqrt{3}\times\sqrt{7}=\sqrt{3\times7}=〔\ \sqrt{21}\ 〕$　例 $\dfrac{\sqrt{30}}{\sqrt{6}}=\sqrt{\dfrac{30}{6}}=〔\ \sqrt{5}\ 〕$

例 $\sqrt{3}\times\sqrt{12}=\sqrt{3\times12}=\sqrt{36}=〔\ 6\ 〕$　例 $\dfrac{\sqrt{48}}{\sqrt{3}}=\sqrt{\dfrac{48}{3}}=\sqrt{16}=〔\ 4\ 〕$

2

a，b が正の数のとき，$a\sqrt{b}=\sqrt{a^2\times〔\ b\ 〕}$，$\sqrt{a^2b}=〔\ a\ 〕\sqrt{b}$

例 $2\sqrt{3}$ を $\sqrt{a}$ の形に表すと，$2\sqrt{3}=\sqrt{2^2\times3}=〔\ \sqrt{12}\ 〕$

例 $\sqrt{45}$ を $a\sqrt{b}$ の形に表すと，$\sqrt{45}=\sqrt{3^2\times5}=〔\ 3\sqrt{5}\ 〕$

例 $\sqrt{2}=1.414$ として，$\sqrt{200}$ の値を求めると，

$\sqrt{200}=\sqrt{10^2\times2}=10\sqrt{2}=10\times1.414=〔\ 14.14\ 〕$

3

分母に根号をふくまない形に変えることを，分母を〔 有理化 〕するという。

a，b が正の数のとき，$\dfrac{\sqrt{a}}{\sqrt{b}}=\dfrac{\sqrt{a}\times〔\ \sqrt{b}\ 〕}{\sqrt{b}\times\sqrt{b}}=\dfrac{〔\ \sqrt{ab}\ 〕}{b}$

例 $\dfrac{\sqrt{3}}{\sqrt{2}}$ の分母を有理化すると，$\dfrac{\sqrt{3}}{\sqrt{2}}=\dfrac{\sqrt{3}\times〔\ \sqrt{2}\ 〕}{\sqrt{2}\times\sqrt{2}}=\dfrac{〔\ \sqrt{6}\ 〕}{2}$

例 $\dfrac{5}{2\sqrt{3}}$ の分母を有理化すると，$\dfrac{5}{2\sqrt{3}}=\dfrac{5\times〔\ \sqrt{3}\ 〕}{2\sqrt{3}\times\sqrt{3}}=\dfrac{〔\ 5\sqrt{3}\ 〕}{6}$

4

a が正の数のとき，$m\sqrt{a}+n\sqrt{a}=(m+〔\ n\ 〕)\sqrt{a}$

例 $4\sqrt{2}+3\sqrt{2}=(4+3)\sqrt{2}=〔\ 7\ 〕\sqrt{2}$

a が正の数のとき，$m\sqrt{a}-n\sqrt{a}=(〔\ m\ 〕-n)\sqrt{a}$

例 $5\sqrt{3}-7\sqrt{3}=(5-7)\sqrt{3}=〔\ -2\ 〕\sqrt{3}$

5

根号をふくむ式の計算では，分配法則 $a(b+c)=ab+〔\ ac\ 〕$ が使える。

例 $\sqrt{2}(\sqrt{3}+2\sqrt{5})=\sqrt{2}\times\sqrt{3}+\sqrt{2}\times2\sqrt{5}=〔\ \sqrt{6}\ 〕+2〔\ \sqrt{10}\ 〕$

6

根号をふくむ式の計算では，展開の公式 $(x+a)^2=x^2+〔\ 2a\ 〕x+〔\ a\ 〕^2$，$(x+a)(x+b)=x^2+(〔\ a+b\ 〕)x+〔\ ab\ 〕$ などが使える。

例 $(\sqrt{3}+\sqrt{5})^2=(\sqrt{3})^2+2\times\sqrt{5}\times\sqrt{3}+(\sqrt{5})^2=〔\ 8\ 〕+2〔\ \sqrt{15}\ 〕$

3章　2次方程式

1　2次方程式 (1)

1	2次方程式を成り立たせる文字の値を，その2次方程式の〔 解 〕といい， 2次方程式の解をすべて求めることを，その2次方程式を〔 解く 〕という。 例 1，2，3のうち，2次方程式 $x^2-4x+3=0$ の解は，〔 1，3 〕 例 -1，-2，-3 のうち，2次方程式 $x^2+4x+4=0$ の解は，〔 -2 〕
2	2つの数や式を A，B とするとき，$AB=0$ ならば〔 A 〕$=0$ または〔 B 〕$=0$ 2次方程式 $(x-a)(x-b)=0$ を解くと，$x=$〔 a 〕，〔 b 〕 例 $(x-3)(x+8)=0$ を解くと，$x=$〔 3 〕，〔 -8 〕 例 $x^2-2x-8=0$ を解くと，$(x+2)(x-4)=0$ より，$x=$〔 -2 〕，〔 4 〕
3	$x(x-a)=0$ を解くと，$x=0$ または $x-a=0$ より，$x=$〔 0 〕，〔 a 〕 例 $x(x-7)=0$ を解くと，$x=$〔 0 〕，〔 7 〕 例 $x^2+6x=0$ を解くと，$x(x+6)=0$ より，$x=$〔 0 〕，〔 -6 〕
4	$(x-a)^2=0$ を解くと，$x-a=0$ より，$x=$〔 a 〕 例 $(x-5)^2=0$ を解くと，$x=$〔 5 〕 例 $x^2+8x+16=0$ を解くと，$(x+4)^2=0$ より，$x=$〔 -4 〕
5	$x^2-k=0$ を解くと，$x^2=k$ より，$x=\pm$〔 $\sqrt{k}$ 〕 例 $x^2-7=0$ を解くと，$x^2=7$ より，$x=\pm$〔 $\sqrt{7}$ 〕 $ax^2-k=0$ を解くと，$ax^2=k$ で $x^2=\frac{k}{a}$ より，$x=\pm\sqrt{\frac{〔\ k\ 〕}{a}}$ 例 $9x^2-16=0$ を解くと，$9x^2=16$ で $x^2=\frac{16}{9}$ より，$x=\pm\frac{〔\ 4\ 〕}{3}$
6	$(x+m)^2=k$ を解くと，$x+m=\pm\sqrt{k}$ より，$x=$〔 $-m$ 〕$\pm$〔 $\sqrt{k}$ 〕 例 $(x-2)^2=3$ を解くと，$x-2=\pm\sqrt{3}$ より，$x=$〔 2 〕$\pm$〔 $\sqrt{3}$ 〕
7	$x^2+px+q=0$ の形をした2次方程式は，(〔 x 〕$+m)^2=k$ の形に 変形すれば，平方根の考えを使って解くことができる。 例 $x^2+6x-1=0$ を解くには，$x^2+6x+9=1+9$ と変形して， $(x+3)^2=10$ より，$x=$〔 -3 〕$\pm$〔 $\sqrt{10}$ 〕

教科書 p.85 ~ 93

3章　2次方程式

1　2次方程式 (2)
2　2次方程式の利用

1

2次方程式 $ax^2+bx+c=0$ の解は，$x=\dfrac{-b\pm\sqrt{b^2-〔\ 4ac\ 〕}}{〔\ 2a\ 〕}$

例 $x^2-5x+3=0$ の解は，$x=\dfrac{-(-5)\pm\sqrt{(-5)^2-4\times1\times3}}{2\times1}=\dfrac{5\pm〔\ \sqrt{13}\ 〕}{2}$

例 $2x^2+3x-1=0$ の解は，$x=\dfrac{-3\pm\sqrt{3^2-4\times2\times(-1)}}{2\times2}=\dfrac{-3\pm〔\ \sqrt{17}\ 〕}{4}$

2

解の公式の根号の中の b^2-4ac の値が0のときは，

その2次方程式の解の個数は，〔 1つ 〕になる。

例 $x^2+6x+9=0$ の解は，$x=\dfrac{-6\pm\sqrt{6^2-4\times1\times9}}{2\times1}=〔\ -3\ 〕$

3

$x^2+ax+b=0$ の解の1つが p のとき，$p^2+ap+b=0$ が成り立つ。

例 $x^2-ax+6=0$ の解の1つが2であるとき，a の値ともう1つの解は，

$2^2-a\times2+6=0$ より，$a=〔\ 5\ 〕$　　よって，$x^2-5x+6=0$ だから，

$(x-2)(x-3)=0$ より，もう1つの解は，$x=〔\ 3\ 〕$

4

2次方程式を利用して解く文章題では，何を x で表すか決めて，

等しい数量の関係から〔 2次方程式 〕に表す。その2次方程式を

解いて，解が問題に〔 適して 〕いるかどうかを確かめる。

5

例 2つの自然数があって，その差は6で，積は112になる。

小さい方の自然数を x として，2次方程式をつくると，〔 $x(x+6)=112$ 〕

これを解くと，$(x+14)(x-8)=0$ となるから，$x>0$ より，$x=〔\ 8\ 〕$

6

例 1辺 $x$cm の正方形の4すみから1辺2cmの正方形を切り取り，

容積 $72\,\text{cm}^3$ の箱を作った。このことから，2次方程式をつくると，

〔 $2(x-4)^2=72$ 〕　これを解くと，$(x-4)^2=36$ で，$x>4$ より，$x=〔\ 10\ 〕$

教科書 p.98～101

1　関数 $y=ax^2$(1)

1

y が x の関数で，$y=ax^2$ と表されるとき，y は x の〔 2乗に比例 〕するという。

2乗に比例する関数 $y=ax^2$ で，定数 a を〔 比例定数 〕という。

例 半径が x cm の円の面積を y cm^2 とすると，

$y=$〔 π 〕x^2 と表されるから，y は〔 x の2乗 〕に比例する。

例 底面の半径が x cm，高さが 5cm の円柱の体積を y cm^3 とするとき，

y を x の式で表したときの比例定数は，$y=$〔 5π 〕x^2 より，〔 5π 〕

2

y が x の2乗に比例するとき，x の値が n 倍になると，

対応する y の値は〔 n^2(n の2乗) 〕倍になる。

例 y が x の2乗に比例するとき，

x の値が4倍になると，対応する y の値は〔 16 〕倍になり，

x の値が $\frac{1}{3}$ 倍になると，対応する y の値は〔 $\frac{1}{9}$ 〕倍になる。

3

例 $y=3x^2$ について，$x=4$ のときの y の値は，$y=3\times4^2$ より，$y=$〔 48 〕

例 $y=-2x^2$ について，$y=-18$ のときの x の値は，

$-18=-2x^2$ より，$x^2=9$ だから，$x=$〔 3 〕，〔 -3 〕

4

y が x の2乗に比例するとき，比例定数 a は，$y=ax^2$ より，

$x=$〔 1 〕のときの y の値に等しい。

例 y が x の2乗に比例し，$x=1$ のとき $y=4$ であるとき，

この関数の比例定数 a は，$4=a\times1^2$ より，$a=$〔 4 〕

5

y が x の2乗に比例するとき，この関数の式は，

比例定数を a として $y=$〔 a 〕x^2 と表すことができる。

例 y が x の2乗に比例し，$x=2$ のとき $y=12$ である関数は，$y=ax^2$ に

$x=2$，$y=12$ を代入して，$12=a\times2^2$　　$a=3$ より，$y=$〔 3 〕x^2

例 y が x の2乗に比例し，$x=3$ のとき $y=-45$ である関数は，$y=ax^2$ に

$x=3$，$y=-45$ を代入して，$-45=a\times3^2$　$a=-5$ より，$y=$〔 -5 〕x^2

4章　関数 $y=ax^2$

1　関数 $y=ax^2$(2)
2　関数の利用

1 関数 $y=ax^2$ のグラフは，
〔 原点 〕を通り，〔 y 〕軸について対称な曲線。
$a>0$ のとき，〔 上 〕に開き，〔 x 〕軸の上側。
$a<0$ のとき，〔 下 〕に開き，〔 x 〕軸の下側。
a の絶対値が大きいほど，
開きぐあいは〔 小さく 〕なり，〔 y 〕軸に近づく。
$y=ax^2$ のグラフと $y=-ax^2$ のグラフは，〔 x 〕軸について対称である。

2 例 $y=4x^2$ のグラフは，〔 上 〕に開いた形で，x 軸の〔 上側 〕にある。
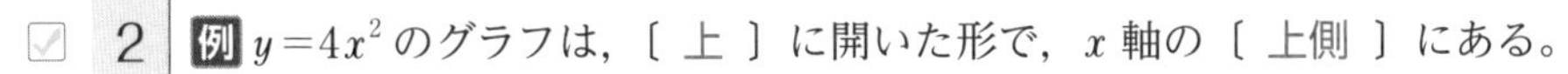
例 $y=-3x^2$ のグラフは，〔 下 〕に開いた形で，x 軸の〔 下側 〕にある。
例 $y=3x^2$ のグラフは，$y=-2x^2$ のグラフより開きぐあいは〔 小さい 〕。

3 関数 $y=ax^2(a>0)$ で，x の値が増加するとき，
$x<0$ の範囲では，y の値は〔 減少 〕する。
$x>0$ の範囲では，y の値は〔 増加 〕する。
また，$x=0$ のとき，y は〔 最小 〕値 0 をとる。

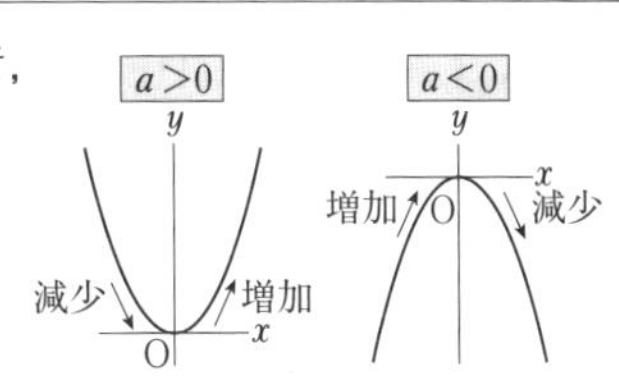

4 例 関数 $y=5x^2$ で，$x<0$ では，x の値が増加すると y の値は〔 減少 〕する。
例 関数 $y=-4x^2$ で，$x<0$ では，x の値が増加すると y の値は〔 増加 〕する。

5 x の変域から y の変域を求めるときは，グラフをかいて，
y の値の〔 最大 〕値と〔 最小 〕値を求めればよい。
例 関数 $y=-2x^2$ について，x の変域が $1 \leqq x \leqq 3$ のときの y の変域は，
$x=1$ のとき $y=-2$，$x=3$ のとき $y=-18$ より，〔 $-18 \leqq y \leqq -2$ 〕

6 関数 $y=ax^2$ では，(〔 変化の割合 〕) $=\dfrac{(y\text{ の増加量})}{(x\text{ の増加量})}$
例 関数 $y=3x^2$ で，x の値が 1 から 4 まで増加するときの変化の割合は，
$$\frac{(y\text{の増加量})}{(x\text{ の増加量})}=\frac{3\times4^2-3\times1^2}{4-1}=\frac{48-3}{3}=〔\ 15\ 〕$$

5章　相似

1　相似な図形 (1)

1 2つの図形の一方を拡大または縮小した図形が，他方と合同になるとき，
この2つの図形は〔 相似 〕であるという。
例 1辺の長さが6cmと8cmの2つの正方形は，相似であるといえ〔 る 〕。

2 四角形ABCDと四角形EFGHが〔 相似 〕であることを，
記号∽を使って，〔 四角形ABCD 〕∽〔 四角形EFGH 〕と表す。
相似の記号∽を使うときは，対応する〔 頂点 〕を同じ順に書く。
例 四角形ABCD∽四角形EFGHであるとき，
∠Bに対応する角は，〔 ∠F 〕 辺ADに対応する辺は，〔 辺EH 〕

3 相似な図形では，対応する線分の長さの〔 比 〕はすべて等しく，
対応する角の大きさはそれぞれ〔 等しい 〕。
例 △ABC∽△DEFで，AB＝12cm，DE＝20cmのとき，
△ABCと△DEFの相似比は，12：20　すなわち　〔 3：5 〕

4 2つの三角形は，〔 3 〕組の辺の比が
すべて等しいとき，相似である。
例 AB：DE＝AC：DF＝〔 BC 〕：〔 EF 〕
のとき，△ABC∽△DEFとなる。

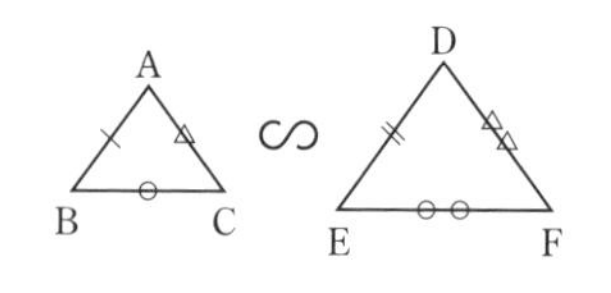

5 2つの三角形は，2組の辺の比と〔 その間 〕
の角がそれぞれ等しいとき，相似である。
例 AB：DE＝BC：EF，∠〔 B 〕＝∠〔 E 〕
のとき，△ABC∽△DEFとなる。

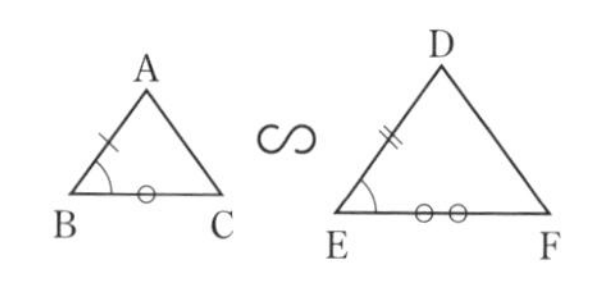

6 2つの三角形は，〔 2 〕組の角が
それぞれ等しいとき，相似である。
例 ∠B＝∠E，∠〔 C(A) 〕＝∠〔 F(D) 〕
のとき，△ABC∽△DEFとなる。

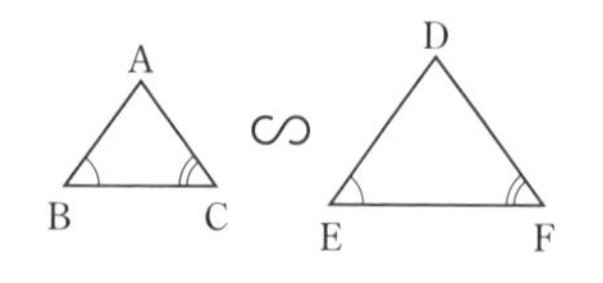

5章　相似

1　相似な図形 (2)

1 相似な2つの多角形で,

その相似比が $m:n$ ならば,

周の長さの比は〔 $m:n$ 〕,

面積の比は〔 $m^2:n^2$ 〕

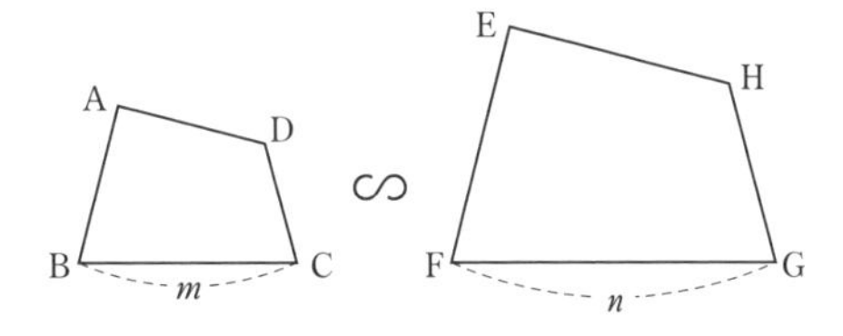

すなわち, 相似な平面図形では, 周の長さの比は〔 相似比 〕に等しく,

面積の比は相似比の〔 2乗 〕に等しい。

2 例 △ABC ∽ △DEF で, その相似比が 3：4, △ABC の周の長さが 27 cm,

△ABC の面積が 18 cm² のとき,

△DEF の周の長さは〔 36 cm 〕,

△DEF の面積は〔 32 cm² 〕

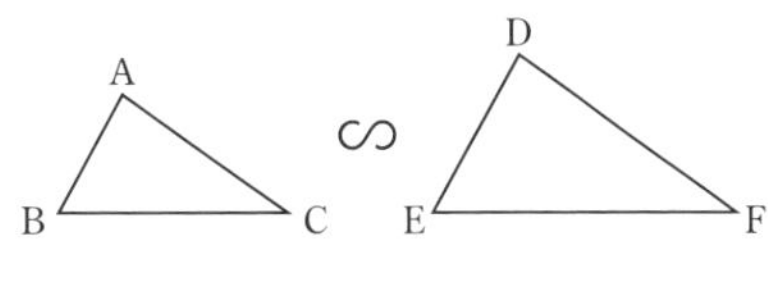

3 例 半径 5 cm の円と半径 7 cm の円で,

周の長さの比は〔 5：7 〕,

面積の比は〔 25：49 〕

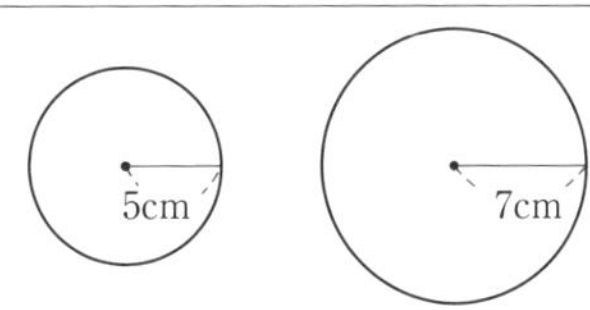

4 相似な2つの立体で,

その相似比が $m:n$ ならば,

表面積の比は〔 $m^2:n^2$ 〕,

体積の比は〔 $m^3:n^3$ 〕

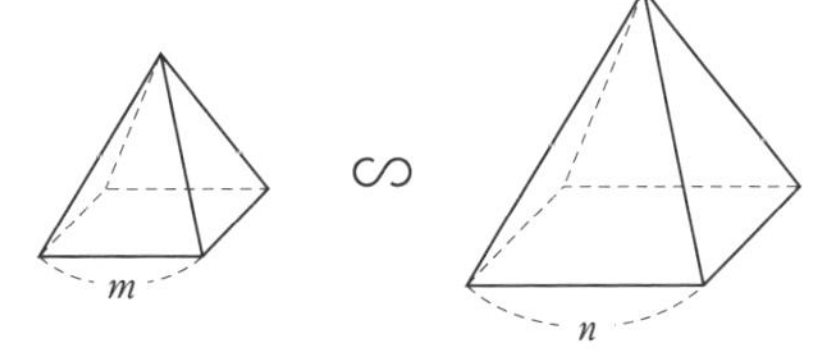

すなわち, 相似な立体では, 表面積の比は相似比の〔 2乗 〕に等しく,

体積の比は相似比の〔 3乗 〕に等しい。

5 例 右の図の円柱 P と円柱 Q は相似で, その相似比が 1：2 であり,

円柱 P の表面積が 24π cm²,

円柱 P の体積が 16π cm³ のとき,

円柱 Q の表面積は〔 96π cm² 〕,

円柱 Q の体積は〔 128π cm³ 〕

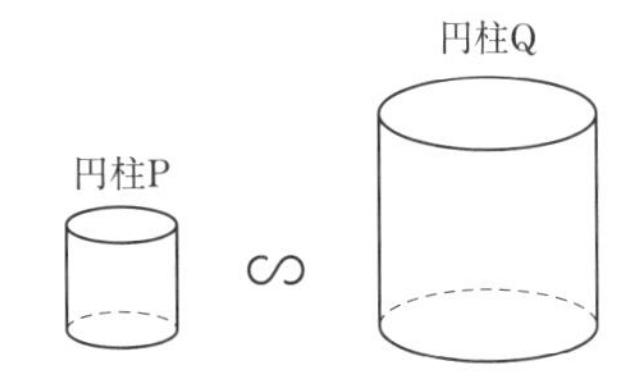

5章　相似

2　平行線と線分の比

1　△ABC の辺 AB，AC 上の点をそれぞれ D，E とするとき，

DE//BC ならば，AD：AB＝AE：〔 AC 〕

DE//BC ならば，AD：AB＝DE：〔 BC 〕

DE//BC ならば，AD：DB＝AE：〔 EC 〕

AD：AB＝AE：AC ならば，DE//〔 BC 〕

AD：DB＝AE：EC ならば，DE//〔 BC 〕

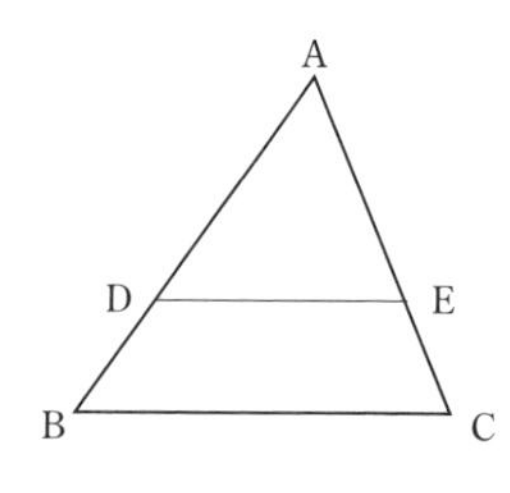

2　例 △ABC の辺 AB，AC 上の点 D，E で DE//BC のとき，

△ADE と△ABC は，相似にな〔 る 〕。

AD：DB＝2：1 なら，AE：EC＝〔 2：1 〕

AD：DB＝2：1 なら，DE：BC＝〔 2：3 〕

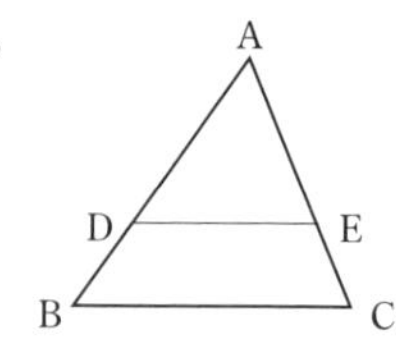

3　△ABC の 2 辺 AB，AC の中点を，それぞれ M，N と

すると，MN//〔 BC 〕，MN＝$\frac{1}{2}$〔 BC 〕

すなわち，三角形の 2 辺の中点を結んだ線分は，

残りの辺に〔 平行 〕で，長さはその〔 半分 〕である。

例 四角形 ABCD の辺 AB，BC，CD，DA の中点を E，F，G，H と

すると，四角形 EFGH は，〔 平行四辺形 〕になる。

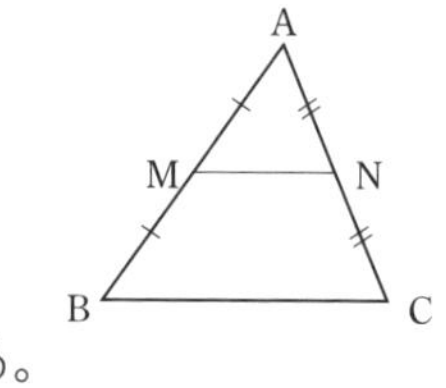

4　平行な 3 つの直線 ℓ，m，n に直線 p がそれぞれ

A，B，C で交わり，直線 q がそれぞれ D，E，F

で交わるとき，AB：BC＝DE：〔 EF 〕

すなわち，いくつかの平行線に 2 直線が交わる

とき，対応する線分の長さの〔 比 〕は等しい。

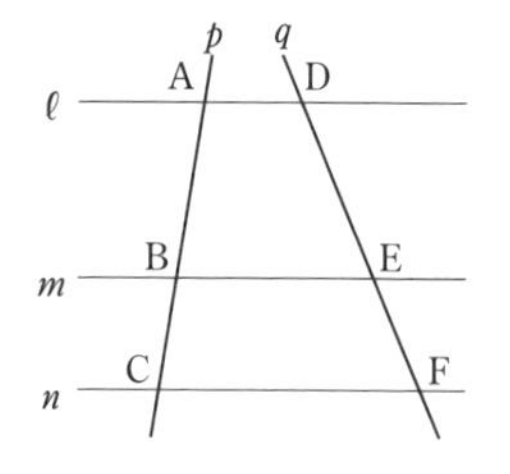

5　△ABC で，∠A の二等分線と辺 BC の交点を D と

すると，AB：AC＝BD：〔 DC 〕

例 右の図で，BD＝6 cm のとき，DC＝〔 4 〕cm

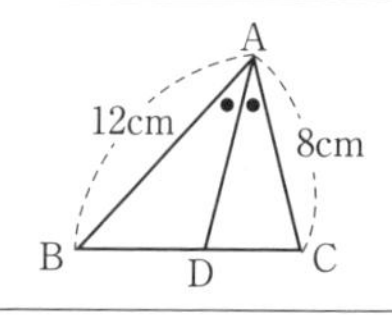

6章　円

1　円

1　1つの弧に対する円周角の大きさは，その弧に対する中心角の大きさの〔 半分 〕である。
すなわち，右の図で，∠APB＝〔 $\frac{1}{2}$ 〕∠AOB

2　例 円Oで，弧ABに対する中心角が140°のとき，
弧ABに対する円周角の大きさは，〔 70° 〕
例 円Oで，弧ABに対する円周角が140°のとき，
弧ABに対する中心角の大きさは，〔 280° 〕

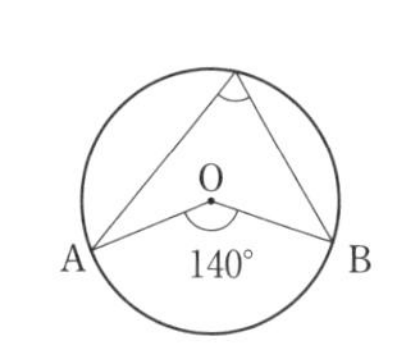

3　線分ABを直径とする円の周上にA，Bと異なる点Pをとれば，∠APB＝〔 90° 〕
逆に，円周上の3点A，P，Bについて，
∠APB＝90°ならば，線分ABは〔 直径 〕になる。
例 右の図で，∠ABP＝〔 50° 〕

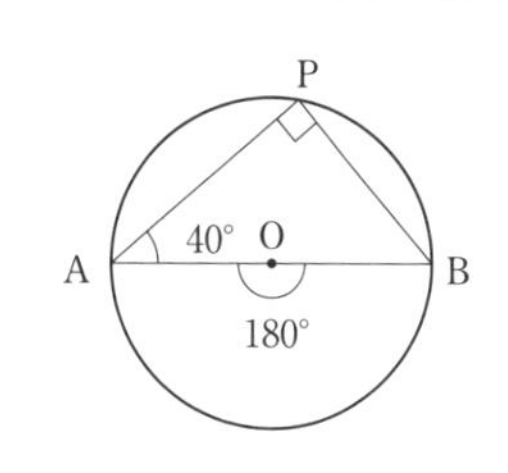

4　1つの円で，等しい円周角に対する弧の長さは等しい。
1つの円で，長さの等しい弧に対する円周角は等しい。
例 右の図で，$\overset{\frown}{AB}=\overset{\frown}{CD}$ のとき，
∠APB＝〔 20° 〕，∠AOB＝〔 40° 〕

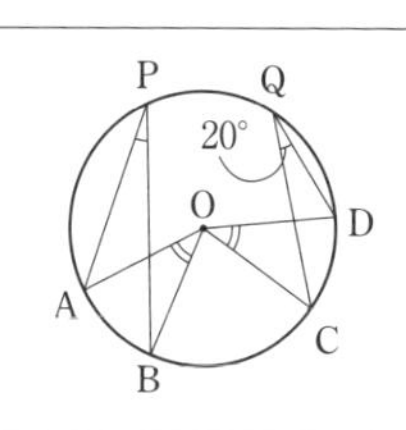

5　4点A，B，C，Pについて，2点C，Pが直線ABの同じ側にあって∠APB＝∠〔 ACB 〕ならば，
この4点A，B，C，Pは1つの円周上にある。
例 右の図で，∠BCP＝〔 30° 〕ならば，
4点A，B，C，Pは1つの円周上にある。

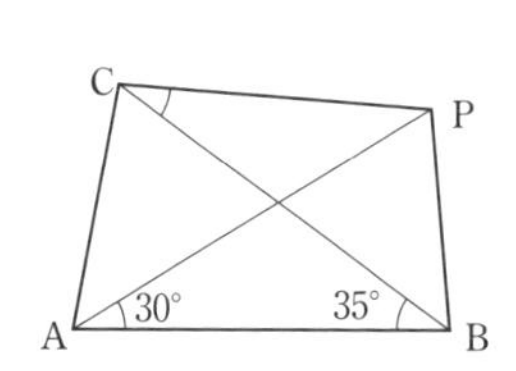

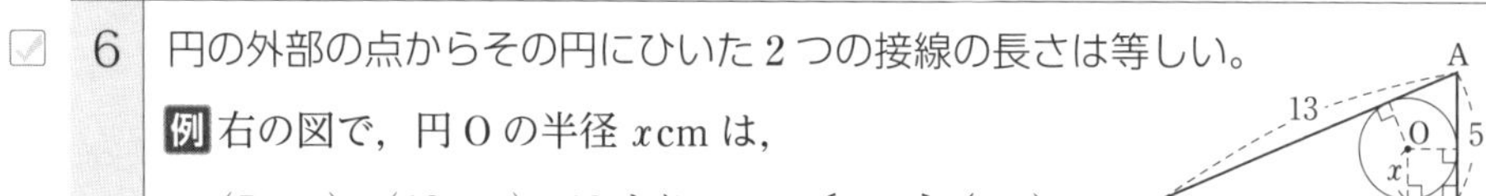

6　円の外部の点からその円にひいた2つの接線の長さは等しい。
例 右の図で，円Oの半径 x cmは，
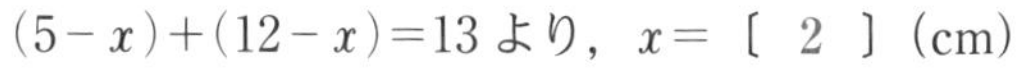
$(5-x)+(12-x)=13$ より，$x=$〔 2 〕(cm)

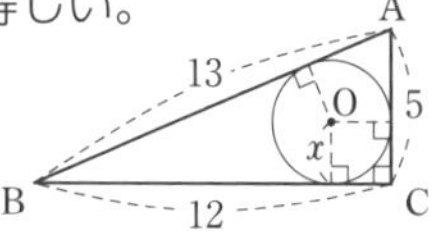

教科書 p.192 ~ 202

7章　三平方の定理

1　三平方の定理
2　三平方の定理の利用 (1)

1 直角三角形の直角をはさむ2辺の長さを a，b，
斜辺の長さを c とすると，$a^2+b^2=$〔 c 〕^{2}
すなわち，$\angle C=90^\circ$ の直角三角形 ABC では，
$BC^2+CA^2=$〔 AB 〕^{2}

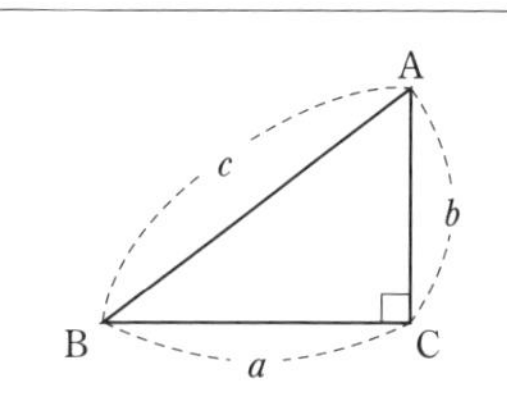

2 直角三角形で，3辺の長さについて，2辺の長さがわかっていて，
残りの1辺の長さを求めるには，〔 三平方 〕の定理を使う。
例 直角をはさむ2辺が 3cm，4cm の直角三角形で，
斜辺の長さは，〔 5cm 〕
例 斜辺が 10cm，他の1辺が 8cm の直角三角形で，
残りの1辺の長さは，〔 6cm 〕

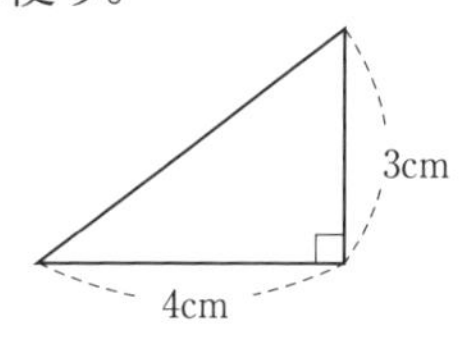

3 3辺の長さが a，b，c の三角形において $a^2+b^2=c^2$ ならば，
その三角形は，長さ〔 c 〕の辺を斜辺とする直角三角形である。
すなわち，△ABC で $BC^2+CA^2=AB^2$ が成り立つならば，
△ABC は ∠〔 C 〕$=90^\circ$ の直角三角形である。
例 3辺の長さが 2cm，$\sqrt{3}$ cm，$\sqrt{7}$ cm の
三角形は，直角三角形で〔 ある 〕。

A
B
C
a
b
c

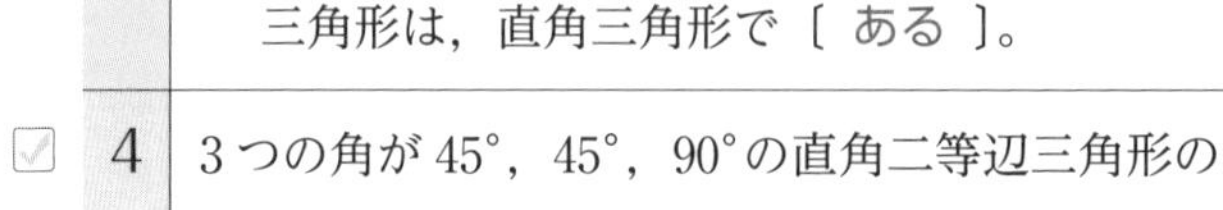

4 3つの角が 45°，45°，90° の直角二等辺三角形の
辺の比は，1 : 1 :〔 $\sqrt{2}$ 〕
例 直角をはさむ2辺が 2cm の直角二等辺三角形の
斜辺の長さは，〔 $2\sqrt{2}$ 〕cm

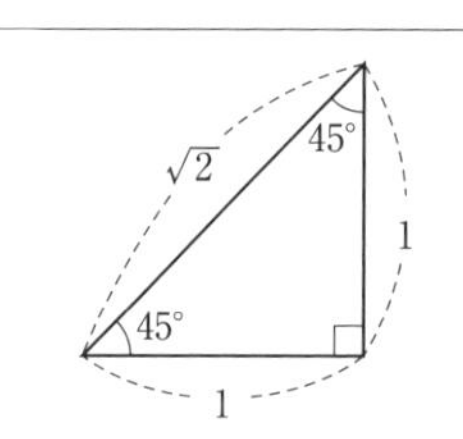

5 3つの角が 30°，60°，90° の直角三角形の
辺の比は，1 : 2 :〔 $\sqrt{3}$ 〕
例 1つの鋭角が 30°，斜辺が 4cm の直角三角形の
残りの2辺の長さは，〔 2 〕cm，〔 $2\sqrt{3}$ 〕cm

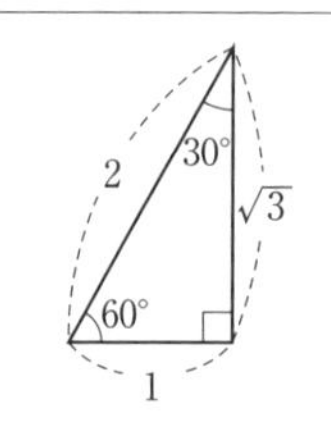

7章　三平方の定理

2　三平方の定理の利用 (2)

1

例 1 辺が 1 cm の正方形の対角線の長さ $a$cm は，

$1^2+1^2=a^2$ より，$a=$〔 $\sqrt{2}$ 〕(cm)

例 縦が 1 cm，横が 2 cm の長方形の対角線の長さ

$a$cm は，$1^2+2^2=a^2$ より，$a=$〔 $\sqrt{5}$ 〕(cm)

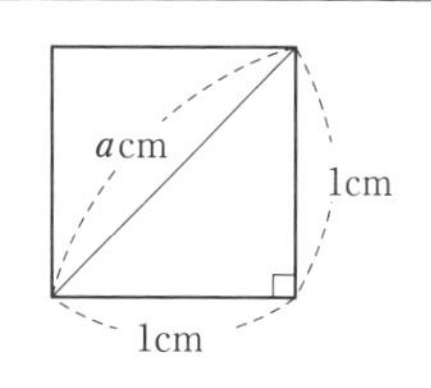

2

例 1 辺が 2 cm の正三角形の高さ $h$cm は，

$1^2+h^2=2^2$ より，$h=$〔 $\sqrt{3}$ 〕(cm)

例 底辺が 2 cm，残りの 2 辺が 3 cm の

二等辺三角形の高さ $h$cm は，

$1^2+h^2=3^2$ より，$h=$〔 $2\sqrt{2}$ 〕(cm)

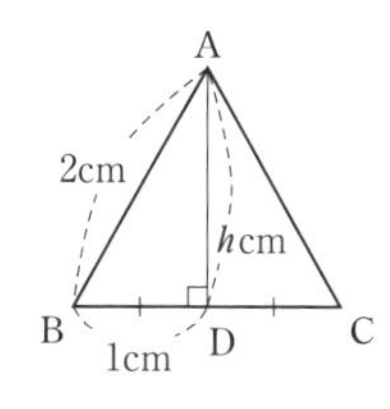

3

例 半径が 2 cm の円の中心 O から 4 cm の距離に

点 A があるとき，接線 AP の長さは，

$\text{AP}=\sqrt{4^2-2^2}=$〔 $2\sqrt{3}$ 〕(cm)

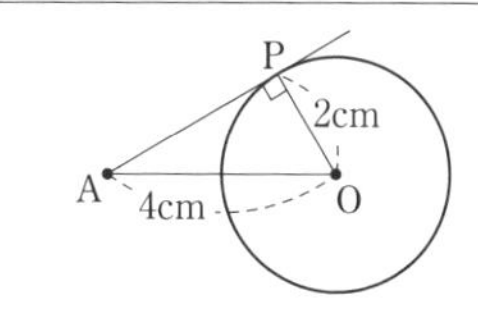

4

例 原点 O と点 A(4, −3) の間の距離は，

$\text{OA}=\sqrt{4^2+(-3)^2}=$〔 5 〕

例 2 点 B(1, 2)，C(3, 5) 間の距離は，

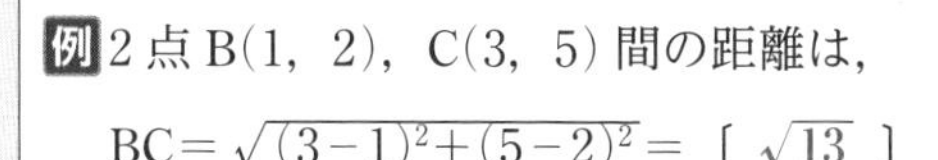

$\text{BC}=\sqrt{(3-1)^2+(5-2)^2}=$〔 $\sqrt{13}$ 〕

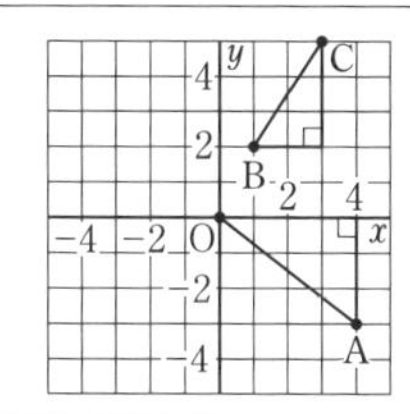

5

例 1 辺が 2 cm の立方体の対角線の長さ $a$cm は，

$a=\sqrt{2^2+2^2+2^2}=$〔 $2\sqrt{3}$ 〕(cm)

例 縦が 1cm，横が 2 cm，高さが 3 cm の

直方体の対角線の長さ $a$cm は，

$a=\sqrt{1^2+2^2+3^2}=$〔 $\sqrt{14}$ 〕(cm)

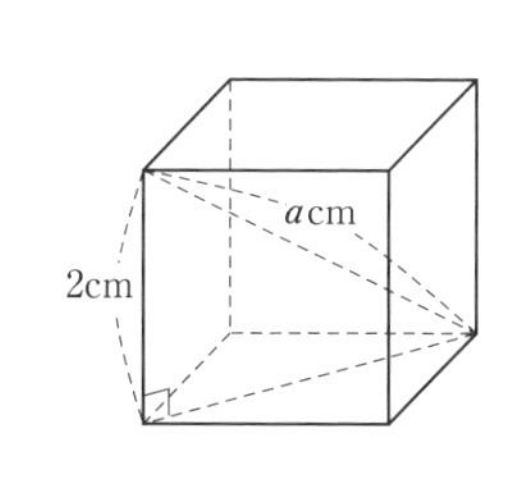

6

例 底面の半径が 6 cm，母線の長さが 10 cm の

円錐の高さ $h$cm は，

$h=\sqrt{10^2-6^2}=$〔 8 〕(cm)

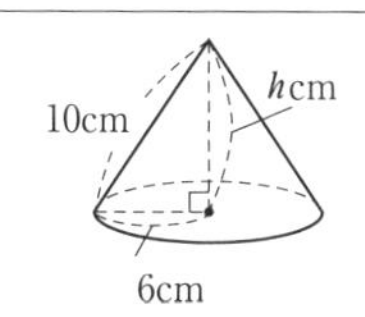

教科書 p.218 ~ 229

8章　標本調査

1　母集団と標本

1	対象とする集団にふくまれるすべてのものについて行う調査を〔 全数調査 〕という。これに対して，対象とする集団の一部を調べ，その結果から，集団の状況を推定する調査を〔 標本調査 〕という。 例 中学校での健康診断では，ふつう〔 全数 〕調査が行われる。 例 缶詰の中身の品質検査では，ふつう〔 標本 〕調査が行われる。
2	標本調査において，調査対象全体を〔 母集団 〕という。 また，調査のために母集団から取り出されたものの集まりを〔 標本 〕といい，標本にふくまれるものの個数を〔 標本の大きさ 〕という。 さらに，標本調査を行うとき，かたよりなく標本を抽出することを，〔 無作為に 〕抽出するという。 例 ある県の中学生 56473 人から，1000 人を選び出して意識調査を行った。 この調査の母集団は〔 ある県の中学生 56473 人 〕， 標本は〔 選び出された 1000 人 〕，標本の大きさは〔 1000 〕。
3	例 ある工場で，無作為に 150 個の製品を選んで調べたところ，不良品が 2 個あった。この工場で 30000 個の製品を作るとき， およそ何個の不良品が出るか推定すると， 標本における不良品の割合は，$\frac{2}{150}=\frac{1}{75}$ と考えられるから， 出る不良品の個数は，$30000\times\frac{1}{75}=$〔 400 〕(個)と推定できる。
4	例 箱の中にあたりくじとはずれくじが合わせて 120 本入っている。 これをよくかき混ぜて 8 本取り出したところ，あたりくじが 2 本あった。 この箱の中には，あたりくじがおよそ何本入っているか推定すると， 標本におけるあたりくじの割合は，$\frac{2}{8}=\frac{1}{4}$ と考えられるから， 箱の中のあたりくじの本数は，$120\times\frac{1}{4}=$〔 30 〕(本)と推定できる。

$\angle \mathrm{BAC}=\dfrac{1}{2}\angle \mathrm{BOC}=\dfrac{1}{2}\times 100^\circ=50^\circ$

△APC において，内角と外角の性質から，

$\angle x+50^\circ=110^\circ$ より $\angle x=60^\circ$

(5) AB は直径だから，$\angle \mathrm{ACB}=90^\circ$

$\angle \mathrm{BAC}=180^\circ-(90^\circ+58^\circ)=32^\circ$

$\overset{\frown}{\mathrm{BC}}$ に対する円周角は等しいから，

$\angle x=\angle \mathrm{BAC}=32^\circ$

(6) △BPC において，内角と外角の性質から，

$\angle \mathrm{ABC}=\angle x+44^\circ$

$\overset{\frown}{\mathrm{BD}}$ に対する円周角は等しいから，

$\angle \mathrm{BAD}=\angle \mathrm{BCD}=\angle x$

△ABQ において，内角と外角の性質から，

$(\angle x+44^\circ)+\angle x=70^\circ$　　よって，$\angle x=13^\circ$

4 角の二等分線上の点は，その角をつくる辺から等しい距離にあることを使う。

① 点 C における半円の接線をひく。

② ①の接線と直線 AB がつくる角の二等分線をひく。

③ ②の角の二等分線と半径 OC の交点が求める点 P である。

6 (1) O と C，O と P，O と D をそれぞれ直線で結ぶ。P は接点だから，右の図で $\angle○+\angle×=90^\circ$ が成り立つから，

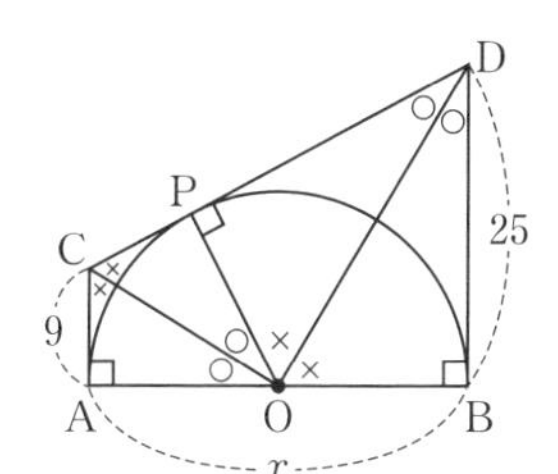

△CAO ∽ △OBD より CA：OB＝AO：BD

$9:\dfrac{x}{2}=\dfrac{x}{2}:25$

$x^2=900$

よって，$x=30$

(2) △ADP ∽ △CBP より PD：PB＝DA：BC

$x:4=6:5$ より $x=\dfrac{24}{5}$

(3) 方べきの定理より PB×PA＝PD×PC

$x(x+13)=6\times 15$

この 2 次方程式を解くと，$x=5,\ -18$

$x>0$ より $x=5$

p.126〜127 第 7 回

1 (1) $x=\sqrt{34}$　(2) $x=7$

(3) $x=4\sqrt{2}$　(4) $x=4\sqrt{3}$

2 (1) $x=\sqrt{58}$　(2) $x=2\sqrt{13}$

(3) $x=2\sqrt{3}+2$

3 (1) ○　(2) ×

(3) ○　(4) ○

4 (1) $5\sqrt{2}$ cm　(2) $9\sqrt{3}$ cm²

(3) $h=2\sqrt{15}$

5 (1) $\sqrt{58}$　(2) $6\sqrt{5}$ cm

(3) $6\sqrt{10}\pi$ cm³

6 (1) $9^2-x^2=7^2-(8-x)^2$

(2) 6 cm　(3) $3\sqrt{5}$ cm

7 3 cm

8 表面積 … $(32\sqrt{2}+16)$ cm²

体積 … $\dfrac{32\sqrt{7}}{3}$ cm³

9 (1) 6 cm　(2) $2\sqrt{13}$ cm

(3) 18 cm²

解説

2 (1) $\mathrm{AD}^2=7^2-4^2=33$

$x^2=\mathrm{AD}^2+5^2=33+25=58$

(2) D から BC に垂線 DH をひくと，BH＝3 cm より

CH＝6−3＝3(cm)

直角三角形 CDH で，

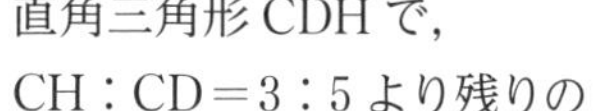

CH：CD＝3：5 より残りの辺 DH の長さは 4 cm になる。

AB＝DH＝4 cm より

$x^2=\mathrm{AB}^2+\mathrm{BC}^2=4^2+6^2=52$

(3) 直角三角形 ADC で，4：DC＝2：1 より DC＝2 cm，4：AD＝2：$\sqrt{3}$ より AD＝$2\sqrt{3}$ cm

直角二等辺三角形 ABD で，BD＝AD＝$2\sqrt{3}$ cm

よって，$x=\mathrm{BD}+\mathrm{DC}=2\sqrt{3}+2$(cm)

4 (2) 1 辺が 6 cm の正三角形の高さは

$6\times\dfrac{\sqrt{3}}{2}=3\sqrt{3}$ (cm)

よって，面積は $\dfrac{1}{2}\times 6\times 3\sqrt{3}=9\sqrt{3}$ (cm²)

(3) BH＝2 より $h^2=8^2-2^2=60$

5 (1) $\mathrm{AB}^2=\{-2-(-5)\}^2+\{4-(-3)\}^2$

$=3^2+7^2=58$

(2) 中心 O から弦 AB に垂線 OH をひく。

$\mathrm{AH}^2=9^2-6^2=45$

AH＞0 より AH＝$3\sqrt{5}$ cm

AB＝2AH＝$6\sqrt{5}$ (cm)

(3) 円錐の高さを h cm とすると,

$h^2=7^2-3^2=40$

$h>0$ より $h=2\sqrt{10}$

体積は $\frac{1}{3}\times\pi\times3^2\times2\sqrt{10}=6\sqrt{10}\pi(\text{cm}^3)$

6 (1) 直角三角形 ABH と直角三角形 ACH で AH^2 を 2 通りの x の式で表す。

(2) (1)の方程式を解く。

$81-x^2=49-64+16x-x^2$ より $x=6$

(3) $AH^2=9^2-x^2=9^2-6^2=45$

7 $BE=x$ cm とすると, $AE=(8-x)$cm

EF は AE を折り返した線分だから,

$EF=AE=(8-x)$cm

直角三角形 EBF で, $x^2+4^2=(8-x)^2$

$x^2+16=64-16x+x^2$ より $x=3$

8 A から辺 BC に垂線 AP をひくと,

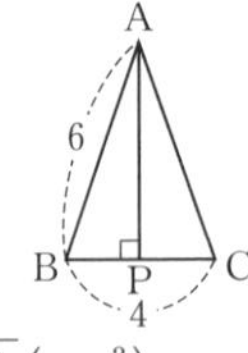

$BP=2$ cm

$AP^2=6^2-2^2=32$

$AP>0$ より $AP=4\sqrt{2}$ cm

△ABC の面積は $\frac{1}{2}\times4\times4\sqrt{2}=8\sqrt{2}(\text{cm}^2)$

表面積は $8\sqrt{2}\times4+4\times4=32\sqrt{2}+16(\text{cm}^2)$

BD と CE の交点を H とする。$BH=2\sqrt{2}$ cm

直角三角形 ABH で, $AH^2=6^2-(2\sqrt{2})^2=28$

$AH>0$ より $AH=2\sqrt{7}$ cm

体積は $\frac{1}{3}\times4^2\times2\sqrt{7}=\frac{32\sqrt{7}}{3}(\text{cm}^3)$

9 (1) 直角三角形 MBF で, $MF^2=2^2+4^2=20$

直角三角形 MFG で,

$MG^2=MF^2+4^2=20+16=36$

(2) 右の図のような展開図の一部で, 線分 MG の長さが求める長さになる。

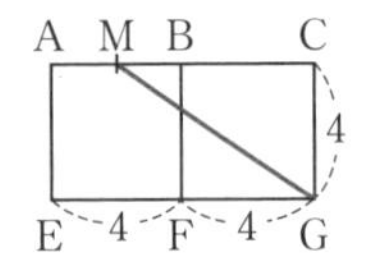

直角三角形 MGC で,

$MG^2=(2+4)^2+4^2=52$

(3) $FH=\sqrt{2}FG=4\sqrt{2}$ cm

$MN=\sqrt{2}AM=2\sqrt{2}$ cm

M から FH に垂線 MP をひくと,

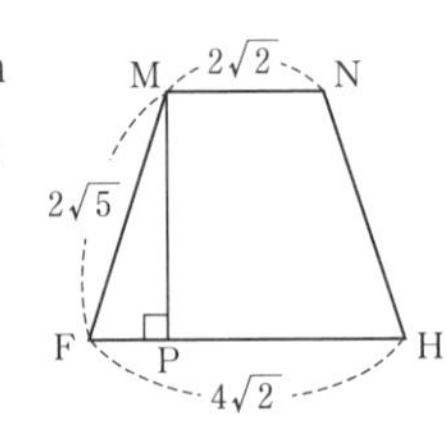

$FP=(4\sqrt{2}-2\sqrt{2})\div2$

$=\sqrt{2}$ (cm)

直角三角形 MFP で,

$MP^2=MF^2-FP^2=20-2=18$

$MP>0$ より $MP=3\sqrt{2}$ cm

四角形 MFHN の面積は

$\frac{1}{2}\times(2\sqrt{2}+4\sqrt{2})\times3\sqrt{2}=18(\text{cm}^2)$

p.128 第8回

1 (1) × (2) × (3) ○ (4) ×

2 (1) ある工場で昨日作った5万個の製品

(2) 300

(3) およそ 500 個

3 およそ 700 個

4 およそ 440 個

5 (1) 15.7 語

(2) およそ 14000 語

解説

1 対象とする集団にふくまれるすべてのものについて行う調査が全数調査で, 対象とする集団の一部を調査するのが標本調査である。

2 (1) 調査対象全体をさす。

(2) 標本にふくまれるものの個数

(3) 無作為に抽出した 300 個の製品の中にふくまれる不良品の割合は $\frac{3}{300}=\frac{1}{100}$

よって, 5 万個の製品の中にある不良品の数は,

$50000\times\frac{1}{100}=500$ より, およそ 500 個

3 袋の中の玉の総数を x 個とする。印のついた玉の個数と袋の中の玉の総数の比を考えると,

$100:x=4:(4+23)$ より $x=675$

十の位の数を四捨五入するから, およそ 700 個

4 袋の中の白い碁石の数を x 個とする。白い碁石と黒い碁石の個数の比を考えると,

$x:60=(50-6):6$ より $x=440$

5 (1) $(18+21+15+16+9+17+20+11+14+16)\div10=157\div10=15.7$(語)

(2) $15.7\times900=14130$

百の位の数を四捨五入するから, およそ 14000 語

6 5 4 3 2
D C B A